电子设计实践指导

DIANZI SHEJI SHIJIAN ZHIDAO

赵 娟 编著

中国地质大学出版社有限责任公司
ZHONGGUO DIZHI DAXUE CHUBANSHE YOUXIAN ZEREN GONGSI

图书在版编目(CIP)数据

电子设计实践指导/赵娟编著. —武汉:中国地质大学出版社有限责任公司,2013.3

ISBN 978-7-5625-3048-0

Ⅰ.①电…
Ⅱ.①赵…
Ⅲ.①电子电路-电路设计-高等学校-教学参考资料
Ⅳ.①TN702

中国版本图书馆 CIP 数据核字(2013)第 020863 号

电子设计实践指导 赵　娟　编著

责任编辑:胡珞兰　　责任校对:张咏梅

出版发行:中国地质大学出版社有限责任公司(武汉市洪山区鲁磨路 388 号)　邮政编码:430074
电　话:(027)67883511　传　真:67883580　E-mail:cbb @ cug.edu.cn
经　销:全国新华书店　http://www.cugp.cug.edu.cn

开本:787 毫米×1 092 毫米 1/16　字数:560 千字　印张:21.75
版次:2013 年 3 月第 1 版　印次:2013 年 3 月第 1 次印刷
印刷:武汉珞南印务有限公司　印数:1—1 000 册

ISBN 978-7-5625-3048-0　定价:40.00 元

前言

面对21世纪高素质人才的培养，各高校充分利用自身条件，通过各种途径增强对学生的实践能力、创新能力和工程素质的培养。中国地质大学(武汉)十分重视学生综合素质教育，以建设电子信息大类教学平台为背景，成立了大学生科技创新基地，除开设各种以学科创新为主题的科技项目外，还积极组织和培训学生参加各种科技竞赛活动，如全国大学生电子设计竞赛、全国大学生“飞思卡尔杯”智能汽车竞赛、“挑战杯”全国大学生课外学术科技作品竞赛等，为优秀人才的脱颖而出创造条件。

本书是笔者根据多年组织和指导学生科技创新实践活动的经验编写的，围绕大学生进行电子设计和制作所需了解的知识而展开，着重技术的应用，简化深刻的理论计算和庞大的理论系统，不仅内容丰富，而且语言简洁通俗，工程实践强。书中全面介绍了电子系统设计基础、Multisim仿真软件、常用元器件、模拟与数字单元设计、单片机系统设计、综合实例、电子设计竞赛须知等。

第1章从一个摇摇棒例子开始，介绍科学起步方法，渐渐引入电子设计的选题、方法和步骤等，特别增加了“利用互联网搜索所需资料”一节，向读者介绍如何利用互联网搜索资料，并推荐一些电子设计及制作常用网站的网址。

第2章以激发学生兴趣、引导学生实践动手为目的，在Multisim 11.0仿真软件中介绍基本电子元器件的原理、参数及特性等。

第3章至第5章为模拟电子电路部分，介绍了直流稳压电源、信号放大电路、信号产生电路的工作原理及设计方法，并给出了设计实例。第3章增加了焊接电路步骤的介绍，第4章增设的亮点——介绍了芯片数据手册的阅读方法。

第6章为数字逻辑电路的设计，前几节是数字电路的理论基础部分，最后章节给出了“彩灯循环控制电路”的设计实例。

第7章介绍了数据采集系统、A/D转换器和D/A转换器，包括电路结构、工作原理、相关参数等。

第8章和第9章是单片机部分，从一种全新的角度讲解了单片机的基本结构、最小系统、工作原理及各种开发软件(Keil、STC－ISP 下载软件和 Proteus 软件),并通过 4 个具体系统设计实例,逐步将 I/O 口、定时/计数器、中断、串口通信等知识展开。

第 10 章是综合电子系统设计。该章选取了“程控滤波器”作为典型的综合电子系统设计实例,因为此系统综合性强,包含模拟、数字、单片机各部分,软硬件相结合,是对前面所学章节内容的回顾与总结。同时,能让读者进一步理解电子系统设计的全过程,起到举一反三的作用。

第 11 章是与全国大学生电子设计竞赛的衔接部分,介绍了电子设计竞赛的准备、竞赛和测评的过程及注意事项等。希望读者通过全章节的学习及对电子设计竞赛的了解后,能积极参加电子设计竞赛或其他相关科技创新活动。

本书的编写讲求通俗易懂,涉及内容由浅入深,慢慢引导学生进行电子设计和制作,最终完成一个综合性较强、具有一定技术含量的系统。另外,本书安排了很多动手实践实例,总结了一些参加过往届全国大学生电子设计竞赛指导老师和参赛学生的设计经验,使读者能从中汲取精华,同时避免在设计过程中走弯路、走错路。因此,本书不仅适合电子类专业的学生用作参加电子设计竞赛的培训教材,或作为各类电子制作、课程设计和毕业设计的教学参考用书,也适合其他专业的电子爱好者用作学习电子设计和制作的实例参考书。

在此,深深感谢为本书的编写和出版提供过帮助的所有同仁、朋友和同学们,深深感谢对我全力支持和鼓励的家人们!

由于水平和时间所限,书中可能会有许多疏漏或错误,恳请广大老师、同学和读者批评指正。

赵 娟

2012 年 12 月于中国地质大学(武汉)信息技术教学实验中心

目　录

第1章　电子设计概论………………………………………………………………………………（1）
1.1　从一个例子开始 ……………………………………………………………………………（1）
1.2　科学起步方法 ………………………………………………………………………………（2）
1.2.1　兴趣是动力 ………………………………………………………………………………（3）
1.2.2　理论是关键 ………………………………………………………………………………（3）
1.2.3　实践是真理 ………………………………………………………………………………（4）
1.3　电子设计选题 ………………………………………………………………………………（5）
1.4　电子设计方法 ………………………………………………………………………………（6）
1.4.1　电子系统组成 ……………………………………………………………………………（6）
1.4.2　电子设计一般方法 ………………………………………………………………………（7）
1.5　电子设计步骤 ………………………………………………………………………………（8）
1.5.1　明确设计要求 ……………………………………………………………………………（9）
1.5.2　确定设计方案 ……………………………………………………………………………（9）
1.5.3　设计制作 …………………………………………………………………………………（9）
1.5.4　系统调试 …………………………………………………………………………………（10）
1.5.5　设计报告整理及撰写……………………………………………………………………（12）
1.6　利用互联网搜索所需资料……………………………………………………………………（14）
第2章　在Multisim 11.0中学习基本电子元器件 ……………………………………………（16）
2.1　Multisim 11.0仿真软件 ……………………………………………………………………（16）
2.1.1　Multisim仿真软件简介 …………………………………………………………………（16）
2.1.2　绘制第一张电路图………………………………………………………………………（16）
2.2　电子元器件……………………………………………………………………………………（21）
2.2.1　电阻………………………………………………………………………………………（21）
2.2.2　电容………………………………………………………………………………………（25）
2.2.3　电感和变压器……………………………………………………………………………（30）
2.2.4　二极管……………………………………………………………………………………（34）
2.2.5　三极管……………………………………………………………………………………（40）
2.3　元器件电路符号………………………………………………………………………………（43）
第3章　直流稳压电源设计 ………………………………………………………………………（49）
3.1　整流电路………………………………………………………………………………………（49）
3.1.1　半波整流电路……………………………………………………………………………（49）
3.1.2　全波整流电路……………………………………………………………………………（50）
3.1.3　桥式整流电路……………………………………………………………………………（51）

3.2 滤波电路……(51)
3.2.1 电容滤波电路……(51)
3.2.2 电感滤波电路……(54)
3.2.3 π型滤波电路……(54)
3.3 稳压电路……(55)
3.3.1 稳压管稳压电路……(55)
3.3.2 集成稳压电路……(57)
3.4 制作第一件作品……(67)
3.4.1 设计题目……(68)
3.4.2 元器件参数选择……(68)
3.4.3 电路仿真……(69)
3.4.4 焊接第一件作品……(69)
第4章 信号放大电路设计……(73)
4.1 晶体管放大器……(73)
4.1.1 电路的构成思路……(73)
4.1.2 放大器的静态工作点……(74)
4.1.3 性能指标估算……(74)
4.1.4 设计实例……(77)
4.2 功率放大器……(80)
4.2.1 OTL功率放大器……(80)
4.2.2 OCL功率放大器……(81)
4.3 集成运算放大器……(82)
4.3.1 运算放大器模型……(82)
4.3.2 同相放大器和反相放大器……(83)
4.3.3 运算放大器内部结构……(86)
4.3.4 运算放大器的主要参数指标和选择方法……(88)
4.3.5 几种常用运算放大器类型……(91)
4.4 运算放大器的选择……(97)
4.4.1 器件选型的准则……(97)
4.4.2 常用运算放大器的型号……(99)
4.5 芯片数据手册的阅读方法……(100)
第5章 信号产生电路设计……(108)
5.1 自激振荡电路工作原理……(108)
5.1.1 自激振荡现象……(108)
5.1.2 振荡电路构成……(109)
5.1.3 振荡条件……(109)
5.2 LC振荡器……(110)
5.2.1 变压器反馈式振荡器……(110)
5.2.2 电感三点式振荡器……(111)

5.2.3 电容三点式振荡器 …………………………………………………………… (116)
5.3 RC 振荡器 ………………………………………………………………………… (120)
5.3.1 移相式振荡器 ………………………………………………………………… (120)
5.3.2 桥式振荡器 …………………………………………………………………… (122)
5.4 石英晶体振荡器 …………………………………………………………………… (125)
5.4.1 石英晶体的振荡原理 ………………………………………………………… (125)
5.4.2 石英晶体振荡器的主要参数 ………………………………………………… (125)
5.4.3 等效电路及阻抗特性 ………………………………………………………… (126)
5.4.4 石英晶体振荡电路 …………………………………………………………… (126)
5.5 非正弦波振荡器 …………………………………………………………………… (130)
5.5.1 数字器件构成振荡电路 ……………………………………………………… (130)
5.5.2 555 集成电路构成的振荡器 ………………………………………………… (130)
5.5.3 产生三角波和锯齿波电路 …………………………………………………… (134)
5.6 直接数字频率合成(DDS)模块 …………………………………………………… (136)
5.6.1 DDS 概述 ……………………………………………………………………… (136)
5.6.2 AD9850 工作原理 …………………………………………………………… (139)
5.6.3 AD9850 控制时序 …………………………………………………………… (139)
5.7 应用实例 …………………………………………………………………………… (140)
第 6 章 数字逻辑电路设计 ………………………………………………………… (142)
6.1 数字逻辑基础 ……………………………………………………………………… (142)
6.1.1 数字信号描述 ………………………………………………………………… (142)
6.1.2 数制 …………………………………………………………………………… (145)
6.1.3 逻辑门 ………………………………………………………………………… (146)
6.2 逻辑代数基础 ……………………………………………………………………… (150)
6.2.1 逻辑函数的基本概念 ………………………………………………………… (151)
6.2.2 逻辑函数的表示方法 ………………………………………………………… (151)
6.2.3 逻辑代数的运算规则 ………………………………………………………… (152)
6.2.4 逻辑函数的代数化简法 ……………………………………………………… (153)
6.2.5 逻辑函数的标准形式 ………………………………………………………… (153)
6.2.6 逻辑函数的卡诺图化简法 …………………………………………………… (155)
6.2.7 与或表达式的卡诺图化简 …………………………………………………… (157)
6.3 组合逻辑电路 ……………………………………………………………………… (159)
6.3.1 组合逻辑电路 ………………………………………………………………… (159)
6.3.2 常用组合逻辑器件的原理及集成电路 ……………………………………… (159)
6.4 触发器与振荡器 …………………………………………………………………… (174)
6.4.1 触发器 ………………………………………………………………………… (174)
6.4.2 集成电路定时器 555 及其基本应用 ………………………………………… (184)
6.5 数字电路设计实例——彩灯循环控制电路 ……………………………………… (188)
6.5.1 设计任务与要求 ……………………………………………………………… (188)

6.5.2 总体方案的选择 …………………………………………………… (188)
6.5.3 单元电路设计与实现 ………………………………………………… (189)
6.5.4 总体电路图 ……………………………………………………… (196)
6.5.5 各个单元电路的输入、输出信号波形 ………………………………… (197)
第7章 数据采集及A/D、D/A转换 ……………………………………… (199)
7.1 数据采集 ……………………………………………………………… (199)
7.1.1 数据采集系统 ……………………………………………………… (199)
7.1.2 采样率 ……………………………………………………………… (200)
7.1.3 采样/保持电路 ……………………………………………………… (202)
7.1.4 采样/保持器的主要参数 ……………………………………………… (202)
7.2 D/A转换器 …………………………………………………………… (203)
7.2.1 D/A转换原理 ……………………………………………………… (203)
7.2.2 T型电阻网络D/A转换器 …………………………………………… (204)
7.2.3 倒T型电阻网络D/A转换器 ………………………………………… (205)
7.2.4 权电流型D/A转换器 ………………………………………………… (206)
7.2.5 D/A转换器的输出方式 ……………………………………………… (207)
7.2.6 D/A转换的主要技术指标 …………………………………………… (207)
7.2.7 集成D/A转换器及其应用 …………………………………………… (208)
7.2.8 D/A转换器的选型原则 ……………………………………………… (211)
7.3 A/D转换器 …………………………………………………………… (212)
7.3.1 A/D转换原理 ……………………………………………………… (212)
7.3.2 并联比较型A/D转换器 ……………………………………………… (213)
7.3.3 逐次逼近型A/D转换器 ……………………………………………… (215)
7.3.4 双积分型A/D转换器 ………………………………………………… (215)
7.3.5 A/D转换的主要技术指标 …………………………………………… (218)
7.3.6 集成A/D转换器及其应用 …………………………………………… (218)
7.3.7 A/D的选型原则 ……………………………………………………… (221)
第8章 单片机基础及其开发软件 ………………………………………… (224)
8.1 单片机概述 …………………………………………………………… (224)
8.1.1 单片机简介 ………………………………………………………… (224)
8.1.2 单片机的种类及特点 ………………………………………………… (224)
8.1.3 单片机的应用 ……………………………………………………… (227)
8.2 51单片机的基本结构 …………………………………………………… (229)
8.2.1 总体结构 …………………………………………………………… (229)
8.2.2 MCS-51的结构特点 ………………………………………………… (230)
8.2.3 MCS-51外部引脚说明 ……………………………………………… (230)
8.3 MCS-51单片机的最小系统 …………………………………………… (232)
8.4 单片机的工作原理 ……………………………………………………… (235)
8.5 单片机的编程 …………………………………………………………… (236)

8.5.1 51单片机C语言 …… (236)
8.5.2 单片机开发环境介绍 …… (237)
8.5.3 Keil软件的仿真调试 …… (243)
8.5.4 51单片机程序烧录 …… (245)
8.6 51单片机的模拟仿真 …… (253)
8.6.1 Proteus 7 Professional界面简介 …… (254)
8.6.2 Proteus 7 Professional操作简介 …… (256)
第9章 单片机系统设计实例 …… (258)
9.1 利用51单片机点亮1个LED …… (258)
9.1.1 功能确定 …… (258)
9.1.2 电路设计 …… (258)
9.1.3 程序编写 …… (259)
9.1.4 Proteus仿真 …… (260)
9.1.5 程序修改 …… (260)
9.1.6 用编程器将程序烧入单片机 …… (262)
9.2 利用51单片机设计一个简单的流水灯 …… (263)
9.2.1 实现功能 …… (263)
9.2.2 设计思路 …… (263)
9.2.3 主程序设计 …… (264)
9.2.4 PROTUES仿真 …… (265)
9.3 利用定时器设计一个电子时钟 …… (266)
9.3.1 实现功能 …… (266)
9.3.2 设计思路 …… (266)
9.3.3 工作原理 …… (266)
9.3.4 主程序设计 …… (274)
9.3.5 系统Proteus仿真 …… (278)
9.4 串口通信例程——主机控制从机LED灯闪烁 …… (279)
9.4.1 功能实现 …… (279)
9.4.2 电路设计 …… (279)
9.4.3 工作原理 …… (280)
9.4.4 主程序设计 …… (284)
9.4.5 系统Proteus仿真 …… (287)
第10章 综合电子系统设计实例 …… (288)
10.1 题目要求及题目分析 …… (288)
10.1.1 题目要求 …… (289)
10.1.2 题目分析 …… (289)
10.2 设计方案比较 …… (289)
10.2.1 程控放大器设计 …… (289)
10.2.2 程控滤波器设计 …… (293)

10.2.3 椭圆滤波器设计……(296)
10.2.4 幅频特性测试仪设计……(297)
10.2.5 系统总体设计方案及实现方框图……(300)
10.3 硬软件设计……(301)
10.3.1 程控放大器电路……(301)
10.3.2 状态变量滤波器设计……(302)
10.3.3 四阶椭圆低通滤波器设计……(303)
10.3.4 扫频信号产生电路……(306)
10.3.5 真有效值转换部分……(309)
10.3.6 系统软件设计……(311)
10.3.7 电源电路……(317)
10.3.8 抗干扰措施……(317)
10.4 测试及数据记录……(318)
10.4.1 程控放大电路测试……(318)
10.4.2 低通滤波器电路测试……(318)
10.4.3 高通滤波器电路测试……(319)
10.4.4 四阶椭圆低通滤波器……(319)
10.5 误差分析……(320)
10.6 总结……(320)
第11章 备战全国大学生电子设计竞赛……(321)
11.1 赛前准备……(321)
11.1.1 竞赛形式和规则……(321)
11.1.2 团队的选择……(322)
11.1.3 知识储备……(323)
11.2 赛题预测……(323)
11.2.1 2011年全国大学生电子设计竞赛基本仪器和主要元器件清单……(324)
11.2.2 2011年全国大学生电子设计竞赛题目及点评……(324)
11.3 竞赛过程……(329)
11.3.1 赛题确定……(329)
11.3.2 设计方案制定……(330)
11.3.3 赛程控制……(330)
11.3.4 作品完善……(331)
11.4 测试评审……(331)
11.4.1 竞赛奖项及评奖方法……(331)
11.4.2 测评过程……(332)
11.4.3 测试评分标准……(333)
参考文献……(337)

第1章　电子设计概论

现代社会已进入电子信息时代，电子技术的应用已渗透到生产、生活的方方面面，小到儿童电动玩具、各种家用及消费电子产品，大到航天飞机、雷达和宇宙飞船等。这些领域都需要大量的电子技术人才，其“神奇美妙”之处也引发了众多读者强烈的兴趣。

1.1　从一个例子开始

在一些聚会、节日、文艺演出及各种比赛场合，大家可以看到许多人挥舞着的发光棒（摇摇棒），它可以显示出各种你所需要的文字、符号、图像等，极大地活跃了现场气氛。现在就从这种看似神奇但制作简单的摇摇棒开始吧。

这种摇摇棒又叫魔棒、闪光棒、闪字棒、闪图棒、星光棒，是基于人眼视觉滞留产生静态显示的原理产生的。当其在手中左右摇动时，由于人的视觉滞留会在发光二极管（LED）摇动区域产生一个扇形视觉平面，从而在该视觉平面上可看到清晰的文字、符号或图案。这些显示的信息可以根据个人需要进行更改。如图1-1为一自制的数码摇摇棒实物，图1-2为其在手中左右摇动时闪现的字样，图1-3为其电路原理图。

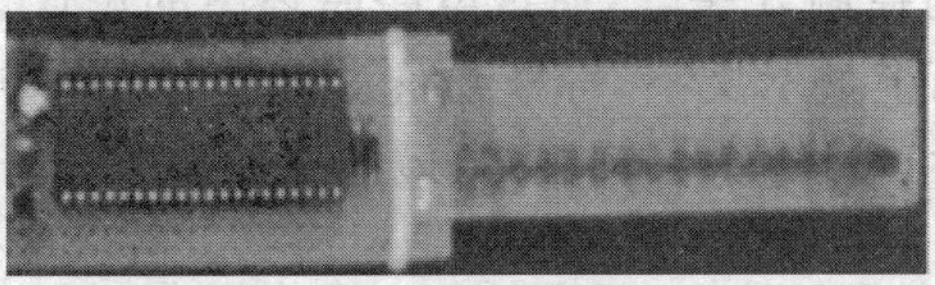

图1-1　自制数码摇摇棒

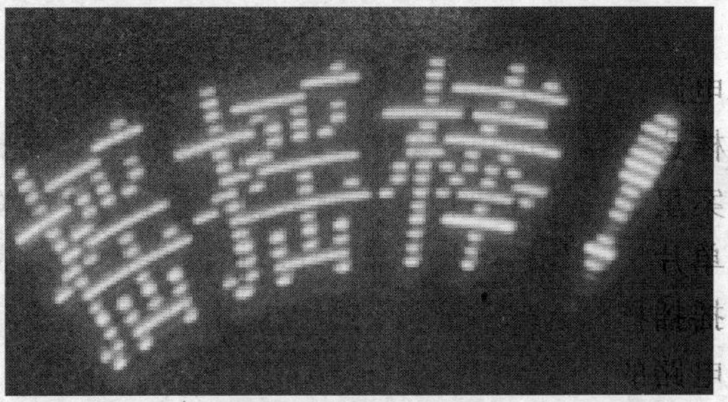

图1-2　摇摇棒字幕

摇摇棒使用6V直流工作电压供电，这样的电路称为电子电路。我国民用市电的电压是220V的交流电，采用这类电源供电的电路称为电工电路。例如常用的照明电路、电视的供电电路等都是电工电路。摇摇棒的设计即为典型的电子电路设计，属于电子设计的内容之一。虽说电子设计还包含另一个内容——电子元器件设计，但在高校里，学生开展的课外科技活动几乎都是电子电路设计。所以，本书中的电子设计指的是电子电路设计。

电子设计需要融会贯通电子专业理论知识，如模电、数电、单片机等，完成一个较完整的设计计算和安装调试过程。它包括分析方案中的关键技术、初步确定设计方案、落实各环节具体

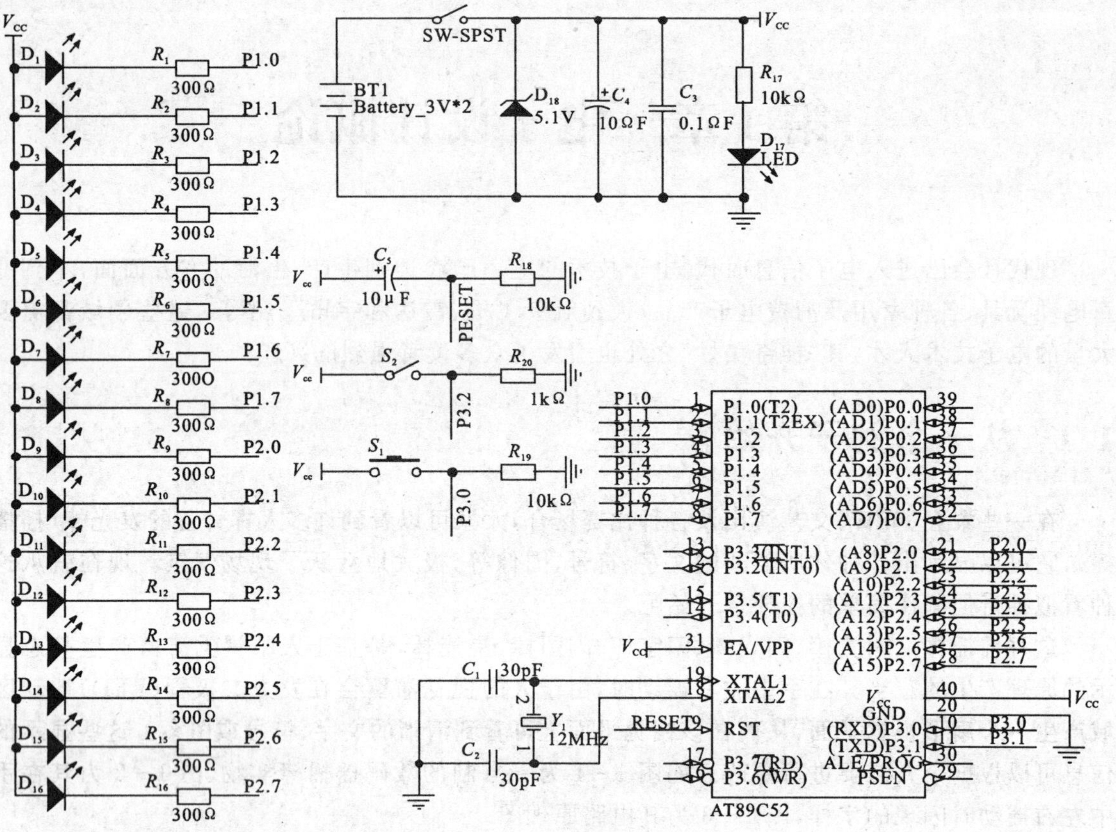

图 1－3　摇摇棒电路原理图

电路的实现方法、计算出它们的参数、画出总体电路图、试验样机的制作与调试等。例如摇摇棒这一简单的电子设计，关键技术是利用人眼视觉滞留产生静态 LED 扇形显示，因此，设计方案里选用单片机作为显示数据读取，水银开关作为摇动控制开关等，通过电路原理图的设计、单片机里软件的编写和调试，控制单片机完成视觉平面上显示文字、符号或图案的变化。整个摇摇棒的制作过程，经过元器件的购买、焊接、硬件软件调试等一系列工序，最终完成整个电子电路的设计。

看到这里，很多读者都能体会到电子设计的趣味和美妙神奇，甚至有亲自制作的冲动，但是初次涉足电子设计领域的读者会感到很困惑、很迷茫，不知从哪里入手。接下来，为大家讲述一些电子设计的科学起步方法和基础知识。

1.2　科学起步方法

从事电子设计的初级阶段，如果能够掌握一些科学的学习方法就可以事半功倍，否则会走很多弯路甚至影响自信心。

1.2.1 兴趣是动力

谈到兴趣，自然会想到一句通俗的话语："兴趣是最好的老师。"

已经选择了电子类专业的学生，从兴趣这一角度可以大致归为两类。一类是听从父母或其他亲戚朋友的建议，出于"糊涂"之中或"生路"的需要，"莫名"或"被迫"进入电子技术领域的，他们之前对电子技术一点兴趣都没有，甚至都没听说过电子技术，根本谈不上什么兴趣；另一类则是早有兴趣，主动选择了电子类专业。很显然，第二类学生会主动积极地学习，会把本专业的知识作为取之不尽、用之不竭的源泉，能化艰辛为动力，体会到无穷的乐趣。

其实，电子类专业是经久不衰的热门专业。在相当长的历史阶段中，IT产业、电子信息工程、应用电子技术、通信、自动化等领域都将作为我国国民经济的支柱产业，这些都需要大量的电子技术人才。而且此专业的学生在以后的找工作环节中可以说是"无孔不入"，因为各行各业都或多或少需要一些电子类的硬件设备和软件设计，从而有这方面的人才需求。因此，学习电子类专业的学生，没有理由不热爱自己的专业。

兴趣可以是天生的，也可以是后天养成，还可以是偶尔激发而就。比如看到别人做某个电子设计，被其神奇的电子技术所吸引，或通过完成某个特定的电子设计任务，感到成就感，都可能萌发兴趣。所以假如你对本专业尚不了解，那就需要在学习中有意识地培养专业兴趣，将自己的兴趣爱好洒向这片充满神奇的土地。

对于有这方面兴趣的读者来说，电子设计入门是爱好发展的初级阶段，之后在此方面深造是其爱好发展的高级阶段。20世纪50～70年代，电子爱好者一般从制作收音机入门，所以那时的电子爱好者也叫"无线电爱好者"；80～90年代的电子爱好者多半从摆弄音响入手，那时的电子爱好者叫"音响发烧友"；进入21世纪，电子爱好者则多半从组装计算机入门，即称之为"计算机迷"，除此之外，还有部分爱好者是从设立业余无线电台（如"火腿族"、"HAM族"等）、剖析家用电器、制作趣味作品等入手的。跨入电子之门后，在电子技术领域深造也是爱好的"试金石"。有些人以"时间不够"或"精力有限"的理由放弃电子设计，其实真正的原因是兴趣不够浓厚。每个人的时间和精力都相差无几，就看如何取舍和安排。如果真的兴趣浓厚，就会将大部分时间和精力投入到自己的爱好中，会心甘情愿、不知疲倦、不厌其烦地为自己的爱好付出，从而不断提高、不断收获。

培养兴趣，发展兴趣，让兴趣为自己的电子设计之旅奠定坚实的基础！

1.2.2 理论是关键

有的读者在电子设计初期会选取报警器、振荡器、音箱等小制作入手，先从网上或书本上找到现成的电路，然后购买器件，接着就是照着电路图焊接、组装、调试，这不失为一种入门的选择。但是这种做法可能会导致两种结果：一种是"莫名其妙"就完成了预期功能，制作者很兴奋，可一旦问到"为什么"，就只会回答"不知道"；另一种是焊接完成后，没有出现意料中的效果，又不知该如何调试，制作者受到严重打击。究其原因，就是忽视了基础理论知识的学习。所以在这里，要给选取这种"模仿"方式入门的读者强调一件事：不能只顾照搬照抄，一定要尽力看懂电路图的原理，弄清楚各种元器件的选取原因，在实践中提升理论学习的自主能力！

基础理论知识就像婴儿发育成长过程中所必需的营养成分，没有这些营养成分，婴儿就无法茁壮成长。在电子设计入门阶段，深刻、牢固地掌握基础知识也是必要条件，如果想在以后的学习道路上少吃苦、少遇困难，就一定要扎扎实实地学好电子技术基础知识。这些理论知识虽然枯燥、繁琐，但当你运用适当的方式方法掌握后，它可以使你在以后的电子设计过程中游刃有余。例如制定设计方案时，有了丰富的理论知识，可以很容易把握系统设计的主线，模块电路设计思路清晰，大大节约设计时间，书写报告时，可以利用丰富的理论知识将参数选择分析得有依有据，将项目指标陈述得头头是道，为设计报告增加亮点，让人耳目一新。总之，理论知识可以为以后的实践活动中的理论总结和实践创新打下坚实的基础，也可以保持知识体系的适时更新，为将来社会竞争能力的提高提供一定的保障。

一般，电子设计入门者必须具备下列诸方面的基础理论知识后，方可进行简单的电子电路设计。

(1)了解或掌握电子电路的一些技术名词和基本概念及规律，例如掌握直流电、交流电、接地等技术名词，掌握电源、负载、电流等基本概念及相应定律。

(2)了解一些基本元器件的结构、工作原理，掌握其特性。初学者往往不知道元器件的特性对电路分析的重要性，在许多情况下对电路无法下手分析，或无法正确分析电路的工作原理都是因对元器件的特性不了解所致，所以必须花很多精力掌握电子元器件的特性，这一关是电子设计非常重要的一步。

(3)掌握各种电路符号，既能了解元器件电路符号所表示的电路信息，也能独立画出它。

(4)了解电路及电路图的含义，知道常用单元电路的基本组成和功能，掌握电路分析的步骤、过程及其基本方法和思路。

(5)掌握放大器电路、整流电流等典型单元电路，了解其性能指标，能对外围元器件的参数进行分析计算。

这些理论知识将在后续的章节中给予介绍，请大家注意了解和掌握。有的知识点是需要烙印在脑海里，随用随取，有的知识点没必要死记硬背，只要知道这些知识点在哪里，用时能找到就可以了。毕竟，学习的关键是理解。

1.2.3 实践是真理

电子设计是理论性和实践性相结合的项目。电子技术理论知识系统庞大，纯粹的理论学习速度慢、效果差，而动手实践可以增强对理论知识的感性认识，更加快捷和有效地进入电子技术领域。举一个运算放大器的例子，按照理论分析，只要比例电阻选定后，就可决定运算放大器的放大倍数，计算结果十分明确。而事实并非如此，需要将理论计算和实验调整相结合来选取比例电阻，这样才能获得切合实际的放大倍数；此外，在实际应用中还需考虑输入电阻问题，单、双电源供电问题等。因此，实践是促进理论知识学习的最好途径。

前面提到过，在电子设计入门阶段，需要对元器件进行必要的了解和掌握。那么如何在感性认识方面快速突破呢？答案就是"实践"。为了快速熟悉各种元器件的外形特征，最好的方式就是走进一家电子元器件专卖店，那里的元器件琳琅满目，可以使你"大饱眼福"。专卖店里电子元器件都是按类摆放，旁边会标出名称，能够使你很快将元器件名称、型号和实物外形特征对应起来，效率高，信息量大，记得牢。

现在许多高等学校为学生开展课外科技活动创造条件，都建立了开放的实验环境，选派优秀教师参与指导。为了进一步加强对电子设计的感性认识，可以走进学校电子类专业实验室看看，全面了解各种测试仪器、专用工具及一些电子电路的设计和制作过程。在实验室里，除了可以请教老师外，低年级学生还可以请教有电子设计经验的高年级学生，沟通方便，实践效果好，这将会对自己的整个电子设计活动相当有益。

当有了电子元器件、电子电路等方面的亲身体会和生动印象后，自己动手设计或制作会有一定的感性认识，可以开始进行元器件识别、焊接拆卸、画画电路原理图、测量电路中的电压电流等实践操作。通过动手实践检验自己是否已经记住所观察到的事物或掌握所学的知识。

在实践过程中，一定要保证认真、严谨、踏实的实践态度。正确的态度是成功的保证。电子设计是实实在在的东西，来不得半点虚假。设计过程中需要参考器件数据表、协议标准、专业书籍或期刊等文献资料，参考时必须要有选择、有原则的借鉴和学习，避免出现照搬照抄数据不完整、图表有错误、结论不严密等情况，对后续的设计和制作产生不利的影响。俗话说："千里之堤，溃于蚁穴。"一时的大意和马虎往往要加倍偿还，解决问题所花的代价更大。

做一件事情，认真做也罢，不认真做也罢，总是要花费时间的。认真做可能会有比较理想的结果，而不认真做，一定不会有很理想的结果。有的学生在搜索资料时没翻几部文献或没浏览几页网页就认为没有自己所要的资料而放弃努力，在电路焊接时没认真检查是否所有元器件引脚都已焊接完毕就草草了事，在电路调试时简单测试不成功就认为器件有问题而就此罢手，这些浮躁、半途而废者，永远都不可能在技术领域中有很大的作为。

除此之外，勤于记录也是实践的一大重要环节。在电子设计过程中，将设计思想、参数选择、理论计算、程序注释、调试现象、测试数据、心得体会等详细记录下来，不仅能够保存整个设计思维过程，防止记忆丢失，而且也可以作为日后其他电路设计的参考。等记录积累到一定量后，还可以对其进行分析对比、归纳总结，从中提炼出规律性和理论性的精华，使自己的学识上升到一个新的高度。

总之，动手实践可以强化理论知识的学习。在学习的早期，边动手操作，边进行基础理论知识的学习，具有点石成金的功效。

1.3 电子设计选题

高等学校里开展电子设计类的项目很多，比如电子类的课程实习、毕业设计、科技创新项目以及各种比赛等，旨在培养和提高大学生的实践动手能力、理论联系实际的学风、团队协作能力以及创新能力。这些项目一般是在开放实验室的环境下进行，大多数都支持学生题目自拟、方案自选。有很多学生思维活跃，能萌发出很多设想，然后亲自动手设计电路并调试出来。但也有学生一时想不到好题目，这时可以参考往届全国大学生电子设计竞赛的题目或相关社会性比赛获奖题目，参考电子类优秀杂志前沿动态，或听从指导老师的选题建议等。

作为课外科技创新活动，选题可从自己的兴趣出发，选择自己感兴趣的方向或领域的主题，这样才能主动地、轻松愉悦地投入时间和精力，完成具体的硬件和软件设计及调试，效率高，成功后也会更有成就感和喜悦感。

电子电路通常是综合性比较强的电子系统，只有设计这样的系统，才能提升水平和能力。其选题应注意以下几点：

(1)选题应新颖，具有一定的趣味性。如果选题具有创新点、有特色，就能吸引评审人员的眼球，无形中为设计作品加分。属于社会前沿技术的一些选题完成后如有可能，还可发表优秀论文，转换成产品，或申请专利。

(2)选题应综合性强。电子设计包含硬件设计和软件设计，涵盖模拟电路、数字电路和单片机，一般作品都需要用单片机作为控制核心或处理信号，或者用PLD等器件来实现。这种综合电子系统的设计能提高学生系统级电路的设计水平。

(3)选题应有实际意义。电子设计一般带有一定的目的性，是要完成具有某种功能或解决某种问题的作品，同时在设计过程中能学到某种知识或掌握某种技巧。这种选题可以从日常生活出发，选做一些实用的电器，其功能与市场上的产品类似，设计方案上完全模仿或部分模仿都行，也可以在模仿的基础上将自己的设计与之融合在一起。比如，希望为自己的计算机配套多媒体音箱，可以选做“有源音箱”；希望送朋友一个礼物，可以选做“数码相框”等。选题也可以以学习某种知识或从事某种研究、验证某种理论以及评估某种器件性能等为目的。比如，为了学习单片机，可以设计“单片机开发板”；为了研究滤波器特性，可以设计“滤波器特性测试仪器”。另外，为了验证或应用自己创造的新理论、提出的新构思、设计的新电路或开发的新算法，可以设计发明创造的选题，比如突发奇想，设计“智能家居防盗系统”、“语音识别机器人”等。

(4)选题应具有可行性。选题时要考虑自身知识水平、动手能力、调试经验、经济条件以及现有的材料、仪器设备、软件等客观情况，以保证所选的主题能够在相关条件下实现。虽然有时目标高一些可能创造奇迹，但目标也不能是“空中楼阁”，选择不切实际的主题，不仅无法完成，而且还可能会使自己丧失信心，甚至对电子设计失去兴趣。

1.4 电子设计方法

当选定设计题目后，就要按照给定的技术指标和功能要求，综合运用已学理论知识和设计经验，对电路进行硬件设计、软件设计、电路仿真调试、仪器测量等。

1.4.1 电子系统组成

电子系统有大有小，有非常简单的，也有异常复杂的。通常电子系统由图1-4所示的几部分组成。

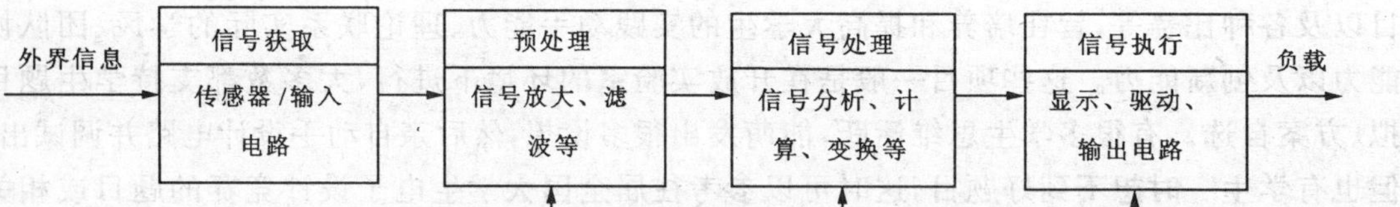

图1-4　电子系统的组成

外界信息通过传感器或输入电路，变换成电信号或实现系统与信源间的耦合匹配。之后进行预处理，即为常说的“信号调理”，主要是解决信号的放大、衰减、滤波等。经预处理后的信号，在幅度和其他诸多方面都比较适合作进一步的分析和处理。信号处理主要完成信号和信息的采集、分析、计算、变换、传输和决策等。整个系统通过控制电路来完成对各部分动作的控制，使各部分能协调有序地工作。另外，电源是每个电子系统必不可少的部分，它为电路正常工作提供“动力”。目前电源基本上都可采用标准化电路，有许多成品可供选择。

一般，一个电子系统可分为4级，即系统级、子系统级、单元级和元件级。常称电子系统级为“顶级”，元件级为“底级”。一个电子系统可能包含若干个子系统，每个子系统可能含若干个功能单一的单元电路，而每个单元电路又由若干个元器件组成。例如图1-4，整个电子系统可分为信号输入/输出、信号处理和控制三大子系统级，其中信号处理这个子系统里又包含放大电路、衰减电路、滤波电路等这些单元电路，而单元电路，如放大电路，显然是由电子元器件组成，这就是最底层的元件级。

1.4.2　电子设计一般方法

1)自底向上法

自底向上法是根据要实现的系统功能要求，首先从现有的可用元器件中选出合适的元器件，手工设计单元电路的原理图，接着进行仿真，检验设计方案在指标或功能方面的正确性，之后焊接调试。当一个单元电路不能直接实现系统的某个功能时，就需要设计由多个单元电路组成的子系统去实现该功能，一直进行到系统要求的全部指标或功能都实现为止。

该设计方法适合于不太复杂的小规模电子系统，同时也适用于手头已有现成的、经过验证的、成熟的单元电路或模块，可直接用来搭建系统，从而实现设计重用，减少设计的重复劳动，提高设计生产率。但此方法容易使设计者受限于现有可用的元件，不容易实现系统化的、清晰易懂的以及可靠性高、可维护性好的设计。

2)自顶向下法

自顶向下法是根据设计系统的指标或功能需求，先设计系统的方框图，即订方案，不必过多地考虑底层选择什么电路、选择什么器件。然后对系统进行划分，分解为规模较小、功能较为简单、相对独立的子系统，并确定它们之间的相互关系。这种划分过程可以不断进行下去，直到完成每一个单元电路的理论设计后，再根据框图及要求，采购元器件，设计印刷电路板，装配，并调试。在设计上一级时，应考虑周全，为下一级负责。如果下一级设计时遇到问题，必须要退回到上一级，对上一级的构思及设计加以修正。例如，在调试过程中发现问题，需要退回到单元电路，修改单元电路的部分设计及更换器件，以保证性能合乎要求。所以自顶向下的设计过程是一个不断反复修正的过程。

该方法适合于各级层次比较分明的大型系统，容易设计可靠性高、可维护性好的系统。

3)系统集成法

系统集成法是以自顶向下的方法为主导，并结合使用自底向上的方法。在完成顶层级设计后，再分头实施下一级设计。采用该方法，能保证实现系统化的、清晰易懂的，以及可靠性高、可维护性好的设计，又能充分利用IP(知识产权)核，减少设计的重复劳动，提高生产效率，因此被普遍采用。

全国大学生电子设计竞赛要求参赛学生在4天3夜的短短时间内设计制作一个系统级的电子作品。可以设想，在这么短的时间内完成一个复杂的系统谈何容易，这就需要在培训阶段多设计制作一些电路模块，拿到竞赛题目后，先确定整体设计方案，再根据手头现有的经过验证的电路模块，组成一个“系统集成”。因为系统由3人共同承担，所以需要重视接口电路的设计，在考虑自己所承担的模块设计时，一定要考虑与之相连的接口特性，尽量考虑到模块之间的电平匹配和阻抗匹配。在可能的条件下，尽量采用通用的标准接口。

1.5 电子设计步骤

在实现电子系统之前必须按照需求对系统进行设计。严谨规范的设计可以使系统在制作、调试时省时省力,节约成本,达到事半功倍的效果。

全国大学生电子设计竞赛是由国家教育部倡导的四大学科竞赛之一,是电子设计领域的重大赛事,也是经典赛事。本节以此赛事为背景,介绍电子设计竞赛作品设计的全步骤。

电子设计竞赛以电子技术(包括模拟低频、高频和数字电路)应用设计为主要内容,涉及单片机、可编程逻辑器件、EDA 软件工具和 PC(主要用于开发)的应用,既有硬件知识,又有软件知识。电子设计竞赛作品设计一方面需要遵守电子作品设计的一般规律,另一方面要在限定时间、限定人数、限制设计制作条件和限制交流等情况下完成作品的设计制作。其设计步骤一般需要经过题目选择、明确设计要求、系统方案论证、子系统和单元电路的硬件及软件设计、系统综合、调试与测量等步骤,最后完成作品和设计总结报告。图 1-5 给出了电子设计竞赛作品设计制作的全过程。

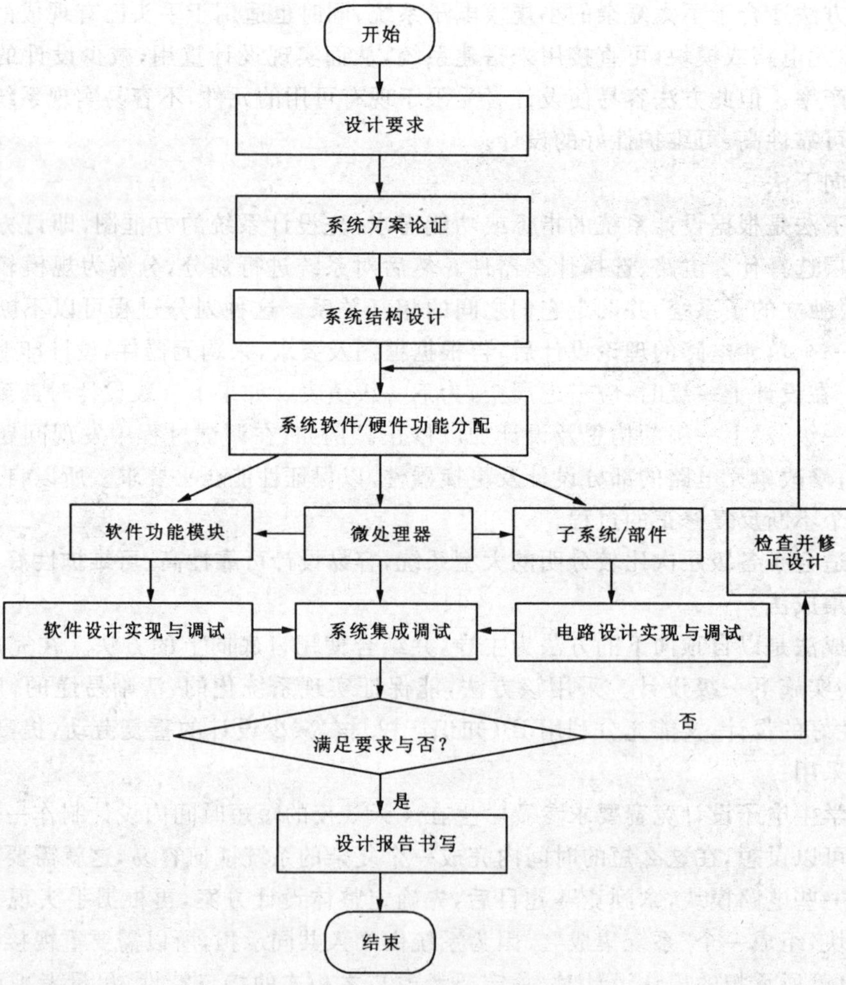

图 1-5 电子设计竞赛作品设计流程

这些步骤只是一个大致设计流程,不是一成不变的,可根据具体设计系统应变操作。比如时间允许可以添加电路仿真测试步骤,设计合理则可省略修正设计步骤。但不管最后怎么具体实施,都需要遵循使用最经济的资源实现最好的电路功能这个基本原则,这大概也是电子设计竞赛近几年来提倡"性价比"的根本原因和出发点吧。

1.5.1 明确设计要求

选定题目后,要仔细审题,研究题目给定的技术指标,确定完成指标或功能的控制方式,待测信号和被控对象的性质、数量、指标等。

(1)对于模拟子系统,需要明确的设计要求有:①输入信号的波形和幅度、频率等参数;②输出信号的波形和幅度、频率等参数;③系统的功能和各项性能指标,如增益、频带、宽度、信噪比、失真度等;④技术指标的精度、稳定性;⑤测量仪器;⑥调试方法;⑦实现器件。

(2)对于数字子系统,需要明确的设计要求有:①子系统的输入和输出、数量;②信号形式、模拟、TTL、CMOS;③负载、微控制器、可编程器件、功率驱动、输出电流;④时钟、毛刺、冒险竞争;⑤实现器件。

1.5.2 确定设计方案

根据技术的可能性提出多种可能实现的技术方案、系统结构、控制测量方法、关键电路等,评价和比较其优缺点,以择优选取为原则,拟定最终设计方案,尽量保证技术的先进性和可发展性,并对该方案展开设计。

对于数字电路占主体的系统,建议采用单片机或者可编程逻辑器件,不要大量地采用中小规模的数字集成电路,因为中小规模数字集成电路在制作作品时非常麻烦,可靠性也差。

模拟子系统的设计方案对电子系统的性能质量有着举足轻重的影响,设计过程中应充分全面地考虑。建议有以下几点:

(1)根据技术性能指标、输入输出信号关系等确定系统方框图。

(2)在子系统中,合理地分配技术指标,如增益、噪声、非线性等。将指标分配到方框图中的各模块,技术参数指标要定性和定量。

(3)要注意各功能单元的静态指标与动态指标、精度及其稳定性,应充分考虑元器件的温度特性、电源电压波动、负载变化及干扰等因素的影响。

(4)要注意各模块之间的耦合形式、级间的阻抗匹配、反馈类型、负载效应及电源内阻、地线电阻、温度等对系统指标的影响。

(5)要事先确定参数调试与测试方法、仪器仪表、调试与测试点,以及相关的数据记录与处理方法。

1.5.3 设计制作

电子竞赛作品设计不大可能是纯硬件电路,通常都有单片机、PLD等芯片,这样就需要编写程序或软件设计。

1)硬件电路设计

硬件电路设计是根据所确定的设计方案,选择好元器件,按照技术指标要求,参考元器件厂商提供的设计参考(评估板)以及参考资料提供的电路,完成设计。设计过程中需要计算器件及性能参数、仿真测试以及焊接电路调试等，也可能需要多次修改设计过程。

硬件电路设计与所选择的元器件有很大关系，在选用电子元器件时应遵循下列准则：

(1)元器件的技术条件、技术性能、质量等级等均应满足电路的要求。

(2)优先选择比较通用且经实践证明质量稳定、可靠性高、有发展前途的标准元器件，不要选择偏门、冷门、已经淘汰停产或即将淘汰停产的元器件。

(3)尽量采用自己已有的器件，并且在设计制作过程中使用器件规格的种类要尽量少，也方便器件的采购和管理。

(4)优先选用有良好的技术服务、供货及时、价格合理的生产厂家的元器件。对部分关键器件，尽量选择优质高档器件，虽然器件价格高，但使用时不会因为质量问题而耽误时间和影响系统性能。

(5)应注意元器件参数的分散性，设计时应留有余地。

2)软件设计

一个包含微处理器的电子系统的正常运行离不开一套稳定可靠的系统程序的支持。系统软件的设计应包含硬件驱动程序设计、功能模块设计和软件抗干扰设计等功能，必要时可以采用实时操作系统作为系统的内核。其中硬件驱动程序设计、功能模块设计是实现系统功能必不可少的部分，而软件抗干扰设计则是系统的稳定性、可靠性设计的需求。

(1)程序接口的数据赋值变量类型和数量应一致。

(2)程序应对传递的数据判断合法性、对输出数据的执行效果要检测，不仅要分析数据输出的稳态过程，还要分析其过渡过程。

(3)应将容易受干扰和容易产生干扰的控制动作从时序上控制好，予以分开隔离。

(4)代码注释说明要充分，代码布局风格应统一，便于查找和移植。

(5)应注意程序代码或控制区域的处理方法，如采用状态机的程序结构等，防止程序跑飞现象。

3)印制板设计和电路板焊接

对硬件电路进行参数计算、仿真测试成功后，需要进行 PCB 设计，或直接将相应元器件焊接到电路板上。

PCB 设计时应遵守 PCB 设计的基本规则，注意数字电路与模拟电路的分隔、高频电路与低频电路的分隔、电源线与接地板的设计等问题。元器件布置要合理，以满足性能指标为标准，特别是在高频电路设计时要加以注意。为了方便测试，PCB 设计时应设置相关的测试点。

电路板焊接时应注意焊接工艺，保证模块电路的稳定性。元器件的布局要合理，便于安装和检查，要尽量避免各部分的干扰，必要时应加屏蔽。各单元电路间最好通过接插件相连，拔插容易。各部分的共地线最好采用较粗的导线。另外，布线时，应尽量做到短而直，这样布线美观、可靠、分布参数少或干扰小，同时注意设置相关的测试点。

1.5.4 系统调试

调试时不能“胡子眉毛一把抓”，要按一定的顺序进行，同时还要掌握一定的方法和技巧。

1)调试顺序

大多数系统按照先部分后整体、先主要后次要、先硬件后软件的顺序进行调试。

对于复杂电路，先单独调试各单元电路，待各单元电路都能正常工作后，再逐步扩大调试范围，最后整体连接在一起调试，这样可避免由于其中某个部分或某几个部分的电路存在故障而影响甚至损坏整个系统的电路，也可避免由此产生的错误测试结果导致错误的判断。

调试某部分电路时，要先调试功能比较重要的、含关键器件和贵重器件的主要电路，再调试功能不重要、廉价器件构成的次要电路，也可以在一定程度上降低因某部分电路异常给整体电路带来的损失。

由于硬件电路是软件程序的载体，硬件电路工作不正常，软件则无法测试，所以，应先将硬件电路调试好后再进行软件的调试，避免出现由于硬件工作异常而造成仿真器、计算机等设备损坏。

2)硬件调试

硬件调试内容包括静态调试和动态调试。调试顺序一般按信号流向进行，这样可用前面调试过的输出信号作为后一级的输入信号，为最后联调创造有利条件。

(1)静态调试：是指在没有外加信号的条件下，测试电路各点的电位并加以调整，达到设计值所进行的直流测试和调整过程。例如，通过静态调试模拟电路的静态工作点或数字电路的各输入端和输出端的高、低电平值及逻辑关系等。通过静态测试可以及时发现已经损坏的元器件，判断电路的工作情况，并及时调整电路参数，使电路的工作状态符合设计要求。

(2)动态调试：是在静态调试的基础上进行的。调试的方法是在电路的输入端接入适当频率和幅值的信号，或利用自身的信号检查各种动态指标是否满足要求，并循着信号的流向逐级检测各有关点的波形形状、信号幅值、相位关系、频率、放大倍数等参数和性能指标，必要时进行适当的调整，使指标达到要求。若发现故障现象，应先排除故障后，采取不同的方法缩小故障范围，最后设法排除故障，再进行动态调整。测试过程中最好在感觉和经验的基础上借助仪器设备进行观察。使用示波器时，最好把示波器的信号输入方式置于“DC”档，通过直流耦合方式，可同时观察被测信号的交直流成分。通过调试，最后检查功能块和整机的各项指标(如信号的幅度、波形形状、相位关系、增益、输入阻抗和输出阻抗等)是否满足设计要求，如果必要，再进一步对电路参数提出合理的修正。

3)软件调试

软件调试主要借助软件调试工具，结合硬件电路对程序运行结果及电路功能进行测试，查找并修改程序中的错误，使程序能够正常运行。

在条件允许的情况下，可采用仿真器进行软件调试，常见的测试方法有设断点、单步运行、全速运行等多种，具体操作可参考相应仿真器配套软件的使用手册，这里不多介绍。在条件有限并且所使用单片机或其他微处理器的程序存储器为Flash ROM时，也可配合编程器或下载电缆用多次擦写的方式进行软件调试。用这种方式调试只能全速运行，不能设置断点或暂停，也不能像仿真器那样通过仿真软件查看各个寄存器的值，但很多时候可以对程序进行简单的修改，利用电路中的LED、数码管、LCD屏等显示器件来显示某个寄存器的值或某一位的状态，或者将某些寄存器的值通过串行接口发送给计算机，利用串口调试软件来查看。

当发现程序运行结果不正确或电路功能与要求不符时，不要胡乱随处修改程序，而应该按一定方法查找错误，在找出问题的原因并确定问题所在后再修改程序中的错误。一般修改错误比查找错误要容易得多，而且有时在查找错误的同时也修改了错误。需要注意的是，在软件调试的过程中，每次修改程序前都要将原来的程序备份，以备参考对比或恢复时使用。

4)系统统调

系统统调是将调试好的各个子系统电路连接起来,并将各个输入、输出端口的负载,传感器,信号源等连成一体,统一调试,从总体上运行系统,发现问题,进而解决问题。调试时,要先调基本指标,后调影响质量的指标;先调独立环节,后调有影响的环节,直到满足系统的各项指标为止。完成这一步后,电路基本定型。

如果电路工作不正常,需要注意以下几点:

(1)首先应该分清是硬件还是软件问题。如果软件在仿真器上运行正常,那么主要问题就可能出现在硬件方面,如果软件在仿真器上运行出现不稳定状态,则应当考虑程序问题。

(2)硬件方面应该查看电路板电路与原理图电路是否一致,注意有无因安装不正确(如漏焊、短路、开路、元器件引脚虚焊以及 PCB 板设计错误等)引起的电路不能正常工作。

(3)硬件和软件分别调试正常,而连接起来调试出现问题时,要考虑 CPU 的 I/O 口驱动能力及印刷板设计不当造成的干扰问题。

(4)如果各种可能造成电路不正常的原因都排除了,电路仍然不能正常工作,这时要考虑电路设计是否有原理性错误,如果存在原理性错误而无法达到设计要求,那么必须重新考虑整个设计。

1.5.5 设计报告整理及撰写

实际上,从设计的第一步开始就要编写设计报告。设计报告的组织应符合系统化、层次化和结构化的要求,语句应条理分明、简洁、正确,所用单位、符号等应符合国家标准。

在全国大学生电子设计竞赛中,设计报告的评分是一个独立的环节,评分过程是在作品通过专家测试前进行的。每一个竞赛题目的后面都附有一张竞赛组委会提供的评分标准表,专家组参照此标准进行评分,学生在撰写设计报告时可以对照此表规范设计报告内容。2011 年全国大学生电子设计竞赛本科组 B 题“基于自由摆的平板控制系统”的评分标准见表 1-1,其设计报告总分为 20 分。

设计报告是电子设计的一个重要组成部分。一般,设计报告包含以下几部分。

1)题目

即选择的设计作品的名称。

2)摘要和关键词

摘要是对设计报告的总结,一般为 200～300 字。摘要的内容应包括目的、方法、结果和结论,即应包含设计的主要内容、主要方法和主要创新点。关键词是提取报告中关键的技术点,一般选取 3～6 个。中文摘要中不要出现“我们”之类的词语,英文摘要内容应与中文摘要相对应,一般用第三人称和被动式。

3)正文

正文是设计报告的核心,其主要内容包含以下几方面:

(1)方案论证与选择。系统设计包括设计要求、设计思路与总体方案的可行性论证,各功能模块的划分与组成,系统的工作原理或工作过程。设计要求是对题目任务要求与相应指标作引用,明确要点与注意点,不能直接引用。可行性分析中,应提出 2～3 种总体设计方案进行分析与比较,选择时要考虑先进性及实现的可能性。对选定的系统方案给出设计思路和方框图,方案中的各功能模块的工作原理或工作过程应给予适当介绍。

(2)单元电路设计、参数计算和器件选择。单元电路设计中,对已确定的各单元电路的工作原理进行介绍,画出完整电路图,对各单元电路进行分析和设计,并对电路中的有关参数进行计算及元器件的选择等。

理论分析计算必不可少。要注意公式的完整性、参数和单位的匹配、计算的正确性、计算值与实际选择的元器件参数值的差别等,要为题目指标的实现提供理论保证。

表1-1 2011年全国大学生电子设计竞赛B题评分标准

	项目	主要内容	满分
设计报告	系统方案	方案比较与选择,系统结构	4
	理论分析与计算	平板状态测量方法、建模与控制方法	6
	电路与程序设计	电路设计、程序结构与设计	5
	测试方案与测试结果	测试方案、测试结果及分析	3
	设计报告结构及规范性	摘要、设计报告正文的结构、图标的规范性	2
	总分		20
基本要求	实际制作完成情况		50
发挥部分	完成第一项		10
	完成第二项		30
	其他		10
	总分		50

(3)软件设计。一般将软件设计单独罗列出来,介绍软件设计的平台、开发工具和实现方法,应详细地介绍程序的流程方框图、控制方法(算法)、实现的功能以及程序清单等。如果程序很长的话,程序清单可以在附录中列出,每段程序需要一些文字的注释。若软件设计中有特色之处,对特色之处也要作详细说明。

(4)测试方法与数据分析。使用框图结合简要文字介绍系统的性能指标或功能的测试方法、步骤以及所用仪器设备的名称和型号,作品的测试数据以表格、曲线、图形的方式表达,必要时作些说明,注意测量数据的精度,保证其科学、可靠。

(5)结论。对系统的整体实现及功能作一个分析总结及评价,同时指出系统的不足,必要时可加入设计与调试心得。

4)参考文献

应参照相应的格式列出在设计过程中参考的主要书籍、刊物、杂志等。

5)附录

包括元器件明细表、仪器设备清单、电路图图纸、设计的程序清单、电路使用说明等。电路图图纸要注意选择合适的图幅大小、标注栏。程序清单要有注释、总程序功能和分段程序功能的文字说明等内容。

1.6 利用互联网搜索所需资料

互联网是一个世界规模的巨大的信息和服务资源。它不仅为人们提供了各种各样简单而且快捷的通信与信息检索手段，而且为人们提供了便捷的信息交流和资源共享平台。充分利用网络上的资源、各种相关技术文献，下载各大公司的器件手册、各种设计软件以及设计者之间的技术交流已经成为电子设计过程中的重要手段。

最常用的搜索引擎当属国外的 Google 网站（www. google. com）和国内的百度网站（www. baidu. com）了。这两个网站的搜索信息方式很简单，当进入相应网站，在查询框里输入所需查询的信息内容之后点击“搜索”按钮或敲回车(Enter)键，即可得到相关资料的全部网页，再按自己所需查找具体内容。

在学习或使用的过程中，若发现提供信息较多的有用网站，要及时收藏网址。下面推荐几个常用的电子工程搜索引擎和常用的电子设计网站。

1)21IC 中国电子网：http://cn. 21ic. com

21IC 中国电子网是中国第一家电子技术门户网站，向中国电子工程师提供最新电子技术和产品信息、应用设计思路、市场和行业动态、器件资料等信息，同时也是大家相互交流、学习和表达的友好社区。其开办的栏目包括设计应用、新闻动态、解决方案、网友杂谈、器件搜索、库存查询和活动预告等，涉及的技术涵盖嵌入式系统、测试测量、电源技术、接口电路、存储器、DSP、传感与控制、通信网络、无线通信、单片机、模拟技术、显示光电、EDA/PLD 等。

2)与非网：http://www. eefocus. com

与非网是一个网上图书馆。凭借特色鲜明的行业百科辞典，可以随时查阅行业术语及相关文档和精选链接；同时它联合了中外著名高校、企业和研究机构，为您提供在线培训和自学教程。

3)中国工控网：http://www. gongkong. com

中国工业控制自动化行业是具有广泛影响力的专业门户网站，提供自动化产品、自动化供应、自动化行业动态报道、自动化书籍、自动化资料等。

4)大学生电子设计联盟：http://www. nuede. net. cn/forum. php

此网站专注于大学生电子设计竞赛，服务于大学生电子设计竞赛，为参加电子设计竞赛的学生提供一个交流学习的平台。网站有很多极其有用的资料，尤其是单片机和模拟电路的分析等。

5)中国芯片手册网：http://www. icpdf. com
http://www. datasheet5. com

这两个网站主要是用来查找数据手册，其专注于提供 ic 资料、datasheet、ic 封装、ic 应用电路、ic 交易价格服务等。

6)电子产品世界：http://www. eepw. com. cn/news

此网站在嵌入式系统、元器件、电源、无线技术、消费类电子、测试测量、EDA 等热门领域都有深入细致的报道。

7)电子发烧友网：http://www. elecfans. com

电子发烧友网是一个以电子技术知识为核心、以工程师为主导的平台，提供各种电子电路电路图、原理图、ic资料、技术文章、免费资料下载等。

8)程序员联合开发网:http://www.pudn.com

此网站的特色是源码和电子书籍资源丰富,提供嵌入式/单片机、通讯编程、数值算法、图形图像等各方面的源代码和电子书籍的下载。

9)51电子网:http://www.51dzw.com

10)周立功单片机网:http://www.mcustudy.com

11)电子工程专辑网站:http://www.eetchina.com

12)微波论坛:http://www.microwavebbs.com

13)中国PCB技术网:http://www.pcbtech.net

14)可编程逻辑器件中文网站:http://www.fpga.com.cn

第 2 章　在 Multisim 11.0 中学习基本电子元器件

Multisim 11.0 仿真软件是一种优秀的电子设计训练工具，有着传统实验不可比拟的优势。它能有效延伸实验时间、空间和场地，减少电子元器件的耗费，提高工作效率，在理论知识学习和设计实践中架起一座过渡和沟通的桥梁。

在 Multisim 11.0 仿真软件中学习基本电子元器件，不仅能熟练仿真软件的应用，增强学习元器件结构、工作原理及特性的信息量，而且还能培养学生的学习兴趣，提高实践动手能力和创新能力。

2.1　Multisim 11.0 仿真软件

2.1.1　Multisim 仿真软件简介

Multisim 是美国国家仪器（NI）有限公司推出的以 Windows 为基础的仿真工具，适用于板级的模拟/数字电路板的设计工作。它包含了电路原理图的图形输入、电路硬件描述语言输入方式，具有丰富的仿真分析能力。

Multisim 11.0 是继 Multisim 2001 之后的 Multisim 最新版本。Multisim 11.0 提供了全面集成化的设计环境，完成从原理图设计输入、电路仿真分析到电路功能测试等工作。当改变电路连接或改变元件参数，对电路进行仿真时，可以清楚地观察到各种变化对电路性能的影响，能进行射频、MCU、PSPICE、VHDL 等方面的仿真。

2.1.2　绘制第一张电路图

1)启动操作

首先，点击电脑桌面左下角菜单，点击开始—程序—National Instruments—Circuit Design Suite 11.0—Multisim 11.0，运行 Multisim 11.0 程序，出现如图 2-1 界面。

启动后出现的窗口如图 2-2 所示。

界面分为菜单栏、项目管理窗、元件工具栏、仿真工具条、视图工具栏、仿真开关、元件表格窗、电子工作区和仪器工具栏等几个部分。

软件默认已经创建了名为 Design 1 的工程文件，也可以选择 File/New/Design，即创建工程成功。

2)添加元件

Multisim 11.0 的元件工具栏包括 16 种元件分类库，如图 2-3 所示。每个元件库放置同一类型的元件，元件工具栏还包括放置层次电路和总线的命令。元件工具栏从左到右的模块分别为电源库、基本元件库、二极管库、晶体管库、模拟器件库、TTL 器件库、CMOS 元件库、杂

图 2－1　启动界面

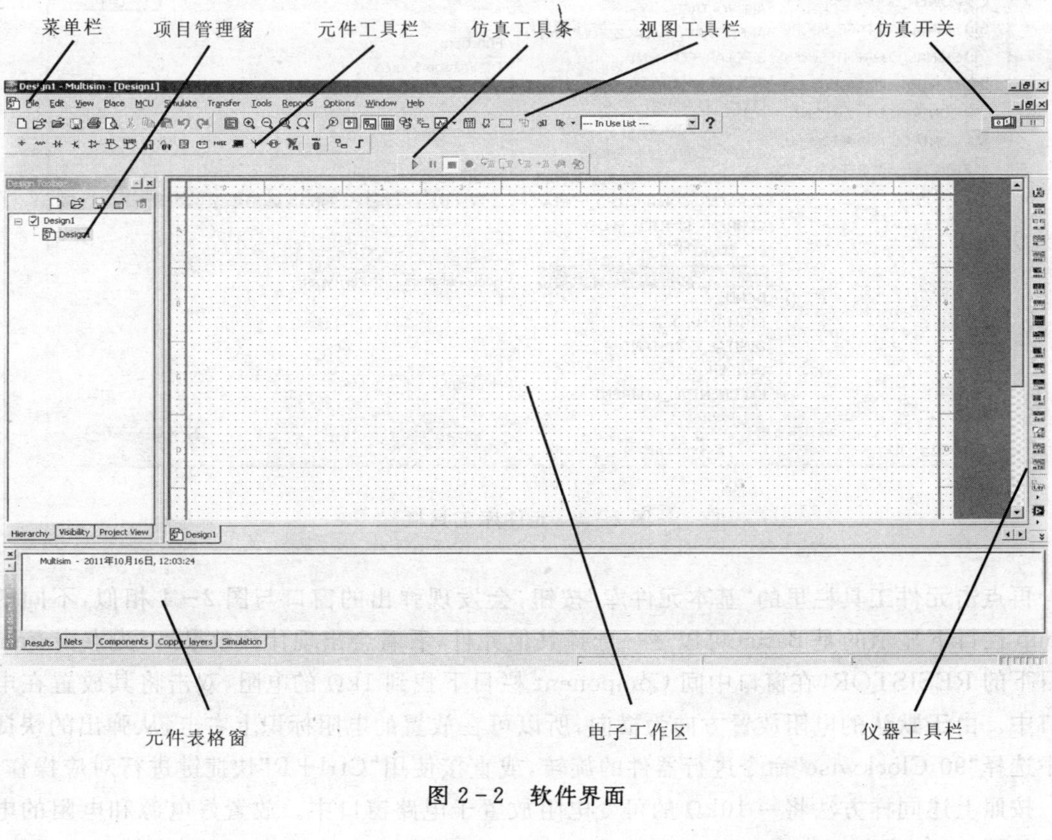

图 2－2　软件界面

合类数字元件库、混合元件库、功率元件库、杂合类模拟元件库、高级外围元件库、RF 射频元件库、机电类元件库、微处理模块元件库、层次化模块和总线模块。其中，层次化模块是将已有的电路作为一个子模块加到当前电路中。

图 2－3　元件工具栏

点击元件工具栏里的“电源库”按钮，弹出的窗口如图 2－4 所示。在 Component 栏目下双击“DC_POWER”的标识，移动鼠标至电路窗口的适当位置后单击，就可以将电池组放置好了。点击“Close”或键盘“Esc”键均可关闭元件库工具栏。如果单击器件标识后想放弃放置，则右击即可取消。

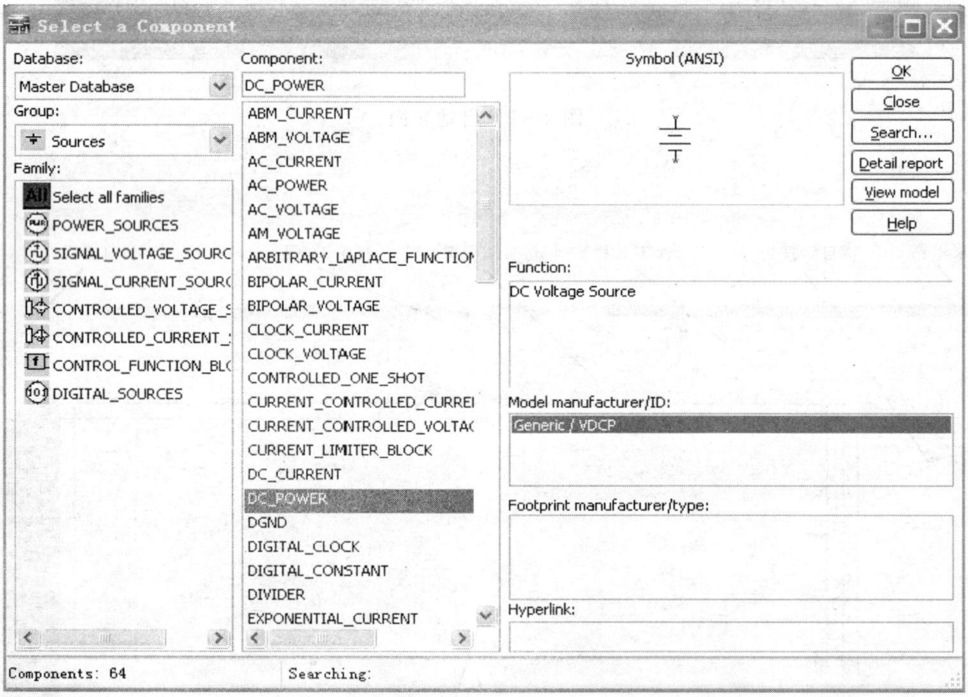

图 2－4　元件库工具栏

再点击元件工具栏里的“基本元件库”按钮，会发现弹出的窗口与图 2－4 相似，不同的是 Group 栏目下显示的是 Basic(可以逐一选择其他元件，看看会出现什么效果)。先点击 Family 栏目下的 RESISTOR，在窗口中间 Component 栏目下找到 1kΩ 的电阻，双击将其放置在电路窗口中。由于默认的电阻放置方向为横向，所以可在放置的电阻标识上右击，从弹出的快捷菜单中选择“90 Clockwise”命令进行器件的旋转，或直接使用“Ctrl＋R”快捷键进行对应操作。

按照上述同样方法将一 10kΩ 的可变电阻放置于电路窗口中。放置好电源和电阻的电路窗口如图 2－5 所示。

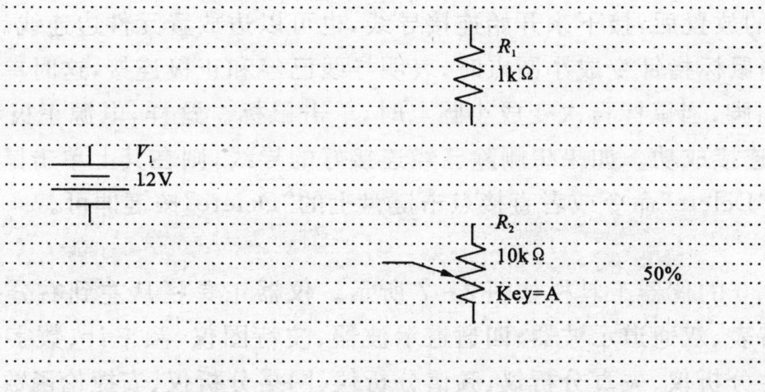

图 2-5　电源和电阻的放置

3)更改元件属性

双击电路窗口中刚刚放置的元件标识，可以修改元件的属性。例如，双击刚刚添加的 1kΩ 电阻，会弹出如图 2-6 所示的对话框，在 Value 相应栏目里可以设置电阻的大小、容差等参数。此处将 R_1 的阻值改为 5kΩ。

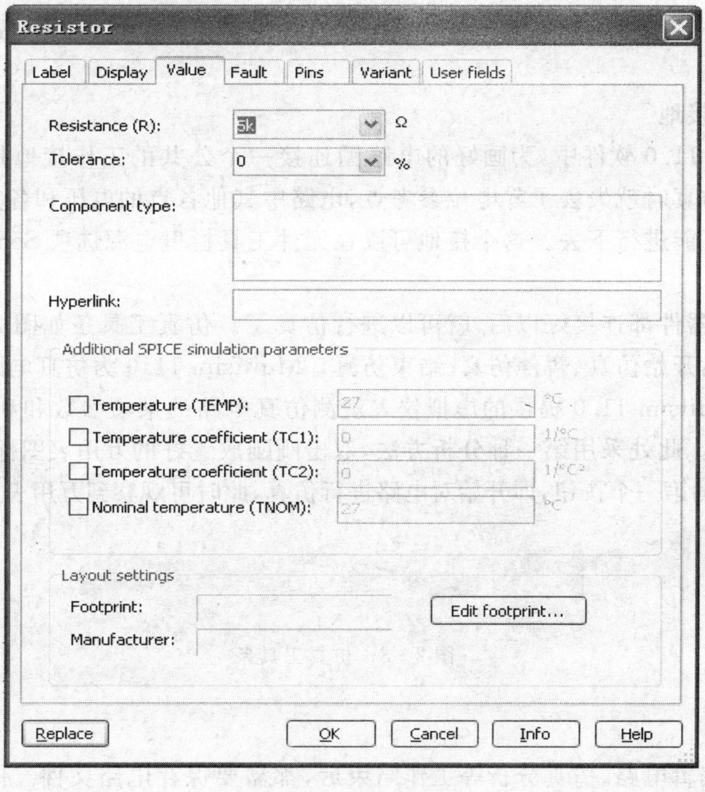

图 2-6　元件属性图

4)导线的操作

完成了元件的放置后,接下来开始连接导线,也可以边放置元件边连线。把鼠标移到电源正极引脚附近,当鼠标指针变成小圆点时,表明导线已经和正极连接,这时单击鼠标,并移动至电阻 R_1 的上端引脚,当鼠标再次变成小圆点时,单击鼠标。这样,电源正极和电阻 R_1 的上端引脚间的导线即连接成功。如果想删除已经连接好的导线,则在其上单击鼠标右键,在弹出的快捷菜单中选择"Delete"命令或者直接点击键盘上的"Delete"按键即可。

5)放置仪器

Multisim 11.0 的仪器工具栏如图 2-7 所示。仪器工具栏从左到右分别为万用表、函数信号发生器、瓦特表、双通道示波器、四通道示波器、波特图仪、频率计、数字信号发生器、逻辑分析仪、伏安特性分析仪、失真分析仪、频谱分析仪、网络分析仪、安捷伦函数发生器、安捷伦示波器、泰克示波器、测量探针、LabVIEW 虚拟仪器和电流探针。

图 2-7 仪器工具栏

点击仪器工具栏的万用表按钮,此时随鼠标移动的就是一个万用表,移动鼠标至电路窗口的适当位置后单击。这样,就把万用表放置好了。如果单击仪器按钮后想放弃放置,则右击即可取消。

6)连接公共接地

在 Multisim 11.0 软件中,为画好的电路图连接一个公共的工作接地是必要的。没有接地,软件在进行仿真时就失去了零电位参考点,电路中其他各点的电压和各支路电流都无法进行计算,仿真就不能进行下去。这个接地可以在元件工具栏里电源选项 Sources 库中找到。

7)仿真

当所有的元器件都连接好以后,就可以进行仿真了。仿真工具条如图 2-8 所示,从左到右前三个分别为:开始仿真、暂停仿真、结束仿真。Multisim 11.0 为仿真电路提供了两种分析方法,即利用 Multisim 11.0 提供的虚拟仪表观测仿真电路的某项参数和利用 Multisim 11.0 提供的分析功能。此处采用第一种分析方法,双击刚刚放置好的万用表图标后,点击如图2-8所示仿真工具条的第一个按钮,即开始对电路进行仿真,此时可观察到万用表上显示的数据。

图 2-8 仿真工具条

8)保存文件

创建电路、编辑电路、仿真分析等工作结束后,都需要保存电路文件。保存的方法与其他 Windows 应用软件一样,执行菜单栏中的"File/Save"可以完成默认保存,执行菜单栏中的"File/Save as",可以完成更改文件名和存放路径的保存。

至此为止,已成功完成第一张电路图的绘制和仿真。最终效果如图 2-9 所示。其实,

Multisim 11.0 的功能非常强大，随着后面章节的深入，将慢慢熟悉和掌握它。

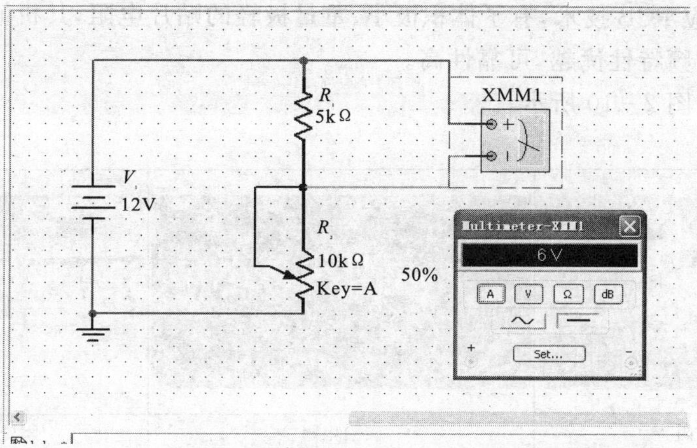

图 2-9　绘制的第一张电路图

2.2　电子元器件

任何一个电子电路都是由电子元件和器件按一定规则连接组合起来的。学习电子设计，必须对电子元器件有一定的认识。

电子元器件是电子元件和器件的总称。电子元件主要指电阻、电容和电感；而电子器件主要指二极管、三极管、集成块等。

2.2.1　电阻

电阻表示导体对电流阻碍作用的大小，是组成电子电路的主要元件。电阻在电路中起限流、分流、滤波（与电容器匹配）及阻抗匹配等，记为 R，单位是欧姆（Ω），其他单位有千欧（kΩ）、兆欧（MΩ），换算关系为

$$1\text{M}\Omega=10^3\text{k}\Omega=10^6\Omega$$

1）电阻的种类

电阻的种类很多，从制造材料来分，有膜电阻、实芯电阻和线绕电阻器等。膜电阻是在陶瓷骨架上沉积一层膜材料而形成的电阻，通过控制膜材料的厚度和对膜刻槽来控制阻值的大小，然后在电阻的外表面涂上保护漆；实芯电阻就是电阻的整体都是电阻材料；线绕电阻为用合金金属线绕制而成的电阻。

电子设计中，用得最多的电阻是膜电阻，因为它的体积小，价格便宜。碳膜电阻的噪声系数比金属膜电阻大，但是价格却便宜得多。实芯电阻具有良好的绝缘外壳，在恶劣的环境和超负荷使用的情况下无断路现象，且体积小，易焊接，适用于要求精度高的场合。线绕电阻精度很高，稳定性较好，在精密电子设备中不可缺少，但其等效电感大而且体积大。

从电阻的结构形式来分，有固定电阻、可变电阻和电位器 3 种。顾名思义，固定电阻是指阻值固定不变的电阻器。可变电阻和电位器的阻值可以在一定的范围内调节，所以其外形特

征与普通固定电阻大不相同。电位器与可变电阻的工作原理相近，但结构稍有不同：电位器设有操作柄，体积稍大，且有多联型的结构。

另外，为了适应 PCB 技术，有了体积极小、重量极轻的贴片电阻，其机械强度高，温度系数小，电性能稳定，高频特性优越，可靠性高。

常见的电阻如图 2－10 所示。

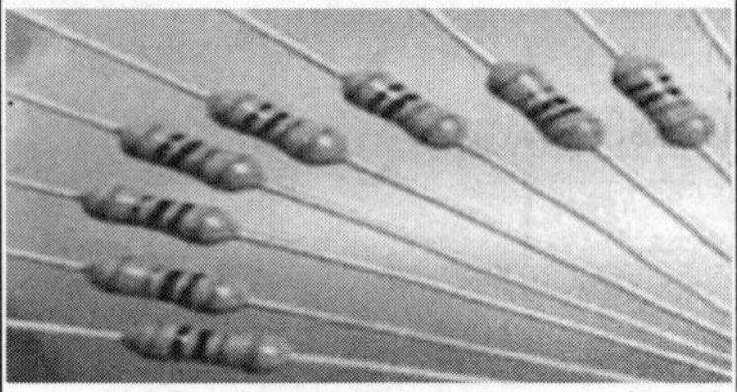	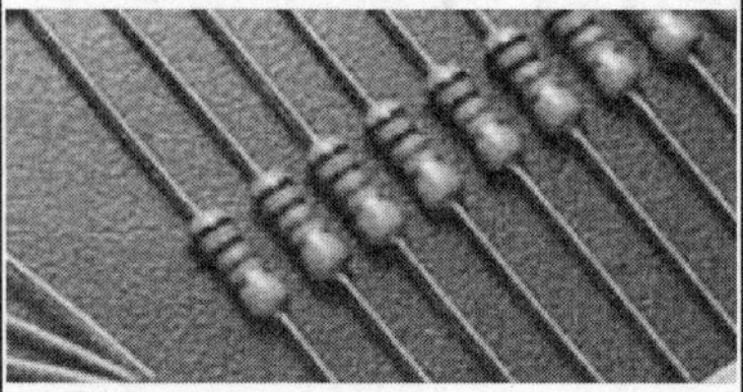	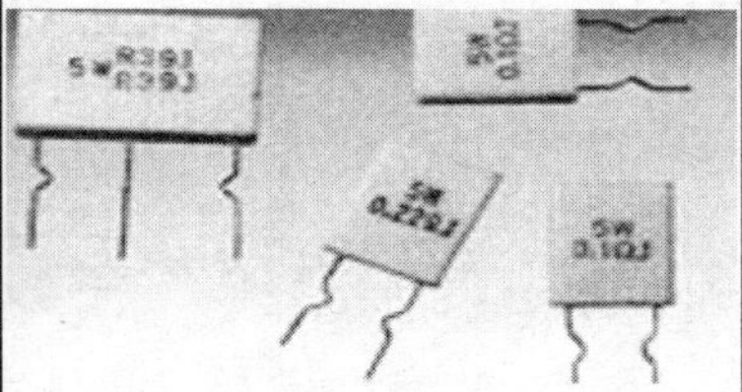
金属膜电阻	碳膜电阻	陶瓷金属片式电阻
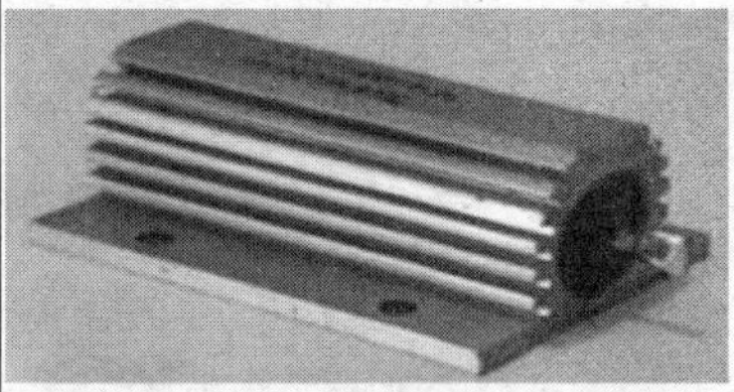		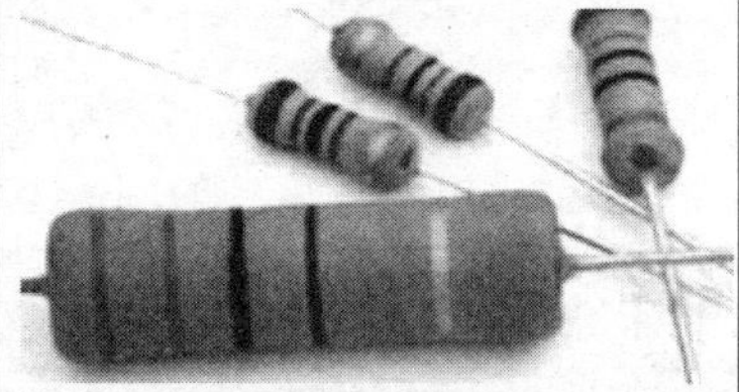
大功率铝壳线绕电阻	大功率涂漆线绕电阻	金属氧化膜电阻
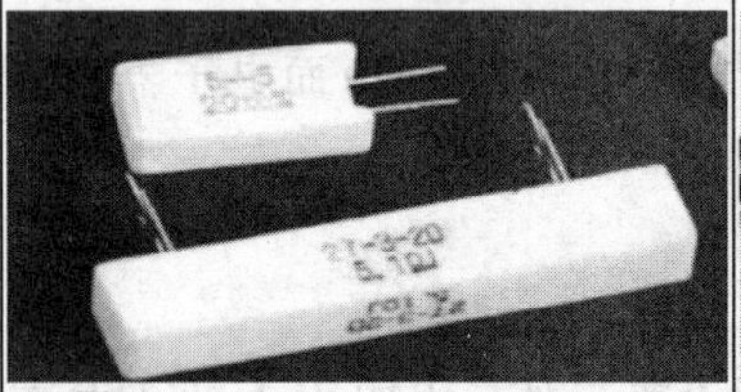	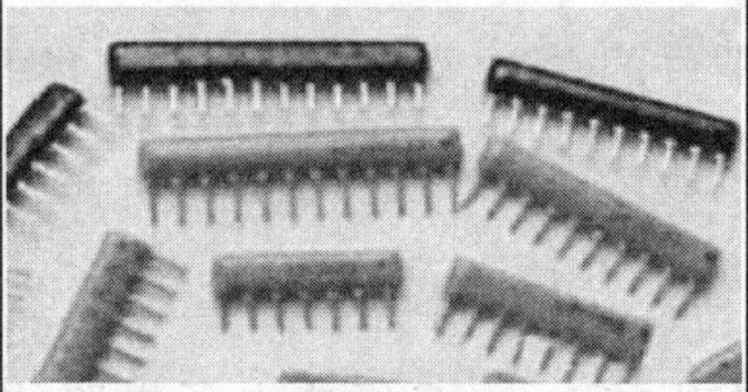	
水泥电阻	直插排阻	高压高阻值电阻
	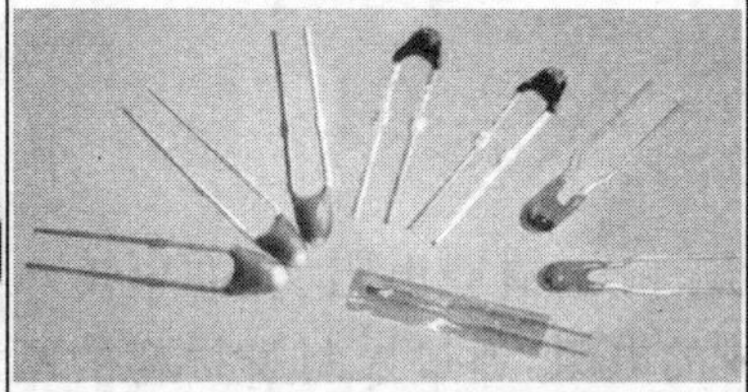	
贴片排阻	热敏电阻	压敏电阻

图 2－10　常见电阻外形图

2）电阻的主要参数

（1）标称阻值和允许误差。在使用电阻器时，总要对阻值大小提出要求，而元件厂生产的电阻器，其阻值大小是有规定的，即阻值“标称系列”。比如你到商店可以买到 3.6kΩ 的电阻器，但买不到 3.7kΩ 的电阻器，因为厂家不生产 3.7kΩ 的电阻器。

电阻的实际阻值可以用万用表的 Ω 档(测量电阻的档位)直接测得。但注意测试时不要用手直接接触表笔的金属杆和电阻的两根引线,以免因人体分流作用而使检测值小于它的实际阻值。

电阻的实际阻值和标称阻值的偏差,除以标称阻值所得的百分数,叫做电阻的允许误差。阻值标称系列有 E6、E12、E24 三种,它们与允许误差相配合。其标称阻值和允许误差见表 2-1。

表 2-1　电阻的标称阻值及允许误差

系列	允许误差	电阻的标称值
E24	Ⅰ级±5%	1.0,1.1,1.2,1.3,1.5,1.6,1.8,2.0,2.2,2.4,2.7,3.0,3.3,3.6,3.9,4.3,4.7,5.1,5.6,6.2,6.8,7.5,8.2,9.1
E12	Ⅱ级±10%	1.0,1.2,1.5,1.8,2.2,2.7,3.3,3.9,4.7,5.6,6.8,8.2
E6	Ⅲ级±20%	1.0,1.5,2.2,3.3,4.7,6.8

比如 2.2 是系列值之一,说明厂家生产的电阻器中,一定有 2.2Ω、22Ω、220Ω、2.2kΩ、22kΩ、220kΩ、2.2MΩ、22MΩ 等。2.3 不是系列值,说明厂家不生产 2.3Ω、23Ω、230Ω 等系列的电阻器,在商店里也买不到这些电阻器。如果我们需要的电阻器的阻值不在标称系列之内,那么可以选购最接近的电阻器来代替。

①色标法。电阻器上的“标称阻值和允许误差”的表示方法常用的是色标法,即将电阻器类别及主要技术参数的数值用颜色(色环或色点)标注在它的表面上。色环电阻的色彩标识有两种方式,一种是采用四色环的标注方式,另一种采用五色环的标注方式。两者的区别在于:四色环电阻的前两位表示电阻的有效数字,而五色环电阻用前三位表示该电阻的有效数字,两者的倒数第二位表示了电阻的有效数字的乘数,最后一位表示了该电阻的误差。以现在常见的五色环电阻为例,色环颜色所代表的数字或意义见表 2-2。

表 2-2　五色环电阻色标的意义

颜色	第一色环 (最大一位数字)	第二色环 (第二位数字)	第三色环 (第三位数字)	第四色环 (应乘的数)	第五色环 (误 差/%)
棕	1	1	1	10	±1
红	2	2	2	100	±2
橙	3	3	3	1 000	—
黄	4	4	4	10 000	—
绿	5	5	5	100 000	±0.5
蓝	6	6	6	1 000 000	±0.2
紫	7	7	7	10 000 000	±0.1
灰	8	8	8	100 000 000	—
白	9	9	9	1 000 000 000	−20～+50
黑	0	0	0	1	—
金				0.1	±5
银				0.01	±10
无色					±20

例如，有一五色环电阻的颜色分别为红、紫、黑、橙、棕。第一、二、三环颜色代表的有效数字分别为2、7、0；倒数第二位色环是橙色，表示应在270的后面加上3个0。所以此电阻的电阻值是270 000Ω，即270kΩ。最后一环的颜色——棕色，表示阻值误差为±1%。

一般来说，现在四道色环电阻器的允许误差是±5%或±10%，误差环的颜色可能是金色或银色，因此我们拿到一个四道色环的电阻器后，将金色或银色的那一道色环放在右边，则从左到右依次是第一、二、三、四道色环，这样就能快速、准确地读出电阻器标称阻值和允许误差。

一般对于五道色环电阻器来说，它的允许误差是±1%，那么误差环的颜色就是棕色，因此我们拿到一个五道色环的电阻器后，就知道怎样快速、准确地读出电阻器标称阻值和允许误差。

如果电阻器的最左、最右的色环中只有一个色环是棕色，那么就将棕色的那一道色环放在右边，则从左到右依次是第一、二、三、四、五道色环，这样就能快速、准确地读出电阻器标称阻值和允许误差。

如果电阻器的最左、最右的色环都是棕色，那么根据误差环与第四道环的距离比第一道环与第二道环的距离大的原则，就能方便地判断出各次色环。

②直标法。主要用于体积较大(功率较大)的电阻上，它将标称阻值和允许误差直接用数字标在电阻物体上，如图2-11所示，其标称阻值为100kΩ，允许误差为±0.5%。

③字母数字混标法。在直标法中，4.7kΩ的电阻若在印刷或后期使用中将小数点漏掉，则会误识为47kΩ，因此采用字母数字混标法，将4.7kΩ电阻标注为4K7，用K表示小数点。如图2-12，此电阻则用R表示小数点，其标称阻值即为4.7Ω。同理，还有以M表示小数点，单位为MΩ。

④3位数或4位数表示法。贴片电阻有±1%、±2%、±5%、±10%等不同的刻量精度，用得最多的是±1%和±5%。±5%精度的贴片电阻用3位数来表示，如512、102等。前面两位数字是有效数字，第三位数字为倍乘位，表示有效数字后面跟的零的个数，数码表示的电阻值单位统一为Ω，如图2-13所示，102就是1kΩ。±1%的贴片电阻常用4位数来表示，前3位是表示有效数字，第四位表示后面零的个数。如4 531也就是4.53kΩ。

图2-11　直标法电阻

图2-12　字母数字混标法电阻

图2-13　3位数表示法电阻

(2)额定功率。当电流通过电阻的时候，电阻因消耗功率而发热。电阻所能承受的发热是有限度的，如果电阻上所加的电功率大于它所能承受电功率时，电阻就会烧坏。电阻长时间工作时允许消耗的最大功率称为额定功率。一般来说，电阻的体积大，表面积也大，散热就快，其额定功率就比较大。

根据额定功率大小的不同，工厂生产的电阻可分为几档。常见的小型电阻，额定功率一般分为0.05W(1/20W)、0.125 W(1/8W)、0.25 W(1/4W)、0.5 W(1/2W)、1W、2W等。选用时一定要考虑额定功率的大小，以保证电阻的安全工作。

3)使用 Multisim 11.0 演示电阻的主要特性

电阻的特性最为“单纯”，分析电阻电路也相对简单。

(1)分压、限流特性。电阻串联在电路中，可以起到分压、限流的作用，保证其所接元器件工作在所需电压、电流的安全范围内。

观察电阻的分压特性可以借助图 2－9。打开仿真开关，万用表很快能显示出电阻 R_1 上的电压。通过改变 R_2 的阻值可观察 R_1 上电压的变化。注意，在改变电阻 R_2 前最好先把仿真开关关掉。

再在 Multisim 11.0 软件中建立图 2－14 所示的电路图，双击万用表弹出万用表的观察窗口。打开仿真开关，可以观察万用表显示的电路中的电流大小。同时改变 R_2 的阻值，可观察电流数据的变化。

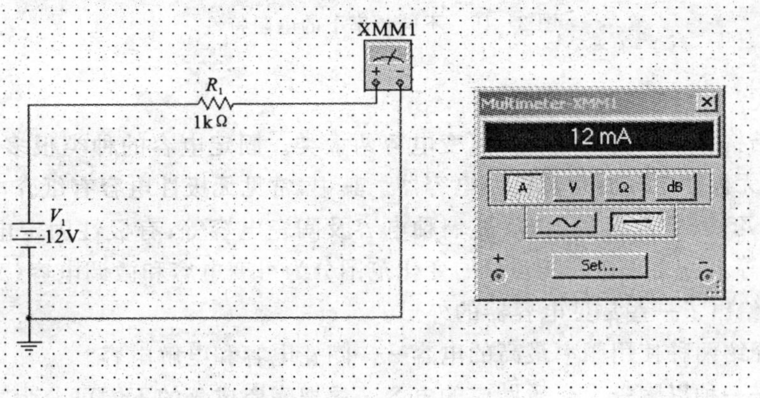

图 2－14　电阻限流特性

电路中的电阻、电流、电压均满足欧姆定律，利用 Multisim 11.0 软件可以得以验证。

(2)直流和交流电路的电阻特性相同。在直流或交流电路中，电阻对电流所起的阻碍作用一样，对电压所起的分压作用也一样。

(3)不同频率下电阻特性相同。在交流电路中，同一个电阻对所有频率所呈现的阻值相同，不会因为交流电的频率不同而出现电阻的变化，这也是电阻的一个重要特性(图 2－15)。分析电路工作原理，或设计电路图时，可以不必考虑交流电频率对电路工作的影响。

2.2.2　电容

电容也是一种最基本、最常用的电路元件。从广义上说，任何两个在电气上不接触的金属就可以构成一个电容。我们一般使用的电容是将两个金属片或金属箔靠得很近，中间用绝缘物质隔开，然后分别在两个金属片上引出两个引脚而构成。电容代表导体能够储存电荷的能力，就像杯子、盆子可以储存水一样。它在电路中有调谐、耦合、滤波、去耦、隔断直流电、通过交流电、反馈等作用。电容记为 C，单位是“法拉第”，简称“法”，用字母 F 来表示。为使用上的方便，也常以微法(μF)、纳法(nF)及皮法(pF)为单位。

$$1\text{F}=10^3\text{mF}=10^6\mu\text{F}=10^9\text{nF}=10^{12}\text{pF}$$

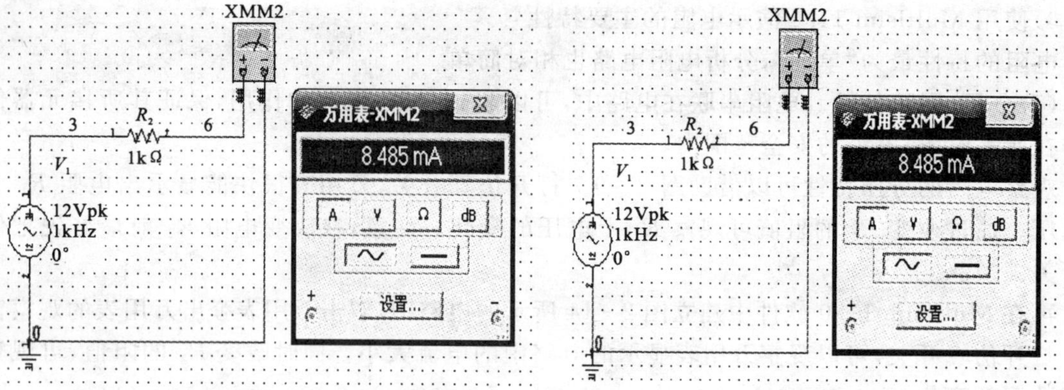

(a) f=1kHz时　　(b) f=1MHz时

图 2-15　不同频率下的电阻特性

1)电容种类

电容按其结构可分为固定电容和可变电容两大类。固定电容的种类很多,按其是否有极性来分,可分为无极性电容器和有极性电容器。其中,常见无极性电容有纸介电容、涤纶电容、云母电容、聚苯乙烯电容、聚醚电容、玻璃釉电容及陶瓷电容等;有极性固定电容有铝电解电容、钽电解电容等。可变电容按其容量的变化范围分为可变电容和微调电容(又称为半可变电容)。图 2-16 给出了一些常见电容器的外形。

这里简单介绍两种使用频率最高的电容——陶瓷电容和电解电容。

陶瓷电容是一种以陶瓷为介质做成的电容。根据陶瓷成分的不同可分为高频陶瓷电容和低频陶瓷电容两种。陶瓷电容的外层常涂有各种颜色的保护漆,漆的颜色表示了电容的温度系数:如蓝色和灰色表示为正温度系数(即温度稳升高时,容量加大);其他颜色为负温度系数,如黑色的温度系数最小,浅绿色的温度系数最大。

电解电容是一种有确定正负极性的固定电容。电解电容的体积大小不等,容量大(从几微法到几千微法),但其频率特性较差,温度特性也差,绝缘电阻低,漏电大,长久不用会变质失效。电解电容是以铝等金属为正极,在其表面形成一层氧化膜为介质,负极为固体或非固体电介质。由于电解电容的两电极材料不同,因此两电极有正负的标记:电解电容长的引脚为正极性引脚,短的引脚则为负极性引脚;另外,在电解电容的绝缘套上,画出了负号的符号,以表示这一引脚为负极性引脚。使用时正极端接电路中的高电位端,负极接电路的低电位端,否则会引起电容的损坏。

2)电容的主要参数

(1)标称电容量和允许误差。电容同电阻一样,也有标称电容量参数和允许误差。电容的标称电容量一般是 E12 系列或 E6 系列,具体见表 2-3。

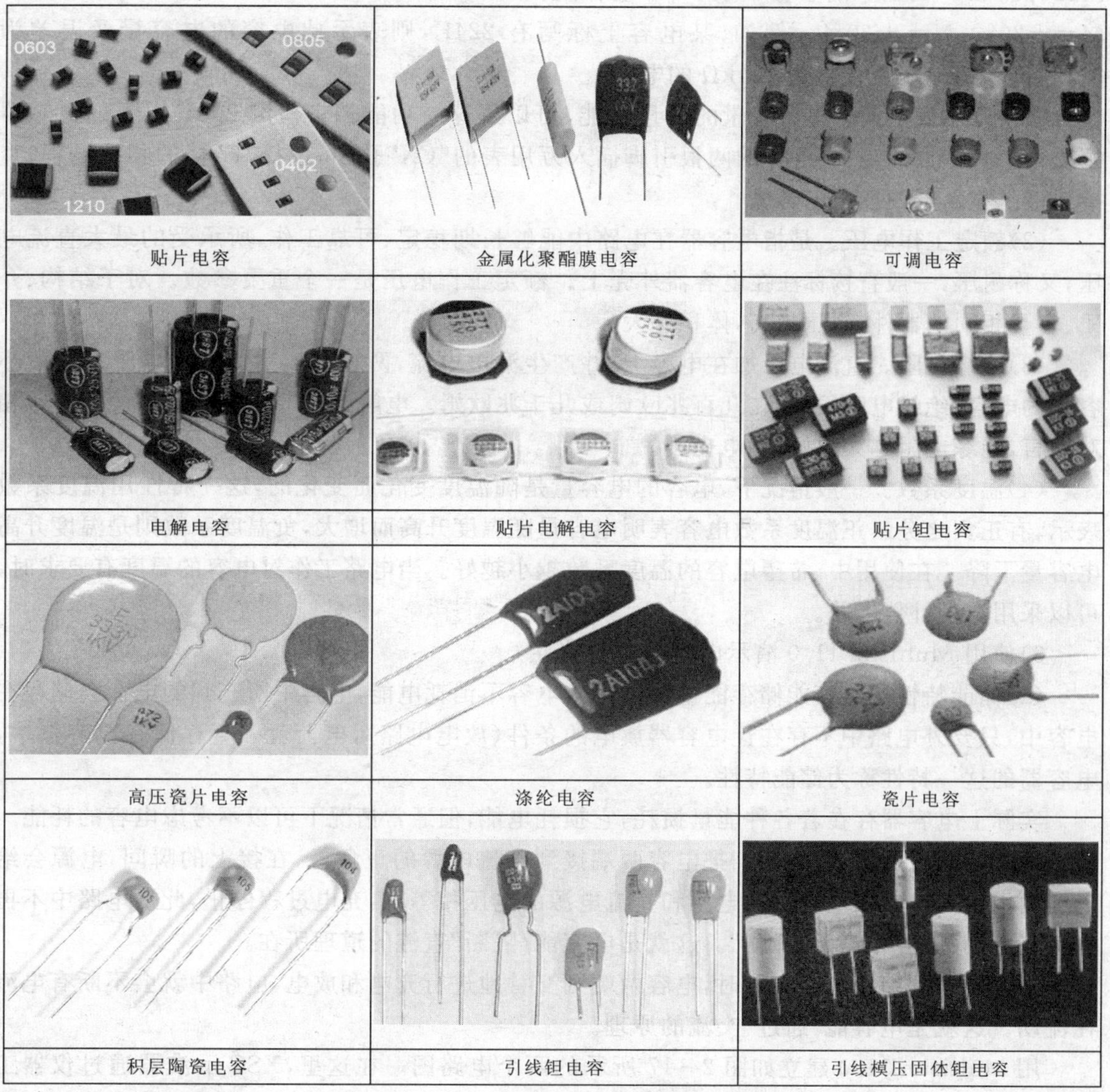

贴片电容　金属化聚酯膜电容　可调电容
电解电容　贴片电解电容　贴片钽电容
高压瓷片电容　涤纶电容　瓷片电容
积层陶瓷电容　引线钽电容　引线模压固体钽电容

图 2-16　常见电容外形图

表 2-3　电容的标称值

系列	电容的标称值
E12	1.0,1.2,1.5,1.8,2.2,2.7,3.3,3.9,4.7,5.6,6.8, 8.2
E6	1.0; 1.5; 2.2; 3.3; 4.7; 6.8

电容的容量标示方法同电阻的阻值标示方法有些类似，这里不再重述。其允许误差一般分为 3 级：Ⅰ级±5%、Ⅱ级±10%、Ⅲ级±20%。在有些情况下，还有 0 级，误差为±20%。

有时，电容的允许误差等级用字母表示：$D=\pm 0.5\%$（对容量小于 10pF 电容，表示

±0.5pF)；$F=\pm1\%$(对容量小于 10pF 电容，表示±1pF)；$G=\pm2\%$；$J=\pm5\%$；$K=\pm10\%$；$M=\pm20\%$；$N=\pm30\%$。例如，某电容上标写有 224K，则表示此电容的电容量及误差为 0.22μF±10%，不要误认为 224kΩ 的电阻。

数字万用表上设有电容容量的测量功能，可以用这一功能档来检测 20μF 以下的电容器的质量。具体方法是：将电容的两根引脚插入万用表的"CX"孔中，选择"F"档的相关量程，直接从液晶显示屏中读出电容量。

(2)额定工作电压。是指电容器在电路中能够长期稳定、可靠工作，所承受的最大直流电压，又称耐压，一般直接标注在电容器外壳上。额定工作电压是一个重要参数。对于结构、介质、容量相同的器件，耐压越高，体积越大。

(3)绝缘电阻。直流电压加在电容上，并产生漏电电流，两者之比称为绝缘电阻。一般小容量的电容，绝缘电阻很大，在几百兆欧姆或几千兆欧姆。电解电容的绝缘电阻一般较小。相对而言，绝缘电阻越大越好，漏电也小。

(4)温度系数。一般情况下，电容的电容量是随温度变化而变化的，这一特性用温度系数表示，有正负之分。正温度系数电容表明电容量随温度升高而增大，负温度系数则是温度升高电容量下降。在使用中，希望电容的温度系数越小越好。当电路工作对电容的温度有要求时，可以采用温度补偿电路。

3)使用 Multisim 11.0 演示电容的主要特性

(1)储能特性。电容能储存能量。理论上电容不消耗电能，电容中所充到的电荷会储存在电容中，只要外电路中不存在让电容器放电的条件(放电电路)，电荷就一直存储在电容器中，电容器的这一特性称为储能特性。

实际上电容器存在着各种能量损耗，它损耗电能，但通常情况下可以不考虑电容的耗能。

(2)"隔直流通交流"特性。把电容两端接到直流电源的正负极，在接上的瞬间，电源会给电容两极板充电。当电容上的电压和直流电源的电压相等时，充电过程停止，此后电路中不再有电流流动，电容相当于"开路"。这就是电容能"隔断"直流的道理所在。

当给电容两端接上交流电时，电容两端则交替地进行充电和放电，电路中就会不断有电流在流动。这就是电容能"通过"交流的原理。

用 Multisim 11.0 建立如图 2-17 所示的两个电路图。在这里，XSC 示波器通过仪器工具栏调出。图 2-17(b)中的 V_1 是交流电压源，从元件工具栏调得。双击电源图标调节它的参数，可以得到任意电压、任意频率的交流电源。此处，设定它的电压为 12V，频率为 50Hz。设定方法与电阻值的设定类似。

打开电路图 2-17(a)的仿真开关，得到如图 2-18 所示的仿真图，其电压为 0，说明电路中没有电流流过，从而对电容的"隔直流"特性进行了验证。

打开电路图 2-17(b)的仿真开关，得到如图 2-19 所示的仿真图，这里存在正弦波，说明电路中有电流流过，从而对电容的"通交流"特性进行了验证。

(3)容抗特性。容抗计算公式：

$$X_C=\frac{1}{2\pi fC}$$

容抗与频率、容量间的关系见表 2-4。

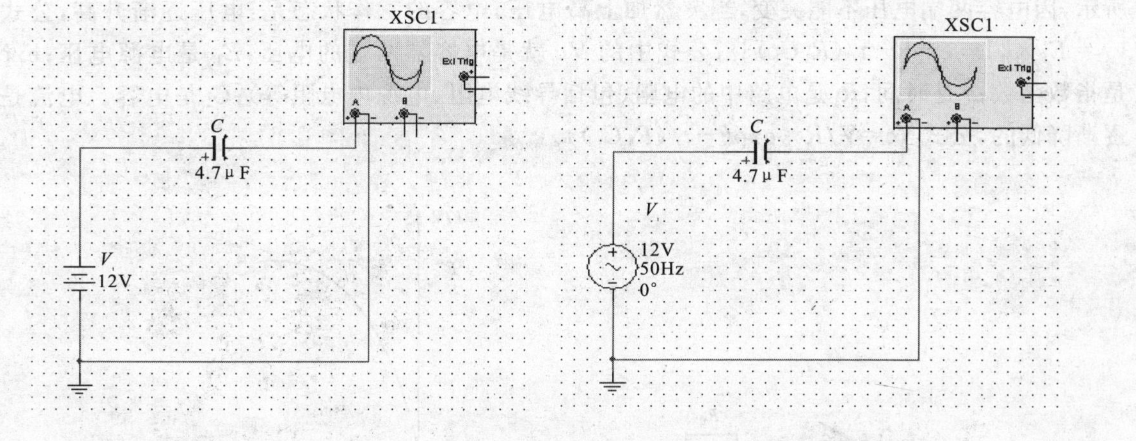

（a）直流电路　　　　（b）交流电路

图 2-17　电容的直流和交流电路图

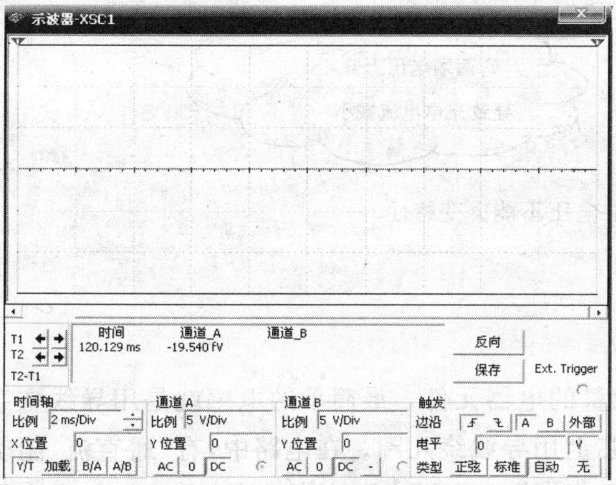

图 2-18　电容的“隔直流”特性

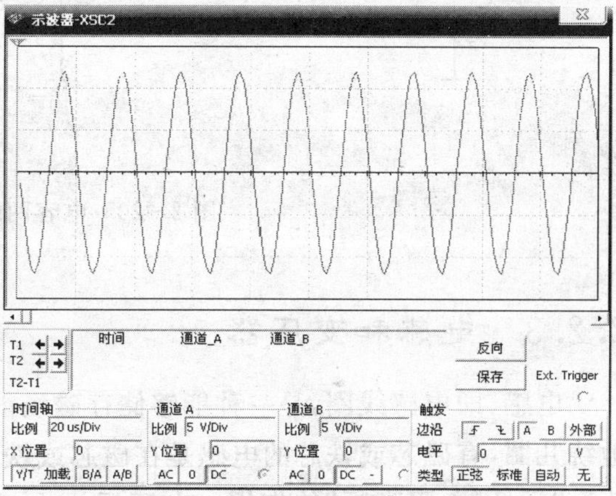

图 2-19　电容的“通交流”特性

表 2-4　容抗与频率、容量间的关系

频率和容量		容抗大小解说
频率	频率高（容量一定）	容抗小，频率越高，容抗越小
	频率低（容量一定）	容抗大，频率越低，容抗越大
容量	容量大（频率一定）	容抗小，容量越大，容抗越小
	容量小（频率一定）	容抗大，容量越小，容抗越大

陶瓷电容特点是体积小、耐热性好、损耗小、绝缘电阻高、容量小，适用于高频电路。铝电解电容特点是容量大，但是漏电大，稳定性差，有正负极性，适用于电源滤波或者低频电路中。

（4）电容两端电压不能突变特性。电容能储存电能：$E=\frac{1}{2}CU^2$，我们知道，能量是不能突变的，因为功率不能无穷大。公式中电容量 C 是个不变量，所以 V 就不能突变。如图 2-20

所示，因电容两端电压不能突变，当突然加上高电压，电容的工作状态是：电压逐渐升高，公式 $V_C=E_1\times\{1-\exp[-t/(R_1C_1)]\}$，公式中的 Vc 就是电容器两端的电压；E_1 是电源电压；exp 是指数函数；t 是时间；R_1 是电路中的电阻（包括导线电阻、电源内电阻等）；C_1 是电容。电流是逐渐降低的，公式 $Ic=V/R\times\exp(-t/(R_1C_1))$。

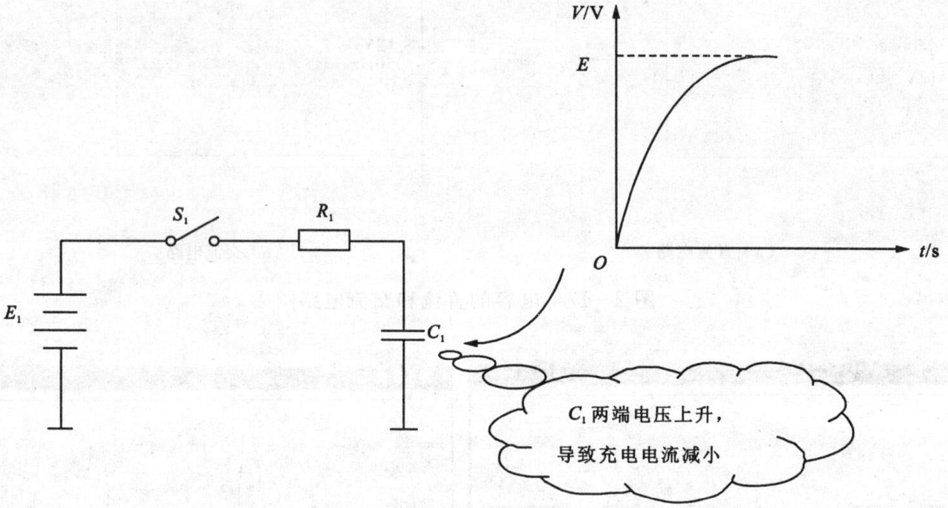

图 2－20　电容两端电压不能突变特性

2.2.3　电感和变压器

电感，即电感线圈，是一种能够储存磁场能量的电器元件。最简单的电感就是用导线空芯地绕几圈，有磁芯或铁芯的电感是在磁芯或铁芯上用导线绕几圈。在电路中，有“通直流、阻交流”，“通低频、阻高频”的作用。电感记为 L，基本单位是“H”（亨利，简称“亨”），在实际应用中，也用“mH”（毫亨）、“μH”（微亨）、“nH”（纳亨）表示。换算关系为

$$1\text{H}=10^3\text{mH}=10^6\mu\text{H}=10^9\text{nH}$$

变压器是根据互感应原理制成的电子器件。变压器在电路中用字母“T”（旧标准为“B”）表示。变压器是利用其一次（初级）、二次（次级）绕组之间圈数（匝数）比的不同来改变电压比或电流比，实现电能或信号的传输与分配。其主要有降低交流电压、提升交流电压、信号耦合、变换阻抗、隔离等作用。

1）电感和变压器的种类

电感的分类比较复杂，按其结构的不同可分为线绕式电感器和非线绕式电感器（多层片状、印刷电感等），还可分为固定式电感器和可调式电感器。按工作频率的不同可分为高频电感器、中频电感器和低频电感器。按用途可分为振荡电感器、校正电感器、显像管偏转电感器、阻流电感器、滤波电感器、隔离电感器、补偿电感器等。

变压器按工作频率可分为高频变压器、中频变压器和低频变压器；按其用途可分为电源变压器、音频变压器、脉冲变压器、恒压变压器、耦合变压器、自耦变压器、隔离变压器等；按铁芯（磁芯）形状可分为“E”型变压器、“C”型变压器和环型变压器。

图 2-21 给出了一些常见电感和变压器的外形。

图 2-21　常见电感和变压器外形图

2)电感的主要参数

(1)电感量及允许误差。电感量是表述载流线圈中磁通量大小与电流关系的物理量。其大小与线圈圈数、线圈线径、绕制方法以及芯子介质材料有关。

固定电感线圈的标称电感量可用直标法表示，也可用色标法表示。色环电感电感量的大小一般用四色环标注法标注，与电阻色环标注和识读方法相似，其默认单位为 μH。

一般固定电感误差为Ⅰ、Ⅱ、Ⅲ级，分别表示误差为±5%、±10%、±20%。精度要求较高的振荡线圈其误差为±0.2%～±0.5%。

要准确检测电感线圈的电感量，一般都需要用专门仪器，如电感测量仪、电桥等。

(2)分布电容。线圈的匝与匝间、线圈与屏蔽罩间、线圈与底板间存在的电容被称为分布电容。由于分布电容的存在，相当于电感与并联在电感两端的分布电容形成一个 LC 并联谐振电路。这一电路将影响电感的有效电感量的稳定性。当电感工作在高频电路中时，分布电容的影响更大，为此要尽量减小分布电容，此时可采用线径较细的导线绕制线圈，或采用减小线圈骨架的直径，以及采用间绕或蜂房绕等方法来解决。

当电感工作在低频电路中时，由于分布电容的容量很小，工作频率低时其容抗就很大，相当于开路，因此对电路工作影响不大。

(3)品质因数 Q。品质因数是表示线圈质量的一个物理量，指电感在某一频率的交流电压下工作时，所呈现的感抗与其等效损耗电阻之比。线圈的 Q 值愈高，说明电感线圈的功率损耗愈小，效率愈高。这一参数不标在电感外壳上。

并不是对电路中所有电感都有品质因数要求，主要是对 LC 谐振电路中的电感有此要求，因为这一参数决定了 LC 谐振电路的有关特性。

(4)额定电流。它是指电感器在正常工作时允许通过的最大电流值。若工作电流超过额定电流，则电感器就会因发热而使性能参数发生改变，甚至还会因过流而烧毁。国产色码电感器通常采用在电感器体上印刷字母的方法来表示最大直流工作电流，字母 A、B、C、D、E 分别表示最大工作电流为 50mA、150mA、300mA、700mA、1 600mA。

3)变压器的主要参数

(1)电压比 n。变压器的电压比与一次、二次绕组的匝数和电压之间的关系如下：

$$n=V_1/V_2=N_1/N_2$$

式中：N_1 为变压器一次(初级)绕组；N_2 为二次(次级)绕组；V_1 为一次绕组两端的电压；V_2 是二次绕组两端的电压。

升压变压器的电压比 $n<1$，降压变压器的电压比 $n>1$，隔离变压器的电压比等于 1。

(2)额定功率 P。此参数一般用于电源变压器。它是指电源变压器在规定的工作频率和电压下，能长期工作而不超过限定温度时的输出功率。单位为 V · A(伏安)，一般不用 W(瓦特)表示，这是因为在额定功率中会有部分无功功率。

变压器的额定功率与铁芯截面积、漆包线直径等有关。变压器的铁芯截面积大、漆包线直径粗，其输出功率也大。

(3)频率响应。频率响应参数主要针对低频变压器(例如音频变压器)，它是衡量变压器传输不同频率信号能力的重要参数。不同工作频率范围的变压器，一般不能互换使用。因为变压器在其频率范围以外工作时，会出现工作时温度升高或不能正常工作等现象。

(4)效率。变压器在工作时不可避免地存在对电能有损耗，用效率来表示变压器对电能的损耗程度。它是指在额定负载时，变压器输出功率与输入功率的比值。显然，变压器的输出功率越大，则损耗越小，效率也越高。

4)使用 Multisim 11.0 中演示电感器的特性

(1)电感器的感抗特性。其大小与两个因素有关：电感器的电感量 L 和流过电感器的交流电流频率 f。

电感器对通过的交流信号有较大的阻碍，这种阻碍称为感抗，感抗用 X_L表示，感抗的单位是欧姆(Ω)。电感器的感抗大小与自身的电感量和交流信号的频率有关，感抗大小可以用以下公式计算：

$$X_L=2\pi fL$$

式中，X_L表示感抗，Ω；f 表示交流信号的频率，Hz；L 表示电感器的电感量，H。

由上式可以看出：交流信号的频率越高，则电感器对交流信号的感抗越大；电感器的电感量越大，则对交流信号感抗也越大。

(2)"通直流阻交流"特性。电感器的"通直阻交"是指电感器对通过的直流信号阻碍很小，直流信号可以很容易通过电感器，而交流信号通过时会受到很大的阻碍。为方便仿真验证，此处建立如图 2-22(a)所示的 RL 串联电路。

当信号频率为 0，电压源偏置电压 1V，即为直流电压源时，电阻上压降为 1V，根据电路图进行分析，可以知道电路中应该有电流通过。打开仿真开关，进行验证，如图 2-22(b)所示。

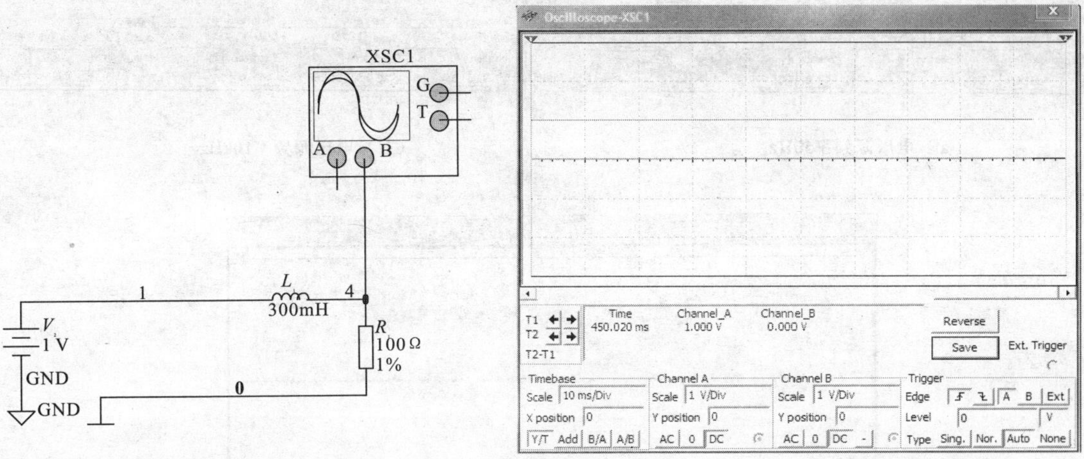

（a）仿真电路　　（b）仿真结果图

图 2-22　电感通直仿真电路及结果

从仿真图可以看出，电阻上电压不为 0，与电压源电压一致，即可验证电感的"通直流"特性。

在图 2-22 的基础上，将直流电压源更改为交流电压源，如图 2-23 所示。

打开仿真开关，双击示波器，试着改变频率的大小，观看仿真图，如图 2-24 所示。可以发现，在频率较低的时候，电压能够通过电感，但是随着频率的提高，电压逐渐被完全隔断了，这和电感的频率特性是一致的。

5)使用 Multisim 11.0 演示变压器的特性

变压器同电容器一样，也具有隔直流通交流特性，即不让直流电通过变压器，只让交流电通过变压器，建立电路图并仿真，如图 2-25 所示。其中图 2-25(a)、(b)验证了变压器的隔直流特性，图 2-25(c)、(d)验证了变压器的通交流特性。

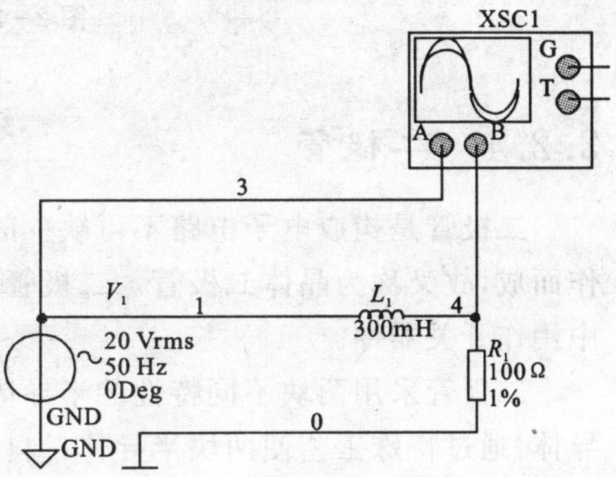

图 2-23　电感隔交仿真电路

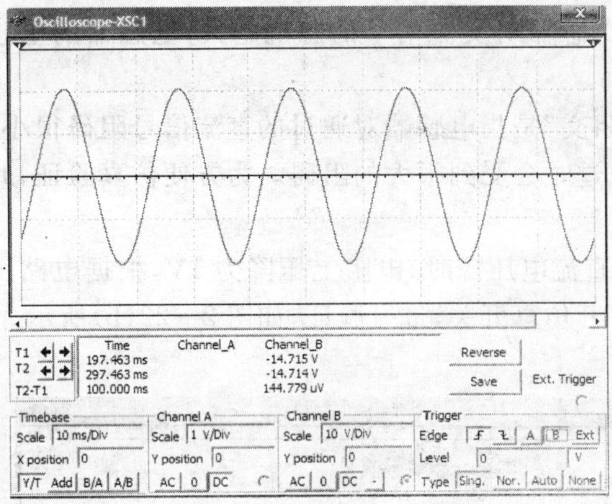

（a）电压源频率50Hz

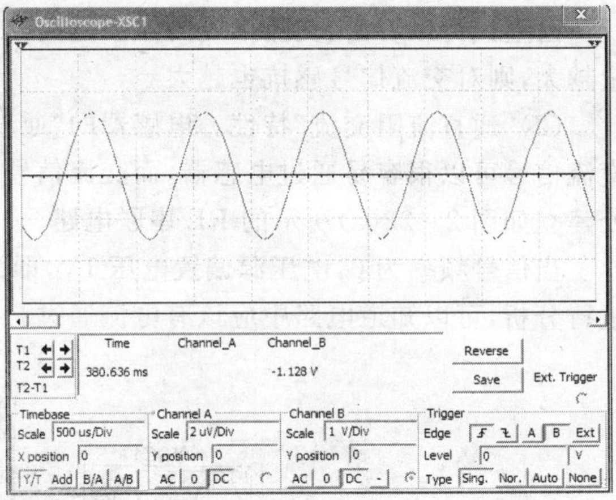

（b）电压源频率10kHz

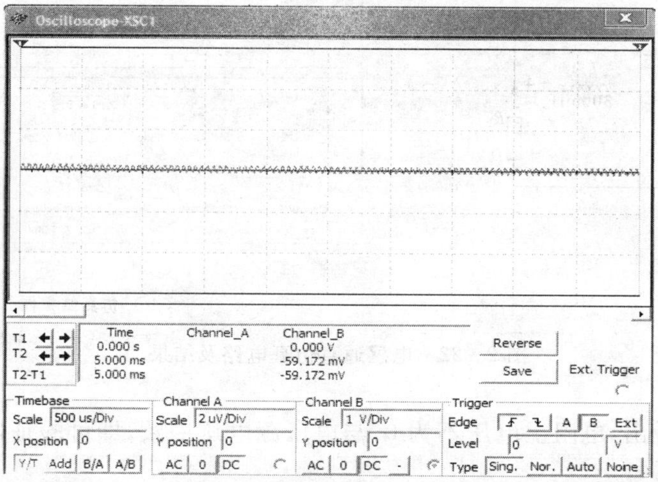

（c）电压源频率20kHz

图 2－24　电感隔交仿真结果图

2.2.4　二极管

二极管是构成电子电路不可缺少的器件之一，它由半导体材料（主要是硅或锗的单晶）制作而成，故又称为晶体二极管。二极管在模拟电路中主要用作整流、限幅、检波等，在数字电路中用作开关器件。

二极管采用两块不同特性的半导体材料制成，一块采用 P 型半导体，另一块采用 N 型半导体，通过特殊工艺使两块半导体材料连接在一起，在它们的交界面处形成了一个 PN 结，所以二极管的基本结构是 PN 结，二极管的特性就是 PN 结的特性。

二极管是一种有极性的二端元件，其常见电路符号是─▷|─，三角形的底边这端为阳

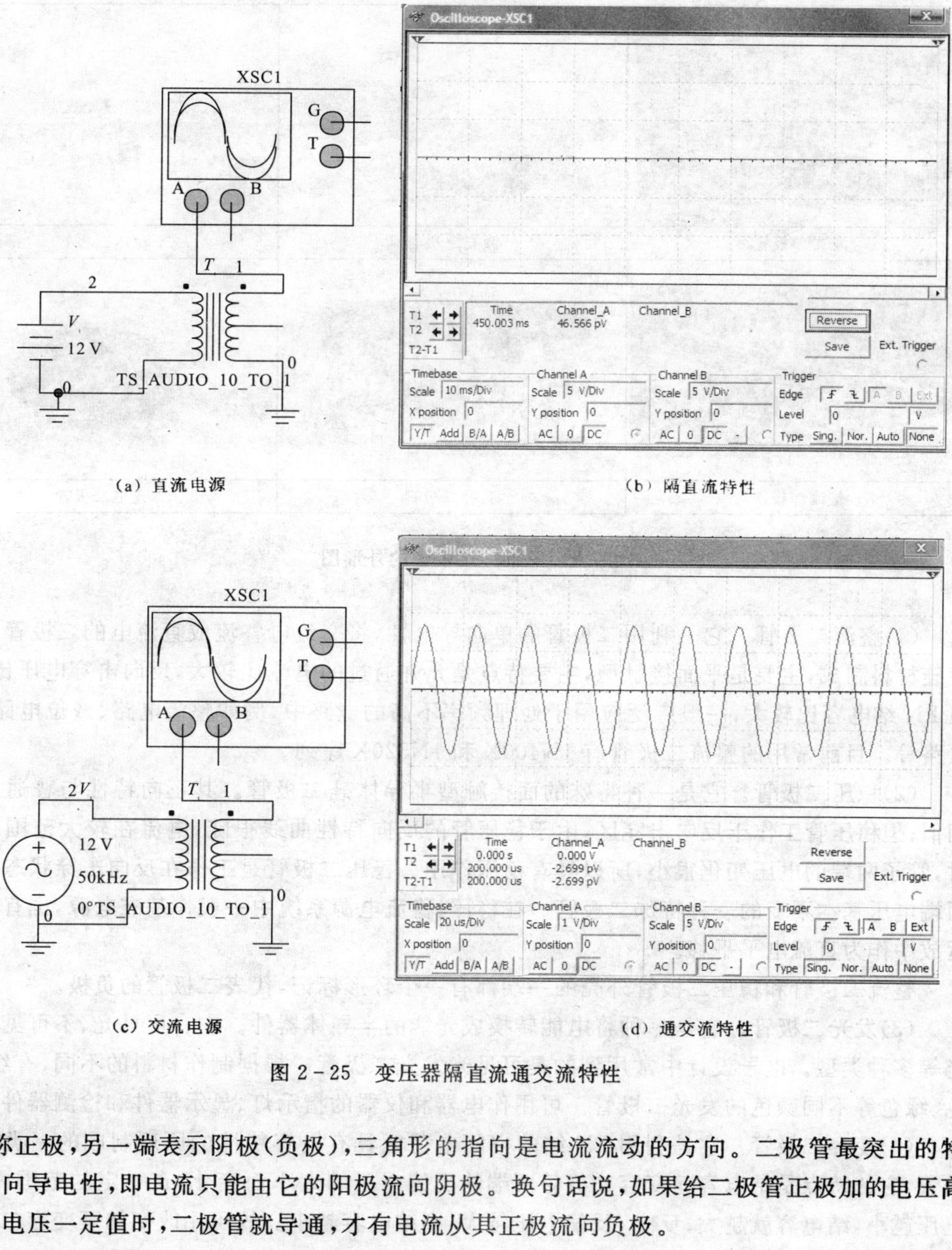

(a) 直流电源　(b) 隔直流特性

(c) 交流电源　(d) 通交流特性

图 2-25　变压器隔直流通交流特性

极,俗称正极,另一端表示阴极(负极),三角形的指向是电流流动的方向。二极管最突出的特性是单向导电性,即电流只能由它的阳极流向阴极。换句话说,如果给二极管正极加的电压高于负极电压一定值时,二极管就导通,才有电流从其正极流向负极。

1)二极管种类

二极管的种类很多。按外包装材料分,有玻壳、塑封、金属外壳等;按结构材料分,有锗二极管和硅二极管;按制作工艺分,有面结型二极管和点接触型二极管;按用途分,有激光二极管、检波二极管、整流二极管、稳压二极管、变容二极管、开关二极管、硅堆二极管、阻尼二极管、双向击穿二极管、隧道二极管、发光二极管、光电二极管;等等。常见二极管的外形如图 2-26 所示。下面简单介绍几种使用频率较高的二极管:

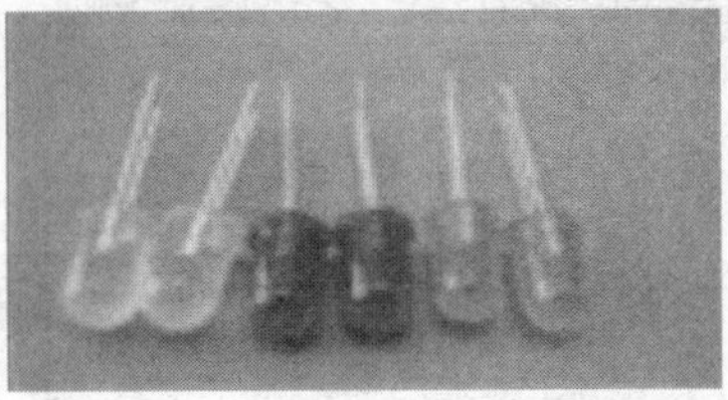
发光二极管

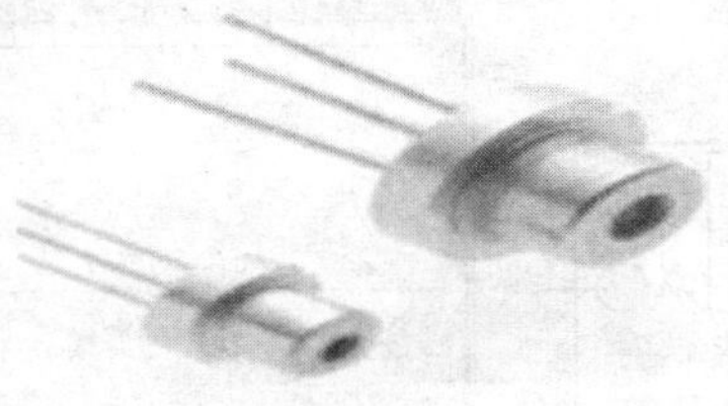
激光二极管

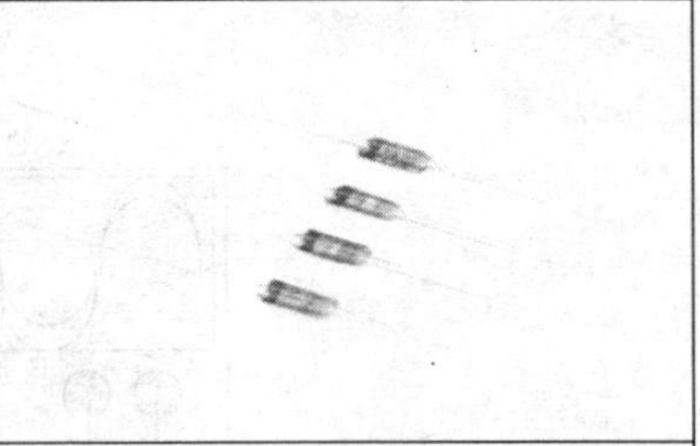
稳压二极管

整流二极管

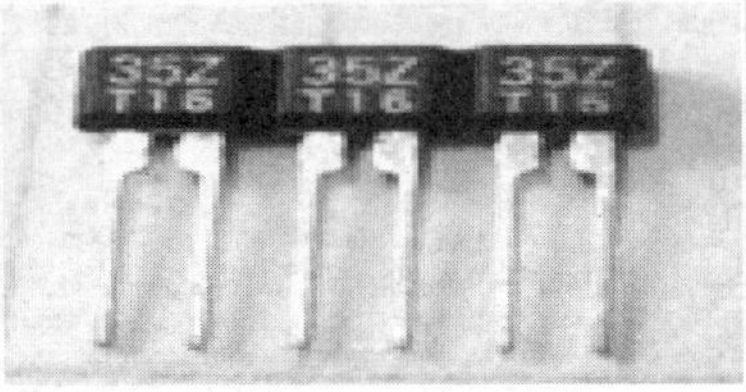

变容二极管

光电二极管

图 2-26　二极管的外形图

(1)整流二极管。它是利用二极管的单向导电性，将交流电整流成直流电的二极管。它多为硅材料制成，主要是平面接触型，主要特点是允许通过的电流比较大，反向击穿电压比较高，但 PN 结电容比较大，一般广泛应用于处理频率不高的电路中，例如整流电路、嵌位电路、保护电路等。目前常用的整流二极管有 1N400X 和 1N520X 序列。

(2)稳压二极管。它是一种特殊的面接触型半导体硅二极管。其正向特性与普通二极管相似；但稳压管工作于反向击穿区，由于稳压管的反向特性曲线很陡，电流在较大范围内变化时，管子两端的电压变化很小，所以具有稳压作用。稳压二极管是工作在反向击穿状态下管子两端电压基本不变的一种特殊二极管。在稳压、稳流电源系统中一般作基准电源，也有在集成运放中作为直流电平平移。

整流二极管和稳压二极管外壳的一端都有一个环形标记，代表二极管的负极。

(3)发光二极管。它是一种将电能转换成光能的半导体器件。它有可见光、不可见光和激光等多种类型。电子设计中常用到的是可见光发光二极管。根据制作材料的不同，有红色、黄色、绿色等不同颜色的发光二极管。可用作电器和仪器的指示灯、显示器件和检测器件等。

(4)变容二极管。它是利用 PN 结的空间电荷区具有电容特性的原理制成的一类特殊二极管，它的特点是结电容随变容二极管两端的反偏电压的大小而变化，在一定的范围内，反偏电压越小，结电容就越大；反之，反偏电压越大，则结电容越小。故可用改变加至变容二极管的反偏电压的大小而改变其电容量。变容二极管可用于通信设备或仪器的限幅、开关和频率变换等电路，但目前主要用于电子调谐电路(用在电视机和收音机的调谐器上)，也可作为压控可变电容在振荡电路中使用。

2)二极管的主要参数

(1)最大整流电流 I_m。它是指二极管长时间正常工作下允许通过二极管的最大正向电流值。各种用途的二极管对这一参数的要求是不同的。当二极管用来作为整流二极管时，由于整流时流过二极管的电流比较大,此时最大整流电流就是一个非常重要的参数。

(2)最大反向工作电压 U_{RM}。它是指为避免击穿所能加的最大反向电压。二极管外加反向电压时是截止的,但要注意的是,这一反向电压不能太高。当外加反向电压太高时,二极管的反向电流会在某一时刻突然增大,甚至使二极管在瞬间被烧毁,这种现象叫反向击穿。给定最大反向电压值,就是为了避免出现击穿现象。二极管的最大反向电压值通常等于击穿电压值的一半,我们在选用二极管时要注意这一点。

(3)反向饱和漏电流 I_s。理想的二极管外加反向电压时应该完全截止,即反向电流等于 0。但实际并非如此,二极管外加反向电压时总存在一定的反向电流,我们称之为反向漏电电流。反向漏电流越小,说明二极管质量越好。

(4)最高工作频率 f_m。由于二极管的材料、结构和制造工艺等的影响,当工作频率超过一定值后,二极管将失去它良好的工作特性,单向导电性将变差。二极管保持良好特性的最高频率称为二极管的最高工作频率。这一参数在二极管应用于高频电路中时要求较高。

3)使用 Multisim 11.0 演示二极管的特性

(1)二极管的单向导电特性。用 Multisim 11.0 软件建立如图 2-27 所示的电路,使用信号发生器来产生信号。此处设定其参数:频率 Frequency=1kHz,占空比 Duty cycle=50%,幅值 Amplitude=10V,偏置电压 Offset=0 的正弦波。

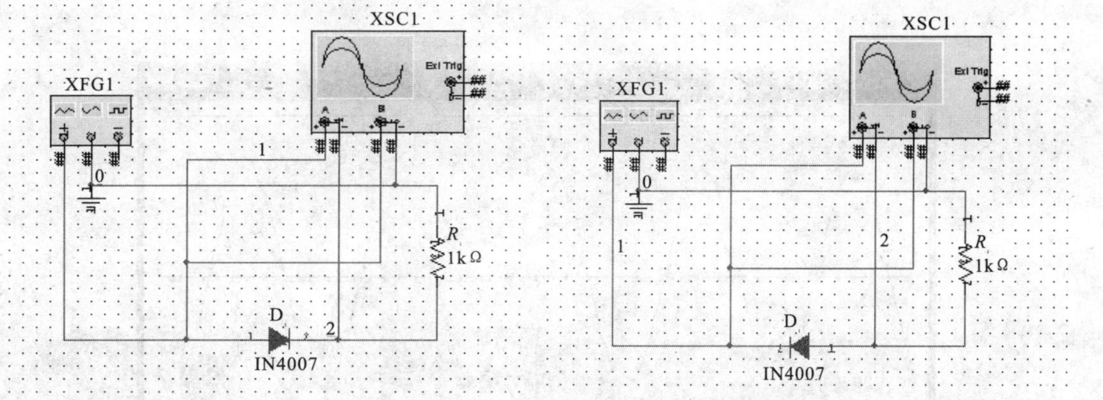

(a) 二极管正向连接　　(b) 二极管反向连接

图 2-27　二极管连接电路图

双击示波器 XSC1,弹出示波器观察窗口。打开仿真开关,两个通道的波形如图 2-28 所示。

从图 2-28 中可以看到,在信号经过二极管前,是完整的正弦波,经过二极管后,正弦波的正半周消失了。二极管只在正弦信号的负半周导通,这说明了二极管的单向导电性。

如果将图 2-27(b)电路中的二极管的极性反过来安装后,其输出波形如图 2-29 所示。此输出信号波形与图 2-28 正好相反。

(2)二极管的伏安特性。半导体二极管最重要的特性是单向导电性。即当外加正向电压时,它呈现的电阻(正向电阻)比较小,通过的电流比较大,当外加反向电压时,它呈现的电阻

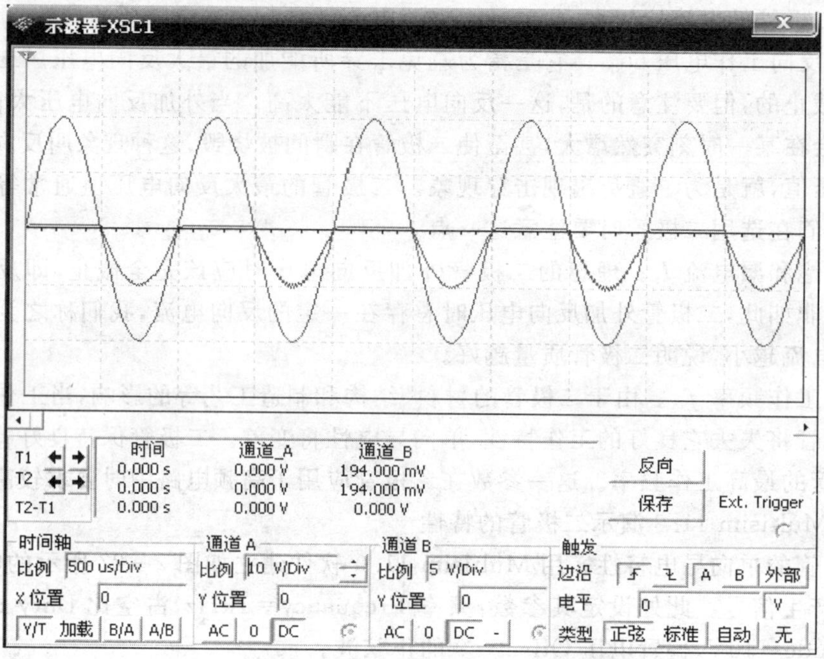

图 2-28　二极管正向连接仿真效果图

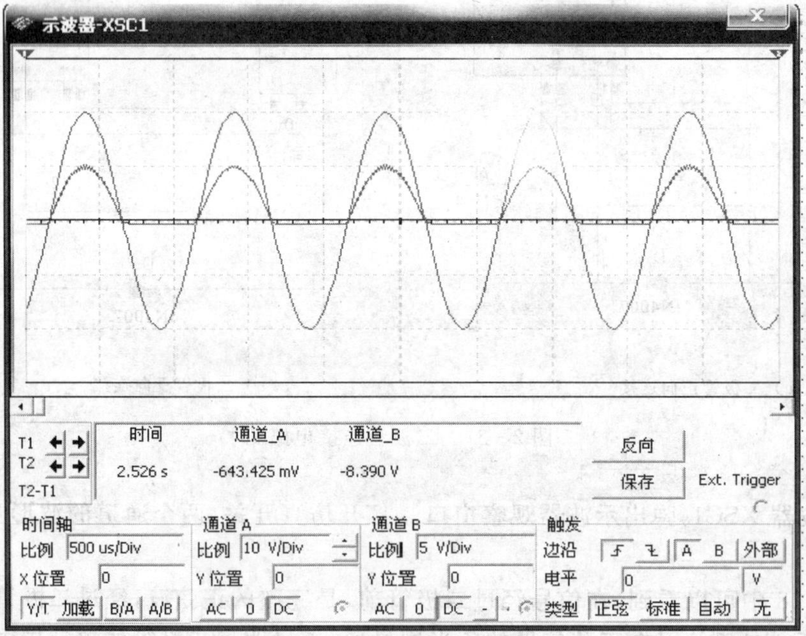

图 2-29　二极管反向连接仿真效果图

（反向电阻）很大，通过的电流很小（通常可以忽略不计）。反映二极管的电流随电压变化的关系曲线，叫做二极管的伏安特性曲线，如图 2-30 所示。

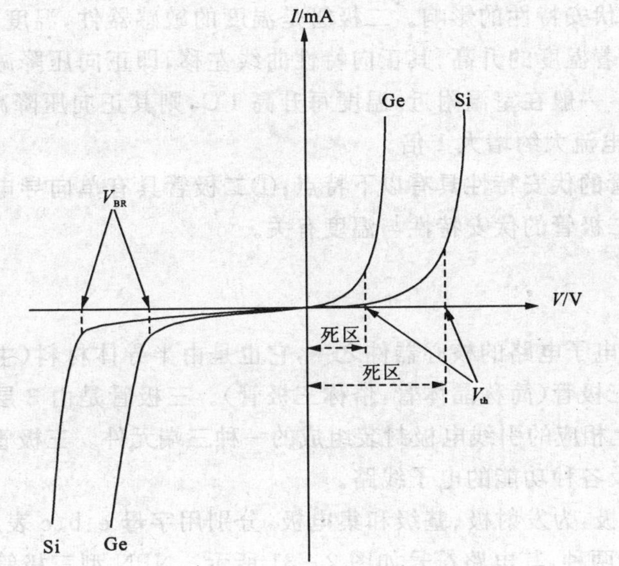

图 2-30　二极管伏安特性曲线

①正向特性。当外加正向电压时，随着电压 U 的逐渐增加，电流 I 也增加。但在开始的一段，由于外加电压很低。外电场不能克服 PN 结的内电场，半导体中的多数载流子不能顺利地通过阻挡层，所以这时的正向电流极小（该段所对应的电压称为死区电压，硅管的死区电压为 0～0.5V，锗管的死区电压为 0～0.2V）。当外加电压超过死区电压以后，外电场强于 PN 结的内电场，多数载流子大量通过阻挡层，使正向电流随电压很快增长。

即：当 $V>0$ 时，二极管处于正向特性区域。正向区又分为两段：

当 $0<V<V_{th}$ 时，正向电流为零，V_{th} 称为死区电压或开启电压。

当 $V>V_{th}$ 时，开始出现正向电流，并按指数规律增长。

②反向特性。当外加反向电压时，所加的反向电压加强了内电场对多数载流子的阻挡，所以二极管中几乎没有电流通过。但是这时的外电场能促使少数载流子漂移，所以少数载流子形成很小的反向电流。由于少数载流子数量有限，只要加不大的反向电压就可以使全部少数载流子越过 PN 结而形成反向饱和电流，继续升高反向电压时，反向电流几乎不再增大。当反向电压增大到某一值（曲线中的 D 点）以后，反向电流会突然增大，这种现象叫反向击穿，这时二极管失去单向导电性。所以一般二极管在电路中工作时，其反向电压任何时候都必须小于其反向击穿时的电压。

即：当 $V<0$ 时，二极管处于反向特性区域。反向区也分两个区域：

当 $V_{BR}<V<0$ 时，反向电流很小，且基本不随反向电压的变化而变化，此时的反向电流也称反向饱和电流 I_S。

当 $V \geqslant V_{BR}$ 时，反向电流急剧增加，V_{BR} 称为反向击穿电压。

在反向区，硅二极管和锗二极管的特性有所不同。硅二极管的反向击穿特性比较硬、比较陡，反向饱和电流也很小；锗二极管的反向击穿特性比较软，过渡比较圆滑，反向饱和电流较大。从击穿的机理上看，硅二极管若 $|V_{BR}| \geqslant 7$ V 时，主要是雪崩击穿；若 $V_{BR} \leqslant 4$ V 则主要是

齐纳击穿，当在 4～7V 之间时两种击穿都有，有可能获得零温度系数点。

③温度对二极管伏安特性的影响。二极管是温度的敏感器件，温度的变化对其伏安特性的影响主要表现为随着温度的升高，其正向特性曲线左移，即正向压降减小；反向特性曲线下移，即反向电流增大。一般在室温附近，温度每升高 1℃，则其正向压降减小 2～2.5mV；温度每升高 10℃，则反向电流大约增大 1 倍。

综上所述，二极管的伏安特性具有以下特点：①二极管具有单向导电性；②二极管的伏安特性具有非线性；③二极管的伏安特性与温度有关。

2.2.5　三极管

三极管也是构成电子电路的核心器件之一，它也是由半导体材料（主要是硅或锗）制作而成的，故又称为晶体三极管（简称晶体管，俗称三极管）。三极管是由 3 层杂质半导体、两个做在一起的 PN 结，加上相应的引线电极封装组成的一种三端元件。三极管具有放大作用，用它可以组成放大、振荡及各种功能的电子线路。

三极管有 3 个电极，为发射极、基级和集电极，分别用字母 e、b、c 表示。三极管按极性分为 NPN 型和 PNP 型两种，其电路符号如图 2－31 所示。NPN 型三极管工作时使用正电源，PNP 型三极管工作时使用负电源。本书中在没有特殊说明时，都是以 NPN 型为例进行介绍。

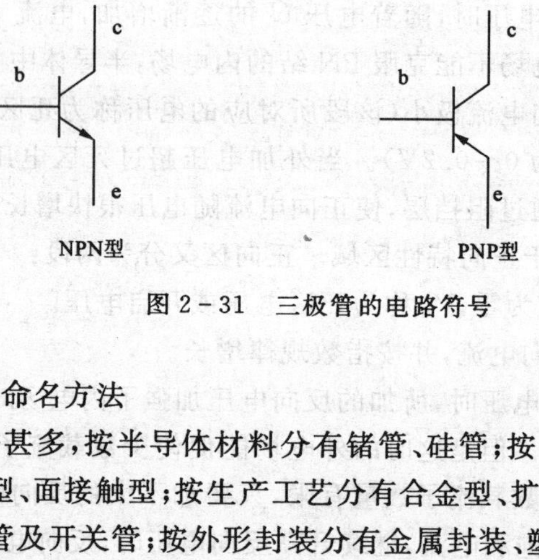

图 2－31　三极管的电路符号

1）三极管的分类及命名方法

三极管的分类方法甚多，按半导体材料分有锗管、硅管；按导电极性分有 PNP 管与 NPN 管；按结构分有点接触型、面接触型；按生产工艺分有合金型、扩散型、台面型和平面型；按工作频率分有低频管、高频管及开关管；按外形封装分有金属封装、塑料封装；按工作功率分有小功率管、中功率管、大功率管；按放大原理的不同，分为双极性三极管（BJT：Bipolar Junction Transistor）和单极性（MOS/MES 型：Metal－Oxide－Semiconductor or Metal Semiconductor）三极管。各种分类方法下的三极管又有许多具体型号，目前国内外各种类型的晶体三极管有成千上万种。常见晶体三极管的外形见图 2－32 所示，在应用中要根据“晶体管特性手册”，了解三极管的特性与相应的技术参数，合理选用。

一般三极管有 3 个引脚，它们不能相互代替。这 3 个引脚可以按等腰三角形分布，也可以按一字形排列，各引脚的分布规律在不同封装类型的三极管中不同。比如塑料封装小功率三极管，识别其引脚时，将球面朝下，手持三极管，使有文字的平面面向自己，从左向右，3 个引脚分别为发射极 e、基极 b、集电极 c。

有些金属封装的功率三极管只有两个引脚，它的外壳是集电极，即第三个引脚。有的金属

小功率三极管　　塑封大功率管　　锗高频三极管　　贴片三极管

硅光敏三极管　　金封大功率三极管

图 2-32　常用三极管外形图

封装高频放大管是 4 个引脚，第四个引脚接外壳，该引脚不参与三极管内部工作，接电路中地线。如果是对管，即外壳内有两个独立的三极管，则有 6 个引脚。

国产三极管的型号及命名通常由以下 5 部分组成。场效应器件、半导体特殊器件、复合管、PIN 型管、激光器件的型号命名只由第三、四、五部分组成。第一部分，用“3”表示三极管的电极数目。第二部分，用 A、B、C、D 表示三极管的材料和极性：(A——三极管为 PNP 型锗管；B——三极管为 NPN 型锗管；C——三极管为 PNP 型硅管；D——三极管为 NPN 型硅管)。第三部分，用字母表示三极管的类型(X——低频小功率管；G——高频小功率管；D——低频大功率管；A——高频大功率管)。第四部分，用数字表示三极管的序号。第五部分，用汉语拼音字母表示规格号或档级，用于区别同类三极管器件的某项参数的不同。

例如：3AX31A 表示 PNP 低频小功率锗三极管；3DG6A 表示 NPN 高频小功率硅三极管；3DD102B 表示 NPN 低频大功率硅三极管；3AD30C 表示 PNP 低频大功率锗三极管；3AA1 表示 PNP 高频大功率锗三极管。

2)三极管的电流放大作用

在 Multisim 11.0 中连接如图 2-33 所示的电路。打开仿真开关后，发现 XMM1 的读数为 9.881μA，XMM2 的读数为 2.371mA。三极管的基极电流即 XMM1 的读数，三极管的集电极电流即 XMM2 的读数。由此可看出，集电极电流远远大于基极电流，这就是三极管的电流放大作用。放大器就是利用这一特性来实现的。

如图 2-34 所示，三极管接上工作电源后，3 个电极就出现了 3 个电流，分别是：发射极电流 I_E、基极电流 I_B 和集电极电流 I_C。这 3 个电流之间有着密切而稳定的分配关系。基极电流与集电极电流之和总是等于发射极电流，即

$$I_B + I_C = I_E$$

集电极电流总是基极电流的 β 倍，即

$$I_C = \beta I_B$$

式中，β 称为电流放大系数，其值约为 20～150。也就是说，集电极电流总是基极电流的 20～150 倍。每个三极管的 β 值都是确定的，且比较稳定，在工作过程中不会有太大的变化。

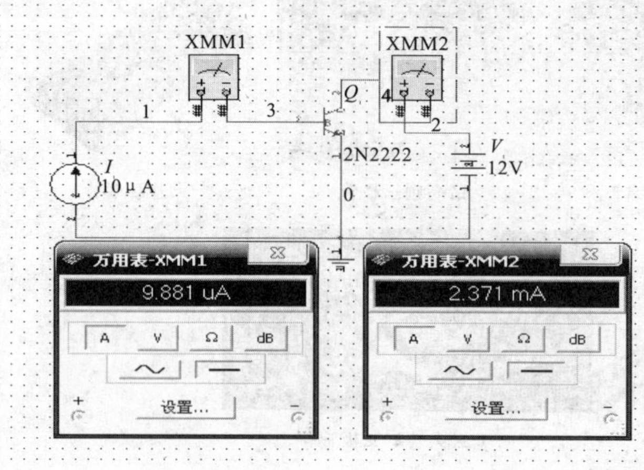

图 2－33　三极管仿真电路图

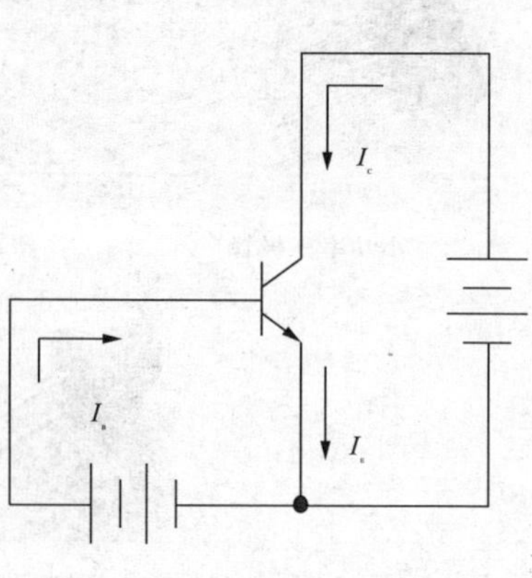

图 2－34　共射级放大电路

3)三极管的主要参数

(1)电流放大系数 β。每个三极管都有自己的 β 值,在工作过程中,β 值基本不变。我们一般希望三极管的 β 值大一些,电流放大能力强一些。但 β 值也不是越大越好,β 值太大的三极管稳定性比较差。

目前有些型号的数字万用表具有测量三极管 h_{FE} 的刻度线及 8 孔的测试插座,可以很方便地测量三极管的放大系数。先将万用表功能开关拨至 h_{FE} 档,量程开关拨到 ADJ 位置,把红、黑表笔短接,调整调零旋钮,使万用表指针指示为零,然后将量程开关拨到 h_{FE} 位置,并使两短接的表笔分开,把被测三极管插入测试插座,即可从显示屏上读出三极管的放大系数。

(2)集电极最大工作电流 I_{CM}。三极管正常工作时,集电极电流不能超出这一规定值。如果超出,三极管的其他性能就会变差,甚至会因为电流过大而发热烧毁。在选用三极管时,一定要事先估计通过的集电极电流有多大,然后选择与之相适应的三极管。

(3)集电极—发射极击穿电压 $V_{(BR)CEO}$。三极管在工作中,如果集电极(c)与发射极(e)之间的电压太大,就会出现击穿现象。三极管一旦被击穿,集电极电流将在瞬间急剧增大,往往导致三极管烧毁,所以选用三极管时一定要注意这一参数。普通三极管的击穿电压大约为几十伏。

(4)集电极最大允许功耗 P_{CM}。三极管在工作时,自身也要消耗功率。所消耗的功率将转化为热量,使三极管内部的温度升高。当然,这些热量会通过三极管的外壳散到周围空间去。但如果三极管比较小,散热比较慢,或者周围的散热条件很差,都会使三极管的温度不断上升,最后烧毁三极管。所以,每一种型号的三极管都规定了集电极最大允许功耗。在选用三极管时一定要注意其功耗不能超过这一规定值。

(5)穿透电流 I_{CEO}。从三极管的内部电流分配关系来看,如果基极电流 $I_B=0$,那么集电极电流 I_C 和发射极电流 I_E 都应该等于 0。而实际情况并非如此理想。当 $I_B=0$ 时,总存在一定的 I_C 值,我们把这个电流称为穿透电流 I_{CEO}。穿透电流越小,说明三极管的质量越好。穿透电流比较大的三极管,其工作稳定性非常差。

4)三极管的截止、饱和和放大 3 种状态

(1)三极管的截止状态。当三极管 b 极和 e 极间没有正向偏置,使得三极管没有工作,即 c 和 e 间不导通,这种状态称为截止状态。此时 I_C接近于 0。

(2)三极管的饱和状态。三极管处于饱和状态,基极电流足够大,即 $I_B \geqslant I_{BS}$。三极管在饱和时,集电极与发射极间的饱和电压(U_{CES})很小,根据三极管输出电压与输出电流关系式 $V_{CE} = E_C - I_C R_C$,所以 $I_{BS} = I_{CS}/\beta = E_C - U_{CES}/\beta \approx E_C/(\beta R_C)$。三极管饱和时,基极电流很大,对硅管来说,发射结的饱和压降 $V_{BES} = 0.7V$(锗管 $V_{BES} = -0.3V$),而 $V_{CES} = 0.3V$,可见,$V_{BE} > 0$,$V_{BC} > 0$,也就是说,发射结和集电结均为正偏。三极管饱和后,c、e 间的饱和电阻 $R_{CE} = V_{CES}/I_{CS}$,V_{CES}很小,I_{CS}最大,故饱和电阻 R_{CES}很小。饱和后 I_C不会随着 I_B的增加再增加,三极管饱和后 c、e 间视为短路。

(3)三极管的放大状态。当 be 正偏、bc 反偏;且 V_{BE} 大于门槛电压时为导通放大状态,此时 $V_C > V_B > V_E$。且 $V_{BE} = 0.7V$。导通后 R_{CE}减小,导通越深,R_{CE}内阻越小,V_{CE}越小。在放大状态,I_B 能控制 I_C,即具有电流放大作用(实质上是以小控大)。

综上所述:可以根据电极大小关系直接判断出三极管工作状态,当 $V_C > V_B > V_E$时为放大状态,当 $V_C = V_B > V_E$时为饱和状态,当 $V_C > V_B = V_E$时为截止状态。

仿真电路如图 2-35 所示。

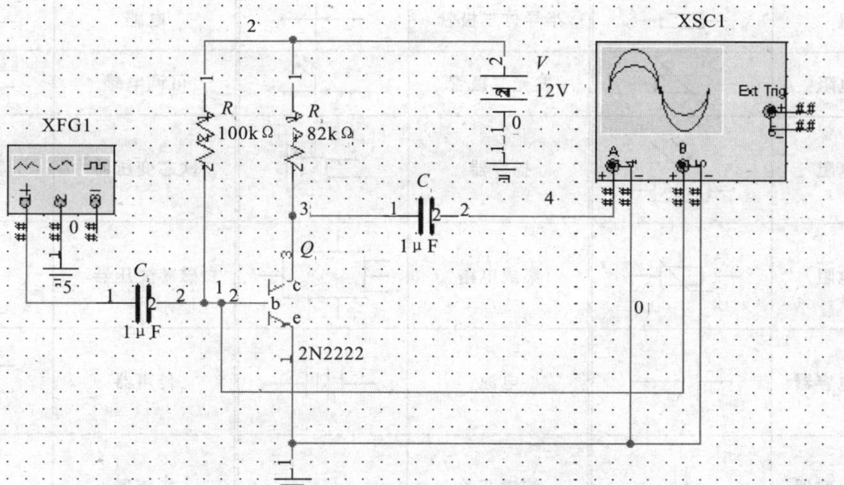

图 2-35　三极管 3 种工作状态仿真电路图

放大状态元件参数如图 2-35 所示,仿真结果如图 2-36(a)所示;饱和状态的元件参数为 $R_1 = 100k\Omega$,$R_2 = 2k\Omega$,仿真波形如图 2-36(b);截止状态的元件参数为 $R_1 = 600k\Omega$,$R_2 = 1k\Omega$ 电路波形如图 2-36(c)。

2.3　元器件电路符号

到目前为止,大家已经掌握了一些元器件的电路符号,并通过 Multisim 11.0 软件加强了电路符号的学习。值得注意的是,在 Multisim 11.0 软件里所使用的电路符号为 ANSI(美国

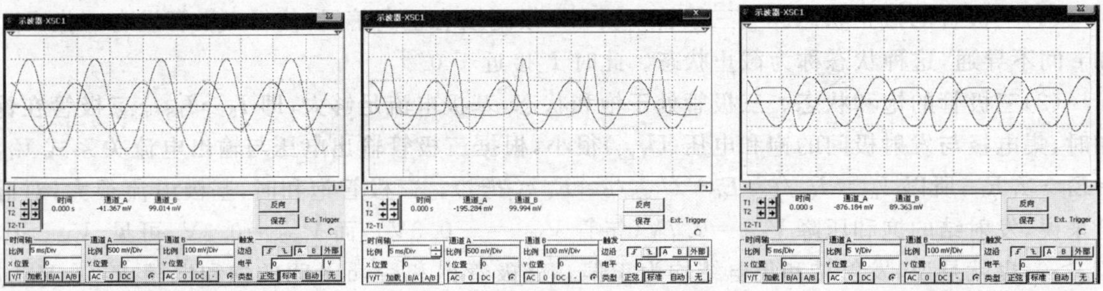

（a）放大状态　　　　（b）饱和状态　　　　（c）截止状态

图 2-36　三极管 3 种工作状态仿真波形

国家标准化组织)定义的符号，有些符号与我国的国家标准略有不同，如电阻的电路符号，但其实际意义是完全等效的。表 2-5 给出了一些常用元器件的电路符号。

表 2-5　常用元器件电路符号

元件名称	电路符号	元件名称	电路符号	元件名称	电路符号
电阻		半导体二极管		电感	
可调电阻		发光二极管	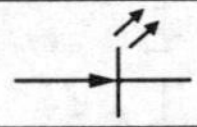	可调电感	
光敏电阻		扬声器	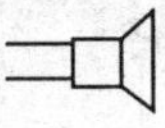	铁芯变压器	
热敏电阻		集成电路	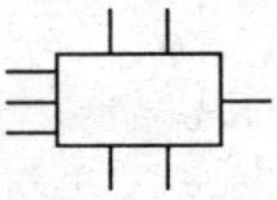	磁芯变压器	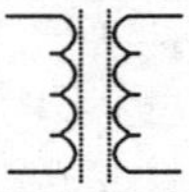
有极性电容器	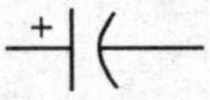	电池	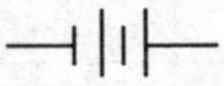	传声器	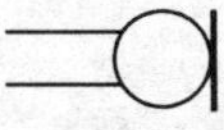
无极性电容器	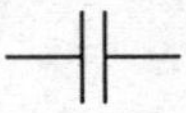	按键开关		扬声器	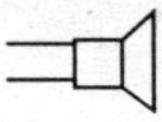
NPN 型三极管		PNP 型三极管	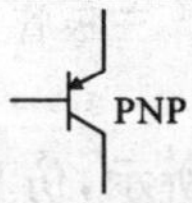	熔断器	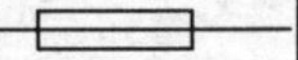
压电蜂鸣器		稳压管	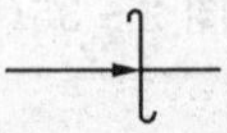	复位开关	
直流电动机	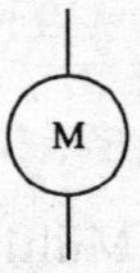	晶振	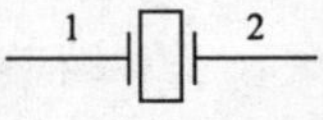	整流桥	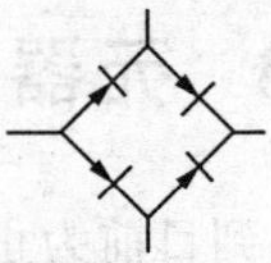

许多电子元器件的电路符号含有许多有益的识图信息，掌握这些识图信息有助于对该元器件在电路中作用的分析。

1)字母信息

电路符号中的字母是该元器件英语单词的第一个字母，如电阻用 R 表示，它是英语 resistance 的第一个字母 r 的大写。

在电路图中会出现多个电阻、多个电容等多个元器件的情况，如有 R_1、R_2、R_3 等表示方式，其中脚标 1、2、3 是电阻的编号，一般从左向右、从上向下连续编号，根据编号大小可以大致判断元器件在整个系统电路图中的位置，如图 2-37 所示。

2)引脚信息

电路符号包含了元器件的引脚信息，如引脚数目、引脚排列、正负极等。

(1)引脚数目。元器件有几个引脚，其电路符号必然会表示出相应的引脚数，图 2-38 所示是一种变压器的电路符号，从电路符号中可以知道，该变压器共有 6 个引脚。

根据电路符号的习惯画法，电路符号还进一步表明了这 6 个引脚的具体作用：①～②脚之间是一次绕组，用来输入交流电压；③脚是屏蔽接地引脚，用来消除交流电网的各种干扰；④、⑤、⑥脚之间是二次绕组，用来输出交流电压。多数元器件电路符号只表示该元器件有几个引脚，并不表示每个引脚的作用。只有部分元器件电路符号能同时表明引脚的作用。

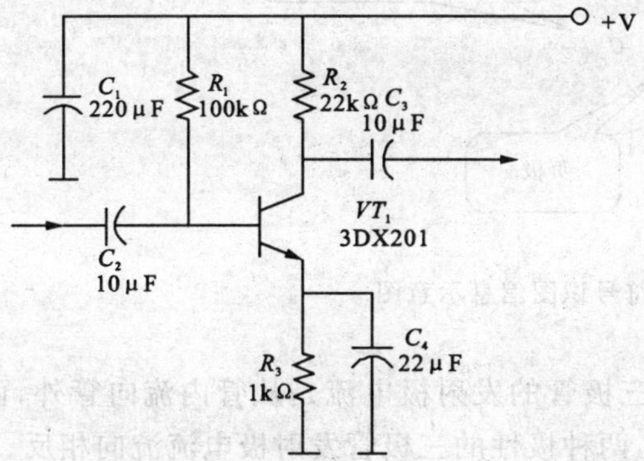

图 2-37　元器件编号顺序示意图

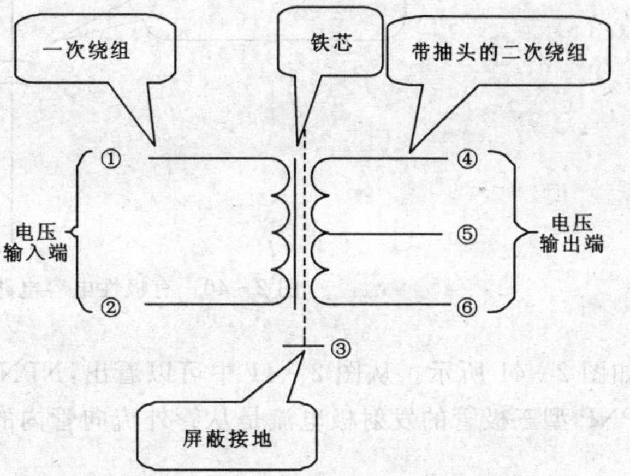

图 2-38　变压器电路符号识图信息示意图

(2)引脚排列。电路符号能够表示引脚排列顺序。图 2-39 所示是某型号集成电路的电路符号，从这一电路符号中不仅能知道该型号集成电路有 8 个引脚，还能知道各引脚的排列顺序，左下方是第 1 个引脚，逆时针方向依次是第 2～8 个引脚。

(3)正负极之分。如果元器件的引脚有正、负极性之分，那么电路符号还能表达出引脚的正、负极性。图 2-40 所示是有极性电解电容的电路符号。从电路符号中可以看出，用"＋"号表示这一端的引脚为正极，另一端则为负极。

3)电流流向信息

电路符号可以表达电流的流向信息。例如，三极管有 NPN 型和 PNP 型两种电路符号，

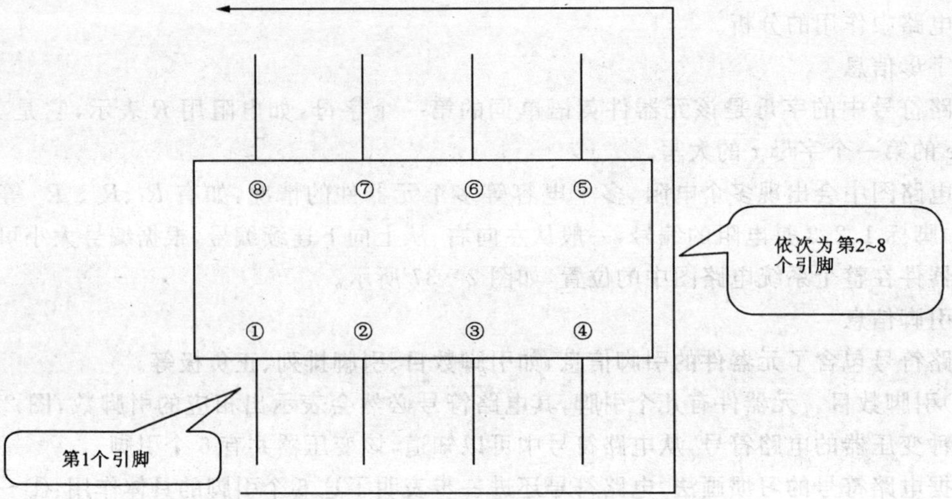

图 2-39　集成电路电路符号识图信息示意图

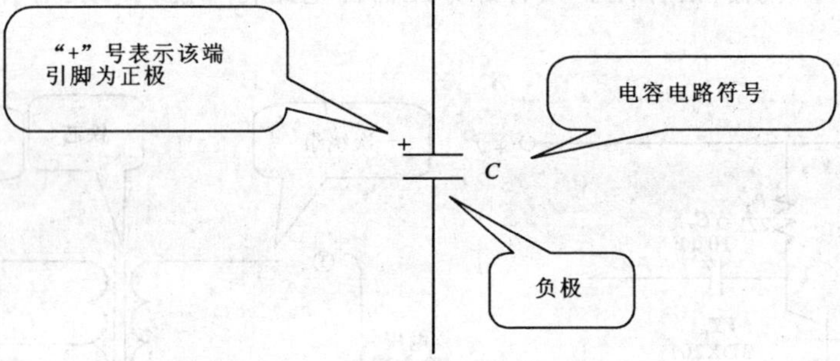

图 2-40　有极性电容电路符号识图信息示意图

如图 2-41 所示。从图 2-41 中可以看出，NPN 三极管的发射极电流是从管内流向管外，而 PNP 型三极管的发射极电流是从管外流向管内的，两种极性的三极管发射极电流流向相反。

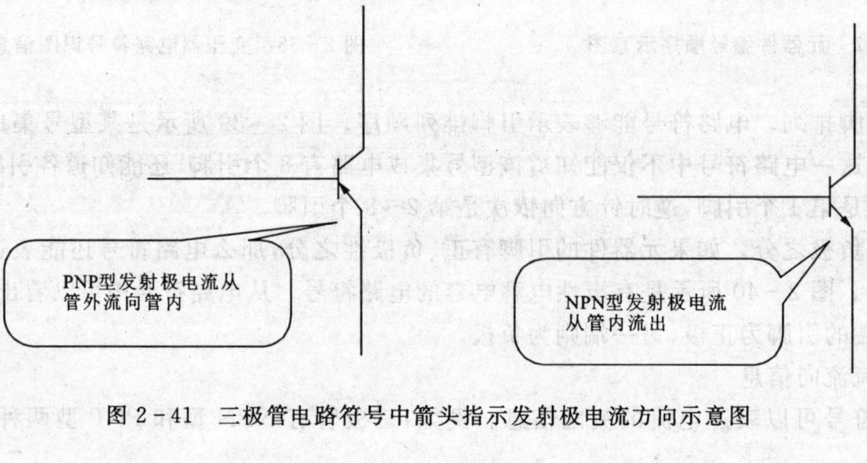

图 2-41　三极管电路符号中箭头指示发射极电流方向示意图

图 2-42 所示是二极管电路符号，其中也有指示电流方向的功能。

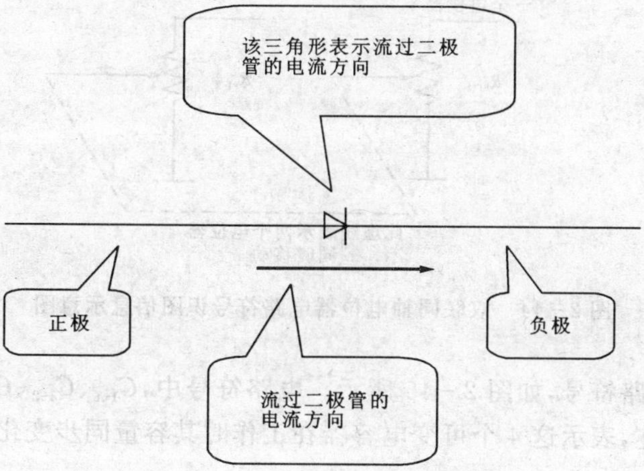

图 2-42　二极管电路符号识图信息示意图

二极管电路符号中有一个三角形，它表示流过二极管的电流方向。众所周知，电流从高电位流向低电位，即从二极管正极流向负极，这样可以确定二极管的正、负引脚，符号中三角形底边为正极，另一端为负极。

4)结构和特性信息

有些元器件的电路符号还能表示该元器件的结构和特性，例如电容器的电路符号，如图 2-43所示。

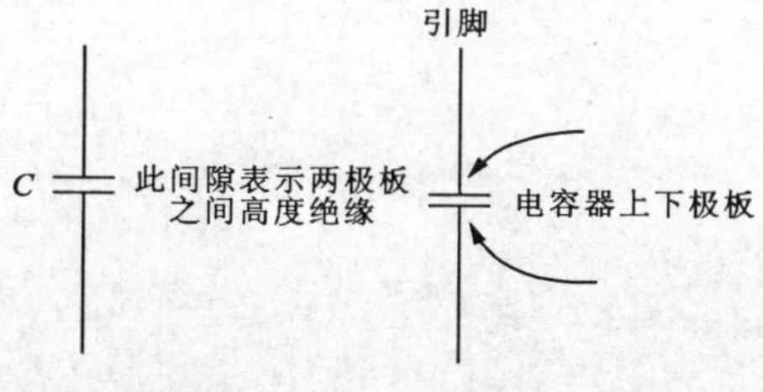

图 2-43　电容器电路符号识图信息示意

电容器的基本结构是两个平行的金属板、两板之间高度绝缘，电容符号的两条水平线表示上下极板。平行线间的间隙表示高度绝缘，也表示不能让直流电流流过，这一电路符号形象地表示了电容器的基本结构和特性。

5)虚线相关性信息

有些元器件电路符号中会出现虚线，这表示具有相关性。例如，图 2-44 所示是双联同轴电位器的电路符号。R_{P1-1} 是其中的一个电位器，R_{P1-2} 是另一个电位器。

电路符号中两个电位器的动片用虚线连接起来，表示操作电位器的操纵柄时，两个电位器的动片同步移动。这种用虚线表示同步操作的例子还有许多，例如调频/调幅收音机中使用的

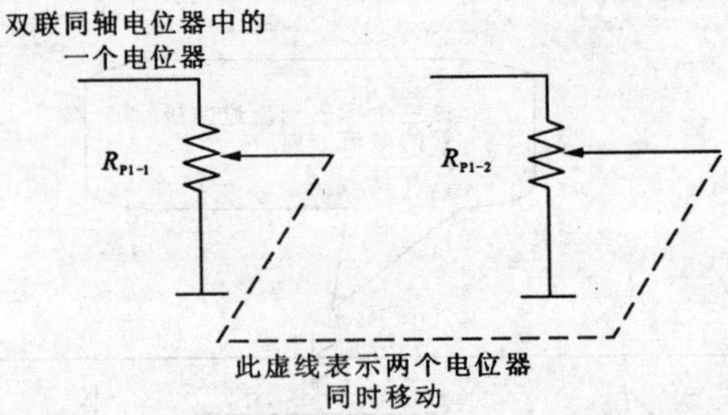

图 2-44　双联同轴电位器电路符号识图信息示意图

四联可变电容器的电路符号，如图 2-45 所示。电路符号中，C_{1-1}、C_{1-2}、C_{1-3} 和 C_{1-4} 是 4 个可变电容器，通过虚线相连，表示这 4 个可变电容器在工作时其容量同步变化。

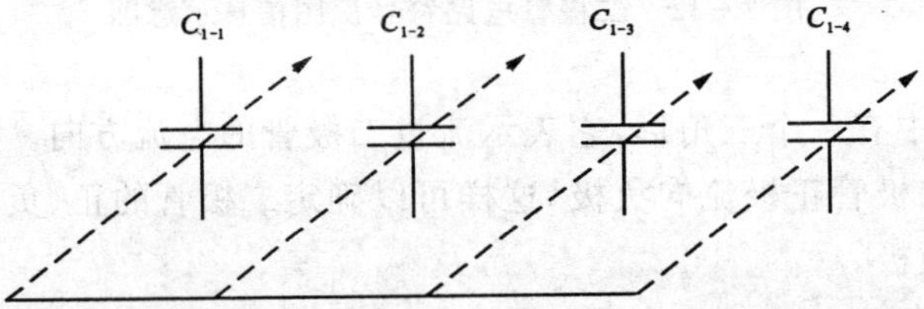

图 2-45　四联可变电容器电路符号

第 3 章　直流稳压电源设计

任何一个电子电路要正常工作，都需要有直流电源提供能量。干电池是一种性能良好又便于携带的直流电源，但它的容量很小，耗电快，只适合便携式小型产品。大多数电子电路都需要比较长时间的稳定供电，有的电路还需要正负电源或者多种电压供电。因此需要设计大容量的直流稳压电源。

直流稳压电源可以分为线性和开关稳压电源。小功率稳压电源一般由市电供电，通过变压器将市电电压降低，再经整流、滤波、稳压 3 个主要环节，得到比较稳定的电压并向电子电路提供所需的低压直流。

3.1　整流电路

市电是 220V、50Hz、正弦波波形的交流电。所谓交流电，是指电压或电流的方向在不断变化(比如声音信号、图像信号、温度信号等等)。而电子电路需要的是几伏特至几十伏特的直流电，直流电是指电压或电流的方向是单一不变的。因此，稳压电源先将市电的电压降低到所需要的值，再将交流电转换成直流电。

直流稳压电源里常用的电源变压器为降压变压器，一方面将 220V 的交流电降至所需要的较低的电压，另一方面起“隔离”作用，使电子设备与电网隔离开来。变压器输出端仍是交流电，其波形仍是正弦波。

整流电路的作用则是利用二极管的单向导电性，将交流电转换成为直流电。在小功率直流电源中，常用的整流电路有半波整流、全波整流和桥式整流 3 种方式。

3.1.1　半波整流电路

半波整流电路如图 3 - 1(a)所示。变压器将市电的 220V 交流电压降低到所需要的 E 值，它的电压波形如图 3 - 1(b)所示。在此波形电压为正的周期内，二极管正向导通，电流流经二极管 D 流向负载电阻 R，在 R 上得到一个极性为上正下负的电压。而当变压器次级电压为负半周时，二极管 D 反向偏置，电流基本为 0，所以在负载电阻 R 两端的电压为 0，于是出现了“半个波”的输出效果波形，如图 3 - 1(c)所示。这种只在交流电电压的半个周期内才有电压输出的电路称为半波整流电路。

半波整流电路输出的电压是单向的，但大小是变化的、脉动的，所以把这种电压叫做直流脉动电压。

如果将二极管的连接方向更改为如图 3 - 2(a)所示，那么，流过负载 R 的电流就只能是由下向上，输出电压的波形如图 3 - 2(b)所示，所以在电阻 R 两端得到的是负极性的直流脉动电压。

半波整流只利用了输入电压的一半，所以它的效率比较低，输出直流电压的平均值也比较

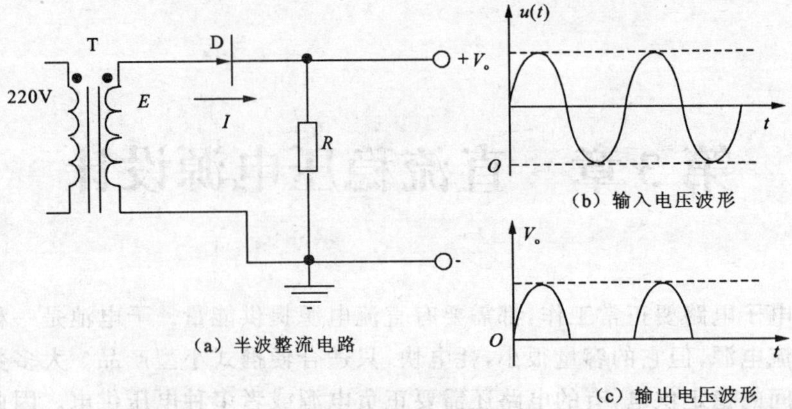

(a) 半波整流电路　(b) 输入电压波形　(c) 输出电压波形

图 3-1　半波整流电路及其输出电压波形(一)

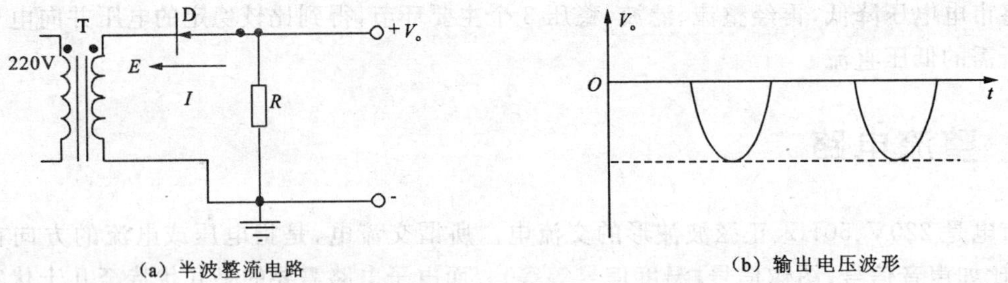

(a) 半波整流电路　(b) 输出电压波形

图 3-2　半波整流电路及其输出电压波形(二)

低。若把电路接成全波整流形式，就能提高效率。

3.1.2　全波整流电路

从图 3-3(a)所示的全波整流电路中可以看出，相对于变压器中心抽头 C 来说，线圈首尾两端(A、B)的瞬间电压极性总是相反的，所以二极管 D_1、D_2 是交替导通的。但是，从负载电阻 R 来说，电流方向始终是从上到下，所以输出电压的波形如图 3-3(b)所示，输出电压的平均值比半波整流要高一倍。

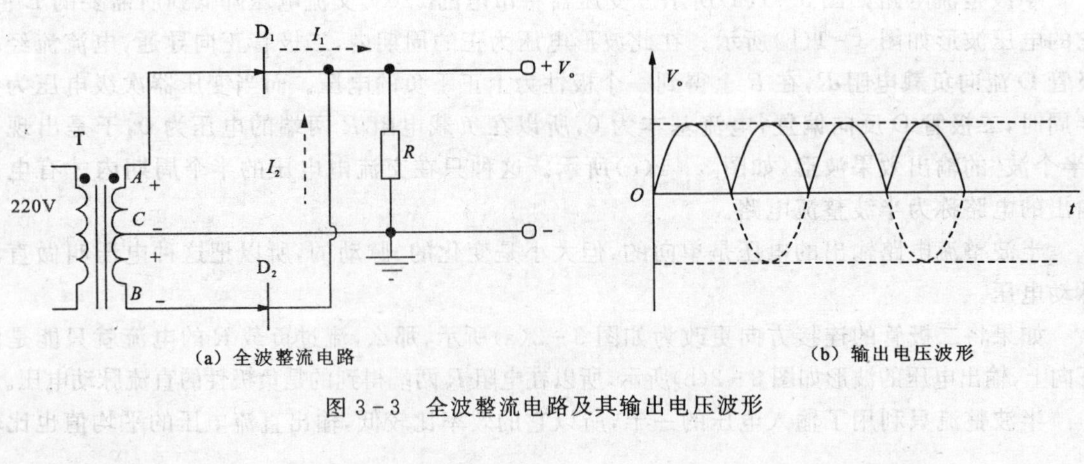

(a) 全波整流电路　(b) 输出电压波形

图 3-3　全波整流电路及其输出电压波形

全波整流电路用了两个整流二极管，整流二极管的耐压必须高于2倍交流电压峰值，而且要求电源变压器次级具有中心抽头。能否用一组线圈实现全波整流呢？这就需要采用桥式整流方式。

3.1.3　桥式整流电路

图3-4(a)所示的是桥式整流电路，它用4个二极管来实现整流。当变压器输出端A端为正时，电流由A端流出，经二极管D_1、负载R、二极管D_3，回到变压器B端；当变压器输出端A端为负时，电流由B端流出，经二极管D_2、负载R、二极管D_4，回到变压器A端。这样，不管变压器输出电压是正还是负，都有电流流过负载R，而且方向都是从上到下，与全波整流是一样的，输出电压波形如图3-4(b)所示，也是直流脉动电压。桥式整流是应用最多的整流电路，一定要记住它的电路形式。

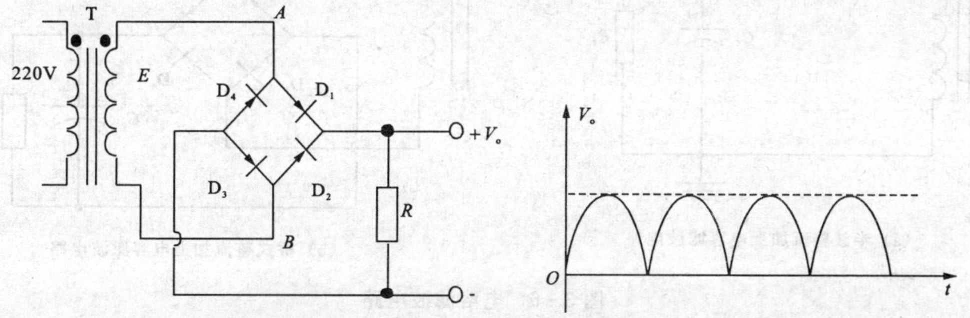

(a) 桥式整流电路　　(b) 输出电压波形

图3-4　桥式整流电路及其输出电压波形

电子设计时也可选用全桥整流堆（也叫整流桥）来代替桥式整流电路。整流桥有4个引脚，其内部包含了4个二极管。使用前需要确定电路的最大电流值，然后购买额定电流比最大电流值稍大的整流桥即可。

3.2　滤波电路

通过整流电路得到的直流脉动电压是不能提供给电子电路使用的，因为电压很不稳定，电压值变化太厉害。因此，必须将脉动的电压转变成基本平滑的直流电压，这就靠滤波电路来完成。常见滤波电路有电容滤波、电感滤波和π型滤波，其中，π型滤波又分为RC-π型滤波和LC-π型滤波。如图3-5所示。

3.2.1　电容滤波电路

1)原理

在小功率直流稳压电源中主要采用电容滤波电路。电容滤波电路很简单，只需在整流电路的输出端并联一个容量较大的电容器，一般容量在几百微法至几千微法。图3-6(a)是半波整流加上电容滤波的电路形式，图3-6(b)为桥式整流加上电容滤波的电路形式。

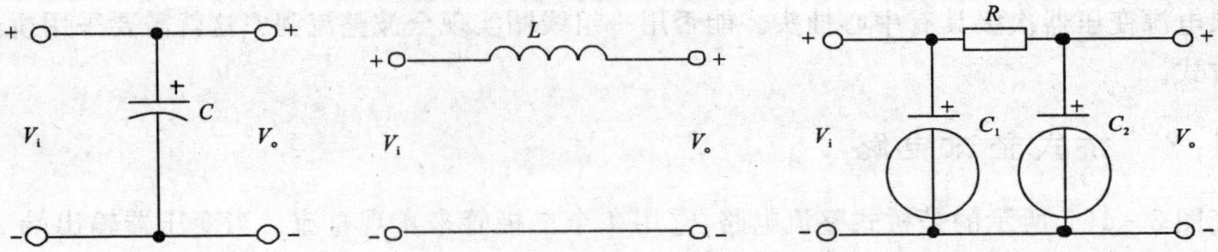

（a）电容滤波　　　　　　（b）电感滤波　　　　　　（c）π 型滤波

图 3-5　常用的滤波电路

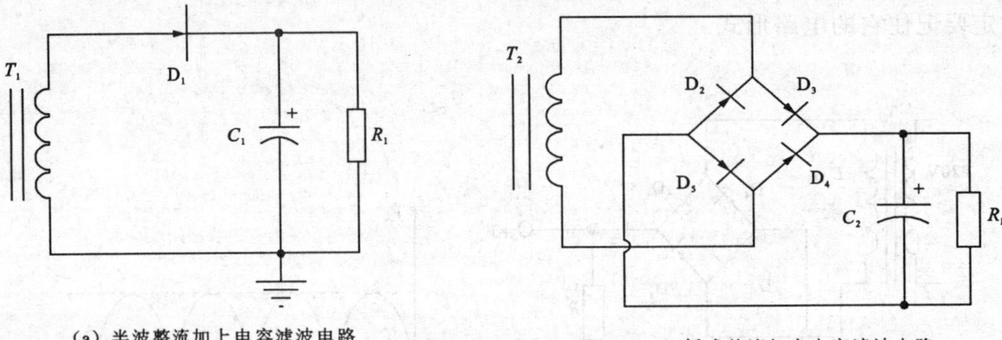

（a）半波整流加上电容滤波电路　　　　　　（b）桥式整流加上电容滤波电路

图 3-6　电溶滤波电路

加入电容滤波后，输出电压的波形发生了变化。以图 3-6(a)的半波整流加上电容滤波电路为例，当二极管导通时，电流通过二极管对电容器 C 充电，因为二极管导通时电阻极小，所以充电的速度很快，电容器的端电压随着输入电压上升而上升，如图 3-7(a)所示。当输入电压从最高点(h 点)开始下降时，二极管截止，电容器 C 通过负载 R 进行放电。由于电阻 R 的值比较大，所以放电要比充电慢得多；到 i 点后，二极管又导通，电容器又进入充电状态，端电压随着输入电压上升到 j 点；然后又开始放电。如此不断地充电、放电，输出电压就不再是脉动的，而变得比较平滑，略有波动。

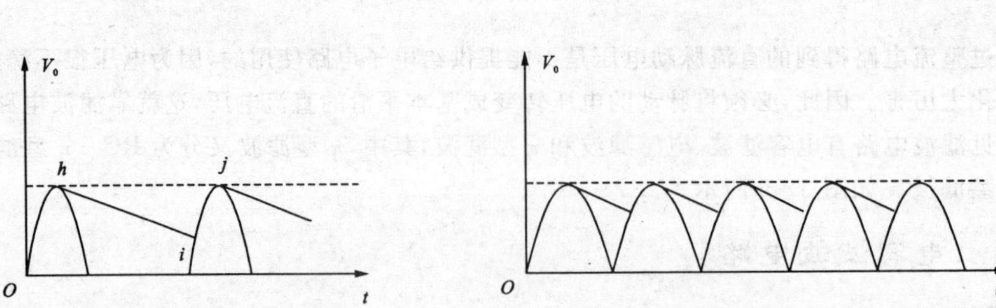

（a）半波整流电容滤波电路输出波形　　　　（b）全波整流电容滤波电路输出波形

图 3-7　电容滤波电路输出波形

全波整流加电容滤波后，输出电压的波形如图 3-7(b)所示。显然输出电压波形更为平滑。

2)桥式整流电容滤波电路设计

桥式整流电容滤波电路是电子设计中应用较广的电路(图 3-8)。一般，其设计要求如下。

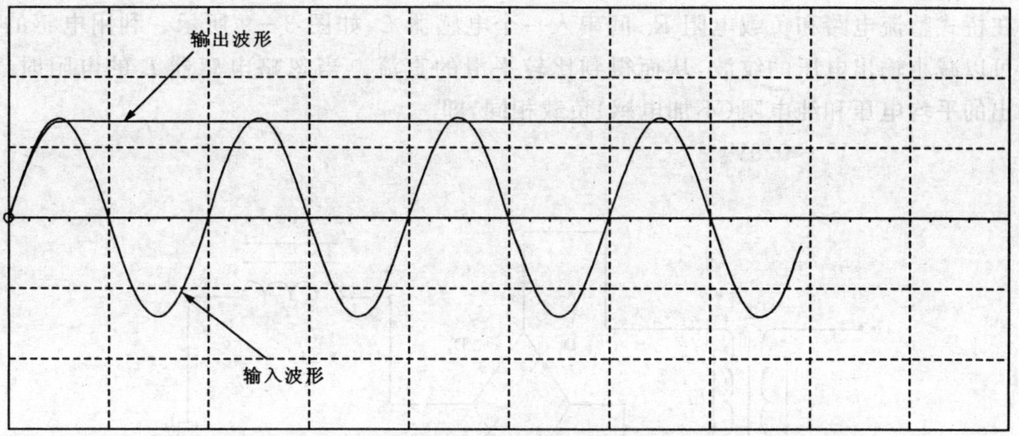

图 3-8　桥式整流电容滤波电路的输入输出波形

(1)选择整流二极管。选择整流二极管的正向电流和反向耐压值分别为

$$I_F > 0.5 I_{lmax}$$

$$V_{BR} > V_{im}$$

其中，I_{lmax}是负载最大工作电流，V_{im}是输入(变压器次级)交流电压的峰值。

(2)选择滤波电容：

$$C \geqslant (3 \sim 5)\frac{T}{2R_L}$$

其中，T 为输入交流电压的周期。考虑到电网电压的波动范围为±10%，则电容的耐压值

$$V_{CM} > \sqrt{2} V_2$$

式中，V_2为电源变压器次级电压有效值。

注意：这里的电容一般选择有极性的铝电解电容，在要求比较高的情况下可以选择钽电解电容。

(3)选择电源变压器。电源变压器次级电压和电流的有效值 V_2、I_2应满足以下公式：

$$V_o \approx 1.2 V_2$$

$$I_2 = (1.5 \sim 2) I_{lmax}$$

其中，V_o为整流滤波电路的输出直流电压。

(4)输出纹波电压估算。交流电压经过整流、滤波后，除了直流成分外，还含有接近锯齿波的复杂周期性的纹波电压。为了便于估算，将其看成理想的锯齿波，则纹波电压的峰峰值 V_{rp-p}和有效值 V_r 分别为

$$V_{rp-p} \approx \frac{V_o}{2fR_L C}$$

$$V_r=\frac{V_{rp-p}}{2\sqrt{3}}$$

为节约篇幅,以上这些公式直接给出了,初学者知道怎么运用即可,可参考本书 3.4 章节中的元器件参数计算。若想进一步了解,则需参考相关的电路分析等书籍。

3.2.2 电感滤波电路

在桥式整流电路和负载电阻 R_L 间串入一个电感器 L,如图 3-9 所示。利用电感的储能作用可以减小输出电压的纹波,从而得到比较平滑的直流。当忽略电感器 L 的电阻时,负载上输出的平均电压和纯电阻(不加电感)负载相同,即

$$V_o=0.9V_2$$

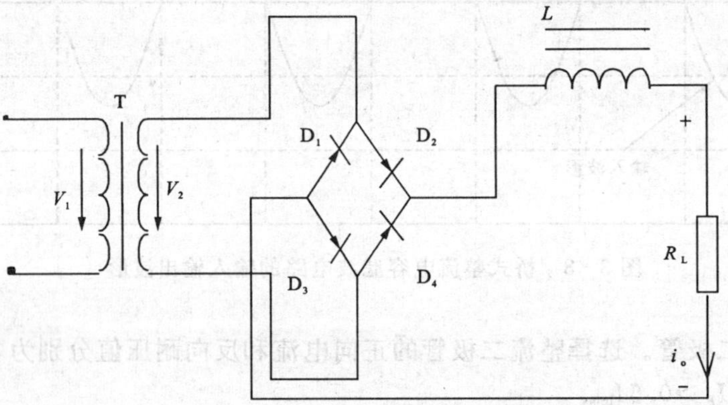

图 3-9 桥式整流电感滤波电路

电感滤波电路的优点是:整流管的导电角较大(电感 L 的反电势使整流管导电角增大),峰值电流很小,输出特性比较平坦,带负载能力强,适用于负载电流较大且负载变动很大的场合。其缺点是:输出电压较低,笨重,体积大,易引起电磁干扰。

3.2.3 π 型滤波电路

1)RC 滤波电路

如图 3-10 所示,RC-π 型滤波电路实质上是在电容滤波电路的基础上加上一级 RC 滤波组成。电容 C_1 的作用与电容滤波电路一样,即利用 C_1 的充放电进行第一次滤波,可在 C_1 两端获得比较平滑的电压,但这个电压包含着直流分量和交流分量。而 R 和 C_2 则构成二次滤波,一方面,R 的接入可使 C_1 的放电速度减慢,减少了 C_1 两端电压的波动,另一方面,由于 C_2 的交流阻抗很小,几乎将交流分量短路,负载两端的脉动电压大为减小,而 C_2 对于直流分量没有什么影响。所以,RC-π 型滤波电路的滤波效果要比单一的电容滤波电路好许多,但是由于 R 的降压作用,直流输出电压有所降低。RC-π 型滤波电路的负载能力较差,适用于负载电流较小的场合。

2)LC 滤波电路

如图 3-11 所示,用电感 L 代替 RC 滤波电路中的电阻 R。由于电感的交流阻抗($X_L=$

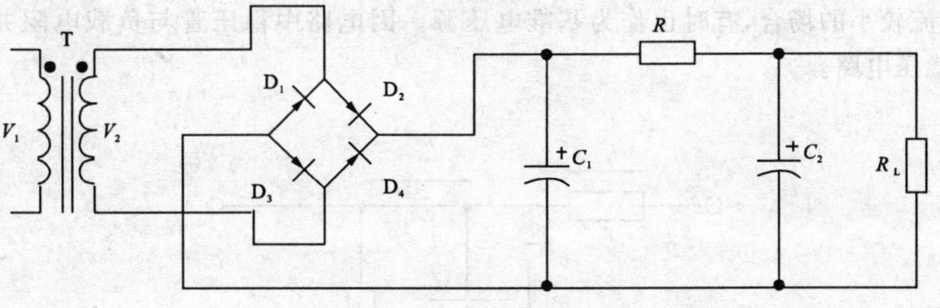

图 3－10　RC－π 型滤波电路

ωL)较大，而直流电阻很小，对于变化的电流，电感 L 上会产生一定的反电动势来阻止电流的变化，对于直流成分影响不大。L 与 C_2 分压后，交流分量将大部分降在电感 L 上，直流分量几乎没有损失地直接加在负载上，再经过 C_2 的进一步滤波，使得输出电压的波动很小。因此，这种滤波电路具有良好的滤波效果。LC－π 型滤波电路具有很强的负载能力，当负载变化时，输出电压的变化很小，因此最适合于负载电流较大的场合。

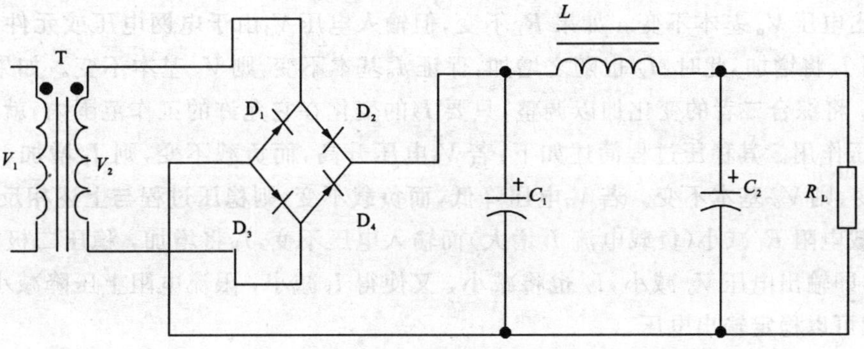

图 3－11　LC－π 型滤波电路

3.3　稳压电路

经过整流滤波后的输出电压基本平滑，但还是会出现小幅度的波动，与理想的直线波形还是有些差异，此时需要加入稳压电路。

稳压电路的功能是在工作环境发生变化时能够自动稳定输出电压。这里所说的工作环境主要指电力网电压波动和提供输出电流的变化。

稳压电路涉及的内容比较多，本章节只介绍几种典型的电路。

3.3.1　稳压管稳压电路

在 2.2.4 节里介绍过硅稳压管，其工作在反向伏安特性上，当反向电压超过击穿电压以后，反向电流很快增大。随着电流增大，电压增大得较慢，电流在一定范围内变化时，输出电压变化很小，可利用这个特性来稳压。

稳压管稳压电路是最简单的一种稳压电路，如图 3－12 所示。主要用于输入电压变化不大、负载电流较小的场合，有时也作为基准电压源。因电路中稳压管与负载电阻并联，所以也称并联型稳压电路。

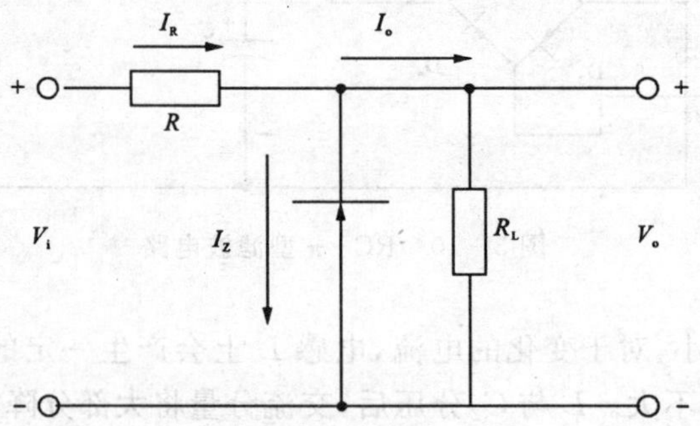

图 3-12 基本稳压管稳压电路

图 3-12 中 R 决定了向稳压管和负载输送电流的总量，起着限流和调压的作用。如负载电阻 R_L减小，要求更多的电流流过 R_L 时，通过稳压管的电流 I_Z将随之减小，使 I_R基本不变，以保证输出电压 V_o 基本不变。如果 R_L不变，但输入电压 V_I由于电网电压或元件参数改变而增加时，则 I_R将增加，此时，I_Z 也随之增加，保证 I_o基本不变，则 V_o 基本不变。如果 V_i和 R_L都变化，则 I_Z 将综合二者的变化加以调整，只要 I_Z的变化在它允许的工作范围内，就能保证起到较好的稳压作用。其稳压过程简述如下：若 V_i电压升高，而负载不变，则 I_R增加，I_Z 也增加，I_o基本不变，则 V_o 基本不变。若 V_i电压降低，而负载不变，则稳压过程与上述相反。

若负载电阻 R_L减小（负载电流 I_o增大）而输入电压不变，I_R将增加，稳压二极管两端的电压将减小，即输出电压 V_o 减小，I_Z 也将减小，又使得 I_R减小，限流电阻上压降减小，输出电压增大，也就可以稳定输出电压。

若负载电阻 R_L增大而输入电压不变，则稳压过程与上述相反。

基本稳压电路中限流电阻 R 的选用非常重要，若 R 选得太大，则供应电流不足，当 I_o较大时，稳压管的电流将减小到临界值以下，失去稳压作用；若 R 选得太小，则当 R_L变到很大或开路时，I_R都流向稳压管，可能超过允许定额而造成损坏。所以，要合理选用 R。

设稳压管的稳定电压为 V_Z，最大工作电流为 I_{Zmax}，最小工作电流为 I_{Zmin}，市电电压最高时的整流输出电压为 V_{imax}，最低时为 V_{imin}；负载电流的最小值为 I_{0min}，开路时为 0，最大值为 I_{0max}。要使稳压管能正常工作，必须满足下面两个关系。

(1)当市电电压最高和负载电流为 0，即负载开路时，I_Z应不超过允许最大值，即限流电阻 R 的最小值应满足：

$$R > \frac{V_{imax} - V_0}{I_{Zmax}}$$

(2)当市电电压最低和负载电流最大时，I_Z应不低于允许最小值，即

$$R < \frac{V_{imin} - V_0}{I_{omax} + I_{Zmin}}$$

如上两式不能同时满足，则说明在给定条件下已超出稳压管的工作范围，需限制变化范围或选用较大功率的稳压管。

3.3.2 集成稳压电路

集成稳压电源是模拟集成电路的一个重要分支。这里第一次接触到集成电路的概念。集成稳压电路就是将稳压电路中的各种元件，如二极管、三极管、电阻等，集成到一个硅片上的电路。集成稳压电路自20世纪70年代以来发展迅猛，至目前已有数百个品种，成为各种电子设备中不可缺少的部件。

最初出现的是三端固定式集成稳压电源，如UA7800(W7800)系列和UA7900(W7900)系列等，只有输入端、输出端和公共端3个引脚，从而使设计和使用均得到极大的简化。由于电子设备常常需要多种不同数值的稳定电压，因此很快出现了第三代集成稳压电源，即可调试三端集成稳压电源，这种集成稳压电源只需外接两个电阻器，即可在相当大的范围内调节输出电压大小。其典型产品如LM117(W117)、LM137(W137)、LM317(W317)及LM337(W337)等。20世纪80年代后期又研制生产出微功耗多功能开关式集成稳压电源，如MC34063(CW34063)。这种集成稳压电源不仅效率高，而且能方便地实现降压、升压和反转极性等多种功能。

集成稳压电路的性能指标如下：

(1)最大输出电流。指稳压电源正常工作时能输出的最大电流，用I_{omax}表示。一般情况下的工作电流$I_o < I_{omax}$。稳压电路内部应有保护电路，以防止$I_o > I_{omax}$或输出端与地短路时损坏稳压器。

(2)输出电压。指稳压电源的输出电压，也是稳压器的输出电压，用V_o表示。

(3)纹波电压。指叠加在输出电压V_o上的交流分量。此项性能指标亦可用纹波抑制比来表示，其意义是输出端对输入端叠加的交流纹波电压的抑制比，可反映稳压电源对输入端引入的交流纹波电压的抑制能力S_R(dB)，其表示式为

$$S_R = 20\lg \frac{\Delta V_{i(p-p)}}{\Delta V_{o(p-p)}}$$

式中，$\Delta V_{i(p-p)}$、$\Delta V_{o(p-p)}$为输入端和输出端交流纹波电压的峰峰值。

(4)稳压系数。指在负载电阻R_L不变的情况下，输入电压的相对变化引起输出电压的相对变化，即

$$S_V = \frac{\Delta V_o}{V_o} \Big/ \frac{\Delta V_i}{\Delta V_i} \Bigg|_{R_L=\text{常数}}$$

(5)输出电阻。其意义是在输入电压不变的情况下，输出电流的变化ΔI_o引起的输出电压的变化，其表达式为

$$R_o = -\frac{\Delta V_o}{\Delta I_o} \Bigg|_{V_i=\text{常数}}$$

它表示稳压电源受负载变化影响的程度。

在工程上也常用I_o从零变到最大额定输出值时，输出电压的相对变化量来表征这一性能，称为电压调整率。

除以上5项主要性能指标外，尚有其他一些性能指标。如最小输入输出电压差$(V_i - V_o)_{min}$、最大输入电压V_{imax}，最小输入电压V_{omin}，最大输出电流I_{omax}，最小输出电流I_{omin}，最大允许功耗P_M，温度系数S_T等。

1)三端固定式集成稳压器

三端固定式集成稳压器也叫做三端稳压,78××系列是正稳压集成电路,79××系列是负稳压集成电路,芯片内部集成了恒流比较放大、调整管、过热过流保护电路、温度补偿电路等,内部保护措施完善,不易损坏。

78××和79××系列里的××表示具体输出电压值,有5V、6V、8V、9V、10V、12V、15V、18V、20V和24V共10种。其最大输出电流为1.5A(78M××和79M××系列的最大输出电流为500mA,78L××和79L××系列的最大输出电流为100mA),最大输入电压为40V。表3-1给出了78××序列各种型号的具体参数,供设计时参考。

表3-1　78××序列稳压器主要参数表

参数名称	单位	7805	7806	7808	7812	7815	7820	7824
输出电压	V	5±5%	6±5%	8±5%	12±5%	15±5%	20±5%	24±5%
稳压系数 S_V（最大值）	%	0.18	0.22	0.30	0.58	0.85	1.6	1.7
输出电阻 R_o（最大值）	mΩ	53	66	80	93	106	133	160
纹波抑制比 S_R	dB	68	65	62	61	60	58	56
温度系数 S_T	mV/℃	0.6	0.7	1.0	1.5	1.8	2.5	3.0
静态电流 I_o	mA	6	6	6	6	6	6	6
输出噪声电压(典型值)	μV	40	50	60	80	90	160	200
最小输入电压	V	7.5	8.5	10.5	14.5	17.5	22.5	26.5
最大输入电压	V	35	35	35	35	35	35	40
最大输出电流	A	1.5	1.5	1.5	1.5	1.5	1.5	1.5

图3-13所示为三端稳压集成电路的外形和引脚图。运用三端稳压的基本应用电路如图3-14所示。

参考表3-1,如果图3-14中7805的输入电压低于7.5V,那么7805无法起到稳压的作

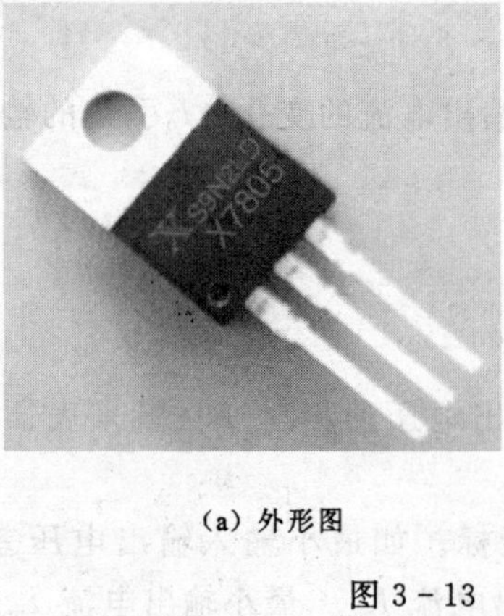

(a) 外形图

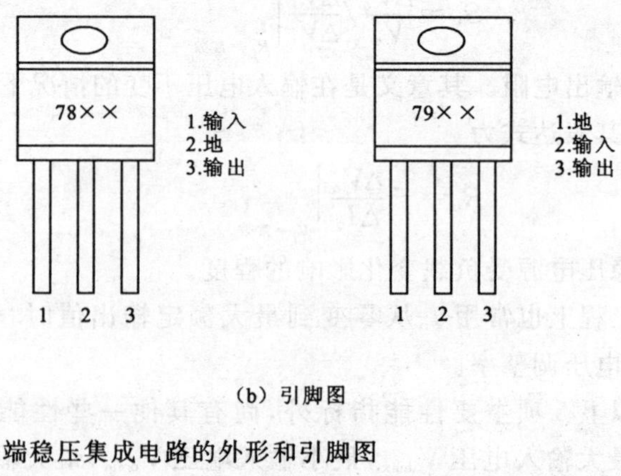

(b) 引脚图

图3-13　三端稳压集成电路的外形和引脚图

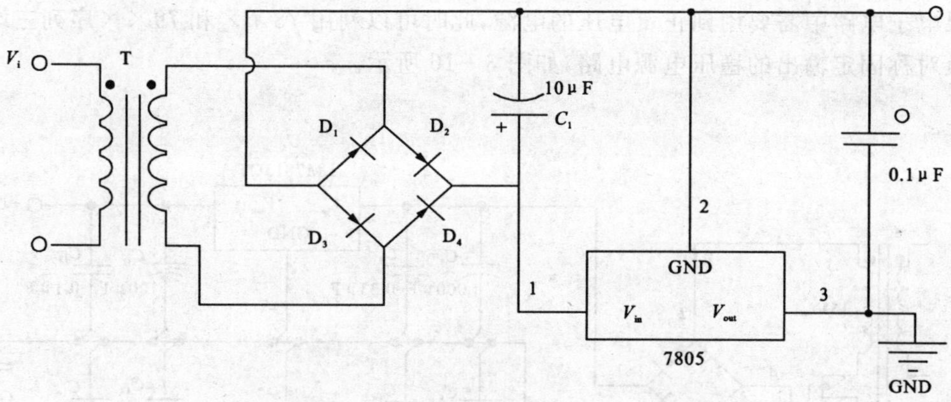

图 3－14　三端稳压的基本应用电路图

用，其输出电压也会低于理论输出电压 5V。当 7805 的输入电压高于 7.5V 但小于 35V 时，7805 才能起到稳压的作用，其输出才会控制在 5V。

一般设计时会在三端稳压的输入输出端各并联上一个电容，如图 3－15 所示。输入端电容的作用是减小纹波、消振、抑制高频和脉冲干扰，一般为 0.1～10μF。输出端的电容是为了改善负载的瞬态响应，同时防止稳压集成块内部自激，滤除一些谐波分量，一般为 0.1～220μF。有时个别的三端式稳压芯片会出现较严重的自激振荡，可以适当增加输出端电容的容量，来消除自激振荡。但若输出端所接电容容量过大时，一旦稳压器的输入端出现短路，输出端电容器上储存的电荷将通过集成稳压器内部调整管的发射极——基极 PN 结泄放大量电荷，也可能造成集成稳压器损坏。为防止这一点，一般在稳压器的输入和输出之间跨接一个二极管。稳压器正常工作时，该二极管处于截止状态，当输入端突然短路时，二极管为输出端电容器提供泄放通路。

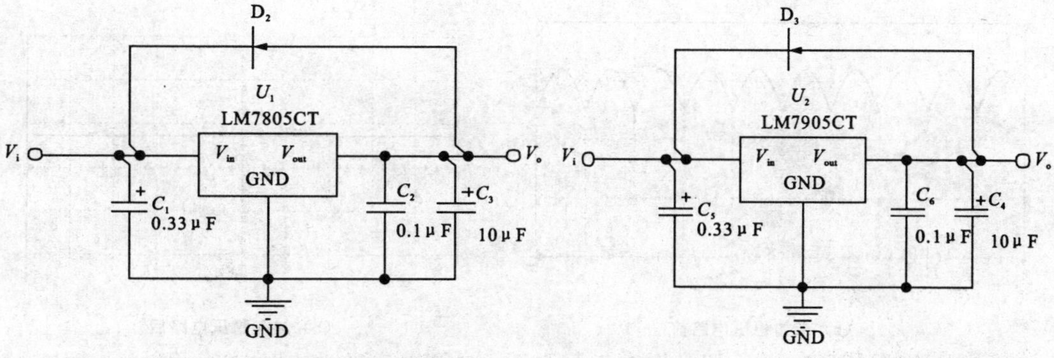

(a) 7805序列输出固定电压电路　　(b) 7905序列输出固定电压电路

图 3－15　三端稳压器输出固定电压电路

另外，三端稳压器在工作时由于消耗功率，芯片会迅速升温。例如输出电流为 1A，压差为 4V，则芯片功耗达 4W，稳压器会很快进入过热保护状态，所以一般情况下需要加装散热器（如果不装散热器，则在环境温度为 25℃、压差为 3 V 时，最大输出电流不可以超过 600mA)。

如果电子电路中需要用到正负电压的电源，此时可以利用 78×× 和 79×× 序列三端稳压构成正负对称固定输出的稳压电源电路，如图 3－16 所示。

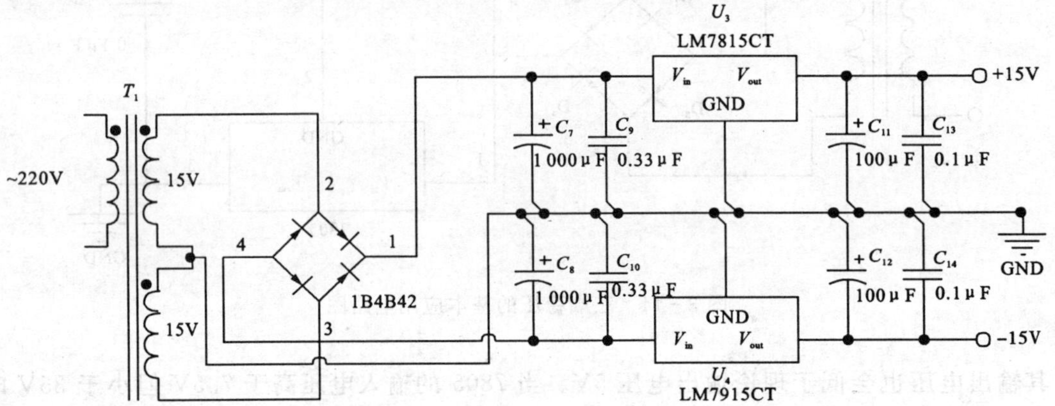

图 3－16　正负对称固定输出的稳压电源电路

由图 3－13 稳压器的引脚图可以看出，78×× 的公共端(地)与散热片是相连的；而 79×× 的散热片却与负电压输入端相连。所以，在设计有正负电压的电源、同时使用 78×× 和 79×× 的电路时，不可将两者的散热片连在一起，否则将造成输入端短路，损坏前端变压器和整流二极管。

图 3－17(a)为未加稳压电路前的输出电压仿真图，可以发现输出电压仍然有很大幅度的波动，图 3－17(b)为加入稳压电路后的输出电压仿真图，和未加入稳压电路的时候相比，有明显的区别，由于稳压电路正常工作时输入输出存在压差，使得加入稳压电路后的电压输出值比未加入稳压电路的电压输出值要小。但输出电压稳定程度得到了显著改善。

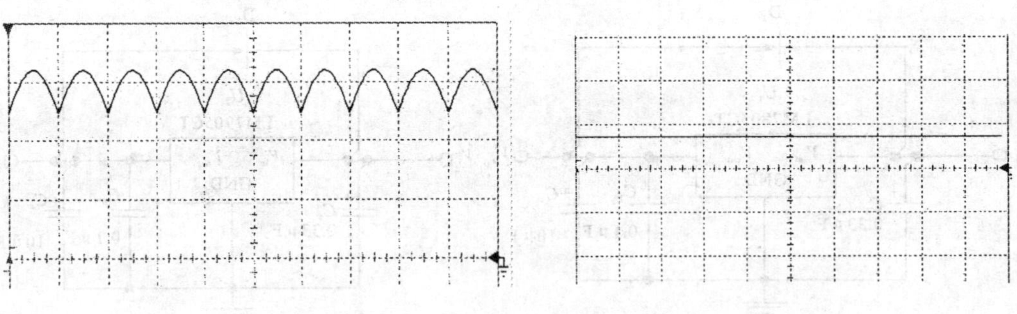

(a) 未加稳压电路前　　(b) 加入稳压电路后

图 3－17　输出电压仿真图

2)三端可调式集成稳压器

三端固定式集成稳压器主要用于固定输出标准电压值的稳压电源，虽然通过外接电路元件也可构成多种形式的可调稳压电源，但稳压性能指标有所降低。集成三端可调稳压器的出现，可以弥补三端固定集成稳压器的不足，它不仅保留了固定输出稳压器的优点，而且在性能指标上也有很大的提高。其典型器件有 LM317(正电压可调输出)和 LM337(负电压可调输出)等。

LM317 的输出电压为 1.2～37V,LM337 的输出电压为－1.2～－37V,具体参数见表 3－2。在选用器件时,还需注意不用型号的管子其输出电流不同,如 LM317L 的最大输出电流为 0.1A,而 LM317 的最大输出电流为 1.5A。应用时,可查询器件手册。

表 3－2　LM317/LM337 主要参数表

参数名称	单位	LM317	LM337
稳压系数 S_V(最大值)	%	0.02	0.04
输出电阻 R_o(最大值)	mΩ	17	33
纹波抑制比 S_R	dB	80	77
温度系数 $S_T(U_o=20V)$	mV/℃	1.6	0.96
调整端电流 I_Q	μA	50～100	65～100
最小负载电流	mA	3.5～10	2.5～10
最大电流限制	A	2.2	2.2
输入输出最小压差	V	2～3	2～3
最大输出电流	A	1.5	1.5

三端可调式集成稳压器的内部保护措施完善,有内部电流限制、热关闭和输出晶体管安全区补偿,即使调节端没有连接,所有超载保护电路也可完全保留其功能,提供全超载保护。三端可调式集成稳压器的线路电压调整率和负载调整率都优于标准固定稳压器。其外形和 78××及 79××序列相似,引脚图如图 3－18 所示。

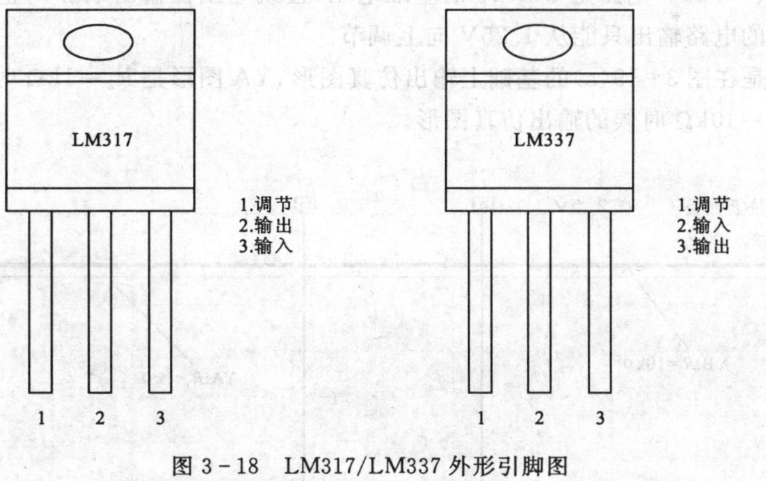

图 3－18　LM317/LM337 外形引脚图

在实际应用中,只要稳压器输入与输出压差在 3～35V 之间,集成稳压器就能正常工作,需要考虑的是散热问题。其典型应用电路如图 3－19 所示,图 3－19(a)为 1.25～25V 正电压连续可调输出电路;图 3－19(b)为－1.25～－25V 负电压连续可调输出电路。电路简单,只要在输出端外接可调电阻,即可获得所需要的输出电压值。

输入端电容 C_1 取 0.1μF 以防止稳压器自激,调整端上对地的电容 C_2 取 10μF,用于旁路

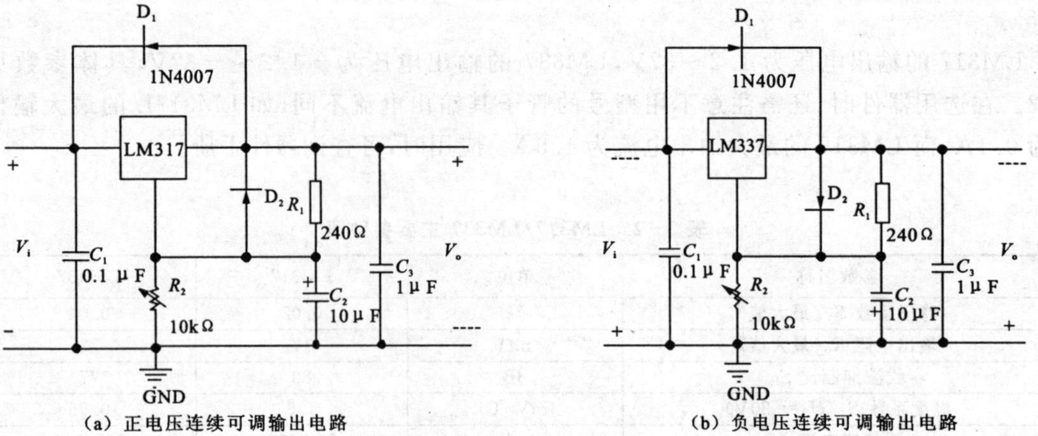

图 3-19　三端可调集成稳压器的典型应用电路

电阻 R_2 上的纹波电压，改善稳压器输出的纹波抑制特性，输出端电容 C_3 可取 1μF 钽电容以减小阻尼振荡和改善瞬态特性。由于该稳压器承受反向电压的能力比较低，当输入发生短路时，D_1、D_2 为 C_2、C_3 提供放电通路，以保护稳压器，一般选用 1N4000 系列的二极管。

以图 3-19(a)为例，输出电压的表达式为

$$V_o = 1.25\times(1+\frac{R_2}{R_1})+I_Q\times R_2 \approx 1.25\times(1+\frac{R_2}{R_1})$$

其中，I_Q 为调整端引脚电流，从表 3-2 可知，LM317 的此电流值为 50～100μA，非常小，所以可以忽略不计。1.25V 电压是 LM317 的基准电压，且该电压在输出端和调整端之间，使得图 3-19(a)所示的电路输出只能从 1.25V 向上调节。

图 3-20 是在图 3-19(a)的基础上输出仿真图形，YA 图形是 $R_2=1\text{k}\Omega$ 时候的输出波形，YB 图形为 $R_2=10\text{k}\Omega$ 时候的输出仿真图形。

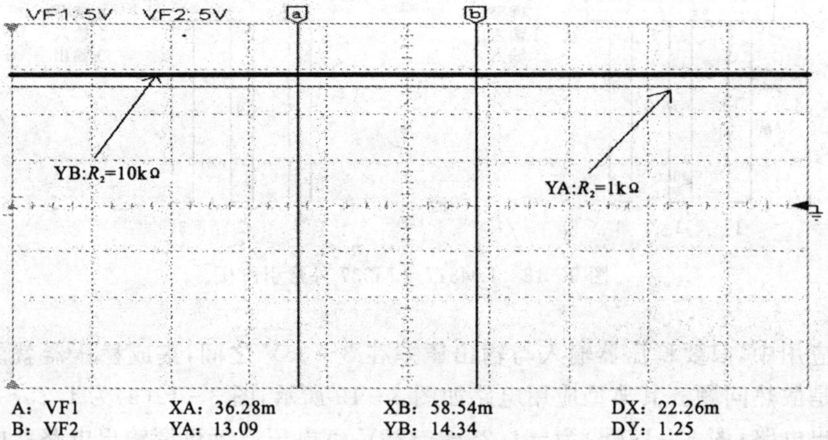

图 3-20　仿真图形

当然，利用三端可调式集成稳压器也可制成从0V开始连续可调稳压电路，正负对称可调的稳压电路(图3－21)，跟踪式稳压电路等，此处就不一一介绍。

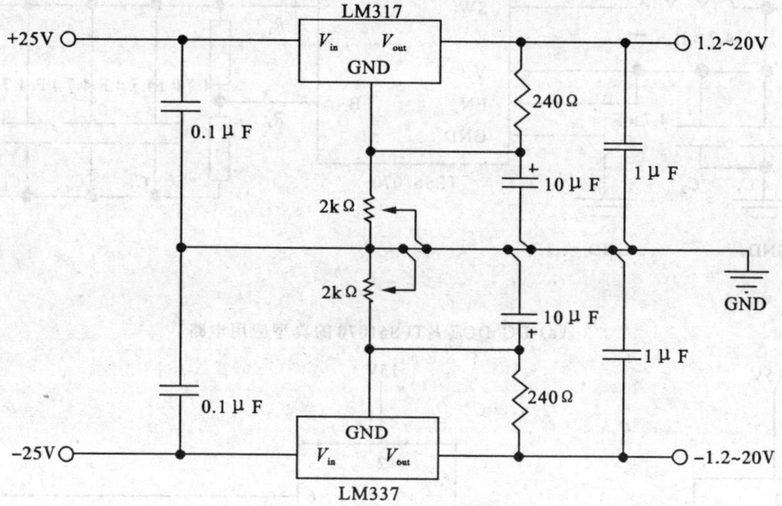

图3－21　正负对称可调的稳压电路

除了以上几种三端稳压器外，世界上还有许多著名的集成电路生产厂商推出了多种基准、稳压电路、DC/DC电路、AC/DC电路等专用集成电路，如图3－22所示。在电源设计时，需广泛收集资料，根据实际情况设计合理的电源电路。

3)低压差三端稳压器

前面介绍的稳压电源电路结构简单，但稳压器输入、输出之间必须维持2～3V的电压差才能正常工作。该压差增加了稳压器芯片的管耗，当输出电流增大时，芯片功耗增加。如7805，若保持输入端与输出端的压差3V，当输出电流为1A时，管耗为3W，不仅使稳压电源的效率降低，而且还需要加散热片等条件来散热。

低压差稳压电源克服了上述缺点，正常工作时，其输入端与输出端电压差一般为0.5～0.8V。低压差使稳压电源的效率可大大提高，管子的散热问题也得到改善，特别是对于电池供电的便携式和要求低功耗的场合，其优越性更为突出。LM2940/LM2941和AMS1117系列芯片是典型的低压差线性稳压电源。

LM2940序列封装与78××相同，具有5V、8V、10V、12V和15V的固定电压输出，有些设计上也可与78××互换。LM2941则与LM317有些相似，为5～20V可调电压输出。LM2940/LM2941的输出电流均为1A，输入端与输出端电压差均为0.5V。其引脚及典型应用电路如图3－23所示。

AMS1117多用在单片机等数字系统供电中，工作压差可低至1V，提供1A输出电流。电源纹波稍大，输出电压较低，有可调输出和1.5V、1.8V、2.5V、2.85V、3.3V、5.0V固定输出，一般不能给模拟电路供电。在最大输出电流时，其压差最大不超过1.3V，并随负载电流的减小而逐渐降低。AMS1117的片上微调把基准电压调整到1.5%的误差以内，而且电流限制也得到了调整，以尽量减少因稳压器和电源电路超载而造成的压力。AMS1117提供适用贴片安

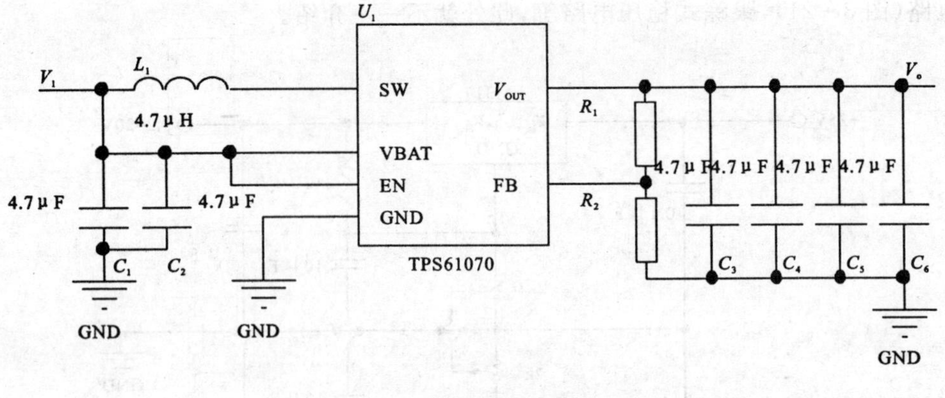

(a) DC-DC芯片TPS61070的典型应用电路

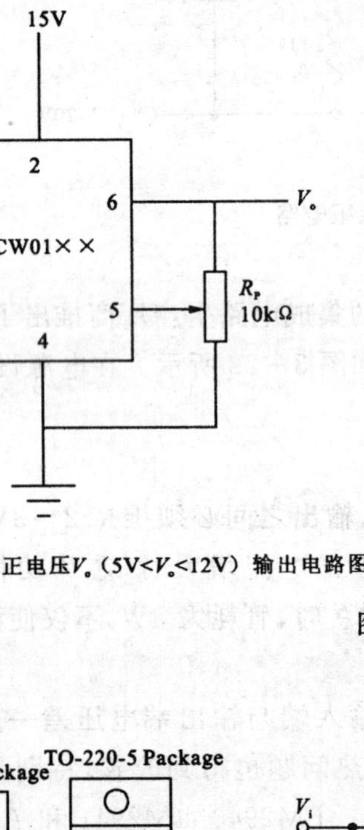

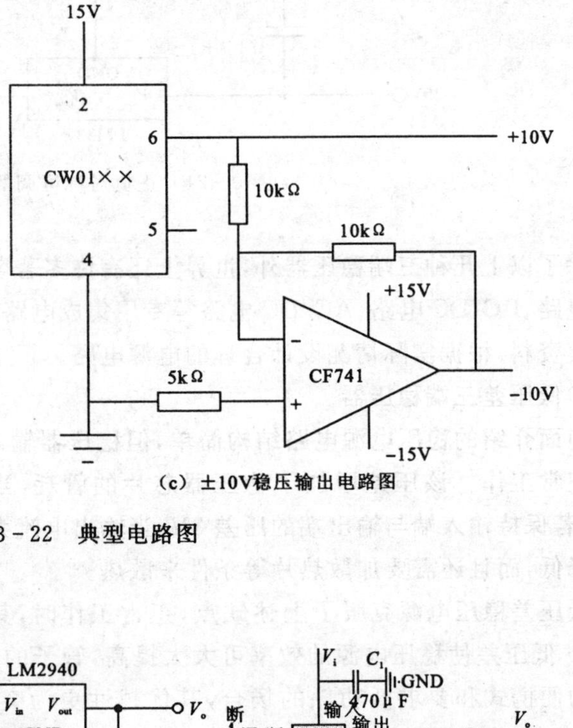

(b) 正电压V_o（$5V<V_o<12V$）输出电路图　　(c) ±10V稳压输出电路图

图 3-22　典型电路图

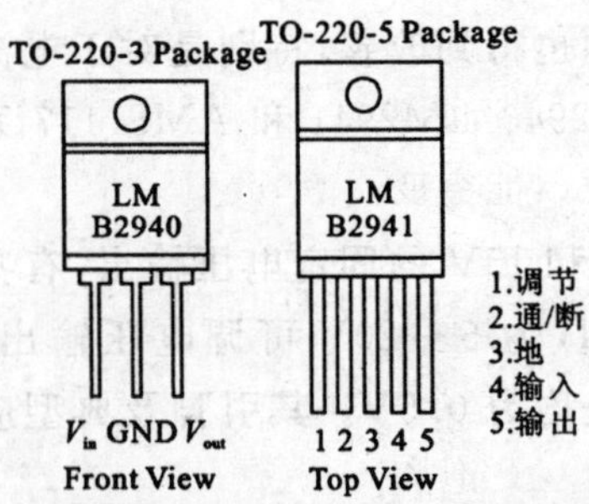

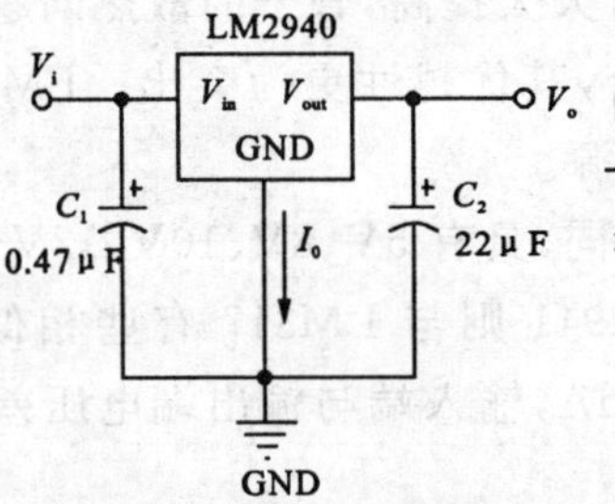

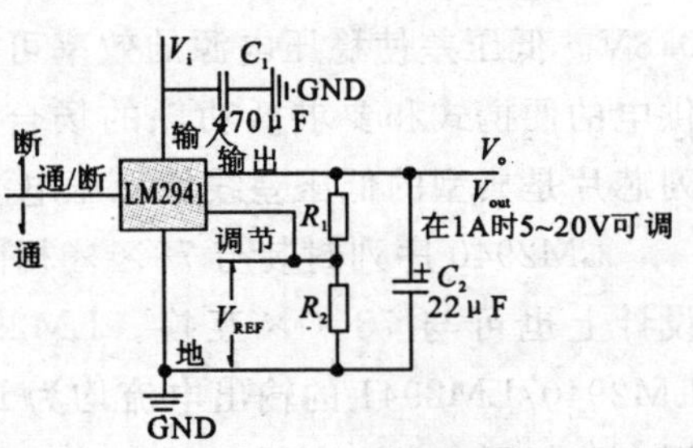

(a) LM2940引脚图 (b) LM2941引脚图　　(c) LM2940典型应用电路　　(d) LM2941典型应用电路

图 3-23　LM2940/LM2941 的引脚图及典型应用电路

装的 SOT-223[图 3-24(a)]、8 引脚 SOIC[图 3-24(b)]，和 TO-252(DPAK)塑料封装[图 3-24(c)]。典型电路图如图 3-24(d)、(e)所示。

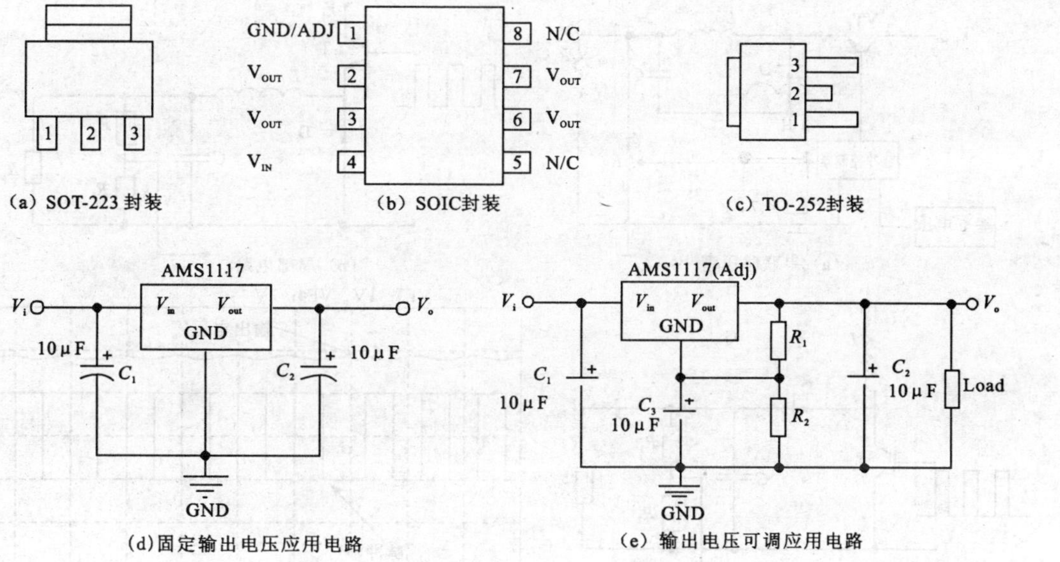

图 3-24　AMS1117 的引脚图及典型应用电路

4)开关电源

现在许多电子产品均使用开关电源，效率可达 80%以上，近年来推出的开关稳压集成电路的效率多在 90%以上。

开关电源不仅可以设计成降压型(即输出电压低于输入电压)，还可以设计成升压型和输出电压极性倒换型等多种形式，甚至在一个稳压电源中都可以有多种电压、多种形式的输出，从而构成一个完整的电源系统。有的开关稳压电源甚至不需要工频变压器，直接将 220V 交流整流后变换成稳定的低压直流，省去工频变压器后，使得电源的体积大大缩小。一般开关稳压电源由于内部调整管工作在开关状态，会产生比较大的纹波，因此多用于数字系统供电。

开关型稳压电路分为脉冲宽度调制(PWM)式、脉冲频率调制(PFM)式和谐振式 3 类，目前大多采用脉冲宽度调制工作方式。

图 3-25(a)为串联脉冲宽度调制式开关稳压电路原理图，图中功率开关管与输入电压 V_i、输出电压 U_o 相串联，故称为串联型。图 3-25(b)为其局部电路，调整管 T 处于开关状态，T 饱和时，V_i 向负载提供电流，L 储存能量；T 截止时，L 的电流不能突变，L 向负载释放能量，维持负载电流基本不变。由于调整管 T 交替饱和与截止，发射极电压 V_E 是矩形脉冲，而负载得到的电压却是直流，这里关键的元件是储能电感 L，所以 L 是开关稳压电路的标志性元件。图 3-25(d)是图 3-25(b)的仿真图形(脉冲频率为 10kHz)。串联稳压一般为降压型，并联稳压一般为升压型。图 3-25(c)为并联升压型开关稳压局部电路，T 饱和时，L 储能，C 向负载放电维持输出电压；T 截止时，L 两端产生的感应电压与 V_i 串联后给 C 充电，所以输出电压高于输入电压。开关稳压电路输出电压的高低及输出电压的稳定是依靠脉冲宽窄的变化来实现的。T 导通时间长，输出电压就高，T 导通时间短，输出电压就低，即通过调整脉冲的占空比改变输出电压的幅度，这就是脉冲宽度调制的工作原理。

LM2576 序列是美国国家半导体公司生产的降压开关型集成稳压器，内含固定频率振荡

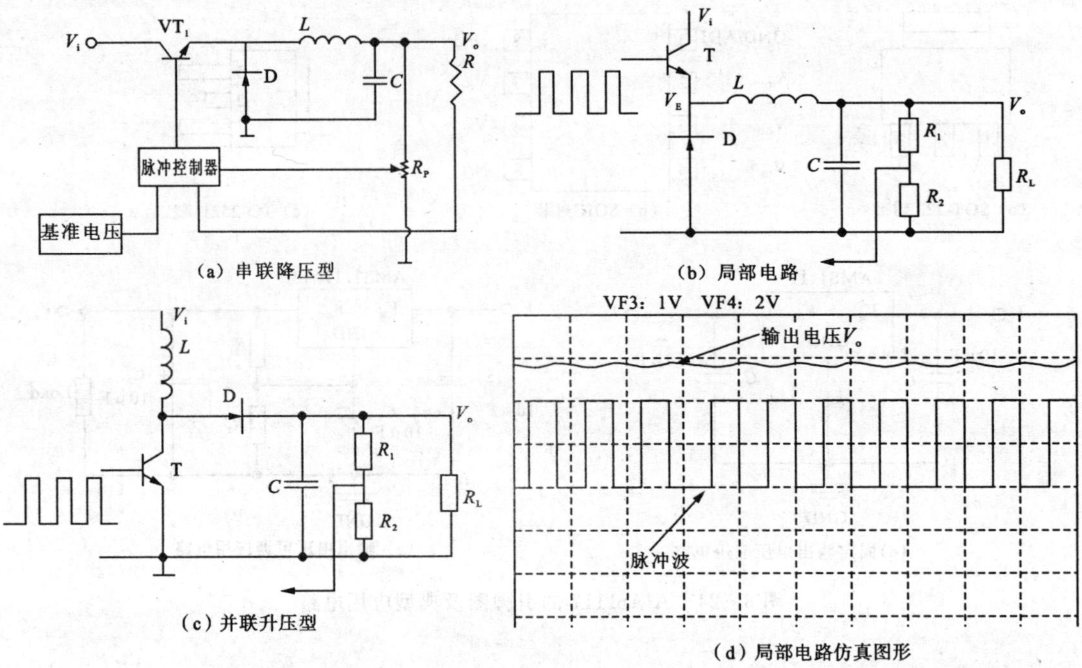

图 3-25　开关电源的原理图和两种局部电路

器(52kHz)和基准稳压器(1.23V)，具有完善的保护电路，包括电流限制及热关断电路等，利用该器件只需极少的外围器件便可构成高效稳压电路。其最高效率可达 88%，调整脉冲的最大占空比为 98%，能够提供最大输出电流为 3A。该稳压器系列有固定电压输出和可调电压输出两类品种，LM2576－3.3、LM2576－5.0、LM2576－12 和 LM2576－15 分别为 3.3V、5V、12V 和 15V 的固定电压输出，LM2576ADJ 为可调电压输出。

常用 LM2576 系列的引脚图如图 3-26 所示，1 脚为输入电压端，2 脚为电压输出端，3 脚为接地端，4 脚为反馈端(对于固定电压输出的品种，电阻分压器已经集成在芯片内部，只需将该端接至输出即可；对于可调输出，接电阻分压器调节输出电压)，5 脚为开关控制端(TTL 控制电压输入，低电位时芯片正常工作，高电位时芯片处于低功耗等待模式)。

LM2576 的固定电压输出应用电路如图 3-27 所示，其开关控制端接一 RC 充电电路，当输入电压接通时，C 充电，R 上的电压使芯片 5 端为高电位，稳压器处于关断状态，随着 C 充电，R 上的电压逐渐降低，当 R 上的电压降至 0.3V 以下时，稳压器正常工作，实现了软启动功能。

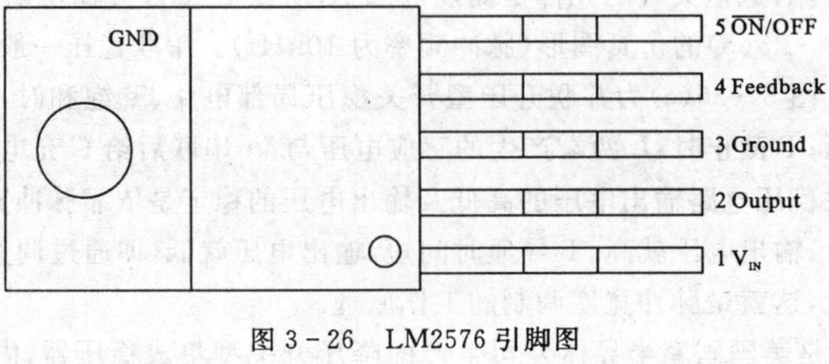

图 3-26　LM2576 引脚图

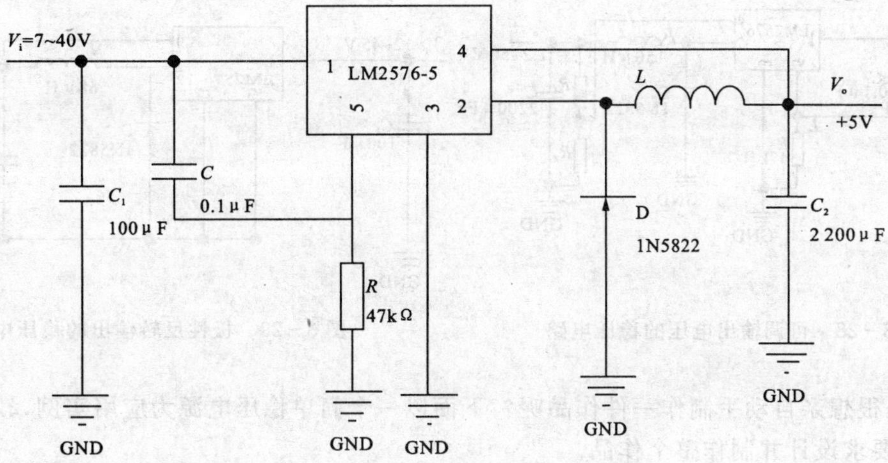

图 3-27　LM2576 固定电压输出应用电路

注意事项：

(1)C_1 是防止在输入端出现大的瞬间电压，要选择低 ESR(等效串联电阻，有的电容上有一条金色的带状线，上面印有空心字母"I"，则表示其为低 ESR 电容)的铝或钽电容。如果输入电压波动较大，输出电流较高，一定要选用 470～10 000μF 大容量的电容。一般，电容的电流均方根值至少要为直流负载电流的 1/2；基于安全考虑，电容的额定耐压值要为最大输入电压的 1.5 倍。千万不要选用陶瓷电容，否则会造成严重的噪音干扰。

(2)D 为肖特基快速恢复二极管。此类二极管开关速度快，正向压降低，反向恢复时间短。千万不要选用 1N4000/1N5400 之类的普通整流二极管。

(3)LM2576 既可工作于连续型(流过电感的电流是连续的)，也可工作于非连续型(电感电流在一个开关周期内降到零)，所以对储能电感 L 要求有高的通流量和对应的电感值，这个也可以参看 LM2576 芯片手册里的电感选择曲线。

(4)输出端电容 C_2 用来滤波以及提高环路的稳定性，一般使用 1 ～1 000μF 的钽电容。如果电容的 ESR 太小，则可能使反馈环路不稳定，导致输出端振荡(这几乎是稳压器的共性)。

(5)反馈线要远离电感，电路中输入/输出电容、肖特基二极管、接地端、控制端的联机要尽可能短而粗，最好用地线屏蔽。

(6)器件有较高的转换效率，几乎不用考虑散热问题。

另外，同三端可调式集成稳压器一样，利用 LM2576 也可制成可调输出电压的稳压电路(图 3-28)和极性反转输出的稳压电路(图 3-29)等。具体设计时可上网查询或查询芯片手册。

其中，图 3-28 的 R_2 取 1.5 kΩ，R_3 取 50 kΩ 可变电阻，输出电压为

$$V_o = 1.23 \times (1 + \frac{R_3}{R_2})(\text{V})$$

3.4　制作第一件作品

学到这里，大家已经掌握了一些基础知识，而且学会了 Multisim 11.0 仿真软件的基本操

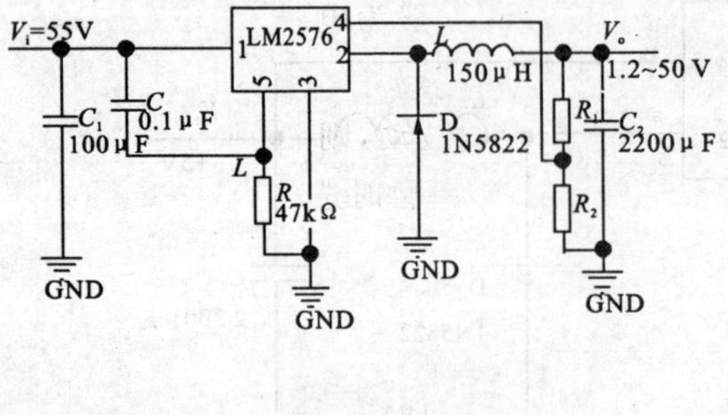

图 3-28　可调输出电压的稳压电路

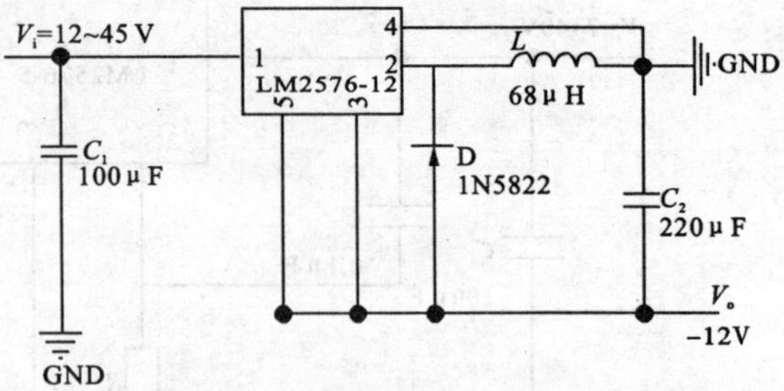

图 3-29　极性反转输出的稳压电路

作，是不是很想亲自动手制作一件作品呢？下面以一个简单稳压电源为应用实例，教大家如何按照指标要求设计并制作整个作品。

3.4.1　设计题目

试用三端式稳压器设计并制作一直流稳压电源，指标要求如下：

(1)输出电压 $V_0=(12\pm0.5)$V。

(2)最大输出电流 $I_{omax}=1$A。

3.4.2　元器件参数选择

(1)选用图 3-30 所示电路。该电路是 78××系列作为输出电压 V_o。固定的典型电路，通过前面章节的学习，了解电路是由整流、滤波、稳压 3 个部分构成，C_1 为滤波电容，C_2、C_3 用来实现频率补偿，防止稳压器产生高频自激振荡和抑制电路引入的高频干扰；C_4 是电解电容，以减小稳压电源输出端由输入电源引入的低频干扰；D_5 是保护二极管。

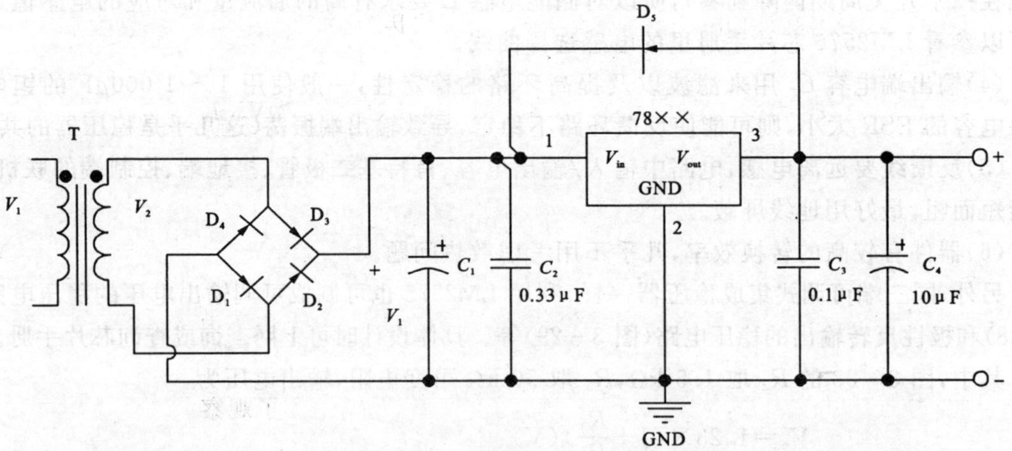

图 3-30　固定式直流稳压电源原理图

(2)稳压芯片：由于题目指标要求输出电压为 12V，可选用三端固定式稳压器 7812，从表 3-1可知，其输出电压和输出电流均满足指标，同时要求其输入电压，即 V_1，最小为 14.5V。

(3)D_5、C_2、C_3和C_4：D_5可选1N4001小功率二极管，C_2、C_3和C_4取值如图3－30所示(取值主要根据工程经验而得到)。其中，C_2、C_3一般为瓷片电容，C_4一般为电解电容，耐压值大于输出电压的1.5倍，即18V，则可取耐压值为25V。

(4)电压V_1和V_2：V_1最小为14.5V，考虑电网电压有10％的波动，则V_1最小为16V。若所选取稳压器输入电压太大，稳压器功耗大，则易受热损坏，所以可暂时选取$V_1=16.5V$。

则变压器次级电压有效值V_2为

$$V_2=\frac{V_1}{1.2}=13.75V$$

受变压器规格的限制，实际应选$V_2=15V$。于是V_1就变成了18V。此处无疑增加了稳压器的功耗，所以必须增加散热片，解决芯片散热问题。

(5)滤波电容C_1：即根据滤波电容的选取原则，得

$$C_1=\frac{5T}{2R_L}$$

式中，T为市电交流电源的周期，$T=20ms$；R_L为C_1右边的等效电阻，应取最小值，由于$I_{omax}=1A$，因此

$$R_{Lmin}=\frac{V_1}{I_{omax}}=\frac{18V}{1A}=18\Omega$$

所以可得

$$C_1\approx 2\ 800\mu F$$

可见，C_1容量较大，应选电解电容。受规格的限制，实际容量可选3 300μF，其耐压值可取25V。但C_1的最后容量取值还需根据纹波电压的要求调整并确定。

(6)整流二极管$D_1\sim D_2$整流二极管的最大整流电流$I_F>0.5I_{omax}=0.5A$；其最大反向电压$V_R>\sqrt{2}V_2\approx 21V$。

特别应该指出的是，电路被接通的一瞬间，整流管的实际电流远大于$0.5I_{omax}$(称为浪涌电流)，如果I_F较小，很可能在电路被接通时就已经损坏，因此，一般

$$I_F>1.5I_{omax}=1.5A$$

查手册可选定整流二极管$D_1\sim D_4$，例如1N5201，其V_{BR}为100V，I_F为2A等。此时可能有多种选择，不过应充分考虑市场的供货情况。

(7)变压器T：由V_2值选变压器输出电压为15V。

考虑电网电压有10％的波动，稳压电路的最大输入功率：

$$P_{imax}=1.1V_1I_{omax}=19.8W$$

考虑变压器和整流电路的效率，并保留一定的余量，选变压器输出功率为25W。

3.4.3　电路仿真

在完成电路的初步设计后，再对电路进行仿真调试，目的是为了观察和测量电路的性能指标并调整部分元器件参数，从而达到各项指标的要求。

3.4.4　焊接第一件作品

1)准备好工具、材料

制作的第一步就是要准备好电烙铁、剪刀、镊子、尖嘴钳等工具，准备好万用板、焊锡和松香，以及各种所需的元器件等。

图 3－31 为电烙铁和烙铁盘的实物图，烙铁盘是用来安放电烙铁和放置焊锡与松香的。

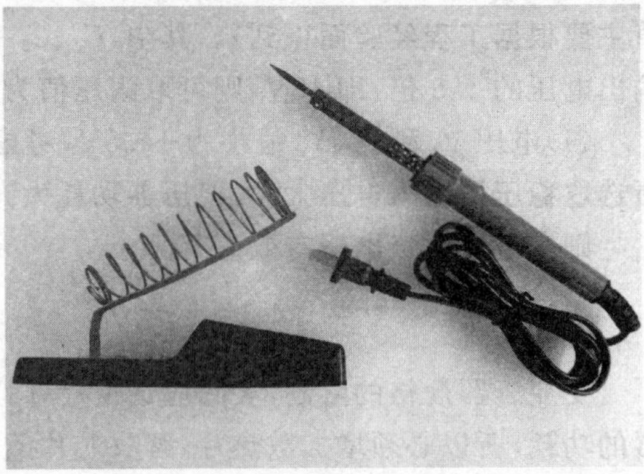

(a) 烙铁盘　　(b) 电烙铁

图 3－31　烙铁盘和电烙铁

电烙铁从结构上看，可以分成两大类：外热式和内热式。外热式电烙铁的烙铁芯是电烙铁的加热部分，其核心是一组电阻丝，通电后产生高温。烙铁头用于焊接，由紫铜棒制成，靠烙铁芯加热。由于烙铁芯包围在烙铁头的外面，所以称为“外热式”。外热式电烙铁的功率一般较大，有几百瓦的，体积也相对较大，它用于焊接较大的焊点。内热式电烙铁的烙铁头是套状的，烙铁芯被安装在套内，所以称它为“内热式”，如图 3－31 所示的电烙铁。内热式电烙铁的功率一般比较小，为几十瓦，但因其热效率比较高，热得快，体积很小，所以很受欢迎。使用电烙铁必须注意以下几个方面：

(1)新电烙铁不能马上使用，而必须先对烙铁头进行处理。首先用小锉刀或砂纸将烙铁头外面的氧化层除去，使它现出铜的光泽。然后接上电源对烙铁头加热，当温度升高到一定时，在烙铁头上涂上松香，等松香冒烟后马上涂上一层焊锡。这样反复两三次，烙铁头就附上了焊锡，显出银白色的光泽。经过处理的烙铁头才能使用。

电烙铁使用一段时间后，烙铁头的刃面和周围又会被氧化，颜色发黑，头部出现凹陷或缺口。这时一定要重新对烙铁头进行处理，否则无法继续使用。处理方法同上所述。

(2)要根据焊接需要来选择不同功率的电烙铁。焊接印制电路板可以使用 20W 内热式电烙铁，焊接面积大的焊点或地线时可使用 75W 外热式电烙铁。注意不要用大功率的电烙铁焊刻小焊点，这样容易因为过热而损坏元器件。

(3)烙铁头有直头和弯头两种，内热式电烙铁的烙铁头通常是直头，以握笔方式握住烙铁进行焊接。外热式电烙铁的烙铁头有直头也有弯头，握法也有两种，一种是握笔法，另一种是正握法。

(4)电烙铁不能长时间通电而不使用，这样容易烧坏烙铁芯子，或将烙铁头“烧死”，无法吃锡。

需要准备的其他工具还有：螺丝刀、剪刀、镊子等，如图 3－32 所示。具体使用时再讲解其用途。

2)给元器件引脚搪锡

焊锡是一种锡铅合金，熔点低，能将元器件引脚和万用板紧密地连接在一起，并能充分导电，是焊接中使用的主要焊料。最常用的焊锡，含锡 60%，含铅 40%，熔点 182°C。为了使用上的方便，手工焊接中的焊锡常被制作成线状，称为焊锡丝。焊锡丝有粗有细，常见的有直径 1.5mm、2mm、2.5mm 等几种。

松香是电子制作中应用最广泛的助焊剂，受热后能对施焊金属表面起清洁及保护作用，同时可以增加焊锡的附着力，使焊点表面更光滑、圆润，保证焊接质量。

在焊接前，需要用小刀将元器件的引脚刮净，防止因引脚氧化导致焊接时接触不良，然后再用电烙铁粘适量松香和焊锡，在元器件引脚根部 1mm 以下部分搪上薄薄的一层锡，一般将

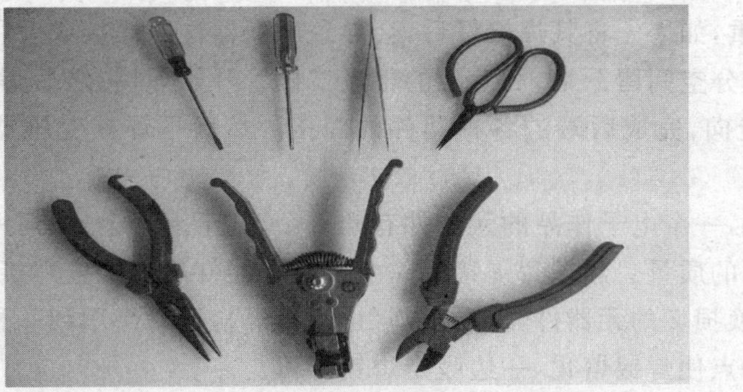

图 3-32　常用工具

粘有松香和焊锡的电烙铁在引脚上来回滑动两三次即可完成，这个过程叫搪锡。引脚搪锡是否均匀亮泽，在很大程度上决定了焊接质量的好坏。所以，这项准备工作是需要花时间的，要认真、耐心去完成。

3)将已搪过锡的元器件引脚成型

所谓成型，就是根据元器件在万用板(或印制电路板)上的位置，预先将引脚弯曲成一定形状，以便于安装和焊接。这项工作用尖嘴钳和镊子来完成。

元件的安装分为卧式安装和立式安装，如图 3-33 所示。注意不要从根部弯曲，应保留 1mm 以上的距离。另外，弯角要圆滑，不应折成 90°角。卧式安装成型时要注意将标有阻值或型号的一面朝上，以便于检查。

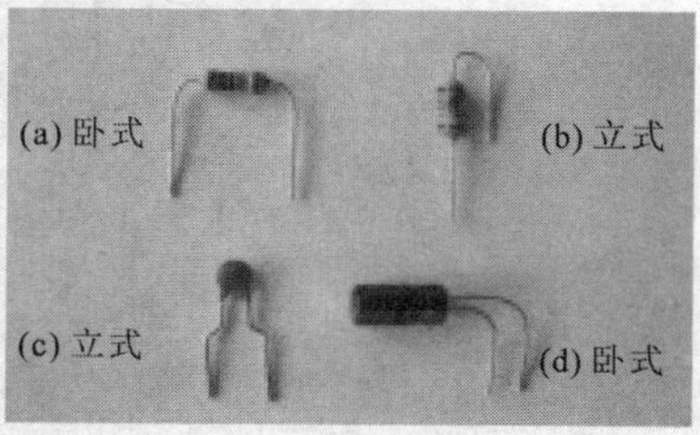

图 3-33　元件安装示意图

4)开始焊接

一般在焊接设计好的电路上，要先预估各元器件的位置，然后按一定的顺序进行焊接。如果没有焊接经验，一开始就直接焊接设计作品，很容易出问题，所以建议大家还是先拿一些电阻和导线训练一下。

首先将电烙铁充分预热，烙铁头刃面上粘上一定量的焊锡，然后取一个引脚成型后的电阻，插入万用板的焊孔，将引脚从万用板有镀锡层的那一面伸出。这时，一手拿焊锡条，另一只手拿电烙铁，把电烙铁接近电阻伸出镀锡面万用板的引脚，与万用板水平面大约成 60°，将焊锡丝和烙铁头同时贴在电阻引脚的焊盘上。焊锡丝在烙铁的高温下迅速熔化，使电阻的引脚和万用板的焊盘紧紧地焊接在一起。大约 2～3s 后抬开烙铁头，但电阻仍保持不动，待焊点处的锡冷却凝固后，才可以移动万用板。然后用斜嘴钳把过长的电阻引脚剪去。

导线的焊接和电阻的焊接方法相似，先要用剥线钳剥掉导线外面的绝缘皮，然后再搪锡。若是多股金属丝的导线。焊接前需要将其打光后先拧在一起，然后再搪锡。

标准的焊点应该圆而光滑，无毛刺，锡量适中，锡和被焊物应融合牢固，绝对避免虚焊和假焊。要想焊接时能得到标准、美观的焊点，就得控制好焊接动作和焊锡量，唯一的办法就是多练习，多积累经验，在实践中提升焊接技能。

如果觉得自己焊接的焊接点合格的话，就可以开始动手焊接此次作品了。估算好各种元器件的摆放位置后，一般是按电路图中从左到右的顺序开始焊接。不过此次作品中，电源变压器体积较大，也较重，如果先将其焊接好后，会导致后面器件的焊接或万用板的翻转不太方便，所以可以先将此部分空间留下来，从后面的整流二极管开始焊接，之后焊接电容 C_1，慢慢跟着电路图中电流的走向，完成后端的各种器件的焊接。然后再焊接变压器，完成整个作品的制作。

值得注意的是，一个电子作品的元器件有几百个，甚至上千个，任何一个焊点达不到要求，都会影响整个作品的质量。建议每焊接完一个或几个器件后要检查焊接是否可靠。如果发现元器件错焊，或更换损坏的元器件，需要解焊（也叫拆焊），这时会用到一种工具——吸锡枪，一边用电烙铁加热焊点使焊锡熔化，一边吸走焊锡即可。

图 3－34 为此作品的最终制作效果图。从此图可以看出，此次制作不仅只是学习焊接技巧，还需要结合设计理论知识，比如，整流器件与滤波电容和电压调整元件应尽可能紧靠放置，保证稳压器的有效散热、地线共连等。

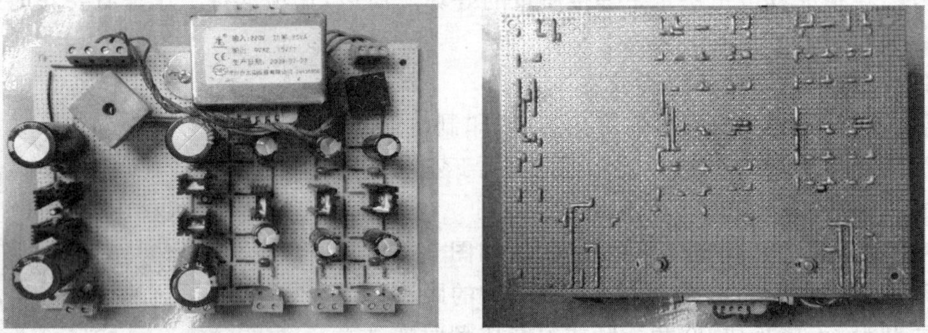

（a）作品正面图　　（b）作品反面图

图 3－34　制作作品

第 4 章　信号放大电路设计

在实际应用中，往往会遇到这样的问题：从一个传感器中采集到的信号非常微弱，甚至微弱到淹没在噪声中，而后端处理中要使用的就是这些微弱的有用信号，我们怎样才能利用这些小信号呢？这就要用到放大电路了。信号放大电路是电子设计中最基本的单元电路，是应用最广的电路，也是其他功能电路的基础。

放大电路的本质是能量的控制和转换，在输入信号的作用下，通过放大电路将直流电源的能量转换成负载所获得的能量，使负载从电源获得的能量大于信号源所提供的能量。这些信号放大电路通常也称为放大器。有些放大器用于放大微弱的电压，称为电压放大器；有些放大器用于放大微弱的电流，称为电流放大器；还有一些放大器用于放大信号功率，则称为功率放大器。在这 3 种放大器中，电压放大器是应用最多的一种。

4.1　晶体管放大器

晶体管放大器是利用三极管为主要元器件构成的放大电路。在第 2 章关于三极管的特性介绍中，已经说明了三极管的电流放大作用和放大、截止及饱和 3 种状态。此章节将对具体晶体管放大电路的设计作详细介绍。

4.1.1　电路的构成思路

要实现电压放大器的基本要求，需要分几步来完成。首先将小电压信号转换成一个小电流信号，然后利用半导体三极管的电流放大作用，将小电流放大为大电流，最后让大电流通过一个电阻，再转换成大电压输出。根据这一思路，构成了如图 4-1 所示的电路，这就是基本放大电路。

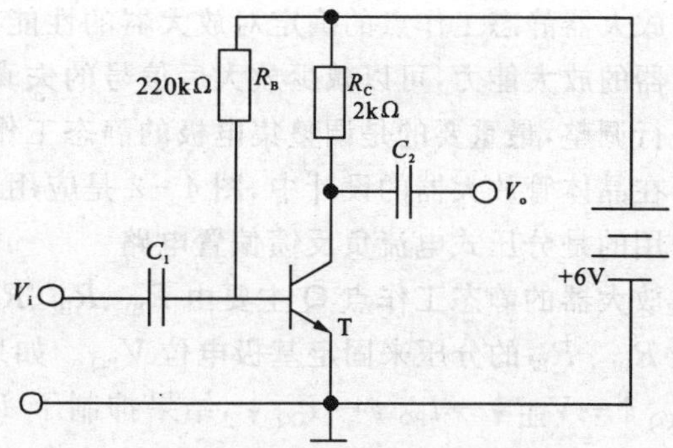

图 4-1　三极管基本放大电路

电路中的三极管 T 起电流放大作用。只有在三极管的放大状态下，三极管才有电流放大作用。在饱和及截止状态，三极管都不能实现电流放大作用。在电路中加入了直流电源 V_{BB} 和电阻 R_B，就是为了保证三极管工作于放大状态。电阻 R_B 称为偏置电阻，其大小决定了放大器的静态工作点。在三极管的集电极回路中接入电阻 R_C，其作用是将集电极电流的变化转换成电压的变化，即我们需要的电压输出信号。

电容器 C_1 的作用是将需要放大的电压信号耦合到放大器的输入端。所谓“耦合”，就是传递的意思。为什么不将信号直接输入，而要通过电容器来耦合呢？因为直接将信号输入时，信号源会破坏放大器的工作状态，使放大器的性能变差，甚至不能工作。电容器 C_1 既可以让信号通过，又可以将放大器与信号源之间的直流工作状态相互隔离。所以把 C_1 称为输入耦合电容。

电容器 C_2 的作用与 C_1 基本相同，不过它是把放大后的信号送出去，送给负载或送到后一级放大器继续放大。将 C_2 称为输出耦合电容。

4.1.2 放大器的静态工作点

在没有信号输入之前，或者说输入信号为零时，放大器的状态称为静态。这时三极管的集电极电流 I_C 称为静态工作电流或工作点电流，用 I_{CQ} 表示。三极管各电极的电压称为静态工作电压或静态工作点电压，最重要的是三极管 c、e 极之间的电压 V_{CE} 值。

对于具体的电路，静态工作电流和工作电压是可以估算出来的。如图 4－1 所示的放大器，三极管的发射极是接地的，即零电位。如果三极管是硅管，那么基极的电位大约是 0.7V；如果是锗管，那么基极电位大约是 0.3V。

假设使用的电源电压为 $V_{CC}=6V$，三极管是硅管，则电阻 R_B 两端电压为

$$V_{RB}=V_{CC}-0.7V=6-0.7=5.3(V)$$

因此，可以估算出流过电阻 R_B 的电流，约为 24mA。从图 4－1 中可以看出，该电流就是三极管的基极静态电流 I_B。假设 $\beta=50$，那么

$$I_C=\beta I_B=50\times 0.024=1.2(mA)$$

电阻 R_C 上电压：

$$V_{RC}=I_C\cdot R_C=1.2\times 2=2.4(V)$$

集电极电压：

$$V_{CE}=V_{CC}-V_{RC}=6-2.4=3.6(V)$$

放大器静态工作点的确定对放大器的性能有很大的影响。正确选择静态工作点可以提高放大器的放大能力，可以减少放大后信号的失真。因此，放大器装配好后，一般都需要对工作点进行调整，最重要的是调整集电极的静态工作电流。

在晶体管放大器的设计中，图 4－2 是应用最广泛的电路，称之为阻容耦合共射极放大器，它采用的是分压式电流负反馈偏置电路。

放大器的静态工作点 Q 主要由 R_{B1}、R_{B2}、R_E、R_C 及电源电压 $+V_{CC}$ 所决定。该电路是利用电阻 R_{B1}、R_{B2} 的分压来固定基极电位 V_{BQ}。如果当温度升高时，又满足条件 $I_1>I_{BQ}$，则 $I_{CQ}\uparrow\rightarrow V_{EQ}\uparrow\rightarrow V_{BE}\downarrow\rightarrow I_{BQ}\downarrow\rightarrow I_{CQ}\downarrow$，结果抑制了 I_{CQ} 的变化，从而放大器获得了稳定的静态工作点。

4.1.3 性能指标估算

晶体管放大器的主要性能指标有电压放大倍数 A_V、输入电阻 R_i、输出电阻 R_o 及通频带 B_W。对于图 4－2 所示的电路，各项性能指标有固定的计算公式和测试方法。值得注意的是，此书不对这些公式的推导过程予以陈述，初学者学会如何使用就可以了，具体应用参照 4.1.4 节的设计实例。

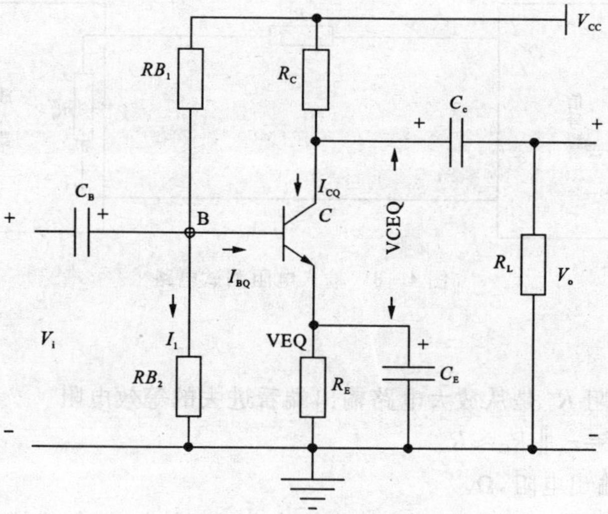

图 4 - 2　阻容耦合共射级放大器

1)电压的放大倍数

$$A_V=\frac{V_o}{V_i}=\frac{-\beta R_L'}{r_{be}}$$

式中，$R_L'=R_C \parallel R_L$；r_{be}为晶体管输入电阻，即

$$r_{be}=r_b+(1+\beta)\frac{26\text{mV}}{I_{EQ}}\approx 300\Omega+\frac{26\text{mV}}{I_{CQ}}$$

式中，I_{EQ}为晶体管发射极电流静态值。

测量电压放大倍数，实际上是测量放大器的输入电压 V_i 与输出电压 V_o 的值。在波形不失真的条件下，如果测出 V_i(有效值)或 V_{ip}(峰值)与 V_o(有效值)或 V_{op}(峰值)，则电压放大倍数 A_V 为：

$$A_V=\frac{V_o}{V_i}=\frac{V_{op}}{V_{ip}}$$

2)输入电阻

放大器的输入电阻 R_i 是从放大电路输入端看进去的等效电阻，表达式如下所示：

$$R_i=r_{be} \parallel R_{B1} \parallel R_{B2}\approx r_{be}$$

放大器输入电阻的大小要视需要而设计。它反映了放大器本身消耗输入信号源功率的大小。若 $R_i \gg R_s$(信号源内阻)时，则放大器从信号源获取较大的电压；若 $R_i \ll R_s$ 时，则放大器从信号源吸取较大的电流；若 $R_i=R_s$ 时，则放大器从信号源获取最大的功率。

用“串联电阻法”测量放大器的输入电阻 R_i，即在信号源输出端与放大器输入端之间，串联一个已知电阻 R(一般以选择其阻值接近 R_i 的值为宜)，如图 4 - 3 所示。在输出波形不失真的情况下，用晶体管毫伏表或示波器分别测量出 V_s 与 V_i 的值，则

$$R_i=\frac{V_i}{V_s-V_i}R$$

式中，V_s 为信号源的输出电压值。

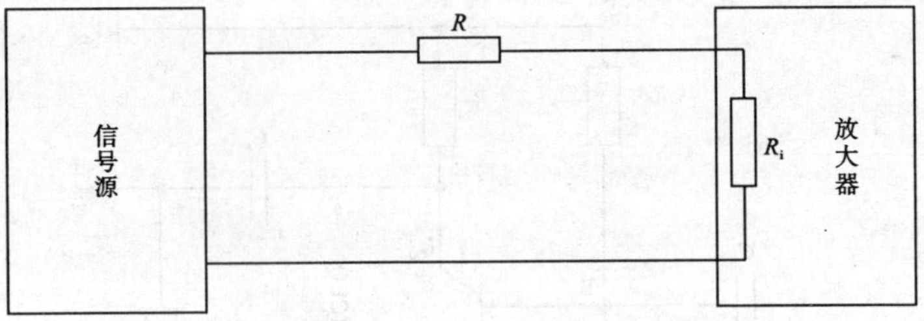

图 4-3　输入电阻测试电路

3)输出电阻

放大器的输出电阻 R_o 是从放大电路输出端看进去的等效电阻。

$$R_o = r_o \parallel R_C \approx R_C$$

式中,r_o 为晶体管的输出电阻,Ω。

放大器输出电阻的大小反映了它带负载的能力,R_o 愈小,带负载的能力愈强。当 $R_o \ll R_L$ 时,放大器可等效成一个恒压源。

放大器输出电阻的测量方法如图 4-4 所示,当电阻 R_L 与 R_o 接近时,在输出波形不失真的情况下,首先测量当 R_L 为接入时的输出电压 V_o 的值;然后接入 R_L 时,再测量放大器负载上的电压 V_{oL} 的值,则

$$R_o = \left(\frac{V_o}{V_{oL}} - 1\right) R_L$$

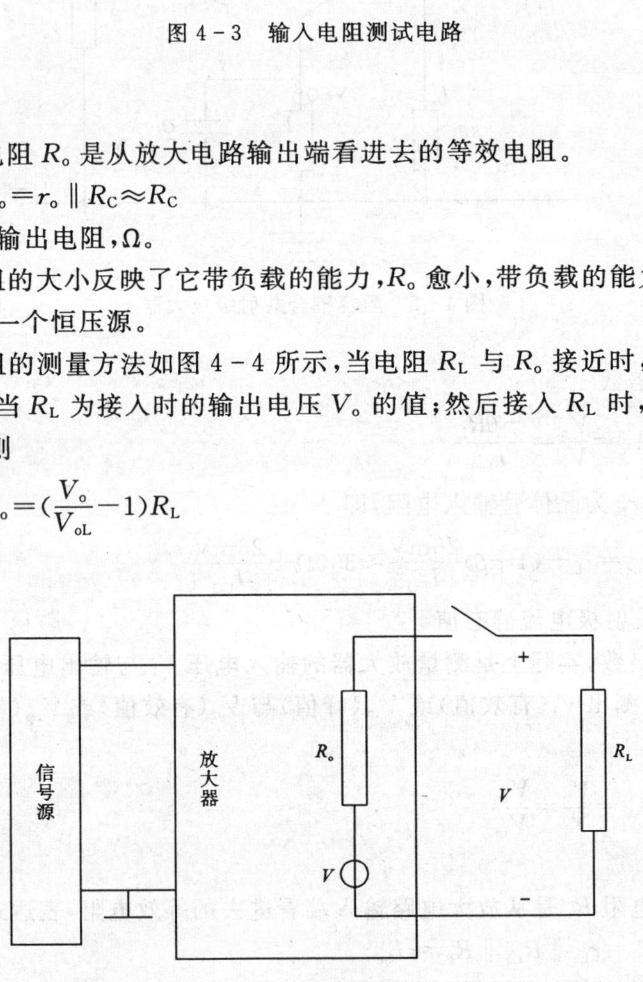

图 4-4　输出电阻测试电路

4)频率特性和通频带

放大器的频率特性包括幅频特性 $A(w)$ 和相频特性 $\varphi(w)$。$A(w)$ 表示增益的幅度(放大器的放大倍数)与输入信号频率的关系;$\varphi(w)$ 表示增益的相位与频率的关系;φ 是放大器输出信号与输入信号间的相位差。放大器的频率特性曲线如图 4-5 所示。

在幅频特性曲线里,曲线中间一段比较平坦的区域是放大器进行正常放大的区域。该区域中,放大器的放大倍数基本保持不变且值较大。如果输入信号高于或低于放大器正常放大的频率时,放大倍数就要随频率的升高或降低而减小。

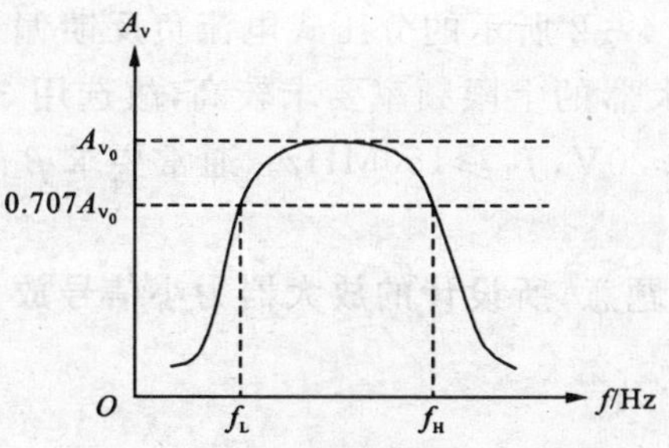

(a) 幅频特性

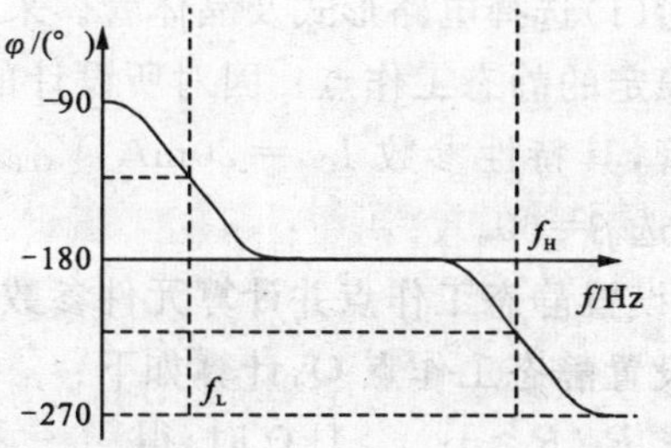

(b) 相频特性

图 4-5　放大器的频率特性曲线图

在工程上定义当放大倍数数值下降到最大放大倍数 A_{V_o} 的 0.707 倍时，所对应的频率为上限频率 f_H 或下限频率 f_L，并把 $f_L \sim f_H$ 之间的频率范围叫做该放大器的通频带，用 BW 表示：

$$BW = f_H - f_L$$

式中，f_H 为放大器的上限频率，主要受晶体管的结电容及电路的分布电容的限制；f_L 为放大器的下限频率，主要受耦合电容 C_B、C_C 及发射极旁路电容 C_E 的影响。

当电容 C_B、C_C 及 C_E 同时存在时，它们对放大器低频特性的影响较为复杂，应该严格计算它们的值。在工程设计中，为了简化计算，通常以每个电容单独存在时的转折频率为基本频率，再降低若干倍作为下限频率。如果放大器的下限频率已知，则可按下列表达式估算：

$$C_B \geqslant (3 \sim 10)\frac{1}{2\pi f_L(R_S + r_{be})}$$

$$C_C \geqslant (3 \sim 10)\frac{1}{2\pi f_L(R_S + R_L)}$$

$$C_E \geqslant (1 \sim 3)\frac{1}{2\pi f_L\left(R_E \parallel \dfrac{R_S + r_{be}}{1+\beta}\right)}$$

通常取 $C_B = C_C$，可在上面公式中选电阻最小的一式求 C_B 或 C_C。

放大器的幅频特性可通过测量不同频率时的电压放大倍数 A_V 来获得。通常采用"逐点法"测量放大器的幅频特性曲线。测量时，每改变一次信号源的频率（注意维持输入信号 V_S 的幅值不变且输出波形不失真），用晶体管毫伏表或示波器测量一个电压值，计算其增益。然后将测试数据 f_i、A_V（有时也画成 $20\lg A_V$）列表，整理并标于坐标纸上，再将其连接成曲线。

如果只要求测量放大器的通频带 BW，则首先测出放大器中频区（如 $f_o = 1\text{kHz}$）时的输出电压 V_o，然后升高频率直到输出电压降到 $0.707V_o$ 为止（维持 V_S 不变），此时所对应的信号源的频率就是上限频率 f_H。同理，维持 V_S 不变，降低频率直到输出电压降到 $0.707V_o$ 为止，此时所对应的频率为下限频率 f_L，则放大器的通频带可求。

4.1.4　设计实例

【例】　设计一阻容耦合单级晶体管放大器。

已知：$V_{CC} = +12\text{V}$，$R_L = 3\text{k}\Omega$，$V_i = 10\text{mV}$，$R_S = 600\Omega$。

性能指标要求：$A_V>40$，$R_i>1k\Omega$，$R_o<3k\Omega$，$f_L<100Hz$，$f_H>100kHz$。

【解】(1)选择电路形式及晶体管。采用图 4－2 所示的分压式电流负反馈偏置电路，即可以获得稳定的静态工作点。因对所设计的放大器的上限频率要求较高，故选用 3DG100 高频小功率管，其特性参数 $I_{CM}=20mA$，$V_{(BR)CEO}\geqslant 20V$，$f_T\geqslant 150MHz$。通常要求 β 的值大于 A_V 的值，故选 $\beta=60$。

(2)设置静态工作点并计算元件参数。依题意，所设计的放大器为小信号放大器，故采用公式法设置静态工作点 Q，计算如下：

要求 $R_i(R_i\approx r_{be})>1k\Omega$ 时，得

$$I_{CQ}<\frac{26\beta}{1\,000-300}(mA)=202(mA)\text{，取 } I_{CO}=1.5mA$$

若取 $V_{BQ}=3V$，得

$$R_E\approx\frac{V_{BQ}-V_{BE}}{I_{CQ}}=1.53(k\Omega)\text{，取标称值 }1.5k\Omega$$

$$R_{B2}=\frac{V_{BQ}}{I_1}=\frac{V_{BQ}}{(5\sim10)I_{CQ}}\beta=24(k\Omega)$$

$$R_{B1}\approx\frac{V_{CC}-V_{BQ}}{V_{BQ}}R_{B2}=72(k\Omega)$$

为使静态工作点调整方便，R_{B1} 由 30kΩ 固定电阻与 100kΩ 电位器相串联而成。

$$r_{be}=300\Omega+\beta\frac{26mV}{I_{CQ}}=1\,340(\Omega)$$

式中，I_{CQ}的单位为 mA。

$$R_L'\approx\frac{A_V r_{be}}{\beta}=0.89(k\Omega)$$

由 $$R_L'=\frac{R_C R_L}{R_C+R_L}$$

得 $$R_C=\frac{R_L' R_L}{R_L-R_L'}=1.27(k\Omega)\text{（综合考虑，取标称值 }1.5k\Omega\text{）}$$

由于$(R_S+r_{be})<(R_C+R_L)$，故计算 C_B 即

$$C_B\geqslant(3\sim10)\frac{1}{2\pi f_L(R_S+r_{be})}=8.2(\mu F)\text{，取标称值 }10\mu F$$

取 $C_C=C_B=10\mu F$。

$$C_E\geqslant(1\sim3)\frac{1}{2\pi f_L\left(R_E\parallel\frac{R_S+r_{be}}{1+\beta}\right)}=98.5(\mu F)\text{，取标称值 }100\mu F$$

(3)电路确定及指标验算。根据上面的计算，最后确定电路图如图 4－6 所示。

理论计算值为

$$V_{BQ}=\frac{R_{B2}}{R_{B1}+R_{B2}}V_{CC}=3.4(V)$$

$$I_{CQ}\approx\frac{V_{EQ}}{R_E}=1.87(mA)$$

$$R_i\approx r_{be}=300\Omega+\beta\frac{36mV}{I_{CQ}}\approx1.2(k\Omega)$$

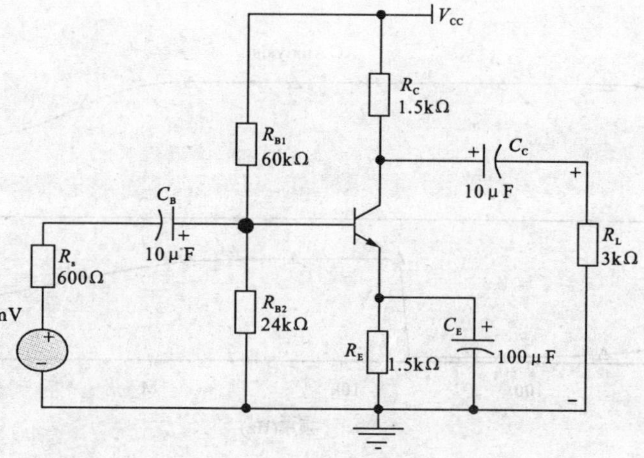

图 4－6　设计举例题实验电路

式中，I_{CQ}的单位为 mA。

$$R_o \approx R_C = 1.5\text{k}\Omega$$

$$A_V = -\frac{\beta R_L'}{r_{be}} = -50$$

$$f_L = \frac{10}{2\pi C_B(R_S + r_{be})} = 88(\text{Hz})$$

由三极管高频特性可知

$f_T = (1+\beta)f_H$，取 $f_T = 150\text{MHz}$，得

$$f_H = 2.46\text{MHz}$$

事实上，各性能指标的测量值和理论计算值会有一定的误差，主要原因有测量仪器不准确及测量人员的读数误差、元器件本身参数的示值误差，以及工程近似计算式引入的理论计算误差等。

在 Multisim 11.0 中建立如图 4－7 所示的电路仿真电路图，其幅频特性和相频仿真结果如图 4－8 所示。

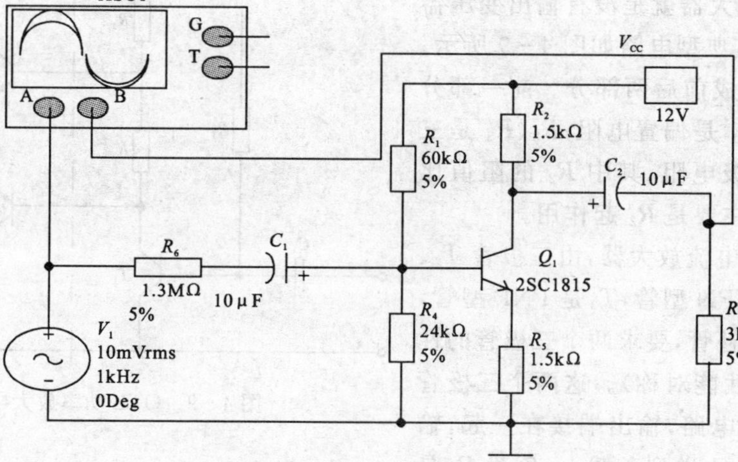

图 4－7　仿真电路图

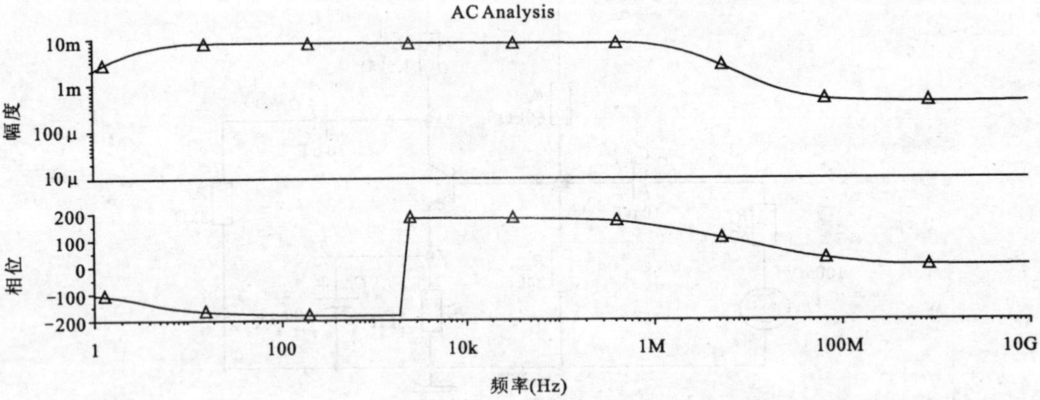

图 4-8　幅频和相频特征

4.2　功率放大器

设计任何一个电路，其最终目的都是为了推动负载工作。比如音响系统最终要推动音箱工作，让它发出响亮的声音；电视机除了伴音外，还要让显像管工作，显示清晰的活动图像；自动控制系统最终要推动各种操作机构，准确地完成动作。此处，音箱、显像管、操作机构等称为“负载”。推动负载工作需要一定的能量，因此，电路最终必须送给负载一定的功率，功率放大器就可完成这个任务。对功率放大器的基本要求是：输出尽量大的信号功率，推动负载工作。因为电功率的大小取决于电压与电流的乘积，所以功率放大器既要输出大电压，又要输出大电流，这就是功率放大器的工作特点。

功率放大器的形式有多种，下面介绍两种最常用的形式。

4.2.1　OTL 功率放大器

OTL 功率放大器就是没有输出变压器的功率放大器，其典型电路如图 4-9 所示。整个电路可以分成前后两部分。前一部分是电压放大器，R_1 是偏置电阻；R_2、R_3 是三极管 T_1 的集电极电阻，其中 R_2 的阻值比 R_3 大得多，所以主要是 R_2 起作用。

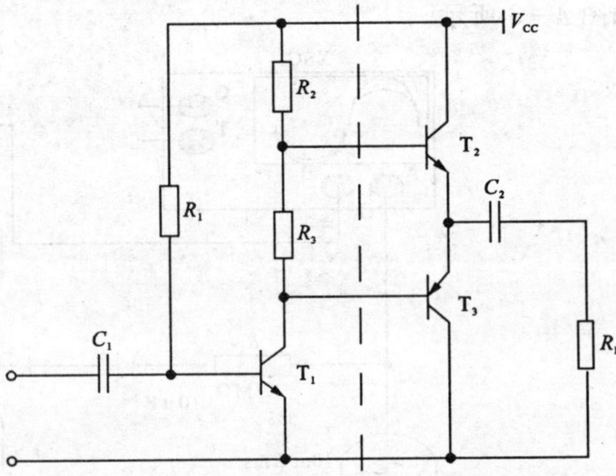

图 4-9　OTL 功率放大电路

后一部分是电流放大器，由三极管 T_2、T_3 组成。T_2 是 NPN 型管，T_3 是 PNP 型管，通常称它们是互补管，要求两个三极管的性能尽量相近（即性能对称）。这两个三极管都接成射极输出电路，输出端接在一起，输出信号通过电容 C_2 送到负载上，负载 R_L 是公共的。由于 T_2、T_3 是互补管，所以它们分别工作于信号的正负半周。在信号的正半周期间，

三极管 T_2工作，T_3截止，放大后的电流从上向下流过负载 R_L。在信号的负半周期间，三极管T_3工作，T_2截止，放大后的电流从下向上流过负载 R_L。因此，在负载上得到的是完整的交流信号。

有学生可能会问，T_2截止期间，T_3如何获得工作电流呢？那现在来考察 C_2的作用吧。电容器 C_2的作用非常重要，它一方面作为输出耦合电容，将信号送给负载；另一方面，它还作为三极管 T_3的工作电源，把 T_2导通期间储存的电荷释放出来，提供 T_3工作时的集电极电流。为保证电容 C_2 储存足够的电荷，所以其容量必须取得很大，一般为几百微法到几千微法。电阻 R_3的作用是为 T_2、T_3提供合适的偏置电压，避免输出信号出现交越失真。

这种由两个三极管分别工作于上下半周，最终再合成为完整波形的放大方式称为推挽放大。功率放大器常采用这种电路，因为其能量转换效率比较高。在理想状态下，OTL 放大器可以输出的最大功率 P_{LM}为

$$P_{LM}=\frac{V_{CC}^2}{8R_L}$$

假设有一个扩音机，它的最后一级电路采用 OTL 功率放大器，已知负载是阻抗为 8Ω 的扬声器，使用 12V 的直流稳压电源供电，那么这个扩音机可能输出的最大功率有多大？

由分析可知，在理想状态下，可以输出的最大功率是：

$$P_{LM}=\frac{V_{CC}^2}{8R_L}=\frac{12^2}{8\times 8}=2.25(\text{W})$$

4.2.2 OCL 功率放大器

OCL 功率放大器的电路形式如图 4－10 所示。

从图 4－10 中可以看出，OCL 电路与 OTL 电路的差别在于：

(1)OCL 电路采用正负双电源供电，正负电源的电压值是对称的。

(2)OCL 取消了耦合电容 C_2，输出端与负载 R_L直接相连接。

正因为 OCL 功率采用双电源供电，从静态上看，其输出端的直流电位等于 0，所以负载可以直接与放大器相接。省去了耦合电容 C_2后的放大器低频特性比 OTL 电路更好了。

OCL 电路的工作原理与 OTL 电路相同，也属于采用互补管的推挽功率放大器。根据分析，在理想状态下，OCL 功率放大器可能输出的最大功率是：

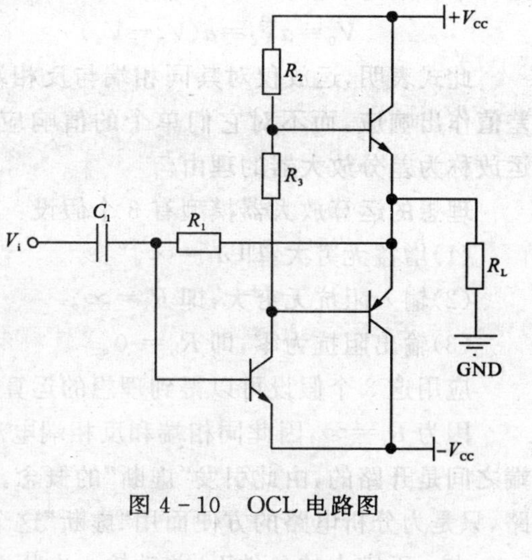

图 4－10 OCL 电路图

$$V_{PM}=\frac{V_{CC}^2}{2R_L}$$

式中，V_{CC}指单个电源的电压值。

4.3 集成运算放大器

采用分立元件设计电路具有电路复杂、调试困难、受温度等外部条件影响大、离散性强等缺点,因此,这种放大电路经常用在对成本比较敏感或者性能要求不高的场合。另外,在一些高频放大电路或者大功率放大电路中,分立元件放大器也有比较多的应用。为克服分立元件放大器存在的问题,实际放大器设计中通常采用集成运算放大器(简称为运放)作为模拟电路的主要元件。

4.3.1 运算放大器模型

运算放大器的电路符号如图 4-11 所示。

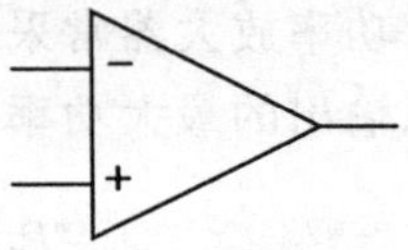

图 4-11 放大器电路符号

运算放大器有两个输入端,一个是同相输入端,简称同相端,用“+”号表示;另一个叫反相输入端,即反相端,用“-”号表示。由同相端输入正信号,输出也是正信号,相位相同。反向端则情况相反,其输出信号与输入信号的相位相反。

运算放大器是一个差分单端信号放大器,基本的运算放大器模型如图 4-12 所示,其同相和反相输入端对地电压分别用 V_p 和 V_n,输出电压 V_o 是以地为参考点。图 4-12 中,a 为放大器开环增益,R_i 和 R_o 分别为输入和输出电阻。

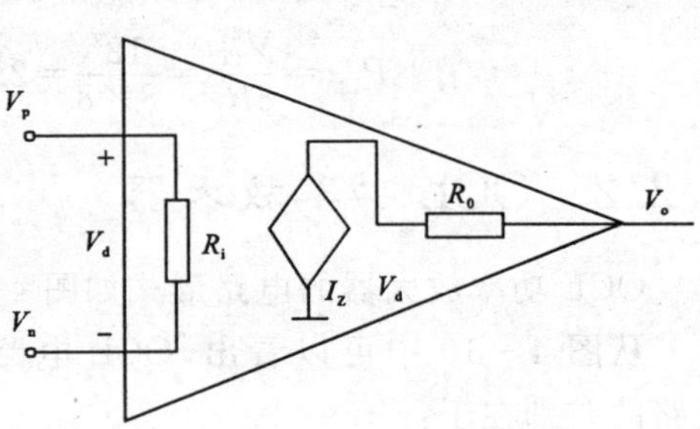

图 4-12 基本放大器模型图

当运放工作在线性区内时,其输出电压 V_o 便是一个有限的数值。

$$V_0=aV_d=a(V_p-V_n)$$

此式表明,运放仅对其同相端与反相端的电压差值作出响应,而不对它们单个的值响应,这即是运放称为差分放大器的理由。

理想的运算放大器模型有 3 个假设:

(1)增益无穷大,即 $a=\infty$。

(2)输入阻抗无穷大,即 $R_i=\infty$。

(3)输出阻抗为零,即 $R_o=0$。

应用这 3 个假设可以得到理想的运算放大器模型,如图 4-13 所示。

因为 $R_i=\infty$,因此同相端和反相端电流等于零,即输入电流为零,相当于运放的两个输入端之间是开路的,由此引发“虚断”的概念。应注意,实际运放的输入端并没有开路,也不能开路,只是为分析电路的方便而用“虚断”这个概念。

在 a 无穷大的条件下,差动输入电压 $V_d=V_o/a=0$,即同相端和反相端的电位差为零,相当于两个输入端短接在一起,但实际运放两端并没有短接,因此有了“虚短”的概念。

理想运算放大器还有其他性能,如带宽趋向于无穷大,全频带内幅频特性平坦,即 f_H 趋于无穷大,f_L 等于零,输入信号为零时,输出为零等。

理想的运算放大器是不存在的,实际运算放大器只能以一定的精度逼近理想状态。因实

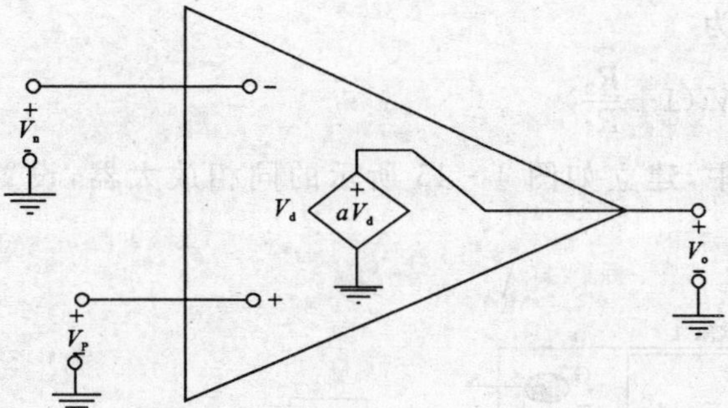

图 4－13　理想放大器模型图

际运放的性能比较接近理想运放的性能，因此在一般讨论中，将实际运放看成理想运放不会引起明显误差。

4.3.2　同相放大器和反相放大器

同相和反相放大器是最基本的放大器电路结构，很多放大器电路都是由这两种电路演变而来的。

1)同相放大器

同相放大器的电路图如图 4－14 所示。

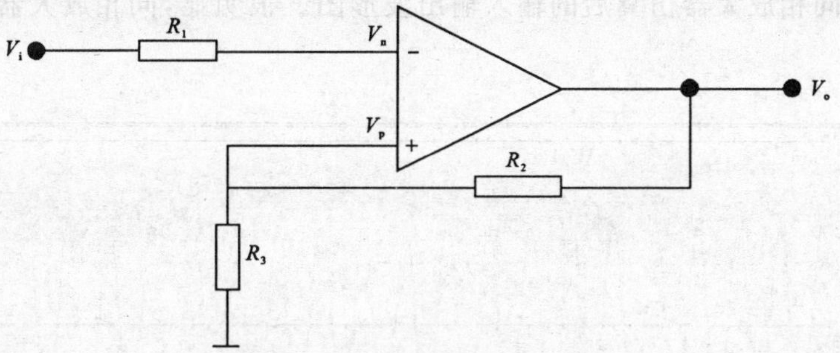

图 4－14　同相放大器电路图

由于输入阻抗为无穷大，$V_p=V_i$。反相端电压是由 V_o 通过电阻网络 R_1 和 R_2 产生，因此

$$V_n=V_oR_1/(R_1+R_2)=V_o\beta$$

其中，$\beta=R_1/(R_1+R_2)$，为该电路的反馈系数。

考虑到运算放大器理想模型中 $V_o=aV_d=a(V_p-V_n)$，得到

$$V_o=a(V_i-\beta V_o)$$

$$A=\frac{V_o}{V_i}=\frac{1}{\beta}\frac{1}{1+\frac{1}{a\beta}}$$

将 $a=\infty$ 代入上式，得到 $A=\frac{1}{\beta}=1+\frac{R_2}{R_1}$

其中，A 称为运算放大器的闭环增益，a 称为开环增益，它们的乘积称为环路增益。因此，同相放大器的输出计算公式为

$$V_o = V_i\left(1+\frac{R_2}{R_3}\right)$$

在 Multisim 11.0 中，建立如图 4－15 所示的同相放大器，设置函数发生器的频率为 1kHz，幅度为 10mV。

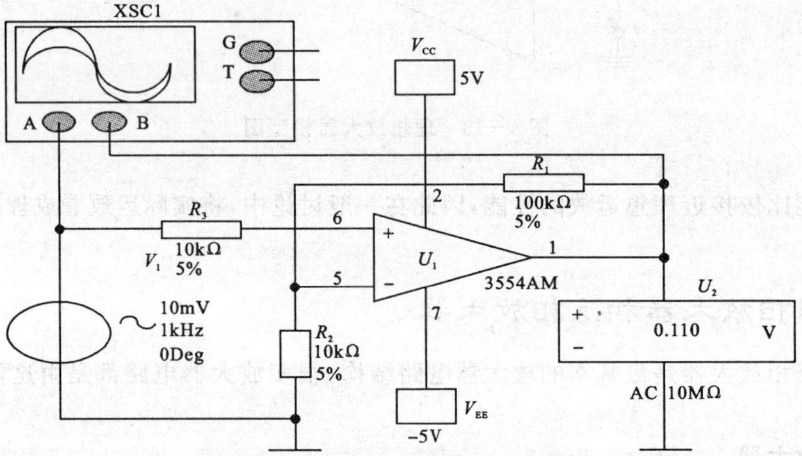

图 4－15 同相放大器的仿真原理图

图 4－16 为同相放大器仿真后的输入输出波形图。很明显，同相放大器对输入信号进行了同相放大。

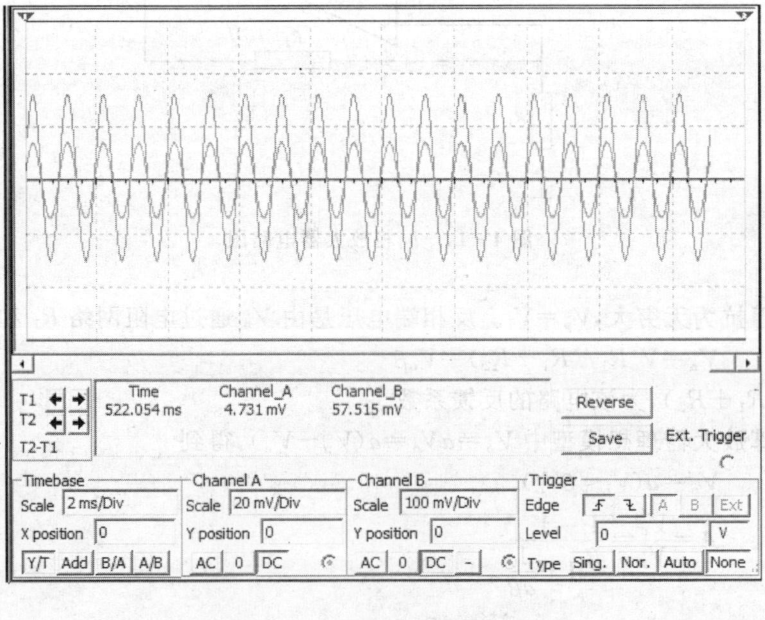

图 4－16 同相放大器仿真波形

通过改变 R_2 和 R_3 的阻值可以对放大倍数进行调整。有一点需要注意：在 Multisim 11.0 中仿真是一件很理想的事，可以让运放进行 1 000 倍甚至更大倍数的放大。但在实际电路中，运放的放大倍数不是任意设定的，它有自己的最大增益，当放大倍数过高就会出现严重的失真，解决的办法就是采用多级放大。

如果将同相放大器的外围电阻全部去掉，就可得到一个很实用的电路——电压跟随器，如图 4－17 所示。

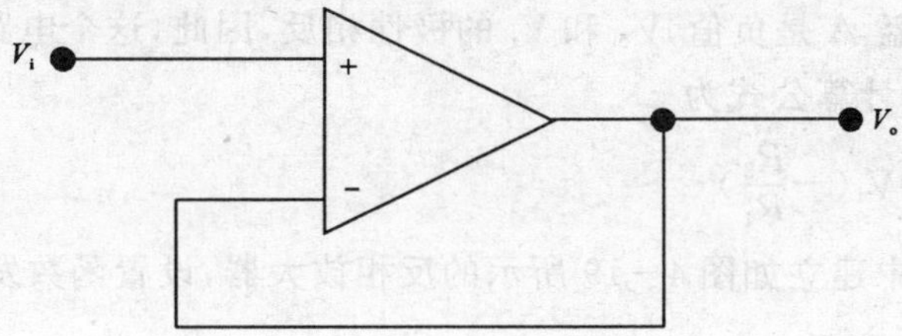

图 4－17　电压跟随器

电压跟随器实际上是一个放大倍数为 1 的同相放大器，在电路中有较多的应用，常用作缓冲级或隔离级等。因为电压跟随器有一显著特点：输入阻抗高，而输出阻抗低。其输入阻抗可达到几兆欧姆，但输出阻抗可以到几欧姆，甚至更低。例如，电压放大器的输出阻抗一般比较高，通常为几千欧到几十千欧，如果后级的输入阻抗比较小，那么就会有一部分信号损耗在前级的输出电阻中。这时，即可运用电压跟随器从中进行缓冲，起到承上启下的作用。

2)反相放大器

反相放大器的电路图如图 4－18 所示。

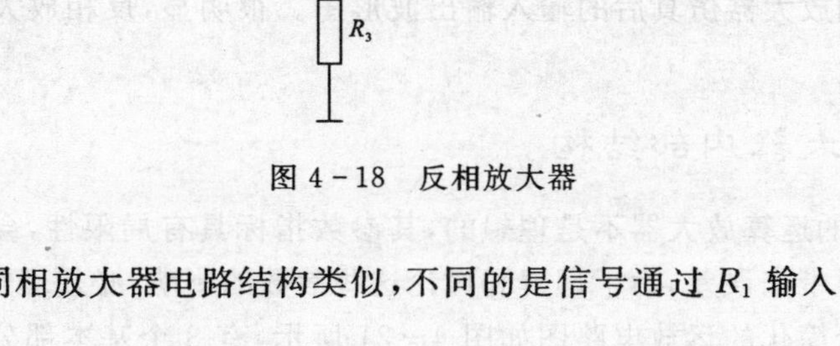

图 4－18　反相放大器

反相放大器与同相放大器电路结构类似，不同的是信号通过 R_1 输入到反相端，同相端接地，因此 $V_p=0$。

由于理想放大器的输入阻抗为无穷大，在反相端没有电流流入运算放大器，流过电阻 R_1 和 R_2 的电流为

$$I=\frac{V_i-V_o}{R_1+R_2}$$

$$V_n=V_i+IR_1=V_i-\frac{V_i-V_o}{R_1+R_2}R_1=\frac{V_iR_2+V_oR_1}{R_1+R_2}$$

由 $V_o=a(V_p-V_n)$ 代入上式整理得到

$$A=\frac{V_o}{V_i}=1-\frac{1}{\beta}\frac{1}{1+\frac{1}{a\beta}}$$

将 $a=\infty$ 代入上式，得到 $A=1-\frac{1}{\beta}=-\frac{R_2}{R_1}$

因为 $\beta<1$，闭环增益 A 是负值，V_o 和 V_i 的极性相反，因此，这个电路称为反相放大器。

反相放大器的输出计算公式为

$$V_o=V_i(-\frac{R_2}{R_1})$$

在 Multisim 11.0 中建立如图 4-19 所示的反相放大器，设置函数发生器的频率为 1kHz，幅度为 10mV。

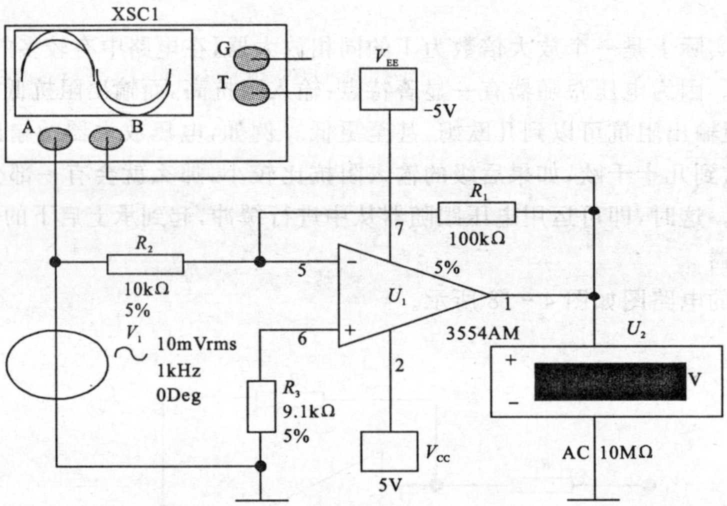

图 4-19　反相放大器的仿真原理图

图 4-20 为反相放大器仿真后的输入输出波形图。很明显，反相放大器对输入信号进行了反相放大。

4.3.3　运算放大器内部结构

前面提过，实际的运算放大器不是理想的，其参数指标具有局限性，会导致在实际应用运算放大器设计电路时带来误差，为了理解和讨论这些参数的影响，必须理解实际运算放大器的内部电路结构。一个简化的运放电路图如图 4-21 所示，有 3 个基本部分：输入级、中间级和输出级。

输入级的功能是放大输入的差分信号 V_p 和 V_n，把它们转化为单端的信号，同时尽可能提高运放的输入电阻及共模抑制比。中间级由多级直接耦合放大器组成，进一步放大信号并提供频率补偿，保证运放在闭环工作时的稳定性。输出级一般为互补对称推挽电路，可使运放具

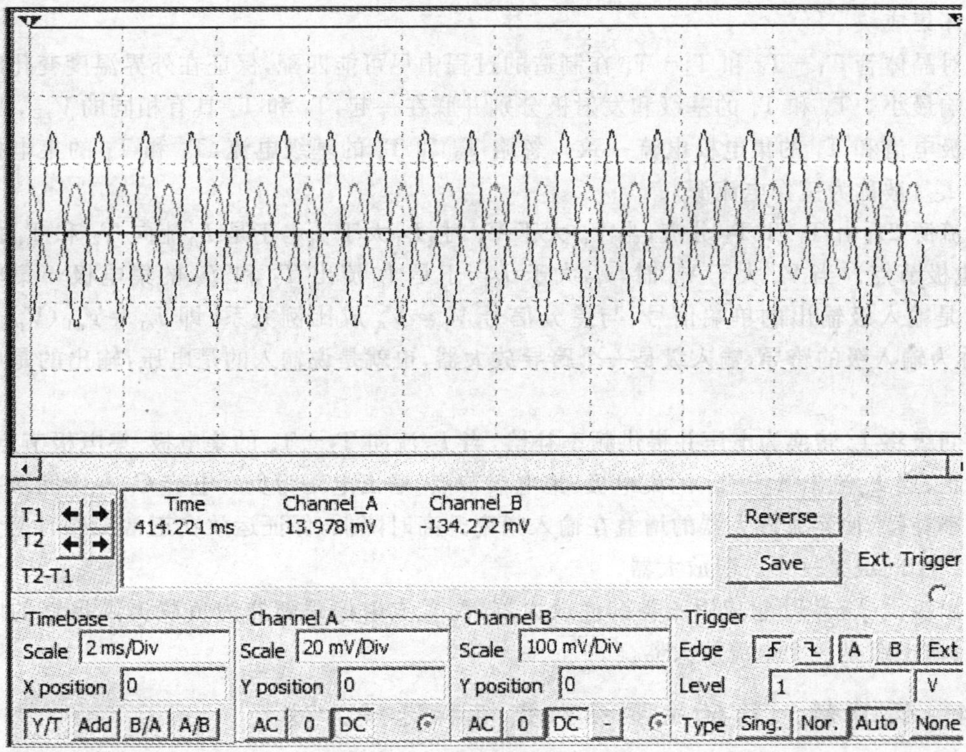

图 4－20　反相放大器仿真波形

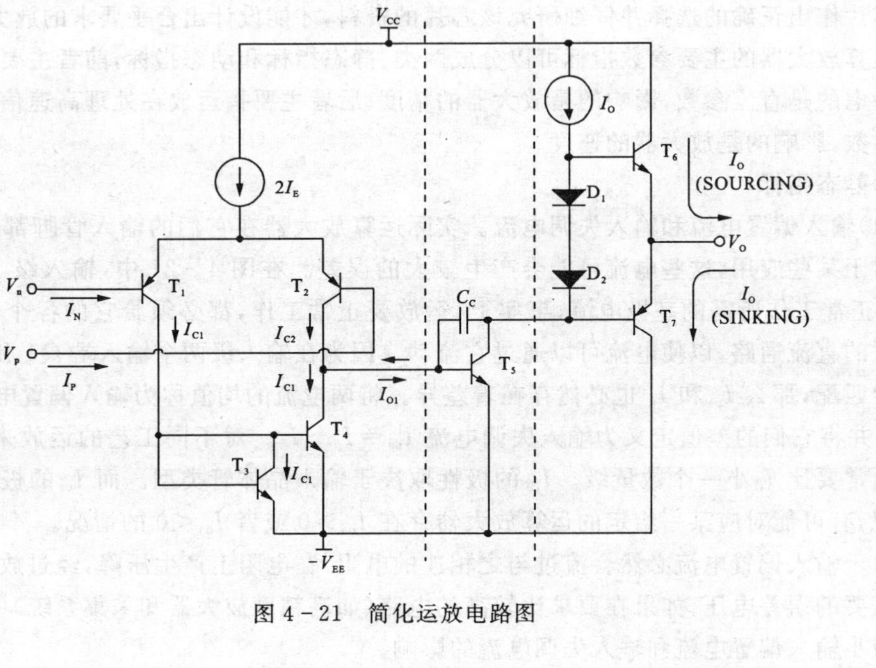

图 4－21　简化运放电路图

有一定幅度的输出电压、输出电流和尽可能小的输出电阻，同时在输出过载时有自动保护作用以免损坏集成块。

每对晶体管 T_1-T_2 和 T_3-T_4 在制造的过程中尽可能匹配，保证在外界温度变化时对放大器影响最小。T_3 和 T_4 的基级和发射极分别并联在一起，T_3 和 T_4 具有相同的 V_{BE}，因此 T_3 的集电极电流和 T_4 的集电极电流一致。忽略 T_3 和 T_4 的基级电流，T_3 和 T_4 的集电极电流都等于 I_{C1}，被称为镜像电流源。

电流源 $2I_E$ 由 T_1 和 T_2 分流，当 V_p 大于 V_n 时，I_{C1} 大于 I_{C2}，于是 I_{o1} 流向 T_2 和 T_4 的集电极-集电极节点。当 V_n 大于 V_p 时，I_{C2} 大于 I_{C1}，于是 I_{o1} 流出 T_2 和 T_4 的集电极－集电极节点。I_{o1} 是输入级输出的单端信号，与差分信号 V_p-V_n 成比例关系，即 $I_{o1}=g_{m1}(V_p-V_n)$。g_{m1} 被称为输入级的跨导，输入级是一个跨导放大器，也就是说输入的是电压，输出的是电流信号。

中间级将 I_{o1} 转换为电压并提供频率补偿，当 I_{o1} 流向 T_2-T_4 的集电极-集电极节点，输出电压为正；当 I_{o1} 流出 T_2-T_4 的集电极-集电极节点，输出电压为负。电容 C_c 在中间级提供内部的频率补偿，使运算放大器的增益在输入频率升高时降低，保证运放在正常工作时避免放大器振荡。中间级是一个跨阻放大器。

输出级由 T_6-T_7 组成甲乙类推挽放大器，配置成射极跟随器为负载提供足够的电流驱动能力，输出级是一个电流放大器。

4.3.4　运算放大器的主要参数指标和选择方法

运用运算放大器设计放大器电路，首先要对运算放大器的参数有深入的理解，其次放大器要放大的信号的特点是什么，放大的信号注重的精度还是速度，或者是两者兼顾。这样才能有目的性选择一款合适的运算放大器芯片，由于各个制造商提供的运算放大器芯片各种各样，需要对芯片作出正确的选择并仔细研究该芯片的资料，才能设计出合乎要求的放大器电路。

运算放大器的主要参数指标可以分成两类：静态指标和动态指标，前者主要是指运放在使用时考虑的是直流参数，影响的是放大器的精度；后者主要指运放在处理高速信号时考虑的是交流参数，影响的是放大器的速度。

1）静态指标

（1）输入偏置电流和输入失调电流。实际运算放大器在它们的输入管脚都会吸收少量电流。对于某些应用，这些电流可能会产生较大的误差。在图 4－21 中，输入级 I_p 和 I_n 是 Q1 和 Q2 正常工作所需的基极电流，事实上，运放要正常工作，都必须给它的各个输入端提供一条串联的直流通路，以使电流可以通过它流动。因为在输入级两个输入端 Q1 和 Q2 之间不可能完全匹配，那么 I_p 和 I_n 也必然存在着差异。将两电流的均值称为输入偏置电流，$I_B=(I_n+I_p)/2$，并将它们的差值定义为输入失调电流 $I_{os}=I_p-I_n$。对不同工艺的运放来说，I_{os} 的幅度量级通常要比 I_B 小一个数量级。I_B 的极性取决于输入晶体管类型。而 I_{os} 的极性则取决于失配情况，有可能对应某一给定的运算放大器存在 $I_{os}>0$ 或者 $I_{os}<0$ 的情况。

由于输入偏置电流必然会流过与之相连的电阻，在电阻上产生压降，经过放大器放大后成为不需要的误差电压，如果在要求比较高的电路（如高精度放大器和采集系统）中，有必要消除或者减小输入偏置电流和输入失调电流的影响。

对于如图 4－22 所示的测试电路，将输入接地后，其输出误差电压 E_o 为

$$E_o=(1+\frac{R_2}{R_1})\{[(R_1 \parallel R_2)-R_p]I_B-[(R_1 \parallel R_2)+R_p]I_{os}/2\}$$

从以上表达式可以看出，如果在同相端增加一个平衡电阻 R_p，其取值为 $R_2 \parallel R_2$，可以消去式中的第一项。由于 I_{os} 比 I_B 小一个数量级，因此可以大大减小偏置电流的影响。为进一步降低误差电压，还可以采取减小电阻的阻值，但是要注意当电阻的阻值太小时，会导致运放的输出电流增加，而我们必须保证输出电流在其参数范围之内。如果必要，可以选择考虑更低的 I_{os} 值的运算放大器。

(2)输入失调电压。将运算放大器的输入短接，理想放大器的输出 $V_o=a(V_p-V_n)=0$。然而，由于运算放大器的输入级两部分之间不可能完全匹配，通常实际运算放大器的 $V_o\neq 0$。为了使 V_o 等于零，必须在输入管脚之间加入一个合适的校正电压。这个校正电压被称为输入失调电压 V_{os}，如图 4-23 所示。

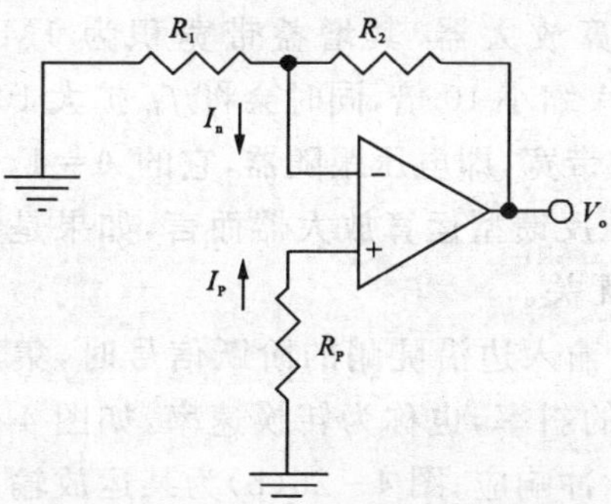

图 4-22　输入失调电流测试电路

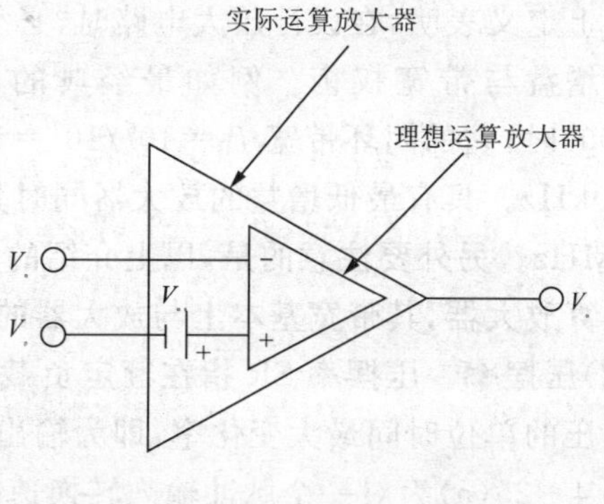

图 4-23　运算放大器模型

在理想运算放大器的输入端增加一个电压源 V_{os} 来模拟一个实际的运算放大器。与 I_{os} 类似，即使是同一系列的运算放大器的 V_{os} 幅度和极性不完全相同。其值从微伏到毫伏之间。

V_{os} 串联在输入端，经过放大后必然存在输出误差电压 E_o，如图 4-24 所示。

输出误差电压 $E_o=(1+\frac{R_2}{R_1})V_{os}$

从上式可以看出，减少 E_o 可以通过选择具有较低 V_{os} 值的运算放大器或者减小放大器的增益。

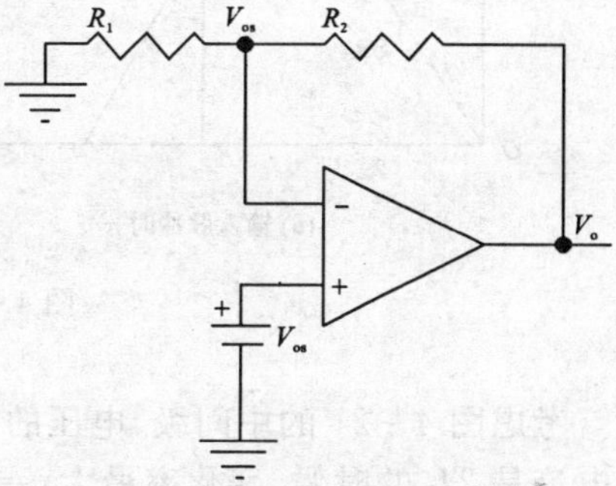

图 4-24　输入串联 V_{os} 产生的输出误差电路图

(3)共模抑制比。在了解共模抑制比之前，先看看两个概念：共模信号和差模信号。

共模信号指两个大小相等、极性相同的一对信号；差模信号是指两个大小相等、极性相反的一对信号。

这两个概念只存在差分信号中。如放大器的同相端和反相端各有两个输入信号 V_p 和 V_n。设 $V_p=V_1+V_{cm}$，$V_n=V_2+V_{cm}$，其中两信号共同拥有的 V_{cm} 称为共模信号，为 $(V_p+V_n)/2$。V_1 和 V_2 这一对大小相等、极性相反的信号则称为差模信号，分别为 $(V_p-V_n)/2$ 和

$-(V_p-V_n)/2$。所以 V_p 和 V_n 分别表示为共模信号和差模信号之和。

共模抑制比 CMRR 定义为运放的差模电压增益 A_{VD} 与共模电压增益 A_{VC} 之比，即

$$CMRR = 20\lg\frac{A_{VD}}{A_{VC}} dB$$

如果没有输入失调，运算放大器只对输入之间的电压差作出响应，实际运算放大器对共模输入电压 $V_{cm}=(V_p+V_n)/2$ 也会产生输出。

一般运算放大器的共模抑制比在 60～12dB 之间。共模抑制比较大的运算放大器，对共模信号(温度漂移、零点漂移等)的抑制能力愈强。

2)动态指标

(1)增益带宽积。增益带宽积 GBW 表示的是运算放大器的增益和放大的信号频率之间的约束关系。对同相放大器 $GBW=Af_B$；对反相放大器 $GBW=(1-\beta)Af_B$，式中 A 为同相放大器的增益，f_B 称为闭环带宽，β 为反馈系数。对某一运算放大器 GBW 为固定值。

以上定义表明，在设计放大电路时，必须综合考虑信号输入频率和放大器增益的关系，由此可得增益与带宽权衡。例如最经典的 μA741 运算放大器，其增益带宽积为 1MHz，当 $A=1\ 000$时，它的闭环带宽 $f_B=10^6/10^3=1kHz$。将 A 缩小 10 倍，同时会将 f_B 扩大 10 倍，即增至 10kHz。具有最低增益的放大器同时具有最宽的带宽，即电压跟随器，它的 $A=1$，带宽为 $f_B=1MHz$。另外要注意的是，以上介绍的是针对电压反馈型运算放大器而言，如果是电流反馈型运算放大器，其带宽基本上与放大器的闭环增益无关。

(2)压摆率。压摆率 SR 指在额定负载条件下，当输入边沿陡峭的阶跃信号时，集成运放输出电压的单位时间最大变化率，即为输出电压边沿的斜率，也称为转换速率，如图 4-25 所示。图 4-25(a)为对一个脉冲输入转换速率受限的脉冲响应；图 4-25(b)为某运放输入正弦波时，输出由于 SR 的限制变成三角波的形式。

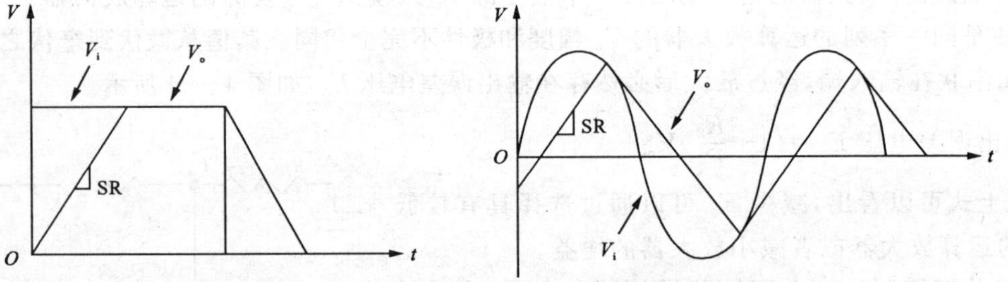

图 4-25　运放的转换速率示意图

考虑图 4-21 的中间级，电压的变化受到电容 C_C 充放电的限制，当差分输入对任意一般的电流是 $2I_E$的时候，变化率最大，一般来说 $SR = 2I_E/C_C$。对正弦波信号输入，如果没有 SR 的限制，其输出电压 $V_o=V_{om}\sin 2\pi f\ t$，它的变化率为 $dV_o/dt=2\pi fV_{om}\cos 2\pi ft$，最大值为 $2\pi fV_{om}$，为防止信号失真，必须要求$(dV_o/dt)_{max}\leqslant SR$，即

$$f\leqslant\frac{SR}{2\pi V_{om}}$$

必须说明的是，SR 对放大器带宽的限制是针对大信号输出，而 GBW 对带宽的限制是针

对小信号输出，因此整个放大器的带宽应该综合考虑两者对带宽的影响而取最小值。

(3)建立时间 t_s。在许多电路设计中，最关心的参数是建立时间 t_s。其定义是，大输入阶跃响应从原点出发一直到开始稳定并保持在一个给定的误差范围内所需的时间(通常这个误差范围关于它的终值对称)。一般规定建立时间要达到10V输入阶跃的0.1%和0.01%的精度。在高速、高精密D/A转换器，采样保持放大器和多路复用放大器中，快速建立时间尤其需要。

4.3.5　几种常用运算放大器类型

电子设计中，常用运算放大器类型有差分放大器、仪表放大器、程控增益放大器(PGA)、电流反馈型放大器和功率放大器等。

1)差分放大器

在设计过程中，为了提高系统的抗干扰能力，有时会采用差分放大器的形式对获取的微弱信号进行放大。其实三极管也能设计成差分放大器，但这种差分放大器不如运放构成的差分放大器工作稳定。

由一个运放单元实现差分信号处理的电路称为单运放差分放大器，如图4-26所示。

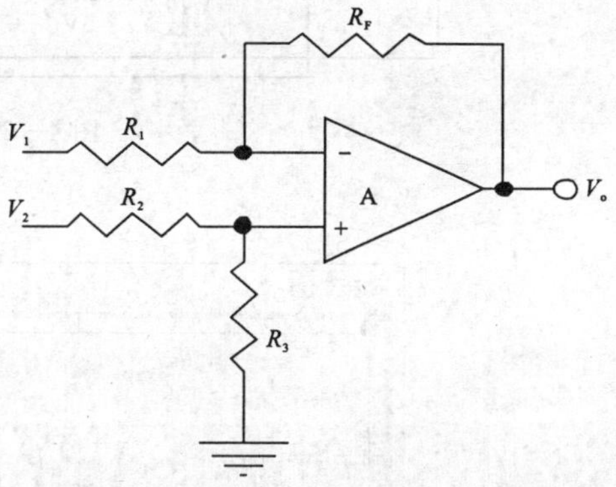

图4-26　单运放差分放大器

此差分放大器有两个输入和一个输出，经由叠加原理得输出电压：

$$V_o=V_{o1}+V_{o2}$$

V_{o1}是将 V_2 置于零产生的输出电压值；V_{o2}是 V_1 置于零所产生的输出电压值。根据前面讲的同相放大器和反向放大器的输出计算式，可得如下表达式：

$$V_o=-\frac{R_F}{R_1}V_1+\left(1+\frac{R_F}{R_1}\right)\left(\frac{R_3}{R_2+R_3}\right)V_2$$

当图4-26中的电阻对成相等比值，即$\frac{R_3}{R_2}=\frac{R_F}{R_1}$时，这些电阻就构成了一种平衡电桥，此时上式可简化为

$$V_o=\frac{R_F}{R_1}(V_2-V_1)$$

由此式可看出，放大器的输出是正比于输入的真正差值，故称其为差分放大器。差分放大器只放大信号的差值，对共模信号无放大作用，因此特别适合于在共模信号中提取差分信号，比如可以用来设计电桥测量电路。但是差分放大器存在两个问题：一是对组成平衡电桥的电阻的匹配非常敏感，很小电阻失配将引起很大的误差，大大降低放大器的共模抑制比；二是差分放大器必须采用精密的运算放大器。因此在实践中，一般选择集成的差分放大器，这种放大器将平衡电桥的4个电阻集成在芯片内部，并通过激光微调等技术，保证电桥的严格匹配，比如TI公司的INA105，其共模抑制比大于86dB。

在Multisim 11.0中连接如图4-27所示的电路，打开仿真开关，得到如图4-28所示的仿真图。

2)仪表放大器

仪表放大器在精密信号测试和测量仪器仪表中获得广泛应用，并因此而得名。仪表放大

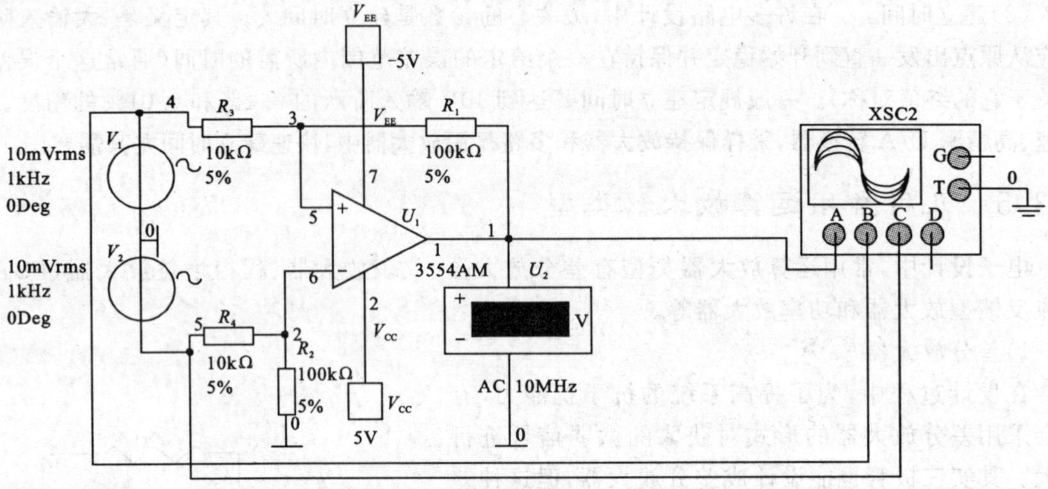

图 4-27 差分放大器仿真原理图

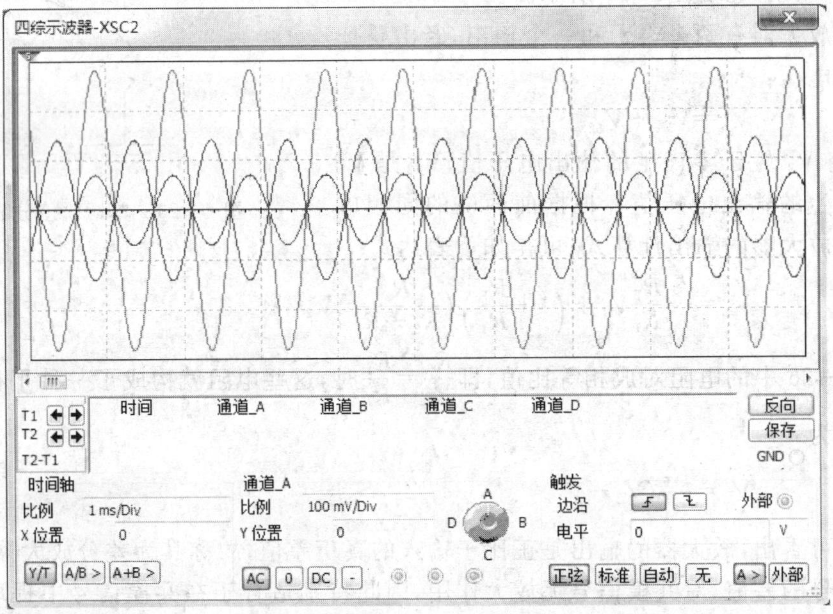

图 4-28 差分放大器仿真结果图

器具有一些特殊技术要求：极高（理想为无限大）的共模和差模输入阻抗，很低（理想为零）的输出阻抗，精确和稳定的增益以及极高的共模抑制比。单运放差分放大器经过精密微调后可以满足仪表放大器的后 3 个技术要求，但其差模和共模输入电阻都是有限的，不能满足第一个要求，通过在差分放大器的前面设置两个高输入阻抗的缓冲器可以得到一种称之为三运放差分放大器的仪表放大器，如图 4-29 所示。

在图 4-29 中，OA_1 和 OA_2 构成常称之为输入级或第一级，都是同相放大器的结构，而

OA_3构造输出级或第二级，为差分放大器的电路结构。电阻R_G上的电压为V_1-V_2，由于无电路流入运放，流过R_3和R_G的电流为同一个电流。

$$V_{o1}-V_{o2}=(R_3+R_G+R_3)(V_1-V_2)/R_G$$

得到

$$V_{o1}-V_{o2}=(1+\frac{2R_3}{R_G})(V_1-V_2)$$

OA_3组成的差分放大器输出为

$$V_o=\frac{R_2}{R_1}(V_{o1}-V_{o2})$$

两式合并得到：

$$V_o=A(V_1-V_2)$$

$$A=(1+\frac{2R_3}{R_G})\frac{R_2}{R_1}$$

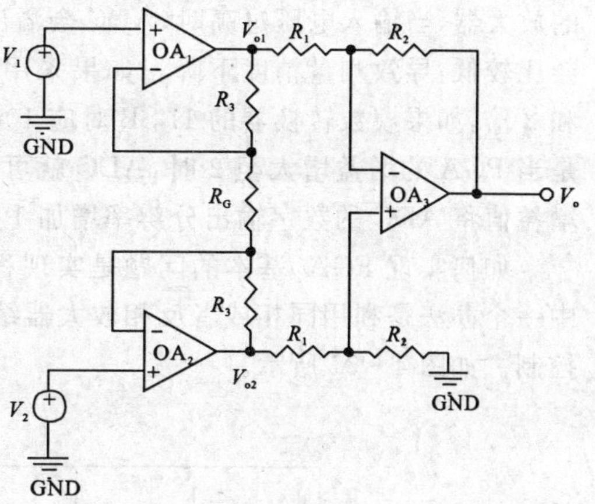

图4-29　仪表放大器

通常，为提高仪表放大器的精度，除R_G之外的电阻都集成在集成电路内部，并经过精密的调整保证它们的匹配。因此，仪表放大器的增益取决于外部电阻的值，通过采用稳定的高精度电阻，其增益可以做得很精确。由于OA_1和OA_2工作在同相结构，它们的闭环输入电阻极高。同样，OA_3的闭环输出电阻也很低。最后，通过适当调节第二级电阻中的一个都能使CMRR达到最大，从而使得该电路可以达到所需的要求。

由于仪表放大器的独特优点，因此各大制造商生产了种类繁多的各种仪表放大器，在选择仪表放大器的过程中，依然可以通过遵循前述的一些原则来选择合适的类型。

3)程控增益放大器

在数据采集系统中，需要对传感器的信号放大后将模数转换器转换为数字信号，由CPU或者DSP再对数字信号进行处理。模数转换器的输入电压一般最大不能超过其参考电压的范围，否则转换的数据将产生溢出。模数转换器典型的参考电压为1～2V，同时为了尽可能提高分辨率，输入电压要尽可能接近参考电压的幅度。然而，传感器的输出范围往往比较大，当采用大的增益来放大传感器的小信号时，得到的大幅度输出信号很容易造成运放或ADC饱和，因此在实际放大器电路设计中需要一种增益可精确调整的器件，放大器的增益可以通过CPU的数字输出进行精确的控制，被称为程控增益放大器(PGA)。图4-30为程控增益放大器原理图，它应用非常广泛，典型PGA的可选增益可能是10的倍数，如10、100、1 000等，也可能是2的倍数，如2、4、8等，应根据具体应用的需要来选择。

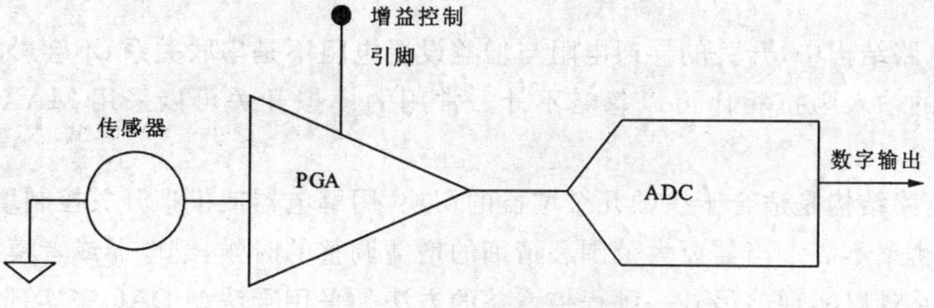

图4-30　典型数据采集系统框图

为便于理解程控增益的优点，在测量电压时不知道电压大小的情况下，如果采用固定增益的放大器，当输入电压过高时，ADC 会溢出或者过载，输入电压过低时，ADC 实际采样位数也会比较低，导致测量精度下降。如果采用 PGA 作为放大器，假设 PGA 有两种可配置增益 1 和 2 倍，如果模数转换器的 1LSB 对应 10mV 输入，那么 ADC 就无法分辨比这更小的信号，但是当 PGA 的增益增大至 2 时，ADC 就可以分辨 5mV 的信号。因此，CPU 可以根据 PGA 的增益值将 ADC 的数字输出分辨率增加 1 位，这等价于增大了 ADC 的分辨率。

如何实现 PGA，基本的问题是实现程控增益的准确性并提供足够大的增益变化范围，其中一个办法是利用同相或者反相放大器结构，通过开关切换放大器的反馈电阻来实现增益的控制。如图 4－31 所示。

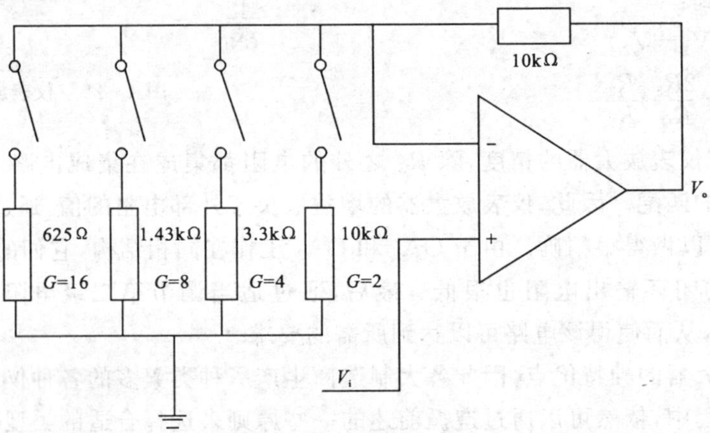

图 4－31　开关切换放大器反馈电阻

这里开关可以利用继电器或者模拟开关来实现，机电型继电器具有很小的导通电阻，但是由于其速度慢、体积大且价格高，在增益变化级数比较多的电路中不适合。模拟开关具有速度快、体积小的优点，但它的导通电阻较大，且随着温度和电压的影响而变化，模拟开关的导通电阻值一般在 10～500Ω 之间，另外模拟开关的带宽和承受的电压范围也是有限的，因此，采用模拟开关实现时要仔细考虑放大器的需求和模拟开关的参数指标是否能满足要求。

以图 4－31 为例，当模拟开关的导通电阻为 25Ω，增益为 16 的误差达到了 2.4%，显然这种误差在高精度的数据采集中不能满足要求。因此，只能采用具有极低导通电阻的模拟开关或者继电器作为增益切换。也可以采用对导通电阻不敏感的电路结构来实现，如图 4－32 所示。

在这种电路结构中，开关的导通电阻与增益设置电阻不是串联关系，不会影响到增益的准确性，与运放的输入阻抗相比可以忽略不计。常用的模拟开关可以采用 MAX312/313 或者 ADG408/409。

以上的电路结构是适合于少数几个增益的切换，用继电器或模拟开关控制增益或幅度，步距都很大，分辨率不高。当需要大范围和精细的增益调整的时候，继电器或者模拟开关的数量过多，导致电路难以实现。另外一种程控增益的方法是采用乘法型 DAC 来实现，乘法型 DAC 内部具有多级精密的电阻网络，且速度快、分辨率高，是一种比较好的设计方案。

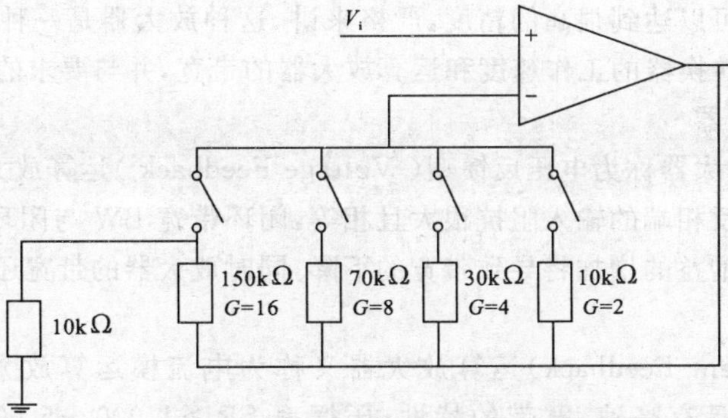

图 4-32　对导通电阻不敏感电路

用 D/A 转换器的电阻网络构成运放的反馈网络的一部分，来实现增益控制，不仅精度高而且带宽高，外围布线简单，是一种很好的方法。例如采用 10 位 D/A 转换器——AD7520 作为运放的输入网络，输入信号 V_i，加到 AD7520 的参考电压端，如图 4-33 所示。

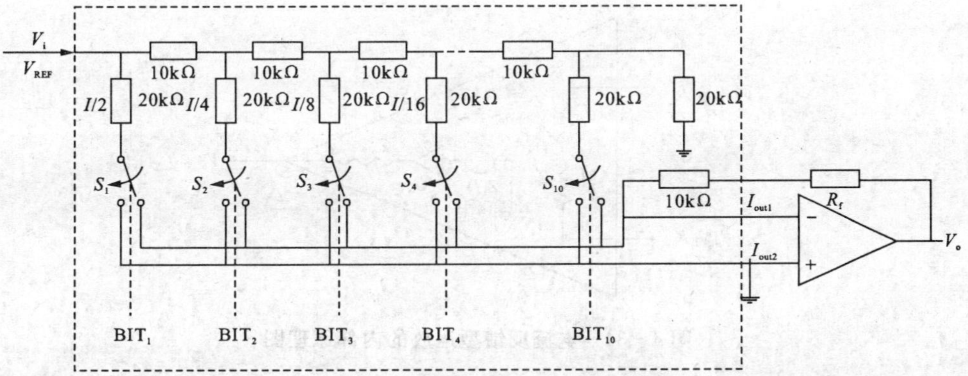

图 4-33　乘法型 DAC 原理图

由图 4-33 可见，CPU 给出的数字量（$BIT_1 \sim BIT_{10}$）控制 R—$2R$ 梯形网络的 $2R$ 支路中的开关，当 $BIT_i = 1$ 时，开关 $S_i (i=1,2,\cdots,10)$ 将 $2R$ 接到运放的虚地点；当 $BIT_i = 0$ 时，开关 S_i 将 $2R$ 接地，因此每个 $2R$ 的支路电路保持不变。$2R$ 支路流过的电流随着 BIT_i 由 MSB 向 LSB 以二进制递减，流入运放反馈支路的总电流 I 为

$$I_F = \left(\frac{1}{2^n}\sum_{i=0}^{n-1} D_i 2^i\right) I$$

其中，D_i 为数字量，$BIT_i = 1$，$D_i = 1$，反之为 0；I 为信号源 V_i 供出的总电流；n 为 D/A 转换器位数（这里 $n=10$），因为不论 BIT_i 为 1 或为 0，$2R$ 支路都相当于“接地”（虚拟地或地），因此 $I = \frac{u_i}{R} I$，整个放大器的增益为

$$A_u = -\left(\frac{1}{2^n}\sum_{i=0}^{n-1} D_i 2^i\right)\frac{R_F}{R} = -\frac{\sum_{i=0}^{n-1} D_i 2^i}{1\,024}\,\frac{R_F}{R}$$

因此，电路的放大器倍数与数字量 D_i 成正比，CPU 通过控制 DAC 的数字量，可以精确控制放大器的增益，并且可以达到很高的精度，严格来讲，这种放大器是一种程控衰减器。该电路的带宽取决于 D/A 转换器的工作速度和运算放大器的带宽，并与要求的放大倍数有关。

4）电流反馈型放大器

通常所指的运算放大器称为电压反馈型（Voltage Feedback）运算放大器，也是最常见的放大器类型，同相端或反相端的输入阻抗很大且相等，闭环带宽 BW 与闭环增益 G 成反比，增益带宽积为常数，闭环增益的增加将导致带宽的下降，同时放大器的带宽还受到较小的压摆率的限制。

电流反馈型（Current Feedback）运算放大器又称为电流模运算放大器（Current Mode opAmp）。这类放大器具有高速、宽带的特性，压摆率 SR＞1 000～5 000 V/μs，带宽可达 10MHz～1GHz，而且在一定条件下，具有与闭环增益无关的近似恒定的带宽。由于其优越的宽带特性，在视频处理系统、同轴电缆驱动放大器等领域得到了广泛的应用。图 4－34 给出了电流反馈型运放的内部原理图，图 4－35 给出了采用同相结构的放大器电路图。通常来讲，采用电流反馈型和电压反馈型运算放大器对电路的结构没有什么影响，但是由于电路反馈型运算放大器的反相端输入电阻比较小，因此，大多数情况下都采用同相输入的电路结构。

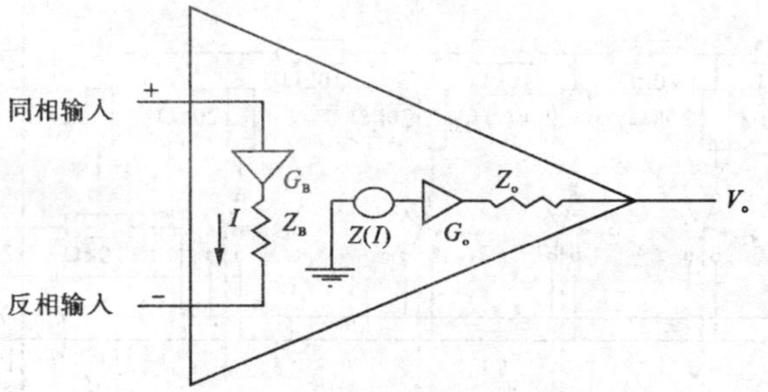

图 4－34　电流反馈型运放的内部原理图

电流反馈型运放反相端输入电阻小，失调电压较大，与电压反馈型运放相比，各有特点，相辅相成，设计人员可根据实际需要来选取。

CFA 不受恒定的增益带宽积的限制，可以通过对反馈电阻的调节来获得最好的性能。CFA 的稳定性取决于反馈电阻：随着反馈电阻的减小，稳定性会降低。当反馈电阻到达零的时候，电路就变为不稳定。另一方面，随着反馈电阻的增加，稳定性也随之增加，但带宽变窄了。CFA 的同相端输入阻抗非常高，但反相端输入阻抗非常低。这种情况使 CFA 无法用作差分放大器的结构。在反相输入节点上或者反馈电阻上的杂散电容总会引起频率响应中的峰值，一般会引起振铃，有时会引起振荡。常用的 CFA 有 AD811、OPA680/681 等。以 AD811 为例，其带宽＝140MHz，高压摆率 SR＝2 500/μs，输入失调电压小于 3mV，电源电压 V_{cc}＝±(5～15)V，最大输出电流为 100mA，从这些指标来看，AD811 具有高带宽、高电源电压和高输出电流的特点，适合于视频驱动、ADC 的输入缓冲、宽带放大器等场合。AD811 同相放大器的电路图如图 4－35 所示。AD811 放大器的增益按照表 4－1 中数值选取（电源±15V）。

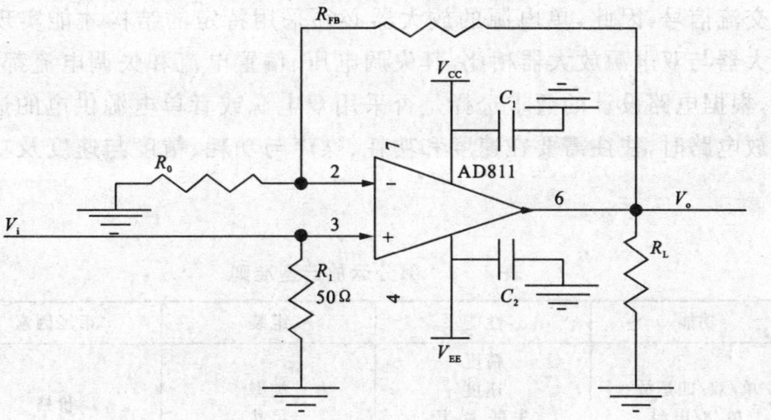

图 4-35　AD811 同相放大电路

表 4-1　AD811 放大器的增益选择

闭环增益	R_{FB}/Ω	R_o/Ω	-3dB 带宽/MHz
+1	750		140
+2	649	649.0	120
+10	511	56.2	100
-1	590	590.0	115
-10	511	51.1	95

4.4　运算放大器的选择

4.4.1　器件选型的准则

运算放大器的选择是放大器设计的首要问题，必须根据放大器的要求进行选择，由于放大器的种类非常多，不同信号放大的要求不同，电路工作的条件和环境也多种多样，因此，需要根据电路的特点着重解决关键问题，才能找到合适的运算放大器和电路结构。

前面的章节已经介绍了基本的运算放大器的原理和内部结构，实际的运算放大器的结构要复杂得多，但是在选择运放时只考虑其外部特性，即其主要的参数指标，然后根据放大器的需求选择合适的放大器。作为电路设计人员，必须经常权衡精度、速度、尺寸、成本、性能等指标因素，而这些指标有时又是彼此矛盾的，因此，选型开始时，就要牢记很多具有不同优先级别的选型准则，见表 4-2 所示。

一般选型时可以按照下面的步骤，减少可供选择范围。

1)供电电源电压

大部分运算放大器都是采用正负电源供电，许多便携式电子设备往往用电池供电，此时对功耗有严格的要求，故一定要选用低功耗器件，即低电压、小电流工作的器件。现代的低功耗运算放大器多采用CMOS工艺，支持单电源供电，轨到轨输入输出，单电源供电的运算放大器无法直接处理交流信号，因此，单电源的放大器必须采用特定的结构才能实现交流信号的放大。单电源放大器与双电源放大器相比，其失调电压、偏置电流和失调电流都要大，因此当电源电压确定后，根据电路设计的要求选择是否采用双电源或者单电源供电的运算放大器。在设计单电源运放电路时，往往需要在速度和功耗、噪声与功耗、精度与速度及功耗等方面进行折中考虑。

表 4-2 部分运放选型准则

功能	性能	组装	市场因素
单/双/四运放 单/双电源 工作电压	精度 速度 失真，噪声 低偏置电流 功耗	类型 尺寸 封装	价格 供货

2)直流精度

当需要对微弱信号或者在高噪声情况下的信号进行放大时，运算放大器的精度要求就变得相当重要，此时必须选择精密型运算放大器。精密型运算放大器的主要特点有高增益、高共模抑制比、高输入电阻、低输入失调电压、低输入失调电流、低失调漂移、低输入偏置电流、低输入噪声电压、低输入噪声电流、低输入噪声电压密度和噪声电流密度。必要时可以通过补偿来减小失调电压和失调电流的影响。

一般来说，当输入失调电压＜50μV、输入偏置电流＜5nA、开环增益＞106 时可以称为精密放大器。如 OP07、OP177、OP797、OPA637 等。

3)带宽

小信号放大时主要考虑运放的增益带宽积，并需要留有足够的开环增益；常用运放对工作速度、带宽都有一定要求；大幅度信号通过时要充分考虑运放的压摆率。

运算放大器的工作频率、工作速度或小信号带宽，是运算放大器的重要指标。关于运算放大器的速度和带宽的主要指标有增益带宽积、压摆率、上升时间等。增益带宽积也可称为小信号带宽，压摆率可称为大信号带宽。运放的上升时间主要是针对放大器驱动模数转换器时，输出保持稳定的时间，对模数转换器的精度有较大的影响。

4)噪声

噪声对精密模数采样的准确性至关重要。当信号非常小时，要充分考虑运放的 $1/f$ 电压噪声、宽带电压噪声系数、带宽和电阻的热噪声。选择运放时可以选择低噪声的运算放大器类型。

5)负载驱动能力

运放的负载能力主要表现在其输出电流 I_o 的大小。若要求在一个 50Ω 负载上，得到 5 V 的电压，那么就要求运放必须要输出 100mA 以上的电流。如果某运放只能输出 10mA 电流，则在 50Ω 负载上只能得到 0. 5V 电压，说明该运放驱动能力无法驱动负载。在实际应用中，还存在容性负载，因此，也要求运放有足够的驱动容性负载的能力，否则负载得到的信号边沿很差，幅度也会很小。一般运算放大器的输出电流＜25mA，一些大功率的运算放大器可以输出 250mA 甚至 5A 电流，如 THS4503、OPA548、OPA549 等，在较重负载的情况下，可以选择这些高输出电流的运放。

6)价格和货源

作为设计者，应以最低的成本而获取最好的性能，成本核算是设计中必须考虑的问题。如果在应用中没有什么特殊的要求，那么可以采用最廉价、最容易买到的通用型运算放大器，如 UA741、LM324 等。如果有特殊要求，则要选择某一方面指标特别突出的器件来保证电路的设计性能。

7)其他

单运放、双运放或者四运放结构的选择，轨到轨输入，功耗，静态电流，是否有关断功能，运放的封装和体积等也是运放选型中通常要考虑的要素。

4.4.2 常用运算放大器的型号

常用运算放大器芯片的型号有：UA741、LM324、TL082/084、NE5532/5534、LF353/356、OP07、OP27/37、OPA27/28、AD8031、AD811、AD817、OPA606、OPA690、OPA548/549、BUF634、OPA330/350、PGA202/203 等。表 4-3 给出了部分常用运算放大器的参数指标。

表 4-3 部分运放参数

型号	V_{os}(mV)	I_B(nA)	I_{os}(nA)	BW(MHz)	SR(V/us)	R_i(MΩ)	R_o(Ω)
UA741	1	80	2	1	0.5	2	75
LM324	3	20	5	1.2	0.5	—	—
TL082	3	30	0.005	3	13	1TΩ	
NE5532	0.5	200	10	10	9	0.3	0.3
LF353	5	0.05	0.025	4	13	1TΩ	—
OP07	0.03	±1.2	0.5	0.6	0.3	31	60
OP27	0.03	±12	12	8	2.8	4	70
OPA27	±0.025	±80	75	8	1.9	—	70
AD8031	±0.5	450	50	80	30	40	—
AD811	0.5	2 000	—	140	400	1.5	—
AD817	0.5	3 300	25	30	250	0.3	8
OPA606	±0.3	±0.008	±0.001	12	30		40
OPA690	±4	±11 000	±100	500	1 800		
OPA548	±2	±100	±5	1	10		
BUF634	±30	±5		180	2 000		
OPA330	0.008	±200	±400	0.35	0.16		
OPA350	±0.15	±0.5	±0.5	38	22		

4.5 芯片数据手册的阅读方法

对于学生而言，选取一款芯片，不外乎有 3 种渠道，一是从前人的作品设计报告以及使用经验中直接获取；二是有些学科比赛提供的指定芯片；三是根据所给设计要求自己选型。无论哪种方式，都需要阅读芯片的数据手册。这些数据手册可以直接从相关网站上下载，当然，官方网站下载相对可靠些。有些官方网站可提供查询工具，只要输入所需设计指标，即可查询到满足要求的所有芯片型号。

阅读数据手册是一个设计者的必备技能，拿到一份数据手册，特别是英文数据手册，需要知道如何去读手册才能更快、更好地找到自己想要的内容。不管什么芯片手册，都只是使用说明书而已，而说明书一个最显著的特点就是必须尽可能地使用通俗易懂的语句，向使用者交代清楚该产品的特点、功能、具体参数以及使用方法等。

(1)PDF 芯片资料里的句子和句子之间经常会有跳跃，从一个意思到另外一个意思的过渡较快。语法相对简单，不会采用复杂的从句。

(2)数据手册通常喜欢采用一些长句对问题进行描述，并且这些长句所描述的问题通常都比较关键。可以按主谓宾结构，把整个长句拆开，然后对每一个小短句进行分析，最后联系上下文，揣摩出整句的意思。

(3)专业词汇较多。专业词汇只能靠平时的积累，并要善于借助网络资源，多看外文文献资料并参照中文专业书籍逐步进行积累。

下面以 TI 公司的 OPA820 为例，介绍芯片数据手册的阅读方法。

打开 OPA820 的 Datasheet，就可以看到最上面的粗黑体字，一是芯片型号：OPA820；一是对此芯片的最简单描述：Unity - Gain Stable, Low - Noise, Voltage - Feedback Operational Amplifier，如图 4 - 36 所示。

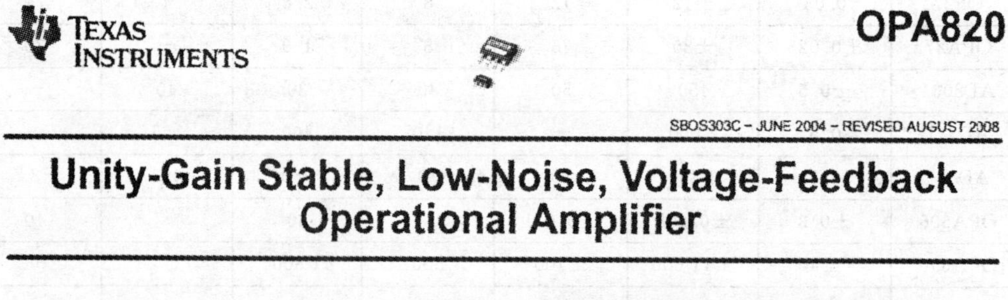
TEXAS INSTRUMENTS

OPA820

SBOS303C – JUNE 2004 – REVISED AUGUST 2008

Unity-Gain Stable, Low-Noise, Voltage-Feedback Operational Amplifier

图 4 - 36　OPA820 芯片数据手册截图

从这里就可以了解此芯片是单位增益稳定、低噪声、电压反馈型的运算放大器。另外，从这个图上，还可以得到一些信息，比如，此芯片资料来自于 TI 公司，2004 年编写完成。

(1)看芯片特性(Features)、应用(Applications)和描述(Description)，如图 4 - 37 所示。这里提供特性信息和应用领域，确认电气特性所在的条件以及特殊情况，包含一些关键参数指标，如带宽、输出电流、工作电压等。通过这些可以对芯片情况有一个宏观的了解，初步确认此芯片是否符合选型要求。

FEATURES

- HIGH BANDWIDTH (240MHz, G = +2)
- HIGH OUTPUT CURRENT (±110mA)
- LOW INPUT NOISE (2.5nV/√Hz)
- LOW SUPPLY CURRENT (5.6mA)
- FLEXIBLE SUPPLY VOLTAGE:
  Dual ±2.5V to ±6V
  Single +5V to +12V
- EXCELLENT DC ACCURACY:
  Maximum 25°C Input Offset Voltage = ±750μV
  Maximum 25°C Input Offset Current = ±400nA

APPLICATIONS

- LOW-COST VIDEO LINE DRIVERS
- ADC PREAMPLIFIERS
- ACTIVE FILTERS
- LOW-NOISE INTEGRATORS

DESCRIPTION

The OPA820 provides a wideband, unity-gain stable, voltage-feedback amplifier with a very low input noise voltage and high output current using a low 5.6mA supply current. At unity-gain, the OPA820 gives > 800MHz bandwidth with < 1dB peaking. The OPA820 complements this high-speed operation with excellent DC precision in a low-power device. A worst-case input offset voltage of ±750μV and an offset current of ±400nA give excellent absolute DC precision for pulse amplifier applications.

Minimal input and output voltage swing headroom allow the OPA820 to operate on a single +5V supply with > $2V_{PP}$ output swing. While not a rail-to-rail (RR) output, this swing will support most emerging analog-to-digital converter (ADC) input ranges with lower power and noise than typical RR output op amps.

Exceptionally low dG/dP (0.01%/0.03°) supports low-cost composite video line driver applications. Existing designs can use the industry-standard pinout SO-8 package while emerging high-density portable applications can use the

图 4－37　芯片特性描述截图

(2)此处重点关注芯片的参数指标，同时可以参考手册后面给出的一些参数图。对于运算放大器，可关注失调电压、失调电流、共模抑制比、输入输出阻抗、增益带宽积、压摆率等。

(3)极限参数(Absolute Maximum Ratings)，如图 4－38 所示。这里给出了芯片在什么样的条件下会毁坏，如供电电压、差分输入电压、温度范围等。值得注意的是，此处不是最大运作限制参数。很多初学者从事电子设计时会烧坏很多芯片，大多数情况就是没仔细看清此处的具体参数。

ABSOLUTE MAXIMUM RATINGS(1)

Power Supply	$\pm 6.5V_{DC}$
Internal Power Dissipation	See Thermal Information
Differential Input Voltage	±1.2V
Input Common-Mode Voltage Range	$\pm V_S$
Storage Temperature Range	−65°C to +125°C
Lead Temperature (soldering, 10s)	+300°C
Junction Temperature (T_J)	+150°C
ESD Rating	
Human Body Model (HBM)	+3000V
Charge Device Model (CDM)	+1000V
Machine Model (MM)	+300V

图 4－38　极限参数截图

(4)OPA820 的分类信息(Ordering Information)，如图 4－39 所示。这里可以找到带有完整零件编号的该器件的每个变种列表。通常开始的几个字母是行业标准或者厂商标识，接着是常规标识(“820”)。后缀通常给出封装类型(贴片安装型或直插型)、温度范围(宽范围型，当然也会更贵)、速度(快速型，当然也会更贵)以及其他各种如功耗、电压范围等等。

PACKAGE/ORDERING INFORMATION(1)

PRODUCT	PACKAGE-LEAD	PACKAGE DESIGNATOR	SPECIFIED TEMPERATURE RANGE	PACKAGE MARKING	ORDERING NUMBER	TRANSPORT MEDIA, QUANTITY
OPA820	SO-8	D	−45°C to +85°C	OPA820	OPA820ID	Rails, 100
〃	〃	〃	〃	〃	OPA820IDR	Tape and Reel, 2500
OPA820	SOT23-5	DBV	−45°C to +85°C	NSO	OPA820IDBVT	Tape and Reel, 250
〃	〃	〃	〃	〃	OPA820IDBVR	Tape and Reel, 3000

图 4－39　分类信息截图

(5)引脚配置(Pin Configuration)，如图 4－40 所示。这里给出芯片引脚功能定义、内部框图及封装类型。一般，相同的封装都具有相同的引脚分布。引脚配置对电路设计、芯片焊接和 PCB 设计等具有至关重要的作用，所以必须掌握。有的芯片还要特别留意控制信号引脚或者特殊信号引脚。

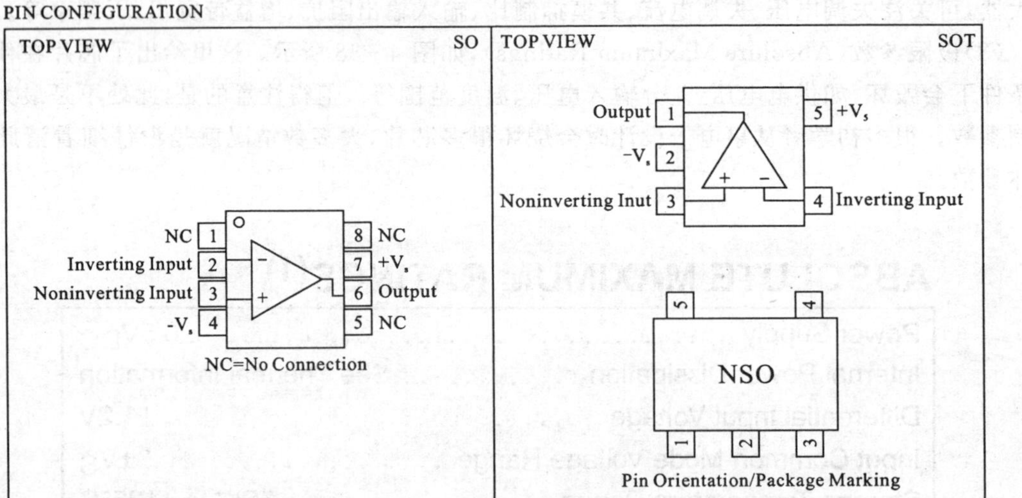

图 4－40　引脚配置截图

(6)电气特性(Electrical Characteristics)，如图 4－41 所示，分为直流特性和交流特性，有的芯片资料上还单独给出了关于噪声的一些参数。其直流特性给出了影响放大器精度的主要参数，如开环增益、输入失调电压、失调电流、共模抑制比等，交流特性给出了增益带宽积、压摆率等影响放大器速度的主要参数。这里分别给出了相关参数的典型值、最大值和最小值。注意不能忽视电气特性下面的两行小字，它表明了表格里的所有参数都是在 25℃、$R_F = 402\Omega$、$R_L = 100\Omega$、$G = +2$ 的情况下测试出来的。

ELECTRICAL CHARACTERISTICS: $V_S = \pm 5V$

Boldface limits are tested at **+25°C.**

$R_F = 402\Omega$, $R_L = 100\Omega$, and G = +2, unless otherwise noted.

PARAMETER	CONDITIONS	OPA820ID, IDBV TYP +25°C	MIN/MAX OVER TEMPERATURE +25°C(1)	0°C to 70°C(2)	-40°C to +85°C(2)	UNITS	MIN/MAX	TEST LEVEL (3)
AC PERFORMANCE								
Small-Signal Bandwidth	G = +1, $V_O = 0.1V_{PP}$, $R_F = 0\Omega$	800				MHz	typ	C
	G = +2, $V_O = 0.1V_{PP}$	240	170	160	155	MHz	min	B
	G = +10, $V_O = 0.1V_{PP}$	30	23	21	20	MHz	min	B
Gain-Bandwidth Product	G ≥ 20	280	220	204	200	MHz	min	B
Bandwidth for 0.1dB Gain Flatness	G = +2, $V_O = 0.1V_{PP}$	38				MHz	typ	C
Peaking at a Gain of +1	$V_O = 0.1V_{PP}$, $R_F = 0$	0.5				dB	typ	C
Large-Signal Bandwidth	G = +2, $V_O = 2V_{PP}$	85				MHz	typ	C
Slew Rate	G = +2, 2V Step	240	192	186	180	V/μs	min	B
Rise Time and Fall Time	G = +2, V_O = 0.2V Step	1.5				ns	typ	C
Settling Time to 0.02%	G = +2, V_O = 2V Step	22				ns	typ	C
to 0.1%	G = +2, V_O = 2V Step	18				ns	typ	C
Harmonic Distortion	G = +2, f = 1MHz, $V_O = 2V_{PP}$							
2nd-Harmonic	$R_L = 200\Omega$	−85	−81	−80	−79	dBc	max	B
	$R_L \geq 500\Omega$	−90	−85	−83	−81	dBc	max	B
3rd-Harmonic	$R_L = 200\Omega$	−95	−90	−89	−88	dBc	max	B
	$R_L \geq 500\Omega$	−110	−105	−102	−100	dBc	max	B
Input Voltage Noise	f > 100kHz	2.5	2.7	2.8	2.9	$nV/\sqrt{Hz}$	max	B
Input Current Noise	f > 100kHz	1.7	2.6	2.8	3.0	$pA/\sqrt{Hz}$	max	B
Differential Gain	G = +2, PAL, $V_O = 1.4V_{PP}$, $R_L = 150\Omega$	0.01				%	typ	C
Differential Phase	G = +2, PAL, $V_O = 1.4V_{PP}$, $R_L = 150\Omega$	0.03				°	typ	C
DC PERFORMANCE(4)								
Open-Loop Voltage Gain (A_{OL})	V_O = 0V, Input-Referred	66	**62**	61	60	dB	min	A
Input Offset Voltage	V_{CM} = 0V	±0.2	**±0.75**	±1.0	±1.2	mV	max	A

图 4－41　电气特性截图

(7)典型特征(Typical Characteristics),如图 4－42 所示,用来描述那些不方便放在表格里的特性。这些图可以帮助设计者分析所设计电路的指标是否达到芯片的典型特征指标,换句话说,如果发现设计满足不了要求,可以帮助设计者分析到底是电路设计出现问题还是芯片本身性能有问题。

TYPICAL CHARACTERISTICS: $V_S = \pm 5V$

$R_F = 402\Omega$, $R_L = 100\Omega$, and G = +2, unless otherwise noted.

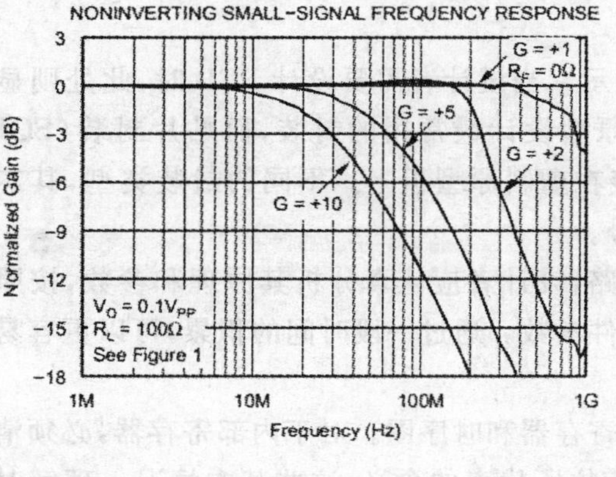

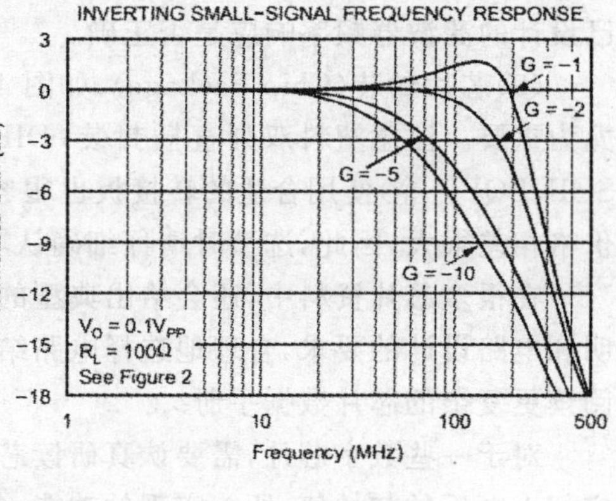

图 4－42　典型特性截图

(8)应用信息(Applications Information),如图 4－43 所示。这里给出了示例电路和使用注意事项。注意,这里通常有其他的应用信息来源,例如厂商提供的独立应用信息等。有的数据手册应用示例并没有像 OPA820 一样写得这么详细,而仅仅提供一个不完整的原理图。对于更复杂的器件,例如微控制器,不同的信息可能被放在不同的部分。例如,时钟电路分为一部分,而复位电路却分为另一部分。阅读时一定要全面了解数据手册的内容,以保证正确地使用器件及外部所需元件。

APPLICATIONS INFORMATION

WIDEBAND VOLTAGE-FEEDBACK OPERATION

The combination of speed and dynamic range offered by the OPA820 is easily achieved in a wide variety of application circuits, providing that simple principles of good design practice are observed. For example, good power-supply decoupling, as shown in Figure 1, is essential to achieve the lowest possible harmonic distortion and smooth frequency response.

Proper PC board layout and careful component selection will maximize the performance of the OPA820 in all applications, as discussed in the following sections of this data sheet.

Figure 1 shows the gain of +2 configuration used as the basis for most of the typical characteristics. Most of the curves were characterized using signal sources with 50Ω driving impedance and with measurement equipment presenting 50Ω load impedance. In Figure 1, the 50Ω shunt resistor at the V_I terminal matches the source impedance of the test generator while the 50Ω series resistor at the V_O terminal provides a matching resistor for the measurement equipment load. Generally, data sheet specifications refer to the voltage

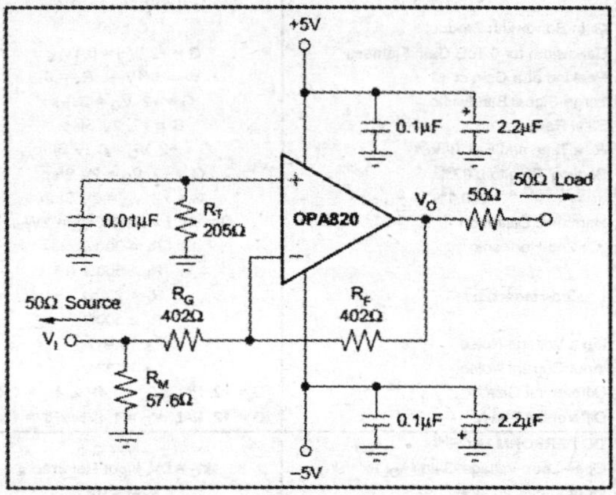

Figure 2. Inverting G = −1 Specifications and Test Circuit

In the inverting case, just the feedback resistor appears as part of the total output load in parallel with the actual load. For the 100Ω load used in the typical characteristics, this gives a

图 4－43　应用信息截图

例如,要使用 OPA820 设计一款滤波器(滤波器的设计将在本书第 5 章中介绍),阅读到此处时,就可以直接翻到数据手册的第 17 页,如图 4－44 所示。

在这里,可以看到有源滤波器(Active Filters)设计的相关说明,一定要仔细阅读。对应于 Figure 10,按照公式(3)、(4)、(5)来计算,可知其为 1MHz 中心频率,Q 值等于 100 的带通滤波器。再参考 Figure 11 描述的该滤波器的频率响应,如图 4－45 所示,可以通过对比,了解自己设计的滤波器频率响应是否正确。

(9)芯片封装(Chip Package),如图 4－46 所示。当设计者需要设计 PCB 时,此处则显得尤为重要。注意塑料双列直插封装(DIP)是做原型设计最常用的封装,而贴片封装(SOIC、SOP、PQFP 等)使用合适的转接板也很容易焊接在塑料原型板上。不同的封装类型,其芯片价格相差很大,因此,选型时请仔细确认零件编号。

在很多芯片资料中,还会给出典型的应用电路,设计者应认真分析其原理和参数,按照说明和电路设计的要求,合理地选择电路结构和器件参数。通过一段时间的积累,可以更容易地阅读更复杂的芯片数据手册。

对于一些数字芯片,需要认真研读芯片内部寄存器和时序图。对于内部寄存器,必须清楚它们上电后的初始值、所能实现的功能、每个比特位所代表的含义,这些基本情况。理解时序图则是对芯片进行正确操作的关键。单个信号的周期、上升时间、下降时间、建立时间、保持时

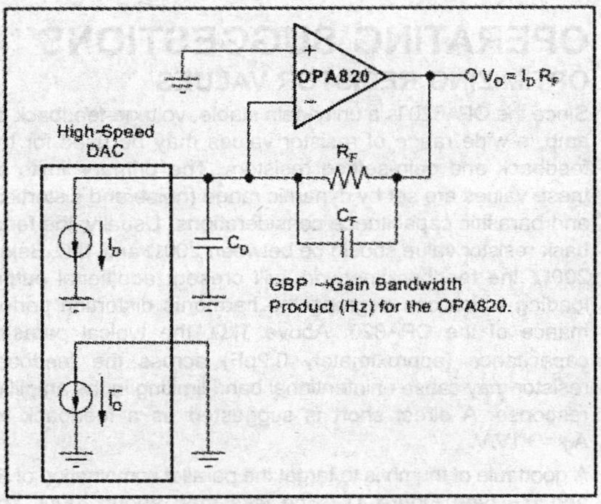

Figure 8. Wideband, Low-Distortion DAC Transimpedance Amplifier

The DC gain for this circuit is equal to R_F. At high frequencies, the DAC output capacitance (C_D) will produce a zero in the noise gain for the OPA820 that may cause peaking in the closed-loop frequency response. C_F is added across R_F to compensate for this noise-gain peaking. To achieve a flat transimpedance frequency response, this pole in the feedback network should be set to:

$$\frac{1}{2\pi R_F C_F} = \sqrt{\frac{GBP}{4\pi R_F C_D}} \quad (1)$$

which will give a corner frequency f_{-3dB} of approximately:

$$f_{-3dB} = \sqrt{\frac{GBP}{2\pi R_F C_D}} \quad (2)$$

ACTIVE FILTERS

Most active filter topologies will have exceptional performance using the broad bandwidth and unity-gain stability of the OPA820. Topologies employing capacitive feedback require a unity-gain stable, voltage-feedback op amp. Sallen-Key filters simply use the op amp as a noninverting gain stage inside an RC network. Either current- or voltage-feedback op amps may be used in Sallen-Key implementations.

Figure 9 shows an example Sallen-Key low-pass filter, in which the OPA820 is set up to deliver a low-frequency gain of +2. The filter component values have been selected to achieve a maximally-flat Butterworth response with a 5MHz, −3dB bandwidth. The resistor values have been slightly adjusted to compensate for the effects of the 240MHz bandwidth provided by the OPA820 in this configuration. This filter may be combined with the ADC driver suggestions to provide moderate (2-pole) Nyquist filtering, limiting noise, and out-of-band harmonics into the input of an ADC. This filter will deliver the exceptionally low harmonic distortion required by high SFDR ADCs such as the ADS850 (14-bit, 10MSPS, 82dB SFDR).

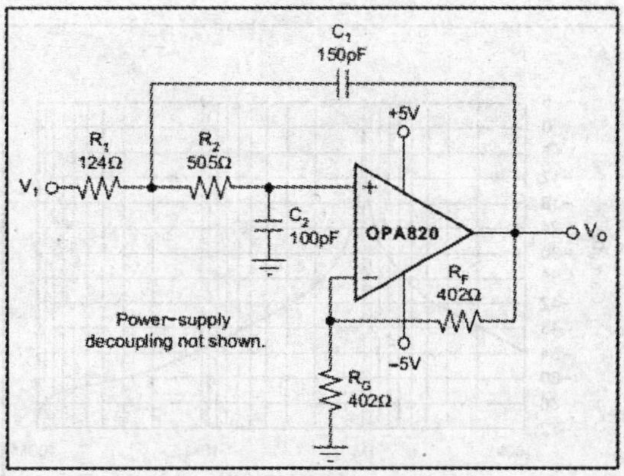

Figure 9. 5MHz Butterworth Low-Pass Active Filter

Another type of filter, a high-Q bandpass filter, is shown in Figure 10. The transfer function for this filter is:

$$\frac{V_{OUT}}{V_{IN}} = \frac{s\frac{R_3+R_4}{R_1R_4C_1}}{s^2 + s\frac{1}{R_1C_1} + \frac{R_3}{R_2R_4R_5C_1C_2}} \quad (3)$$

with $$\omega_O^2 = \frac{R_3}{R_2R_4R_5C_1C_2} \quad (4)$$

and $$\frac{\omega_O}{Q} = \frac{1}{R_1C_1} \quad (5)$$

For the values chosen in Figure 10:

$$f_O = \frac{w_O}{2\pi} \approx 1\text{MHz} \quad (6)$$

and $Q = 100$

See Figure 11 for the frequency response of the filter shown in Figure 10.

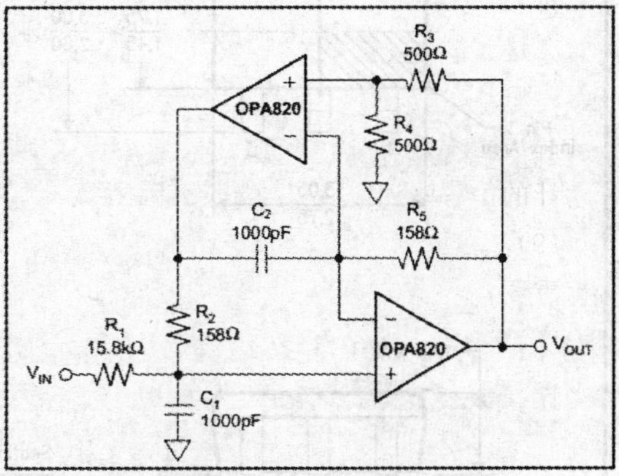

Figure 10. High-Q 1MHz Bandpass Filter

图 4-44　应用设计截图

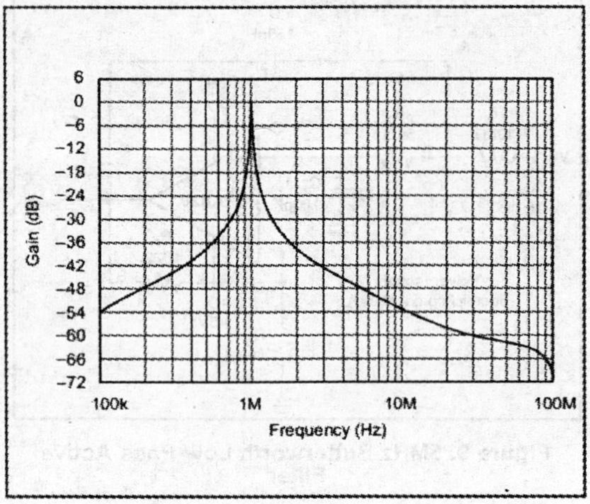

Figure 11. High-Q 1MHz Bandpass Filter Frequency Response

OPERATING SUGGESTIONS

OPTIMIZING RESISTOR VALUES

Since the OPA820 is a unity-gain stable, voltage-feedback op amp, a wide range of resistor values may be used for the feedback and gain-setting resistors. The primary limits on these values are set by dynamic range (noise and distortion) and parasitic capacitance considerations. Usually, the feedback resistor value should be between 200Ω and 1kΩ. Below 200Ω, the feedback network will present additional output loading which can degrade the harmonic distortion performance of the OPA820. Above 1kΩ, the typical parasitic capacitance (approximately 0.2pF) across the feedback resistor may cause unintentional band limiting in the amplifier response. A direct short is suggested as a feedback for $A_V = +1V/V$.

A good rule of thumb is to target the parallel combination of R_F and R_G (see Figure 1) to be less than about 200Ω. The combined impedance $R_F \parallel R_G$ interacts with the inverting input capacitance, placing an additional pole in the feedback network, and thus a zero in the forward response. Assuming

图 4－45　频率响应截图

DBV (R–PDSO–G5)　　　　PLASTIC SMALL–OUTLINE PACKAGE

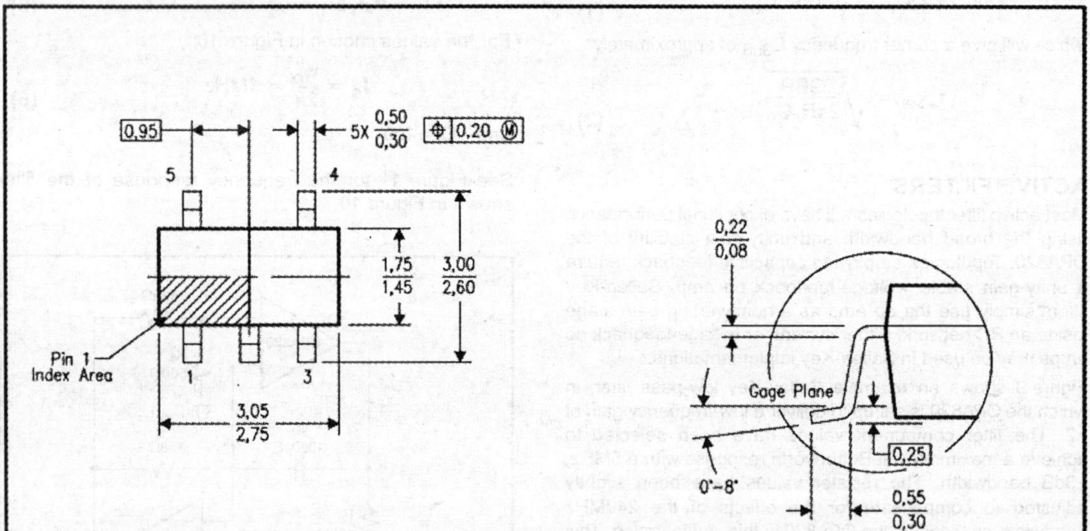

图 4－46　芯片封装截图

间以及信号之间的相位关系，所有这些都必须研究透彻。

其实，很多初学者通过阅读一款芯片的数据手册，找到所需电路和设计参数时，会迫不及待地去实践该电路，但有时得到的结果可能不尽人意。不过，没关系，只是千万别气馁，认真找出问题所在，比如短路或虚焊，或是某些参数计算错误等等。必要时，再重新阅读芯片数据手册，仔细挖掘手册里有关电路图或参数指标的注意事项，相信一定会找出问题所在。当然，数据手册也可能会有错误，比如，一些中文数据手册可能存在翻译失误，一些英文数据手册可能不是最新的。但就像编程一样，99%的错误是用户错误。所以，建议大家尽量去官方网站下载最新版本的芯片数据手册，减少不必要的麻烦。

第5章　信号产生电路设计

所谓信号产生电路，是指能够产生输出具有一定频率和幅度信号的电路，也称信号产生器。所产生信号的波形有正弦波、矩形波、锯齿波等。在电子设计中，经常需要用一种信号去控制声、光，或者需要让电路输出某一种有规律的信号，这都要靠信号产生电路来完成。

5.1　自激振荡电路工作原理

自激振荡电路是指在没有任何输入信号的前提下，能够自激产生输出信号的电路。

5.1.1　自激振荡现象

在使用扩音器的场合，例如在礼堂听报告会或是卡拉OK厅演唱卡拉OK，有时会遇到扩音系统突然间发出"呜——呜——"的啸叫现象。这是什么原因呢？原来，我们对着话筒(传声器)说话时，话筒将声音变成电信号，将它送到放大器中进行放大，放大后的信号驱动音箱(扬声器)。音箱的功能是将电信号又转换成声音，但此时的声音比刚刚进入话筒的声音要大得多。这一声音在空气中传播，其中有一部分又传回到了话筒里，这一部分声音经过又一次放大，再从音箱放出来，声音自然就更响了(图5-1)。而这一声音又被传回到话筒，在极短的时间里如此多次循环，声音越来越大了。最后，即使不对着话筒说话，音箱也会发出"呜——呜——"的啸叫声。这个现象就是自激振荡现象。

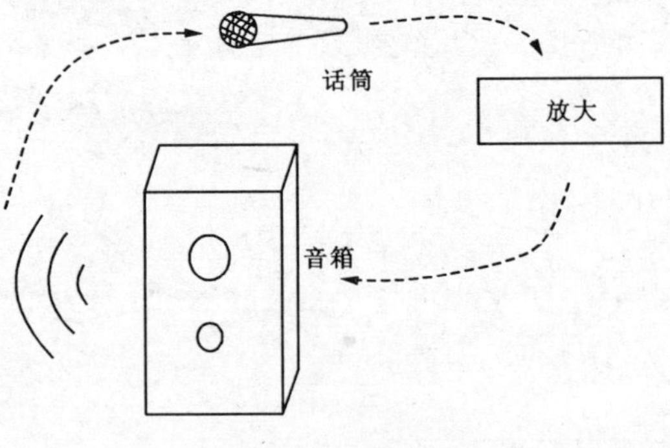

图5-1　循环过程

放大器输出的信号又被送回到输入端，叠加在原有的信号上进行再放大的过程称为"正反馈"。正是这种"正反馈"过程的反复循环，就出现一种现象：即使撤去原有的信号，放大器仍然会不间断地输出某一种信号，这就叫做自激振荡，简称振荡。只有切断输出信号端与输入信号端之间形成的信号传输通道(如改变话筒的方向)，或减少放大器的增益(将音箱倍率调小)，才能消除振荡。

5.1.2 振荡电路构成

根据上述的振荡现象，利用放大器可以制成振荡器，将放大器的输出通过正反馈电路送到输入端，使输入的信号有增强作用就能形成振荡电路。振荡电路产生的信号通常是杂乱无章的，它包含有各种各样的频率。

正弦信号是模拟信号的一种重要形式，其频率成分最为单一，任何复杂信号——如音乐信号，都可以看成由许许多多频率不同、大小不等的正弦波复合而成。从本质上说，正弦信号就是单一频率的电振荡信号，它的波形是一条正弦曲线。所以正弦信号产生电路至少必须具有两种能力：能够产生电振荡信号及能够从许多振荡信号中选出某一频率的信号。

如果我们能够从振荡电路产生的众多频率信号中选择出某一种频率的信号，那就构成了正弦信号振荡电路。

因此，自激正弦振荡电路必须由3部分电路构成：放大电路、正反馈电路和选频电路，如图5-2所示。

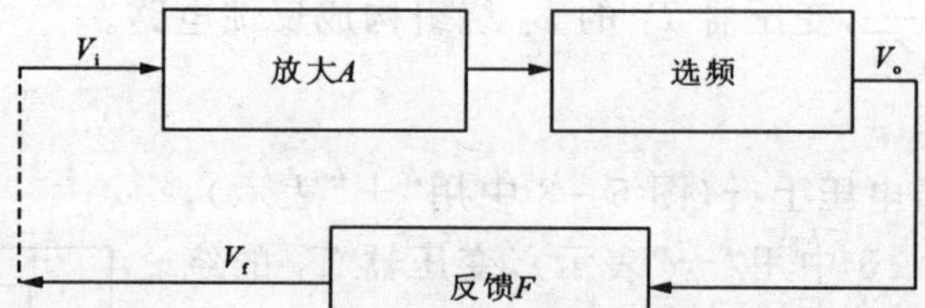

图5-2　正弦振荡电路构成

由图5-2可见，若没有正反馈电路F，就没有反馈信号V_f，放大电路就无输入信号，当然也就无输出信号。同样，若无放大电路A，也无输出信号V_o，因而也就无反馈信号了。

5.1.3 振荡条件

实际上，任何振荡电路并不需要借助于外部信号源激励，完全可以自动振荡起来。比如通电瞬间的电冲击，虽然它不是正弦信号，但它是由很多不同频率的正弦信号组合而成。

这些不同频率的正弦信号在放大和反馈过程中通过选频电路，只有其中一个频率（等于选频电路的谐振频率）的信号幅度最大且满足正反馈的相位条件。这个频率的信号再经过放大，输出信号会比原来更大。如此往复反馈、放大，信号的幅度越来越大，振荡就建立起来了。显然，在振荡的建立过程中，反馈信号的振幅必须大于前一次输入信号的振幅，即$V_f > V_i$由图5-2可知$V_f = FV_o = AFV_i$，从而可得振荡电路的起振条件为

$$AF > 1$$

即振荡电路需要的起振条件为电路总增益应大于1。

电路起振后，信号不断增大。但由于三极管的非线性原因（即三极管输入信号达到一定幅度时，放大能力会下降，幅度越大，放大能力下降越多），放大电路的放大倍数A自动不断减小。因为放大电路输出的信号不会完全地反馈到放大电路的输入端，而是经反馈电路衰减了

再送到放大电路输入端。当放大电路的放大倍数 A 与反馈电路的衰减倍数 $1/F$ 相等时，原有的输入信号和经过反馈电路后的输出信号即保持幅值一致，此时就得到了稳定的振荡输出。这时 $V_f=V_i$，可得到 $AF=1$。所以振荡的振幅平衡条件是：

$$AF=1$$

因此，振荡电路的条件可归纳为以下两点：

(1)振幅条件：保持幅值一致，不会导致越来越大或越来越小，即电路的总增益为 1。

(2)相位条件：保持相位一致，相位相差周期的整数倍。

5.2 LC 振荡器

LC 振荡器是在正、反馈组件中采用电感 L 和电容 C 进行频率选择的电路。

5.2.1 变压器反馈式振荡器

变压器反馈是振荡器采用变压器构成反馈和选频电路，其电路结构如图 5－3 所示。图中的三极管和电阻 R_1、R_2、R_3、R_4 等构成放大电路，L_1、C_1 构成的并联谐振回路作为选频电路，其谐振频率 $f_0=\dfrac{1}{2\pi\sqrt{L_1C_1}}$，变压器 T_1 的 L_2 绕组构成反馈电路。

1)反馈类型的判别

假设三极管 Q_1 基极电压上升(图 5－3 中用“＋”表示)，集电极电压会下降(图 5－3 中用“－”表示)，变压器 T_1 的绕组 L_1 下端电压下降，L_1 的上端电压上升(电感两端电压极性相反)，由于同名端的缘故，绕组 L_2 的上端电压上升，L_2 上端上升的电压反馈到 Q_1 的基极，反馈电压与假设的输入电压变化相同，故反馈电路满足正反馈的相位条件。

2)振荡过程

接通电源后，三极管 Q_1 导通，有 I_C 电流经绕组 L_1 流过 Q_1，I_C 是一个变化的电流(由小到大)，它包含着微弱信号 0～∞Hz 各种频率的信号，因为 C_1 构成选频电路频率为 f_0，它从 0～∞Hz 选出 fo 信号，选出后在 L_1 上有 f_0 信号电压(其他频率信号在 L_1 上没有电压或电压极低)，L_1 上的 f_0 信号感应到 L_2 上，L_2 上的 f_0 信号耦合到三极管 Q_1 的基极放大后从集电极输出，选频电路放大的信号选出，在 L_1 上有更高的 f_0 信号电压，该信号又感应到 L_2 上再反馈到 Q_1 的基极，如此反复进行，Q_1 输出的 f_0 信号的幅度越来越大，反馈到 Q_1 基极的 f_0 信号也越来越大，随着反馈信号逐渐增大，三极管 Q_1 的放大倍数 A 不断减小，放大电路的放大倍数 A 与反馈电路的衰减倍数 $1/F$(主要由 L_1 与 L_2 的匝数比决定)相等时，三极管 Q_1 输出送到 L_1 上的信号电压不会在增大，L_1 上稳定的信号电压感应到绕组 L_2 上，这就给出了需要的正反馈信号。

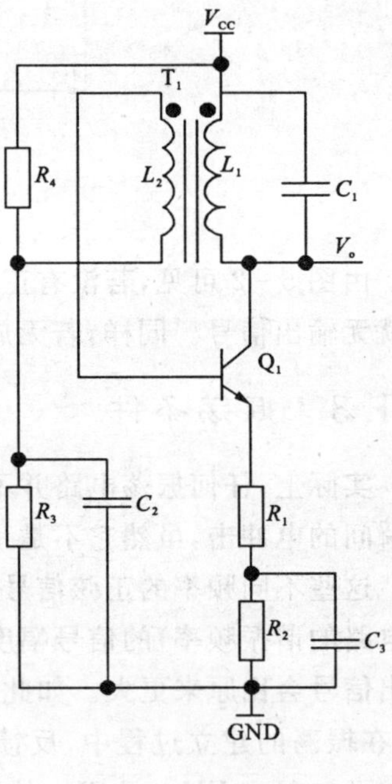

图 5－3 变压器反馈式振荡器原理图

要使这种电路起振还必须满足起振条件，即 $AF>1$。而这个条件很容易满足，因而该电路能振荡，其振荡频率为

$$f_o=\frac{1}{2\pi\sqrt{LC}}$$

调整 L 或 C 的大小，可改变谐振频率。

由于振荡器的技术指标在很大程度上取决于有载品质因数 Q，因而 L 和 C 的选择要统筹考虑。

3）软件仿真

在 Multisim 11.0 的电路仿真窗口中建立如图 5－4 所示的仿真电路图。单击仿真开关，得到如图 5－5 所示的仿真结果。

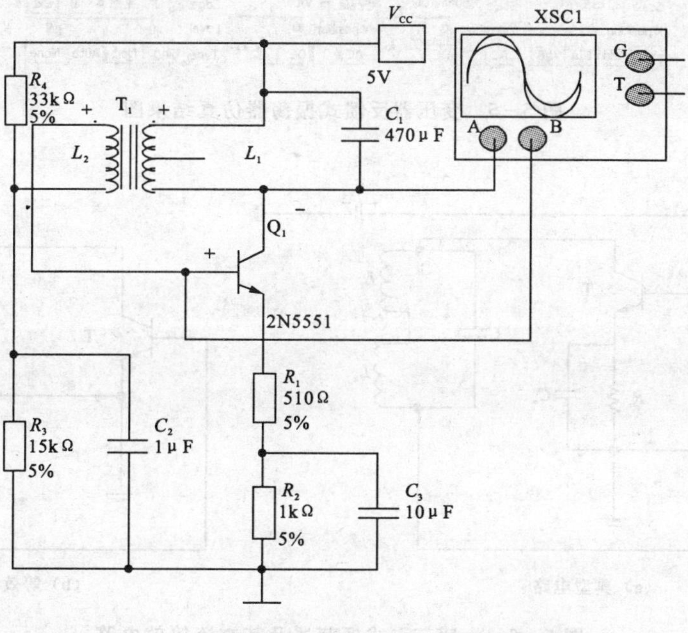

图 5－4　变压器反馈式振荡器仿真原理图

5.2.2　电感三点式振荡器

由 LC 振荡回路引出 3 个端点，分别与三极管的 3 个电极相连，构成反馈式振荡器，常称为三点式振荡器。如果反馈电压取自分压电感，则称为电感三点式振荡器；如果反馈电压取自分压电容，则称为电容三点式振荡器。

1）工作原理

电感三点式振荡器的典型电路图与交流等效电路图如图 5－6 所示。

图 5－6 也称哈脱莱式振荡电路，R_{b1}、R_{b2} 和 R_e 为分压式偏置电阻；C_b 和 C_e 分别为隔直流电容和旁路电容，其值很大，对振荡频率信号视为短路；L_1、L_2 和 C 组成并联谐振回路，作为集电极交流负载。谐振回路的 3 个端点分别与晶体管的 3 个电极相连，符合三点式振荡器的组成原则。由于反馈电压取自电感 L_1 和 L_2 的分压，故称为电感反馈三点式振荡器。

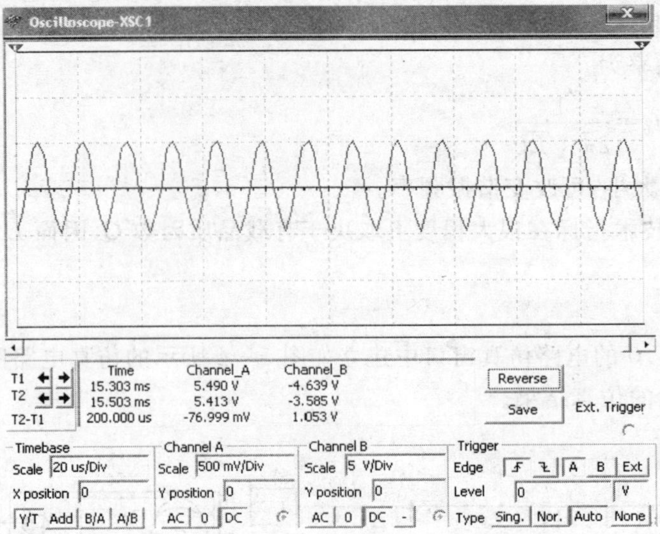

图 5-5　变压器反馈式振荡器仿真结果图

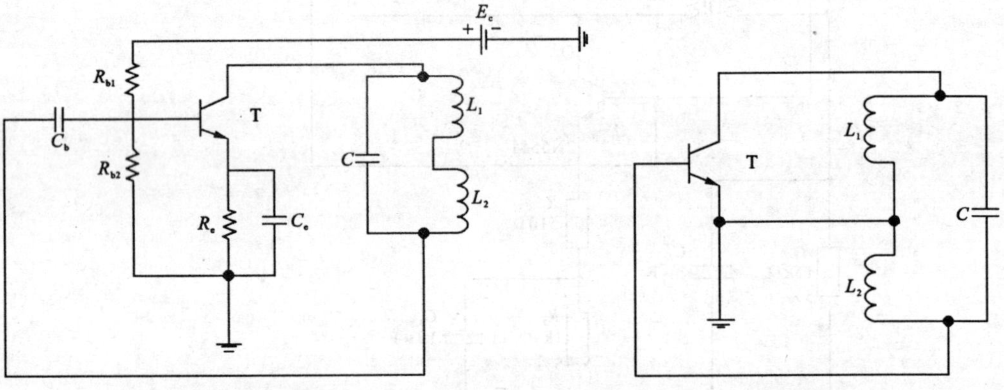

(a) 典型电路　　　　　　　　　　　　(b) 等效图

图 5-6　电感三点式振荡器及其交流等效电路

采用与变压器反馈式振荡器反馈类型相同的判别方法，可以分析得到此电路满足正反馈相位条件。反馈电路的反馈系数 F 定义如下：

$$F=\frac{L_2+M}{L_1+M}$$

其中，M 为 L_1、L_2 的互感系数。

当线圈绕在封闭磁芯的瓷环上时，线圈两部分的互感系数接近于 1，反馈系数 F 近似等于两线圈的匝数比，即 $F=N_2/N_1$。要使此电路起振还必须满足起振条件，即 $AF>1$。而这个条件很容易满足，因而该电路能振荡，其振荡频率为

$$f_o\approx\frac{1}{2\pi\sqrt{LC}}=\frac{1}{2\pi\sqrt{(L_1+L_2+2M)C}}$$

2）软件仿真

在 Multisim 11.0 的电路仿真窗口中建立如图 5-7 所示的电感三点式振荡电路的仿真电路。

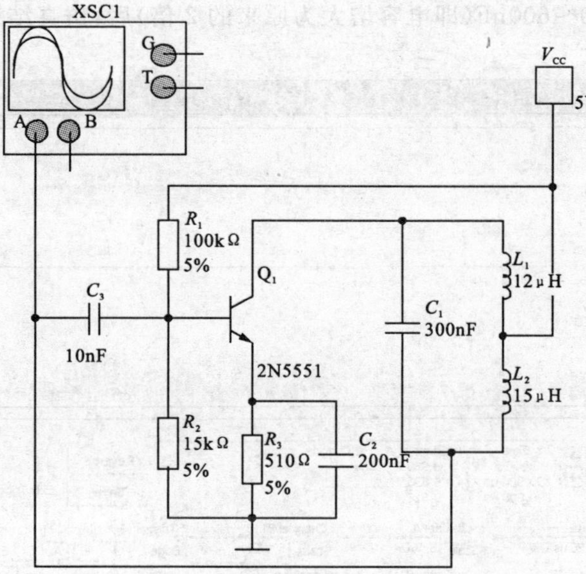

图 5-7　电感三点式振荡电路的仿真原理图

基本放大器选用晶体三极管 2N5551。为了维持振荡，放大器的环路增益应该等于 1，即 $AF=1$，因为在谐振频率上振荡器的反馈系数 F 为

$$F=12\mu\text{H}/(15\mu\text{H}+12)=0.4$$

所以维持振荡所需的电压增益应该大于等于 $1/F$，即 $A\geqslant 2.5$。

在实验中可通过测量周期 T 来测定谐振频率，即 $f_0=1/T$。

放大器的电压增益可通过测量输出电压峰值 V_{op} 和输入电压峰值 V_{ip} 来确定，即

$$A=V_{op}/V_{ip}$$

打开仿真开关，仿真结果如图 5-8 所示。振荡频率和幅度存在某种联系。

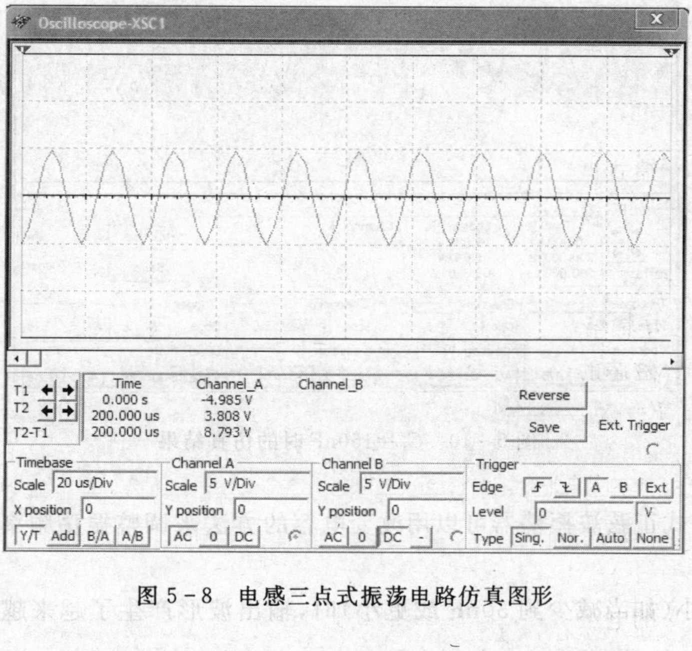

图 5-8　电感三点式振荡电路仿真图形

增大电容 C_1 由 300～600nF(即电容增大为原来的 2 倍)后，仿真结果如图 5－9 所示。

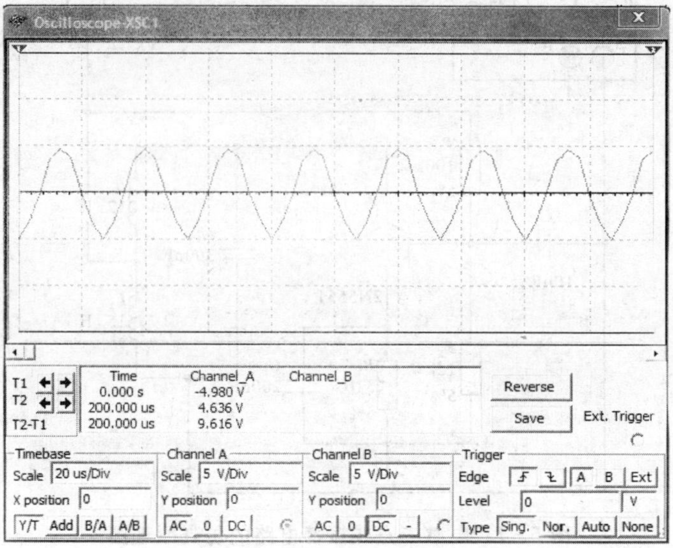

图 5－9　$C_1=600\text{nF}$ 时的仿真结果

观察此仿真结果可发现输出波形振荡频率降低，大概变为原来的 $1/\sqrt{2}$。

减小电容 C_1 由 300～150nF 后，仿真结果如图 5－10 所示，输出波形振荡频率升高。

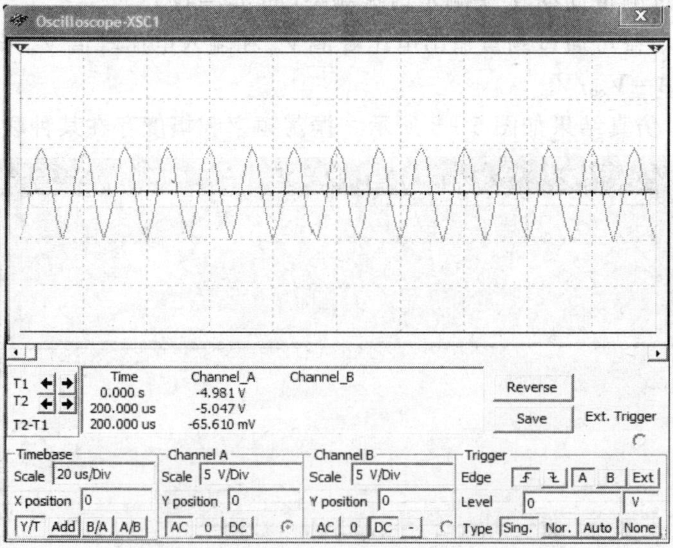

图 5－10　$C_1=150\text{nF}$ 时的仿真结果

说明电感三点式正弦波振荡器可以用改变电容的方法来调整振荡频率，而不会影响反馈系数。

当电容 C_1 很小(如当减少到 30nF 或更小)时，输出波形产生了越来越明显的失真，如图

5-11所示。这说明电感三点式正弦波振荡器在很高振荡频率状态下的反馈电压中高次谐波分量较多，导致输出波形差。

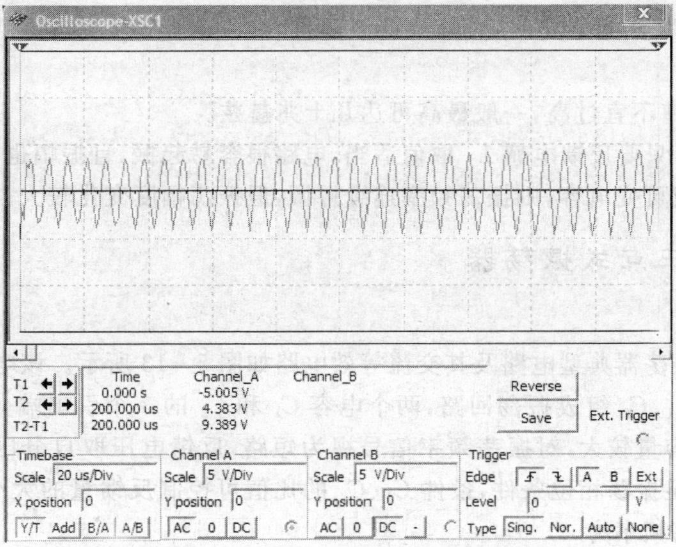

图 5-11　$C_1<30$nF 时的仿真结果

当电容 C_1 增大至一定程度（如当增加到 1μF 或更大）时，则会发现振荡器起振很缓慢，但最终能稳定在一个固定的振幅（图 5-12）。

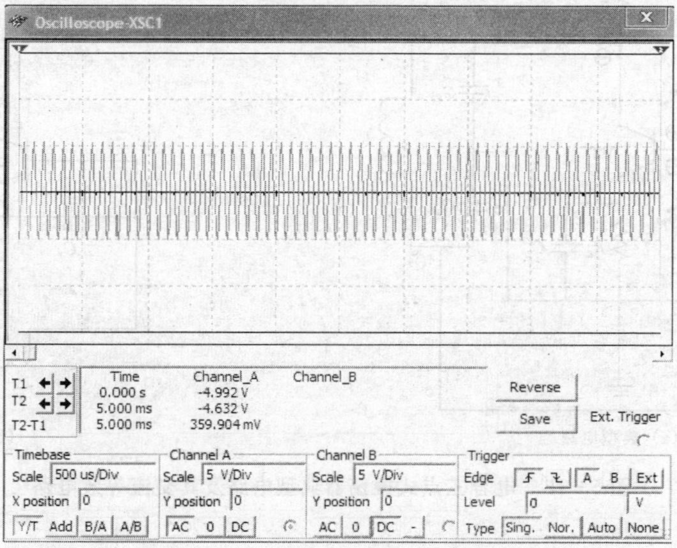

图 5-12　$C_1>1\mu$F 时的仿真结果

值得注意的是，电感三点式振荡器会产生比较不错的正弦振荡波，但是有微小失真，且电压较高。一般在设计时需要加入缓冲级电路，以增强振荡器的带负载能力，也就是使振荡器的输出特性不受负载影响，或影响较小。

3)特点分析

通过以上的原理分析和仿真实验，可以发现电感三点式振荡器具有以下特点：

(1)反馈电压取自电感支路，对高次谐波阻抗大，因此振荡波形中含谐波成分多，波形失真。

(2)其振荡频率不宜过高，一般最高可达几十兆赫兹。

(3)电路简单，只要反馈电感 L_2 取值适当，电路很容易起振，且振幅也很大。

(4)将 C_1 换成可变电容，则振荡频率连续可调，但振荡幅度变化较大。

5.2.3　电容三点式振荡器

1)工作原理

电容三点式振荡器典型电路及其交流等效电路如图 5-13 所示。该电路又称为考尔毕兹振荡电路。L 与 C_1、C_2 组成振荡回路，两个电容 C_1 和 C_2 的 3 个引出端分别接到三极管的 3 个电极上，C_b、C_e 容量较大，对振荡频率信号视为短路，反馈电压取自分压电容 C_2，输出电压取自 C_1。电路满足振荡相位条件，条件 C_1、C_2 的比值可控制反馈量的大小，使之满足振荡的振幅条件。其振荡频率为

$$f_o=\frac{1}{2\pi\sqrt{\left(\frac{C_1\cdot C_2}{C_1+C_2}\right)L}}$$

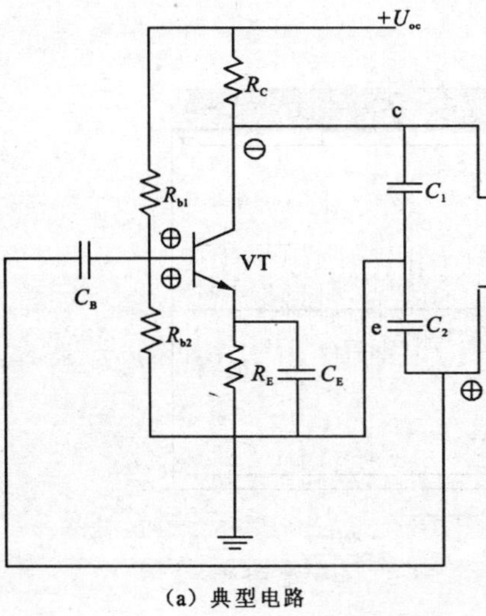

(a) 典型电路

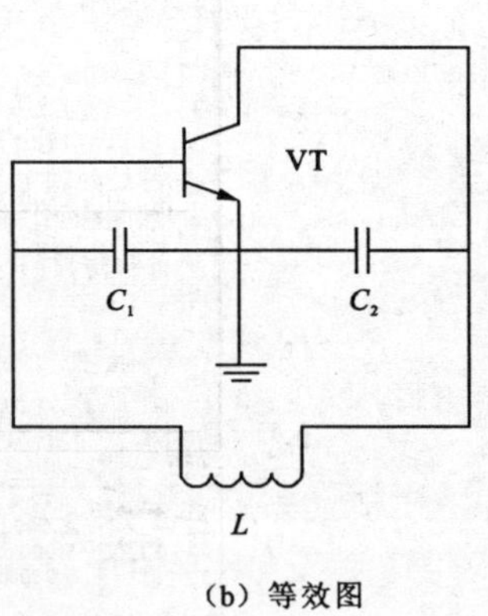

(b) 等效图

图 5-13　电容三点式振荡器典型电路及其交流等效电路

图 5-14 和图 5-15 所示是改进型的电容三点式振荡电路，分别称为西勒电路和克拉泼电路。它们与图 5-13 电路的区别在于电感支路的构成不同。图 5-13 中仅用一个电感构成电感支路；图 5-14 是用 LC 并联，再与 C_3 相串联构成该支路；而图 5-15 则是用 L 和 C_3 相串联构成该支路。显然，为了满足相位条件，图 5-14 中 L、C 相并联后再与 C_3 相串联的阻抗特性必须呈感性。当 C_1 和 C_2 都远大于 C_3 时，其谐振频率为

$$f_o \approx \frac{1}{2\pi\sqrt{L(C+C_3)}}$$

在图 5－15 中，L 和 C_3 相串联后也必须工作在感性区。当满足 C_1 和 C_2 都远大于 C_3 时，其谐振频率为

$$f_o \approx \frac{1}{2\pi\sqrt{LC_3}}$$

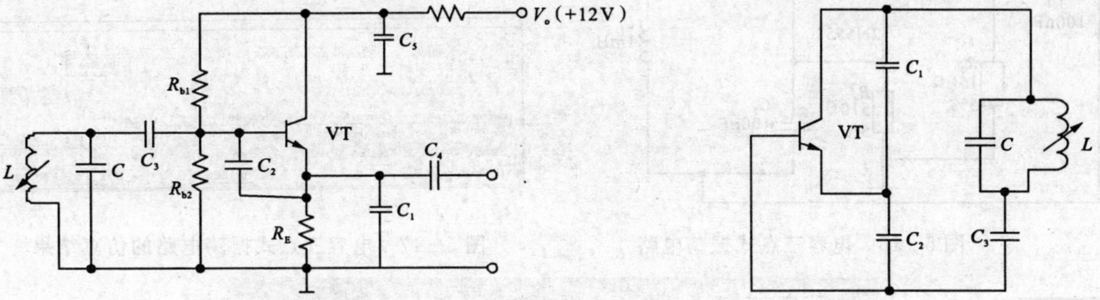

(a) 典型电路　　(b) 等效图

图 5－14　西勒电路

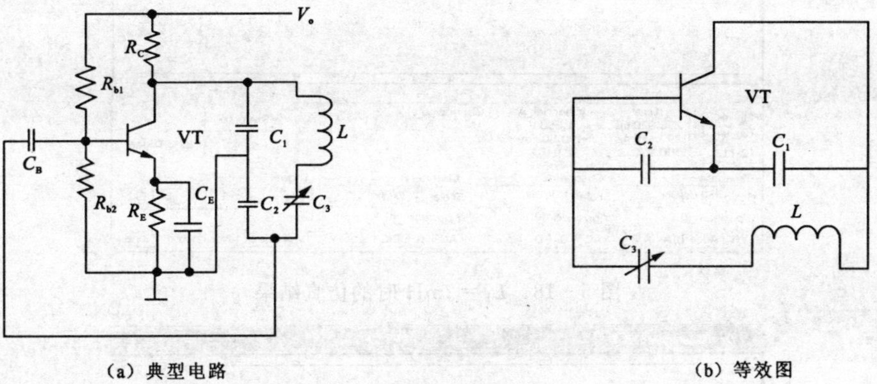

(a) 典型电路　　(b) 等效图

图 5－15　克拉泼电路

2)软件仿真

在 Multisim 11.0 的电路仿真窗口中建立如图 5－16 所示的电容三点式振荡电路的仿真电路，其仿真波形如图 5－17 所示。

增加 L_1 的值到 2mH，输出仿真波形如图 5－18 所示，可见输出频率减小。

减小 L_1 的值到 0.1mH，输出波形如图 5－19 所示，输出频率增加，输出幅度基本保持不变。

增加 C_1 到 200nF 时，输出频率有所减小，幅度下降，如图 5－20 所示。反之减小 C_1 到 50nF，输出频率增加，幅度上升，如图 5－21 所示。

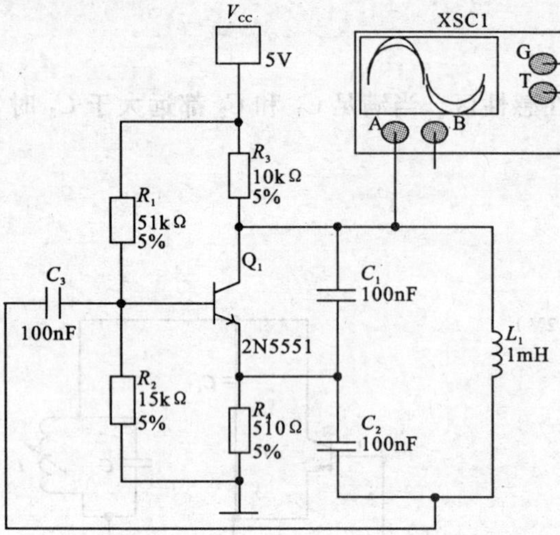

图 5－16 电容三点式振荡电路

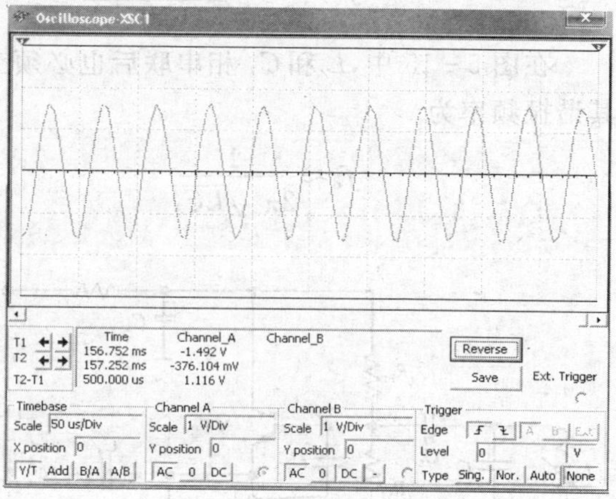

图 5－17 电容三点式振荡电路的仿真结果

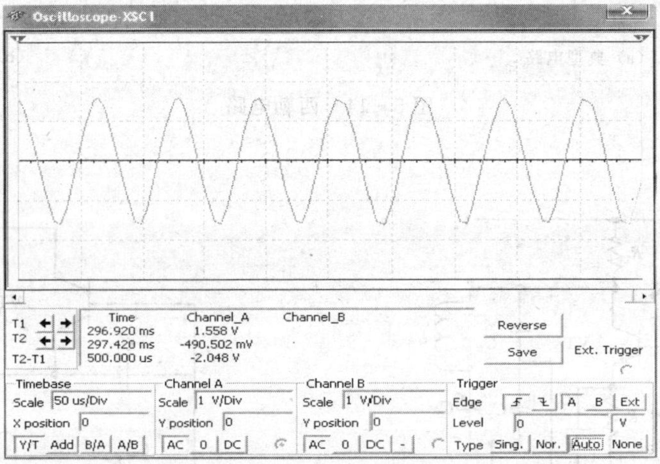

图 5－18 L_1＝2mH 时的仿真结果

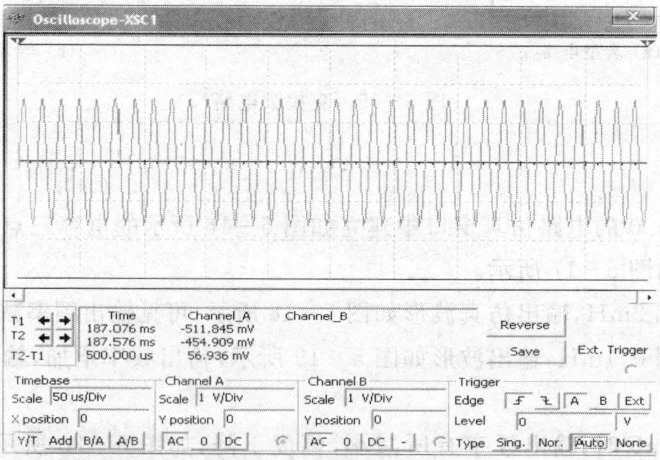

图 5－19 L_1＝0.1mH 时的仿真结果

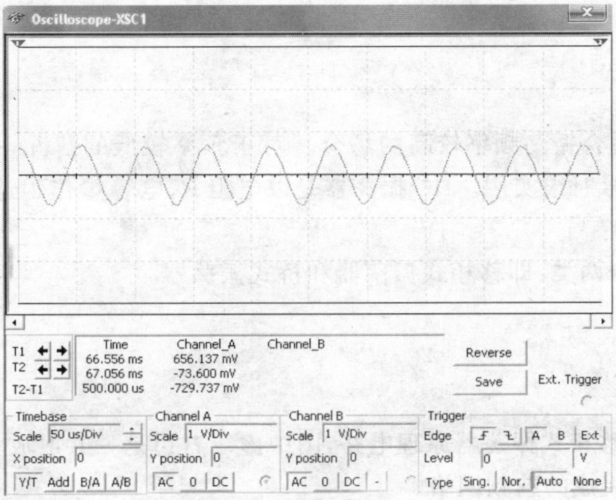

图 5－20　C_1＝200nF 时的仿真结果

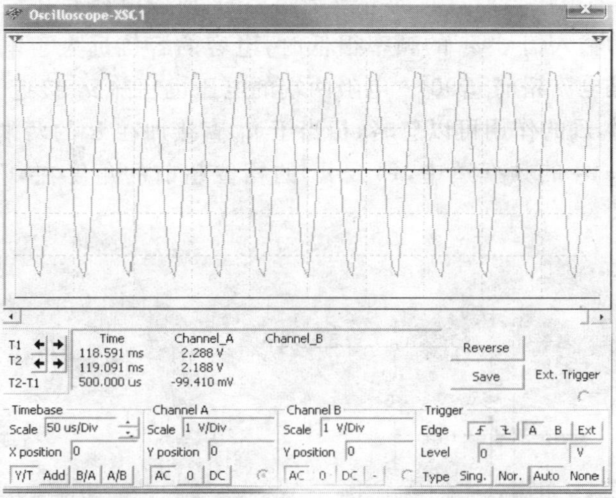

图 5－21　C_1＝200nF 时的仿真结果

3)特点分析

通过以上的原理分析和仿真实验，可以发现电容三点式振荡器具有以下特点：

(1)反馈电压取自电容支路，对振荡回路高次谐波阻抗很小，因此振荡波形中含谐波成分小，波形失真小。

(2)振荡频率较高，可达 100MHz 以上。

(3)电路简单，容易起振。

(4)改变考尔毕兹振荡电路中 L_1 或 C_1、C_2 的值，虽可改变振荡频率，但如果 L_1 太小，电感的 Q 值就很低；如果改变 C_1、C_2，则改变了分压比，会影响反馈量，甚至会出现不满足振荡条件而停振。所以，考尔毕兹振荡电路不适宜作频率范围调节宽的振荡器。

(5)西勒电路和克拉泼电路频率稳定度好，频率调节范围宽，幅度平稳。

(6)西勒电路在高频振荡器广泛应用，但在几十千赫兹以下的低频振荡器中因电感体积较大，不宜采用。

5.3 RC 振荡器

LC 振荡电路只适合振荡频率较高的场合。对于频率较低的情况，一般用 RC 振荡器，产生 1Hz～1MHz 的信号时很实用。RC 振荡器是以电阻 R、电容 C 作为选频和反馈元件的振荡器。

RC 振荡器主要分两类：即移相式振荡器和桥式振荡器。

5.3.1 移相式振荡器

1)工作原理

图 5-22 所示是移相式振荡器原理电路，图中虚线右边是一共射放大电路，左边是由 3 节形式相同的 RC 电路组成的选频网络。

为了说明 RC 电路是如何实现选频的，现把图 5-22 所示的 RC 电路取一节如图 5-23 所示。因为电阻 R 两端的电压与流过它的电流是同相的，所以电容 C 中的电流都超前其两端电压 90°。当 RC 两端的输入信号 u_1 的频率很低时，电容的容抗远大于电阻的阻值。R 对电流的影响可以忽略，于是电流超前 u_1 90°。电阻两端的电压也超前 u_1 接近于 90°，但幅度很小；反之当 u_1 的频率很高时，C 的作用可以忽略，相当于 u_1 直接加在 R 的两端，$u_2=u_1$，相位也基本相同。不难想象，如果 u_1 的频率适中，那么 u_2 的相位超前的角度在 0°～90°之间，与频率有关。

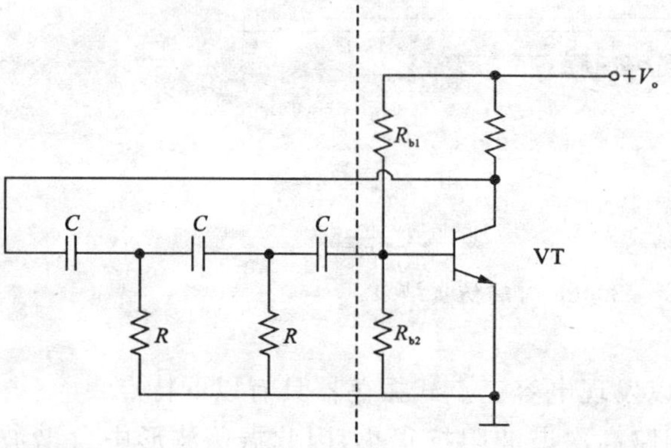

图 5-22　RC 移相式振荡电路

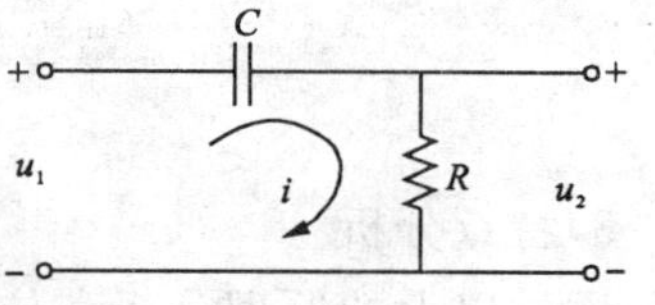

图 5-23　RC 振荡电路特性

由此可以看出，只要有两节这样的 RC 电路，便可对某一频率的 u_1 移相 180°。我们采用这样的 3 节电路作为反馈网络接在电路中，可保证移相 180°，如图 5-22 所示，便可能满足正反馈的相位条件，而这个频率就是振荡频率。

移相式振荡器的振荡频率不仅与每节的 R 和 C 的取值有关，而且还与放大电路的负载电阻 R_L 和输入电阻 R_i 有关。通常为了设计的方便，总是使每节的 R 和 C 完全一样，且令 $R_L=R$，当满足 $R \gg R_i$ 之后，移相振荡器的振荡频率为

$$f_o=\frac{1}{2\pi RC\sqrt{6}}$$

而为了满足起振，应选择β值较大的三极管。β越大，起振越容易。

移相式振荡器的优点是电路简单，主要缺点是频率调节困难，波形失真大。

2）软件仿真

通过建立移相式振荡器，其电路如图5-24所示，得到波形较好的正弦信号，如图5-25所示。波形的幅度为1.5V，频率为0.96kHz。

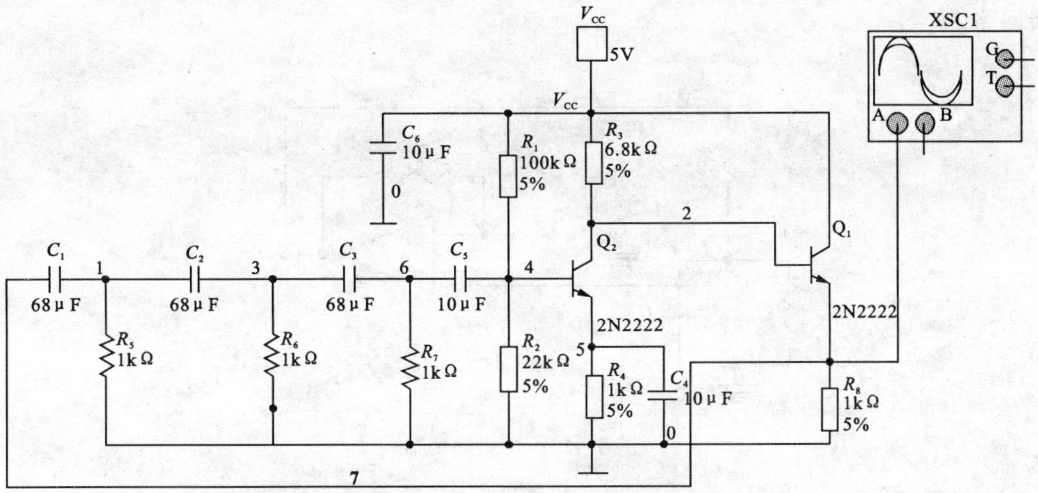

图5-24　移相式振荡器仿真电路图

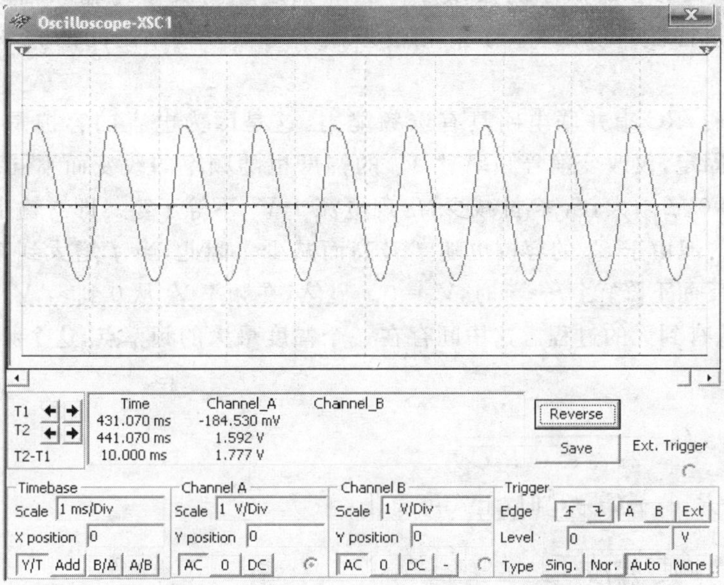

图5-25　移相式振荡器仿真结果图

5.3.2　桥式振荡器

1. 工作原理

常见的RC正弦波振荡电路是RC串联式正弦波振荡电路，如图5-26。它又称为文氏桥。其中的放大电路为典型的同相放大电路，它的放大增益为$A=1+R_F/R_1$，其中R_F通常可以选用负温度系数的热敏电阻，它的阻值略大于$2R_1$。RC串并联网络在这里作为选频回路和反馈回路。

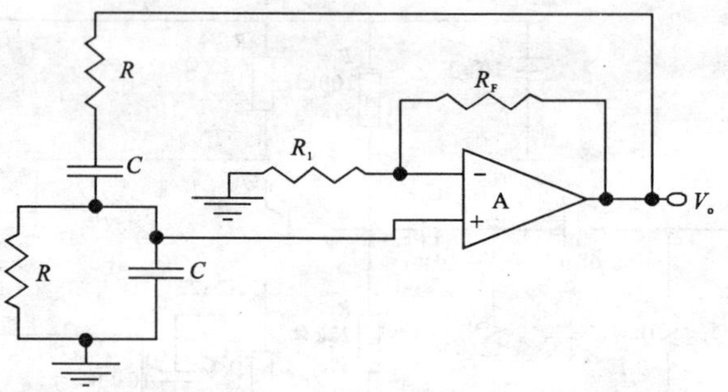

图5-26　桥式振荡器

为了说明该电路能否产生正弦波振荡，此处单独分析RC串并电路的频率特性。

图5-27(a)所示为RC串并联电路，V_i为输入电压(对RC串并电路而言)，V_o为输出电压。图5-27(b)、(c)所示为反映V_o与V_i幅度相对大小与输入信号频率f之间关系的曲线(称幅频特性)，以及V_o与V_i相位差大小与信号频率之间的关系曲线(称相频特性)。

幅频特性表明，RC串并联电路具有选频能力，这是因为电容的容抗是频率的函数。因而，当V_i的幅度固定，仅改变信号频率时，V_o的幅度也随频率的改变而不同。当$f=0$时，C_1相当于开路，$V_o=0$；f增大，C_1容抗减少，出现电流I，V_o不等于零。即有输出，且随f进一步增大，V_o也增大。但由于C_2的容抗也随f升高而减少。因此，当f增大到某个值后，若继续增大f，这时V_o反而下降；当$f\to\infty$时，$V_o=0$。显然，在频率V_i从0到∞，V_o的幅度经历了一个从无到有、再从有到无的过程。这中间存在一个幅度最大的频率点，这个频率就是振荡频率f_o，它近似为

$$f_o=\frac{1}{2\pi\sqrt{R_1C_1R_2C_2}}$$

当$R_1=R_2=R$、$C_1=C_2=C$时，上式可简化：

$$f_o=\frac{1}{2\pi RC}$$

图5-27(c)的相频特性说明：当V_i的频率为零时，V_o超前V_i 90°；当V_i的频率趋于∞时，V_o滞后V_i 90°；只有当$f=f_o$时，V_o与V_i同相。综上所述，RC串并联电路在特殊频率点上具有输出与输入同相且输出幅度最大(等于输入幅度的1/3)的特点。

关于振幅平衡条件，根据$AF=1$，由于当$f=f_o$时，$F=V_o/V_i=1/3$，因此，满足振幅平衡

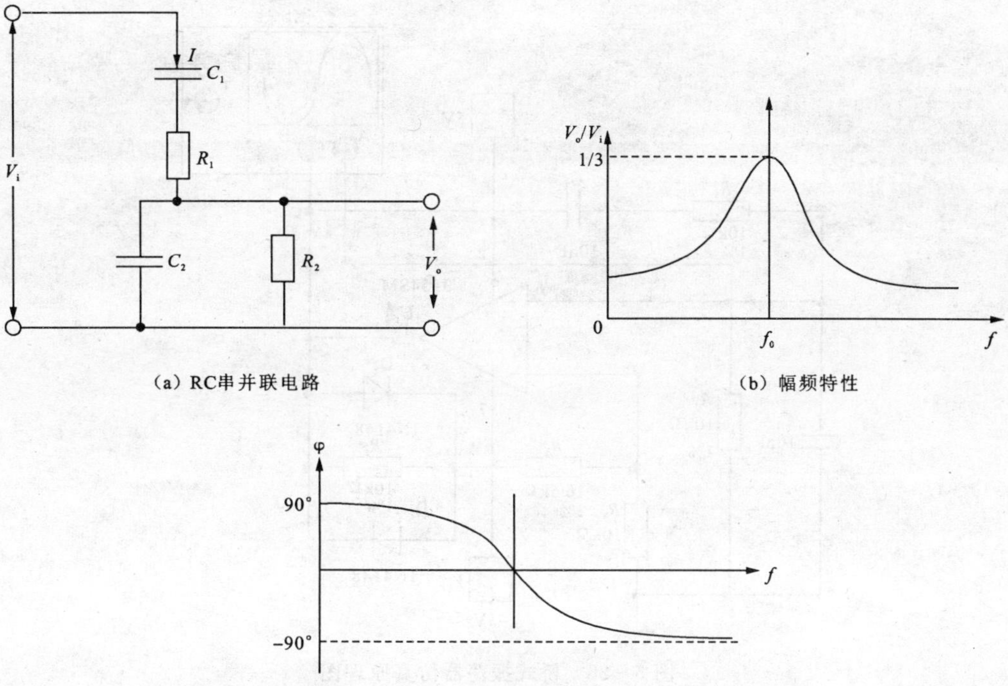

(a) RC串并联电路　　(b) 幅频特性

(c) 相频特性

图5-27　桥式振荡器电路分析

条件的 A 为

$$A=\frac{1}{F}=3$$

2)软件仿真

RC振荡电路是RC串并联网络振荡电路的简称。在Multisim 11.0的电路仿真窗口中建立如图5-28所示的RC串并联网络振荡电路的仿真电路。其中,集成运放 U_1 作为放大电路,设置为同相比例运算电路,R_1、C_1 与 R_2、C_2 所组成的串并联网络可以起到选择输出频率的作用。二极管 D_1 和 D_2 起到限幅的作用。图5-28中,合理设置仿真参数,取 $R_1=R_2=R$;$C_1=C_2=C$。这样,电路的振荡频率为 $f=1/2\pi RC$。另外,对于RC振荡器电路而言,为了满足起振时的幅度平衡条件,必须使 $AF>1$,这里 A 为同相比例运算放大倍数,F 为反馈系数。对于图5-24,当RC振荡器电路工作于谐振频率时 $F=1/3$。为满足起振时 $AF>1$ 的条件,A 要大于3,但是 A 的数值不能过大。反馈电阻值为26.5kΩ,反相输入端的输入电阻 $R_2=10k\Omega$,使 A 的数值大于3。

参数设置完毕后,观测仿真结果,如图5-29所示。图5-29中的正弦波比图5-20和图5-25的波形理想一些。

对于在Multisim 11.0中进行RC振荡器电路的仿真实验,需要特别注意以下两点:

(1)对于RC振荡器电路而言,当启动仿真后,对于图5-24中所示的参数设置会在相当长的一段时间(一般大约为1min)内示波器没有任何变化(仅在示波器的 T_1 和 T_2 的显示区内有微小的数值变化),然后示波器才会由大到小,逐渐出现比较明显的正弦波形。

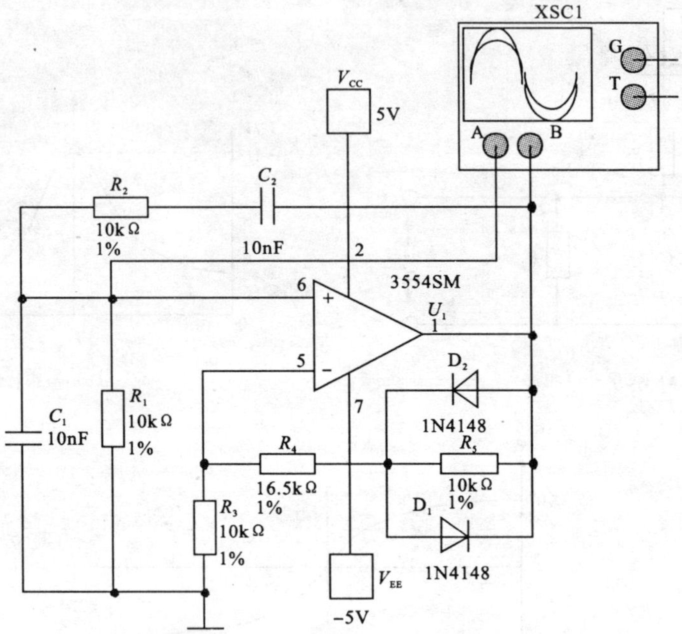

图 5－28　桥式振荡器仿真原理图

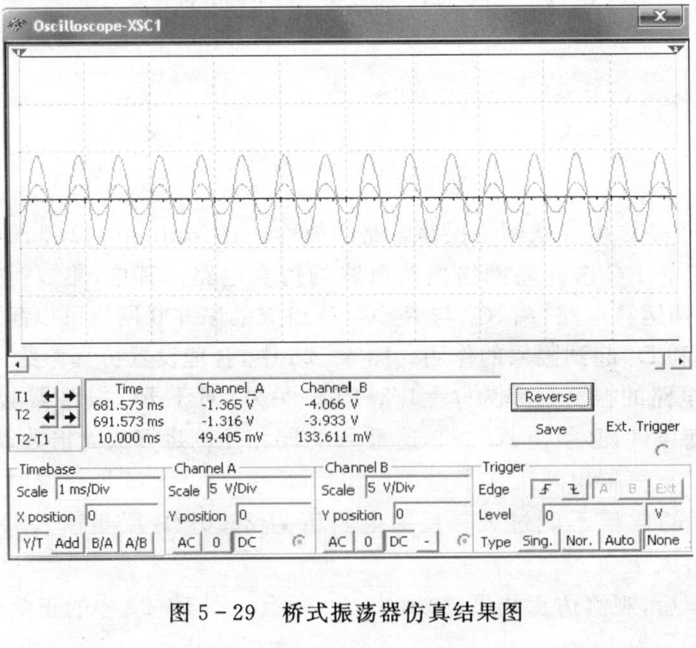

图 5－29　桥式振荡器仿真结果图

(2)如果想要缩短从起振到达稳态的时间，可以重新设置参数，例如可以将图 5－28 中的 R_3 的数值适当调整，以增大 AF 的值，从而缩短起振时间。如果 RC 振荡在接通电源以后无法起振，那么可能是由于静态工作点设置不当。可以根据 Multisim 11.0 中的静态工作点分析工具来重新分析静态工作点的合理位置，并重新修改电路的参数。如果静态工作点正常，但电

路仍然不会起振，这是由于不具备引起振荡的条件。用户可以调整电路的参数，以便使 $|AF|>1$，并且满足相位条件。

3）特点分析

通过以上原理分析和仿真实验，可以发现，桥式 RC 振荡器具有以下特点：

（1）由一般运放构成的桥式振荡器，因运放的输入电阻，限制了 RC 的最大值的取值，所以不能振荡在很低的频率。

（2）桥式振荡器的闭环增益必须大于 3。

5.4 石英晶体振荡器

石英晶体（二氧化硅的结晶体）具有不随温度变化的固有振荡频率。因此，石英晶体振荡器的振荡频率在周围的温度、湿度和电源电压变化时几乎不变化，所以被广泛应用于彩电、计算机和遥控器中的各类振荡电路中，以及在通信系统中用于频率发生器，为数据处理设备产生时钟信号和特定系统提供基准信号。

5.4.1 石英晶体的振荡原理

1）石英晶体振荡器的结构

石英晶体振荡器是利用石英晶体的压电效应制成的一种谐振器件，它的基本构成大致是：从一块石英晶体上按一定方位角切下薄片（简称为晶片，它可以是正方形、矩形或圆形等），在它的两个对应面上涂敷银层作为电极，在每个电极上各焊一根引线接到管脚上，再加上封装外壳就构成了石英晶体谐振器，简称为石英晶体或晶体、晶振。其产品一般用金属外壳封装，也有用玻璃壳、陶瓷或塑料封装。图 5-30 所示为一种金属外壳封装的晶体结构和外观示意图。

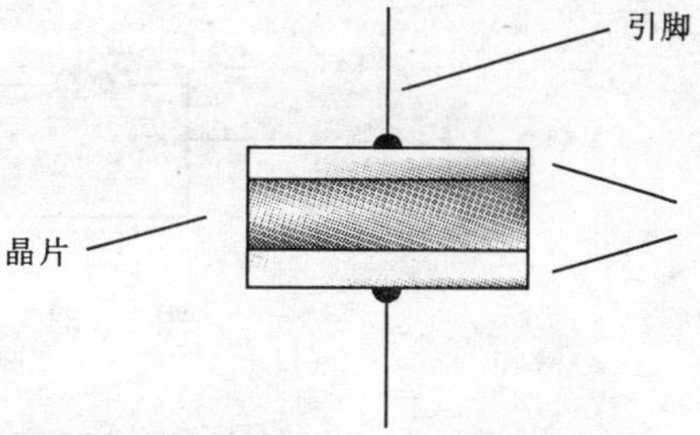

图 5-30　石英晶体结构图

2）压电效应

石英晶体的主要特性是压电效应。所谓压电效应是指：若在它的两极板上施加一个电场，晶片就发生相应的机械变形；相反，如果施以机械力又会在相应的方向产生一个电场。而如果在晶片上施以交变电压，就会产生机械变形振动和交变电场。但是在一般情况下，这种机械变形振动及其引起的电场，其振幅都很微弱。只有当外加交变电能的频率等于晶片的固有频率时，振幅才突然变大，我们称这个固有频率为晶体的谐振频率。它与 LC 回路的谐振现象十分相似。它的谐振频率与晶片的切割方式、几何形状及尺寸等有关。

5.4.2 石英晶体振荡器的主要参数

晶振的主要参数有标称频率、负载电容、频率精度及频率稳定度等。不同的晶振标称频率不同，标称频率大都标明在晶振外壳上。如常用普通晶振标称频率有 32.768kHz、48kHz、500kHz、1MHz、40MHz 等，对于特殊要求的晶振频率可达到 1 000MHz 以上。负载电容是指晶振的两条引线连接其内部及外部所有有效电容之和，可看作晶振在电路中串接电容。

负载频率的不同决定振荡器的振荡频率不同。标称频率相同的晶振，负载电容不一定相同。因为石英晶体振荡器有两个谐振频率：一个是串联谐振晶振的低负载电容晶振，另一个为并联谐振晶振的高负载电容晶振。所以，标称频率相同的晶振互换时要求负载电容一致，不能贸然互换，否则会造成元件工作不正常。

由于普通晶振的性能基本都能达到一般的要求，对于高档设备还需要有一定的频率精度和频率稳定度。这要根据具体的设备需要而选择合适的晶振，如通信网络、无线数据传输等系统就需要更高要求的石英晶体振荡器。因此，晶振的参数决定了晶振的品质和性能。在实际应用中要根据具体要求选择适当的晶振，因不同性能的晶振其价格不同，要求越高，价格也越贵，一般选择时只要满足要求即可。

5.4.3　等效电路及阻抗特性

图 5－31 所示是石英晶体谐振器的等效电路。图中 C_p 是晶体作为电介质的静电容，其数值一般为几个皮法到几十皮法。L_q、C_q、R_q 是对应于机械共振经压电转换而呈现的电参数。R_q 是机械摩擦和空气阻尼引起的损耗。从图 5－31 中可以看出，晶体振荡器是一串并联的振荡回路，其串联谐振频率 f_q 和并联谐振频率 f_p 分别为

$$f_q=1/2\pi\sqrt{L_qC_q},\quad f_p=f_q\sqrt{1+C_q/C_p}$$

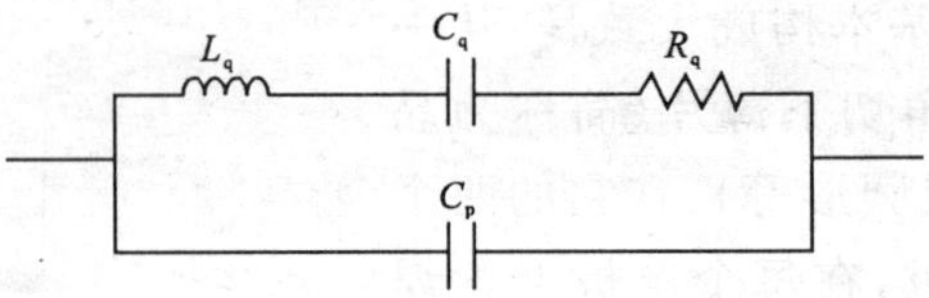

图 5－31　晶体振荡器的等效电路

当 $f<f_q$ 或 $f>f_q$ 时，晶体谐振器显容性；当 f 在 f_q 和 f_p 之间时，晶体谐振器等效为一电感，而且为一数值巨大的非线性电感。由于 L_q 很大，即使在 f_q 处其电抗变化率也很大。其电抗特性曲线如图 5－32 所示。实际应用中晶体工作于 $f_q \sim f_p$之间的频率，因而呈现感性。

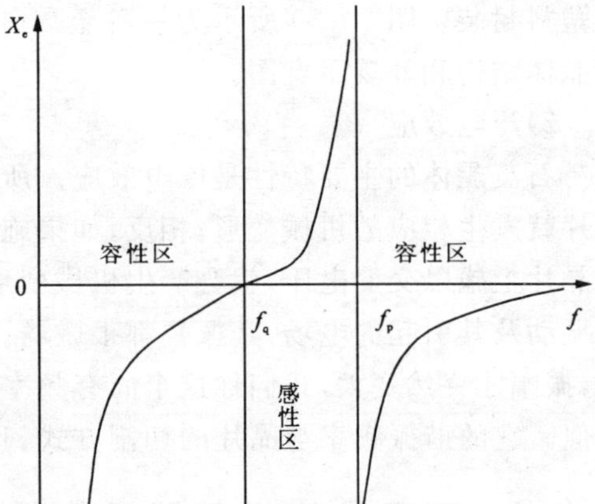

图 5－32　晶体的电抗特性曲线

5.4.4　石英晶体振荡电路

由于石英晶体具有串联谐振频率为 f_p 和并联谐振频率为 f_q，且当石英晶体工作在不同的频率时呈现出不同的特性，利用这个特性，可以使石英晶体成为三点式振荡电路中选频网络的一个元件，组成正弦波振荡器。当 f（石英晶体工作频率）等于 f_p（或相近）时，其阻抗的数值 $X=R$ 最

小，且其阻抗呈现出纯电阻的特性，利用这个特性，我们将晶振串联在选频网络中，使振荡频率限制在 f_p 附近，此类晶体振荡称为串联型晶体振荡电路；当 $f_q<f<f_p$ 时，石英晶体的阻抗特性呈现电感特性，并且是一个高 Q 值的电感。利用这个特性，可以用石英晶体代替三点式振荡电路中的电感，组成正弦波振荡器，此类振荡器称为并列型晶体振荡器。另外，并列型振荡器根据晶振的位置的不同又分为 c－b 并列型晶体振荡器和 b－e 并列型晶体振荡器。

1)串联型晶体振荡器

在串联型晶体振荡器中，晶体接在振荡器要求低阻抗的两点之间，通常接在反馈电路中。图 5－33 和图 5－34 显示出了一串联型振荡器的实际路线和等效电路。可以看出，如果将石英晶体短路，该电路即为电容反馈的振荡器。电路的实际工作原理为：当回路的谐振频率等于晶体的串联谐振频率时，晶体的阻抗最小，近似为一短路线，电路满足相位条件和振幅条件，故能正常工作；当回路的谐振频率距串联谐振频率较远时，晶体阻抗增大，反馈减弱，从而使电路不能满足振幅条件，电路不能正常工作。

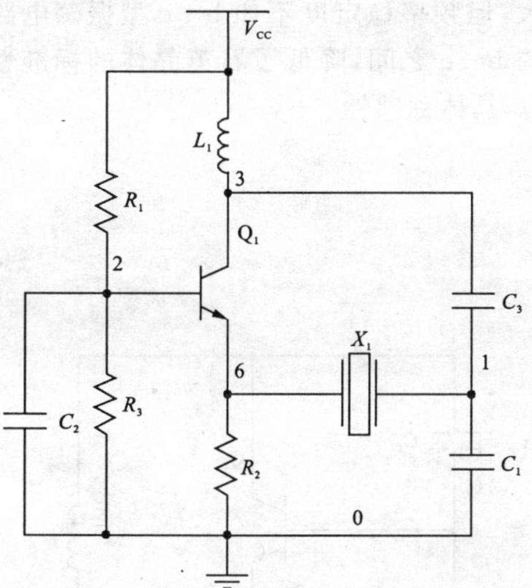

图 5－33 串联型晶体振荡器实际电路

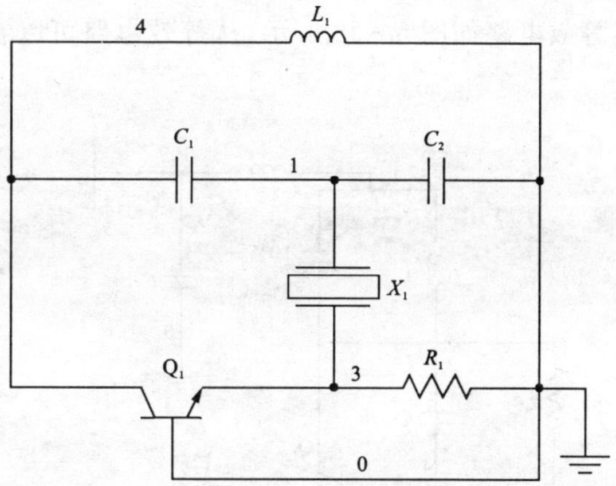

图 5－34 串联型晶体振荡器等效电路

串联型晶体振荡器只能适应高次泛音工作，这是由于晶体只起到控制频率的作用，对回路没有影响，只要电路能正常工作，输出幅度就不受晶体控制。

2)并联型晶体振荡器

(1)c－b 型并联晶体振荡器。其典型电路如图 5－35 所示，振荡管的基极对高频接地，晶体接集电极与基极之间，C_2 和 C_3 位于回路的另外两个电抗元件，振荡器的回路等效电路如图 5－36 所示，从等效电路可以看出石英晶体呈感性，它类似于克拉泼振荡器，由于 C_q 非常小，因此，晶体振荡器的谐振回路与振荡管之间的耦合电容非常弱，从而使频率稳定度大大提高。由于晶体的品质因数很高，故其并联谐振阻抗也很高，虽然接入系数很小，但等效到晶体管 CE 两端的阻抗仍很高，因此放大器的增益高，电路容易满足振幅齐起振条件。

(2)b－e 型并联晶体振荡器。其典型电路如图 5－37 所示，该电路是一个双回路振荡器，它的固有谐振频率略高于振荡器的工作频率，负载回路选用的是并联谐振回路，可以抑制其他

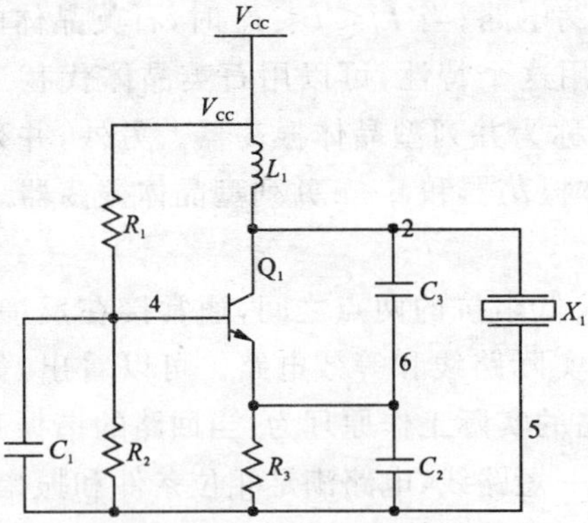

图 5-35　c-b 型并联晶体振荡器实际线路

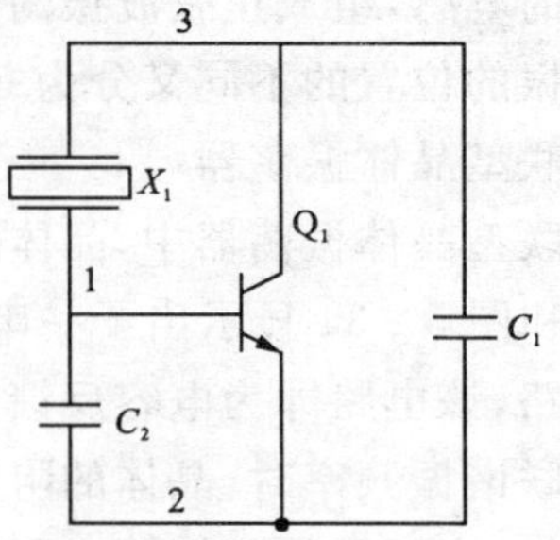

图 5-36　c-b 型并联晶体振荡器等效线路

谐波，有利于改善输出波形，并且电路的输出信号较大，但频率稳定度不如 b-c 型振荡电路，因为在 b-e 型电路中，石英晶体是接在输入阻抗低的 b-e 之间，降低了石英晶体的标准性。其等效电路如图 5-38 所示，从等效电路可以看出石英晶体称感性。

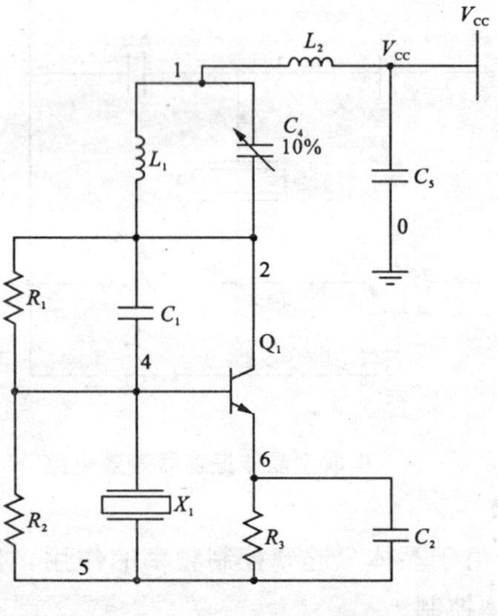

图 5-37　b-e 型并联晶体振荡器实际电路

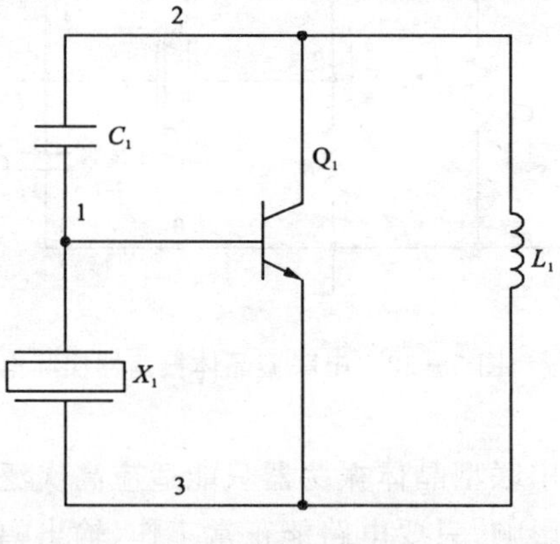

图 5-38　b-e 型并联晶体振荡器等效电路

和一般 LC 振荡器相比，石英晶体振荡器在外界因素变化而影响到晶体的回路固有频率时，它还具有使频率保持不变的电抗补偿能力，原因是石英晶体谐振器的等效电感 L_e 与普通电感不同，当频率由 f_q 变化到 f_q 时，等效电感值将由零变到无穷大，这段曲线十分陡峭，而振荡器又刚好被限定于工作在这段线性范围内，也就是说，石英晶体在这个频率范围内具有极陡峭的相频特性曲线，因而它具有很高的电感补偿能力。

在 Multisim 11.0 仿真软件中建立如图 5-39 所示的电路图，此电路为一典型的 c-e 型并联晶体振荡电路。单击仿真开关启动仿真，得到如图 5-40 所示的结果。

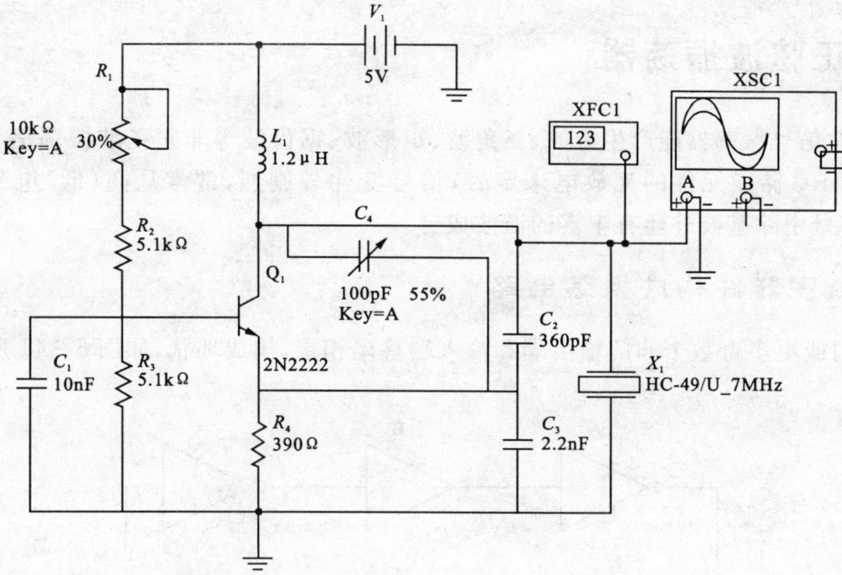

图 5－39　石英晶体振荡器仿真原理图

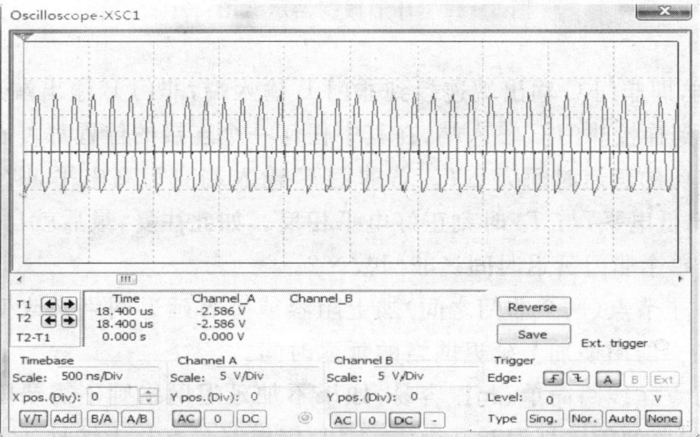

(a) 振荡波形

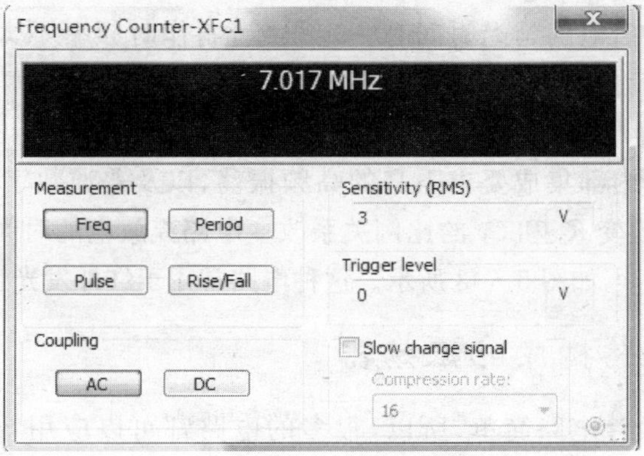

(b)频率测试结果

图 5－40　石英晶体振荡器仿真结果图

5.5 非正弦波振荡器

非正弦波信号振荡器能产生方波、三角波、矩形波、锯齿波等非正弦波振荡信号。其主要特点是:利用 RC 储能元件的充放电来定时;信号变化较剧烈,常常从高(低)电平跳变到低(高)电平;信号中除基波外还有丰富的谐波成分。

5.5.1 数字器件构成振荡电路

3 个非门或更多奇数个非门输出端和输入端首尾相接,构成环状,如图 5-41 所示。

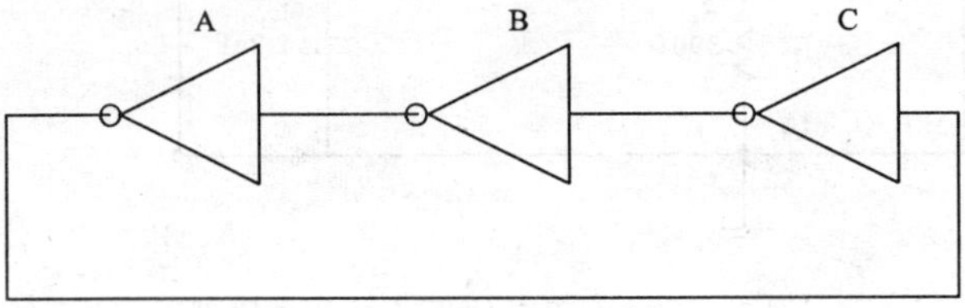

图 5-41 环形振荡器示意图

以 3 个非门为例,即非门 C 输出端连接到非门 B 输入端,非门 B 输出端连接到非门 A 输入端,非门 A 输出端到连接非门 C 输入端,在其中任何一个连接的位置都可以引出输出信号。假定某一时刻 T_0,非门的延迟时间为 ΔT。若非门 C 输入端变为高电平,则经过($T_0+3\Delta T$)后非门 A 输出端输出低电平,与 T_0 时刻正好电平相反。如此往复,最后就自激产生特定频率的方波,振荡周期 =单个非门延迟时间×非门数×2。

还可以在其中一个节点(两个非门之间)加上阻容或感容延迟网络来改变振荡周期,总的振荡周期就是上面式子的周期加上延迟网络的延迟时间。

这种振荡器的特点是线路简单、起振容易,如果不加延迟网络则不需要阻容元件,便于集成化,缺点是由于门电路的传输延迟时间极短,TTL 门电路只有几十纳秒,CMOS 电路也不过一二百纳秒,难以获得较低的振荡频率,而且频率不易调节,要实现低频振荡需要很多的非门因而不易实现,另外,由于门电路延迟时间有一定误差,制作时频率不太准确。如果加上阻容网络,则与同样需要阻容元件的对称多谐振荡器或非对称多谐振荡器相比,所需芯片面积和成本不占优势。

主要应用于集成电路内部集成要求不高的高频振荡,以及普通数字电路中的简易振荡器。

图 5-42 中可以通过改变 R_2 和 C_1 的比例关系改变电路充放电的时间,从而改变输出波形的占空比,此图产生的是窄脉冲,如图 5-43 所示。这种电路常用于红外发光管的驱动供电。

5.5.2 555 集成电路构成的振荡器

555 电路应用很广,设计电路简单,所以,很多的电路都可以应用 555 芯片来设计。比如一些看似比较复杂一点的电路,用 555 既可满足设计要求,还可以节约设计成本。对于 555 有很多种实用电路,本章节中只介绍几种常用的电路。如果需要更深层次地了解,可以查阅其 PDF 文档,里面详细介绍了 555 的内部原理以及多种应用电路。

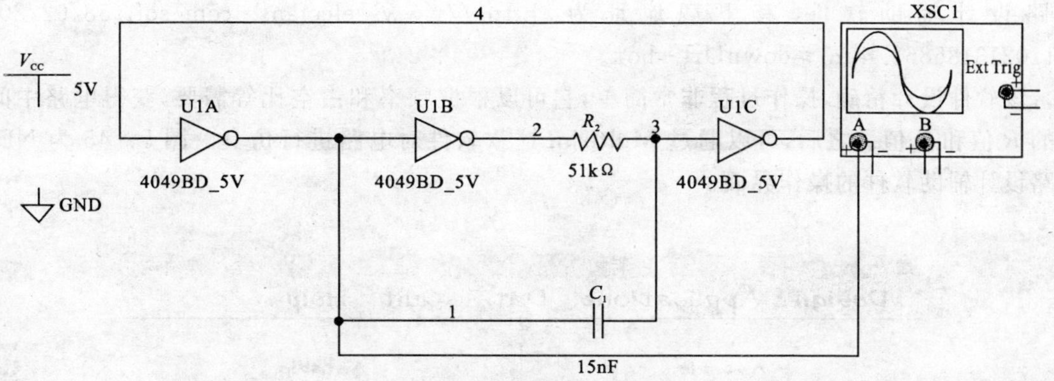

图 5 - 42　环形振荡器仿真原理图

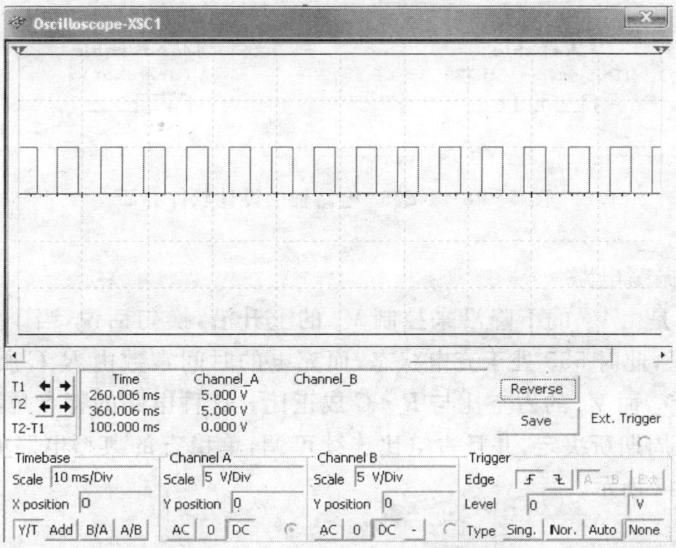

图 5 - 43　环形振荡器仿真波形图

图 5 - 44 为 NE555 的引脚图，其 1 脚为地，2 脚为触发脚，3 脚为输出脚，4 脚为复位脚，5 脚为控制电压脚，6 脚为门限脚，7 脚为放电脚，8 脚为电源脚。

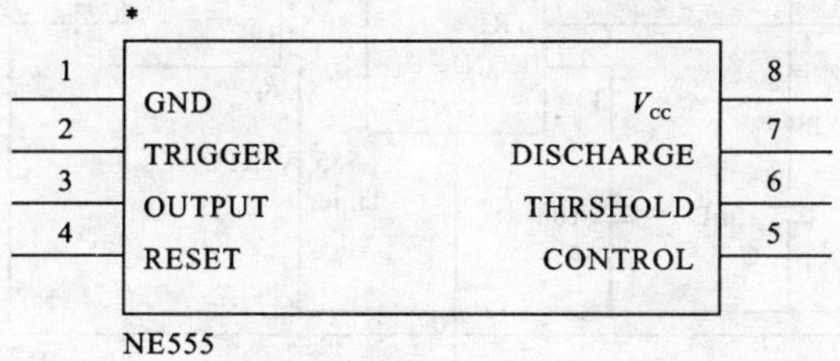

图 5 - 44　NE555 引脚图

在这里给大家推荐一种用于设计 555 波形发生电路的免费的辅助设计软件——NE555 电路设计辅助软件，其下载地址为：http://www. elecfans. com/soft/58/62/2011/20110213186863. html # downUrl - box。

该软件设计精确，操作过程非常简单，它可以根据频率和占空比等需要，获得电路中间相关的 R 值和 C 值。之后，可以通过 Multisim 这款软件对电路进行仿真。图 5 - 45 为 NE555 电路设计辅助软件的操作界面。

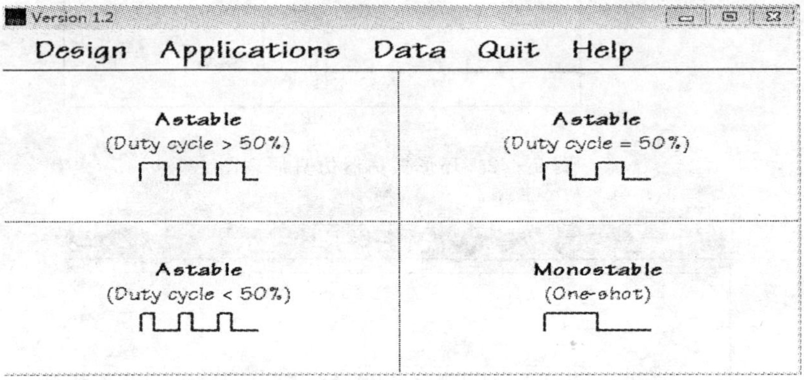

图 5 - 45　NE555 电路辅助设计软件界面

1)555 单稳态振荡电路

该电路的特点是由 V_1 的下降沿来控制 V_o 的上升沿，换句话说，当 V_1 为低电平的时候，V_o 开始转为高电平，此时 555 处于充电状态，而充电的时间常数由 R、C 所决定。因此，V_1 的频率决定 V_o 的频率，而 V_o 的占空比与 $R \cdot C$ 成正比。这种电路的特点是输出频率稳定，仅由外部输入的波形的周期所决定，并且占空比连续可调，单稳态的典型电路如图 5 - 46 所示，仿真结果图如图 5 - 47 所示。

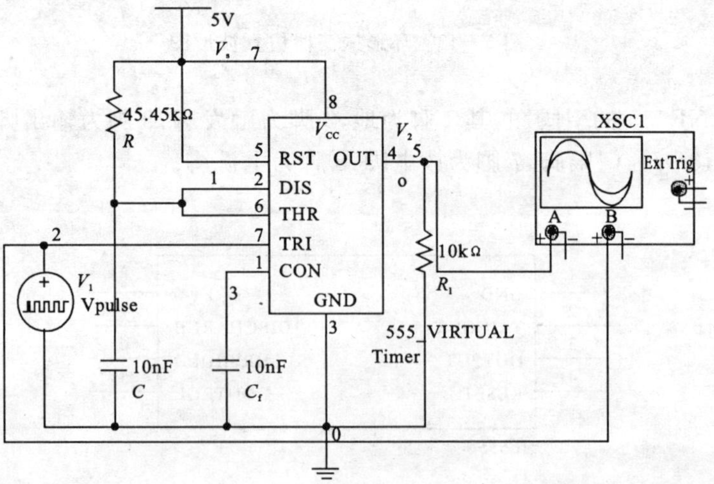

图 5 - 46　555 单稳态振荡电路

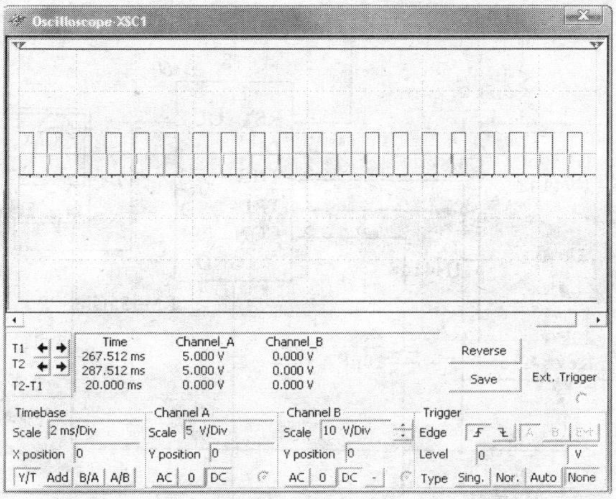

图 5 - 47　555 单稳态振荡电路仿真波形图

2)555 非稳态振荡电路

此类电路的特点是输出频率以及占空比完全由电路中间的 R、C 所决定,不需要外部输入触发信号。并且占空比既可以大于 50%,也可以小于或者等于 50%。再设计此类电路的时候,建议先将电容的值确定为一个标称值,电阻阻值可以通过电位器调节。图 5 - 48 为占空比等于 50% 的 555 电路及其仿真结果,设计的具体步骤可以使用"NE555 电路设计辅助软件"。

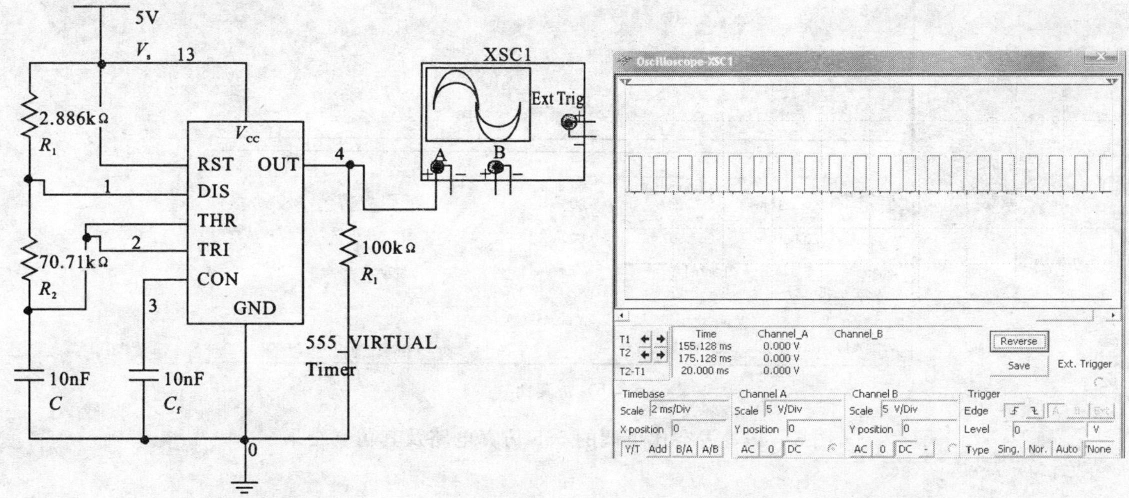

(a) 仿真电路　　(b) 仿真图

图 5 - 48　占空比=50%的 555 仿真电路及其仿真结果

图 5 - 49 为占空比可调的 555 多谐振荡电路及其仿真结果,其中 D_1 和 D_2 分别控制电容 C_1 的充电和放电回路,过电位器 R_3 调节充放电时间常数,从而实现输出波形的占空比可调。

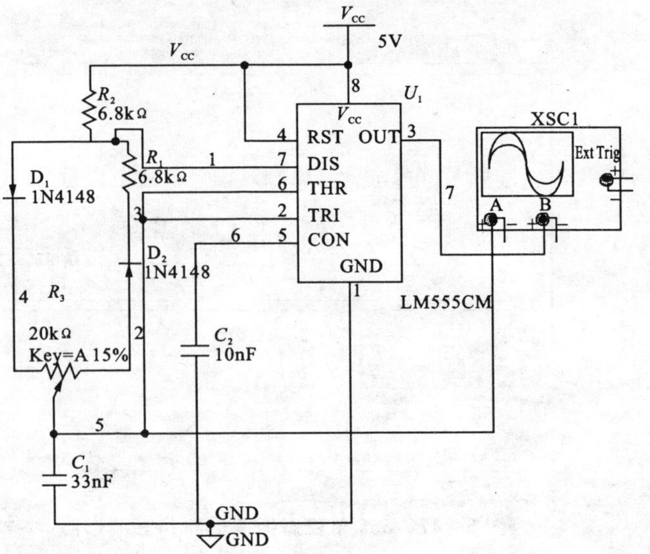

（a）仿真电路

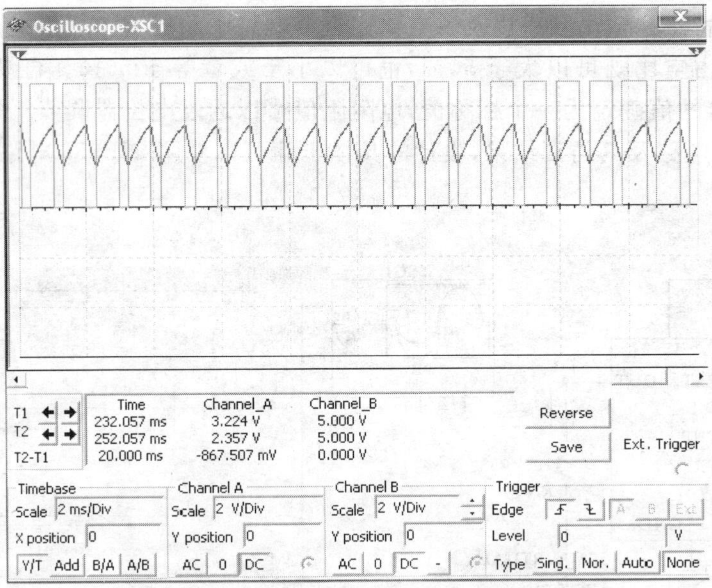

（b）仿真图

图 5－49　占空比可调的 555 仿真电路及其仿真结果

5.5.3　产生三角波和锯齿波电路

因为矩形波电压只有两种状态，不是高电平，就是低电平，所以电压比较器是它的重要组成部分；因为产生振荡，就是要求输出的两种状态自动地相互转换，所以电路中必须引入反馈；因为输出状态应按照一定的时间间隔交替变化，即产生周期性变化，所以电路中要有延迟环节来确定每种状态维持的时间。图 5－50(a)为产生三角波和矩形波的电路，它由反相输入的滞回比较器和 R_3C_1 电路组成。R_3C_1 回路即作为延迟环节，又作为反馈网络，通过 RC 充放电实现输出状态自动转换。图 5-50(b)为其仿真图，其中矩形波为比较器的输出，三角波为电容 C_1 的充放电波形。

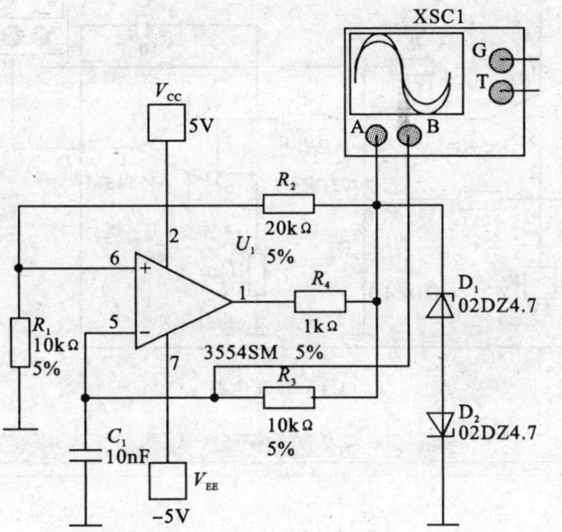

(a) 仿真电路

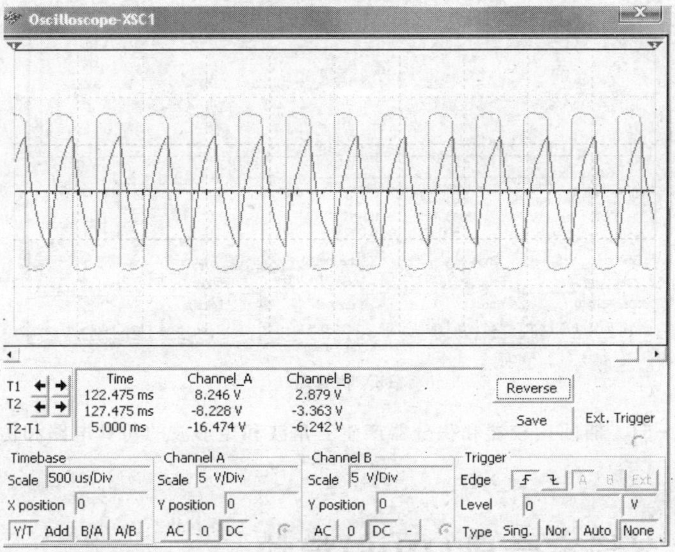

(b) 仿真图

图 5-50　滞回比较器产生三角波和矩形波的仿真电路和仿真图

图 5-50 中，电容充放电为指数函数，三角波的波形线性度不好。通过对矩形波进行积分运算，可以得到线性度良好的三角波，其仿真电路和仿真图结果如图 5-51 所示。图 5-51(a)中 U_1 部分构成同相输入滞回比较器，U_2 部分为积分运算电路。从图 5-51(b)中的仿真结果可以看出，此三角波线性度良好。

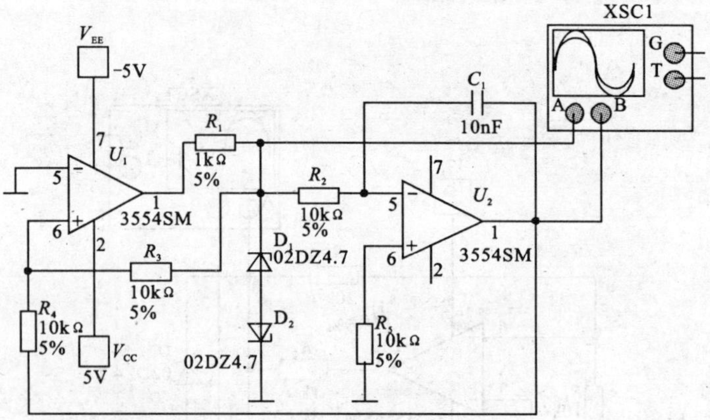

（a）仿真电路

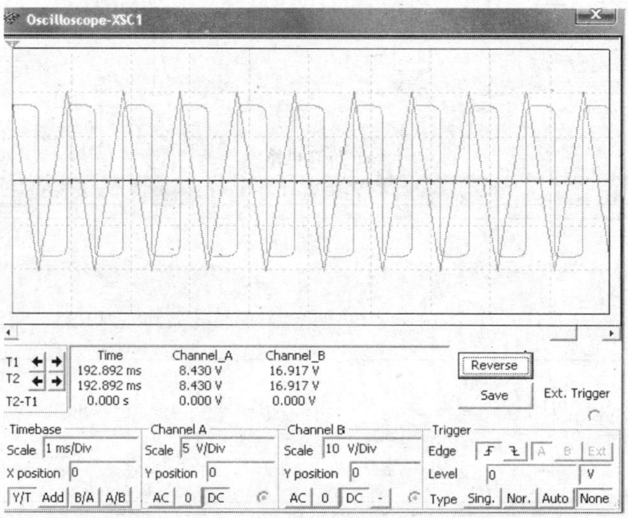

（b）仿真图

图 5－51　滞回比较器和积分器产生三角波和矩形波的仿真电路和仿真图

5.6　直接数字频率合成(DDS)模块

5.6.1　DDS 概述

信号波形的产生可以采用模拟电路或者数字电路的方法实现，包括传统的 RC 和 LC 振荡器、555 等数字电路等，也可以采用单片集成信号发生器如 MAX038 或 ICL8038 等。后者电路实现比较简单，但产生的波形频率精度和稳定度并不是很理想，可调节范围比较小，受到集成电路温度稳定性的影响，频率精度不高。DDS（ Direct Digital Synthesis）技术，即直接数字合成技术，是最近发展起来的一种全数字式波形产生方法。DDS 技术将先进的数字信号处理理论与方法引入信号合成领域，实现了合成信号的频率转换速度与频率准确度之间的统一。

DDS技术与传统的模拟式波形产生法相比，具有相位变换连续、频率转换速度快、频率分辨率高、相位噪声小、频率稳定度高(取决于所使用的参考晶振的稳定度)、集成度高、易于调整及控制灵活等多种优点。

从原理上讲，直接数字频率合成技术可以理解成将需要的波形经过采样后保存在存储器中，在一定的频率下读取这些波形的数据，经过数模转换器后就可以产生所需的任意波形。正弦波产生的方法如下：

(1)用一个ROM存储包含一个周期正弦信号的数据表，用一个计数器，把计数输出接到ROM地址上。

(2)给计数器送时钟信号，使计数器的值递增，即ROM的地址递增，ROM输出保存的正弦波数据。

(3)把ROM数据输出接到DAC上，经过滤波后得到所需的正弦信号。

要实时改变输出信号的频率，可以通过更改计数器的时钟频率，从而使得ROM的地址递增的速度改变，输出的正弦波信号的频率随之变化。

为提高DDS输出波形的分辨率，实际使用中的DDS技术是利用相位累加原理直接合成所需波形，典型的DDS模型由相位累加器、加法器、波形存储ROM、D/A转换器以及低通滤波器(LPF)构成，其原理框图如图5-52所示。

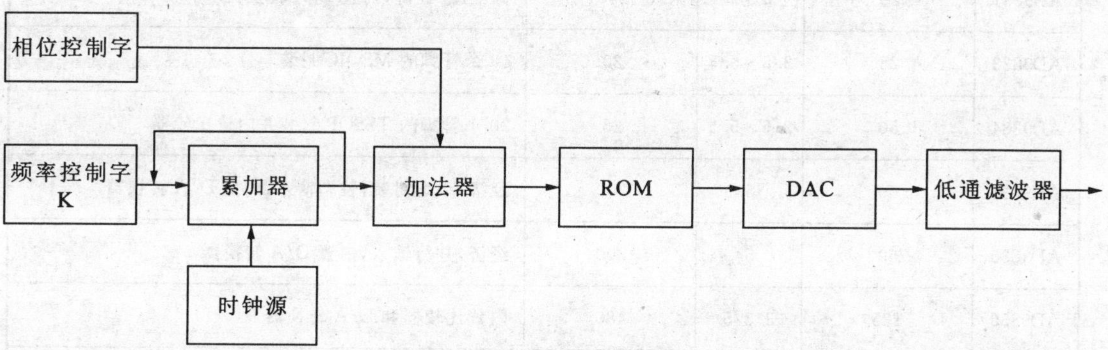

图5-52　DDS原理框图

设输出信号频率为 f_o，取相位累加器输出的高 $L(L<N)$ 位作为波形数据存储器ROM的 L 位地址，波形数据存储器的长度为 $2L$。显然，相位累加器的最小相位增量为 $\delta=\frac{2\pi}{2^N}(\mathrm{rad})$，对于频率控制字来说，对应的相位增量就是 $K\times\frac{2\pi}{2^N}(\mathrm{rad})$。这样，完成波形数据存储器中一个周期的波形输出需要经过 $\frac{2\pi}{K\times\frac{2\pi}{2^N}}$ 个参考时钟周期，即 $\frac{2^N}{K}$ 个周期。若对钟源信号频率为 f_c，则可以得到输出信号频率为

$$f_o=\frac{1}{\frac{2^N}{K}\frac{1}{f_c}}=\frac{Kf_c}{2^N}$$

频率控制字 K 只表示累加器的相位增量，而不是频率。相位累加器输出给出的是波形数

据存储器中被合成信号线性增加的相位值。相位累加器的相位增量不同,合成频率也就不同。对于低的合成频率,相位增量小(最小值为 $K=1$);对于高的合成频率,相位增量大,理论上频率控制字 K 的最大值 $K=2^N-1$。

目前市场上使用最广的 DDS 芯片要属 AD 公司的 DDS 系列的芯片。AD9850 是 AD 公司生产的最高时钟为 125 MHz、采用先进的 CMOS 技术的直接频率合成器,主要由可编程 DDS 系统、高性能模数变换器(DAC)和高速比较器 3 部分构成,能实现全数字编程控制的频率合成。它具有很高的性价比,并且使用简单,可以并行或者串行操作。无特殊要求的使用场合,建议使用 AD9850,因为其价格便宜,而且在编程操作上最为简单。更高系列的 DDS 芯片,功能越强大,其引脚数目越多,且内部的寄存器数目越多,最终导致使用起来更加复杂。AD 公司的 DDS 系列芯片参数如表 5-1 所示。

表 5-1 常用 DDS 芯片参数

型号	最大工作频率(MHz)	工作电压(V)	最大功耗(mW)	备 注
AD9832	25	3.3/5	120	小型封装,转型输入,内置 D/A 转换器
AD9831	25	3.3/5	120	低电压,经济,内置 D/A 转换器
AD9833	25	2.5～5.5	20	10 个管脚的 MSOIC 封装
AD9834	50	2.5～5.5	25	20 个管脚的 TSSOP 封装并内置比较器
AD9835	50	5	200	经济,小型封装,装型输入,内置 D/A 转换器
AD9830	50	5	300	经济,并行输入,内置 D/A 转换器
AD9850	125	3.3/5	480	内置比较器和 D/A 转换器
AD9853	165	3.3/5	1 150	可编程数字 QPSK/16－QAM 调制器
AD9851	180	3/3.3/5	650	内置比较器、D/A 转换器和时钟 6 倍频器
AD9852	300	3.3	1 200	内置 12 位的 D/A 转换器、高速比较器、线形调频和可编程参考时钟倍频器
AD9854	300	3.3	1 200	内置 12 位两路正交 D/A 转换器、高速比较器和可编程参考时钟倍频器
AD9858	1 000	3.3	2 000	内置 10 位的 D/A 转换器、150MHz 相频监测器、充电汞和 2GHz 混频器

5.6.2 AD9850 工作原理

AD9850 的内部结构如图 5－53 所示。内含可编程 DDS 系统和高速比较器，可实现全数字编程控制的频率合成。可编程 DDS 系统的核心是相位累加器，由一个加法器和一个 N 位相位寄存器组成，N 一般为 24～32。每来一个外部参考时钟，相位寄存器便以步长 M 递加。相位寄存器的输出与相位控制字相加后可输入到正弦查询表地址上。正弦查询表包含一个正弦波周期的数字幅度信息，每一个地址对应正弦波中 0°～360°范围的一个相位点。查询表把输入地址的相位信息映射成正弦波幅度信号，然后驱动 DAC 输出模拟量。

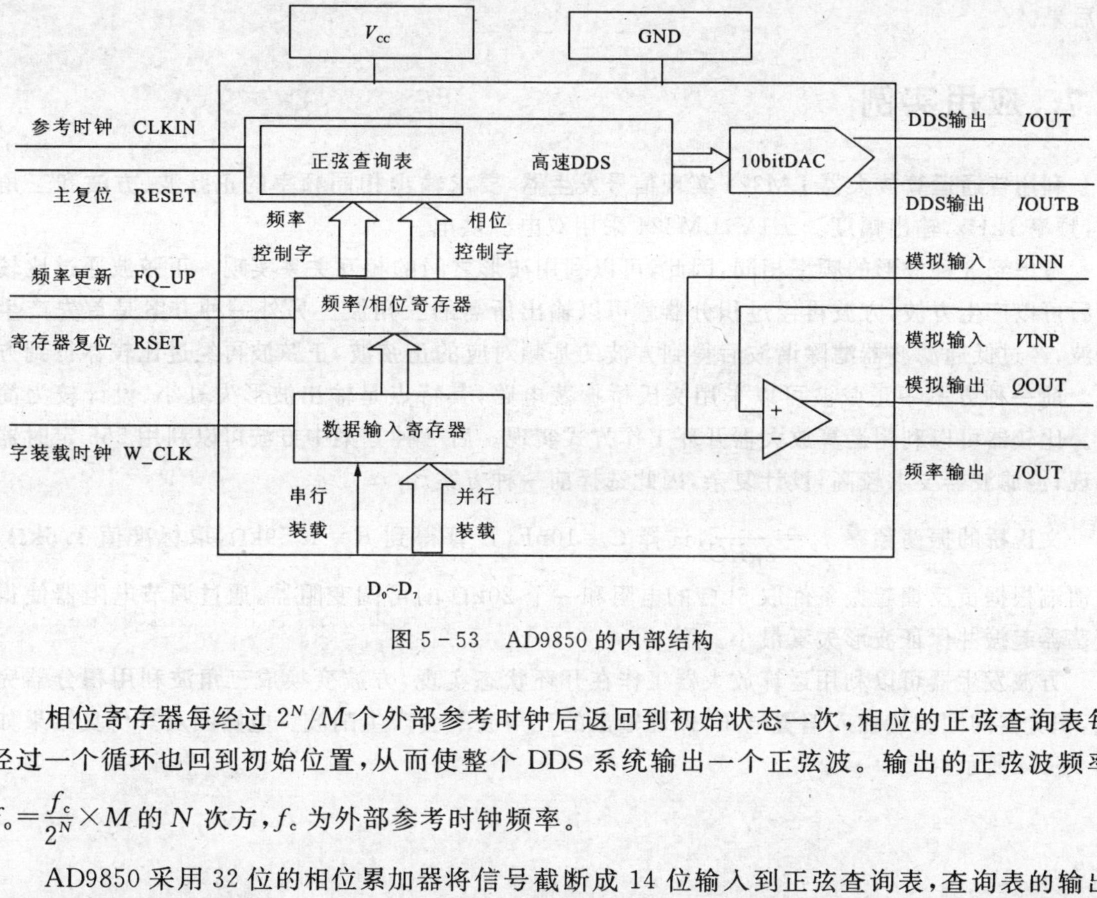

图 5－53 AD9850 的内部结构

相位寄存器每经过 $2^N/M$ 个外部参考时钟后返回到初始状态一次，相应的正弦查询表每经过一个循环也回到初始位置，从而使整个 DDS 系统输出一个正弦波。输出的正弦波频率 $f_o=\frac{f_c}{2^N}\times M$ 的 N 次方，f_c 为外部参考时钟频率。

AD9850 采用 32 位的相位累加器将信号截断成 14 位输入到正弦查询表，查询表的输出再被截断成 10 位后输入到 DAC，DAC 再输出两个互补的电流。DAC 满量程输出电流通过一个外接电阻 RSET 调节，典型值 3.9kΩ。将 DAC 的输出经低通滤波后接到 AD9850 内部的高速比较器上即可直接输出方波。在 125MHz 的时钟下，32 位频率控制字可使 AD9850 输出频率分辨率达 0.0291Hz。

5.6.3 AD9850 控制时序

AD9850 有 40 位控制字，32 位用于频率控制(低 32 位)，5 位用于相位控制，1 位用于电源休眠(Powerdown)控制，2 位用于选择工作方式。这 40 位控制字可通过并行或串行方式输入到 AD9850。在并行装入方式中，通过 8 位总线 D_0—D_7 将数据输入到寄存器，在 W_CLK 的上升沿装入 8 位数据，并把指针指向下一个输入寄存器，在重复 5 次之后再在 FQ_UD 上升沿把 40 位数据从输入寄存器装入到频率/相位数据寄存器(更新 DDS 输出频率和相位)，同时把地址指针复位到第一个输入寄存器。

AD9850 的复位(RESET)信号为高电平有效，且脉冲宽度不小于 5 个参考时钟周期。AD9850 的参考时钟频率一般远高于单片机的时钟频率，因此，AD9850 的复位(RESET)端可与单片机的复位端直接相连。

值得一提的是：用于选择工作方式的两个控制位，无论并行还是串行最好都写成 00，并行时的 10、01 和串行时的 10、01、11 都是工厂测试用的保留控制字，不慎使用可能导致难以预料的后果。

5.7 应用实例

利用普通运算放大器 LM324 实现信号发生器，要求输出相同频率的正弦波、方波和三角波，频率 1kHz，输出幅度≥±1V，LM324 采用双电源供电。

考虑到 3 种波形的频率相同，因此，可以利用波形之间的相互关系实现。正弦波通过比较器后可以产生方波，方波再经过积分器就可以输出所需的三角波。另外一种方案是首先产生方波，经过低通滤波器滤除谐波后得到方波的基频对应的正弦波，正弦波再经过比较器得到方波。前一种方案中正弦波可以采用文氏桥振荡电路，其特点是输出波形失真小、设计较为简单。比较器可以利用运算放大器开环工作方式实现。后一种方案中方波可以利用 555 定时器实现，但滤波器要求较高，设计复杂，因此选择前一种方案。

文氏桥的振荡频率 $f_0=\dfrac{1}{2\pi RC}$，选择 $C=10\text{nF}$，计算得到 $R=1.59\text{k}\Omega$，取标准值 $1.6\text{k}\Omega$。反馈端根据负反馈起振条件取 6kΩ 的电阻和一个 20kΩ 的可调变阻器，通过调节电阻器使得振荡器起振并保证波形失真最小。

方波发生器可以利用运算放大器工作在开环状态实现，方波变换成三角波利用积分器完成，积分器的同相端加入偏置电压，保证输出的三角波不会产生削波。电路图及其仿真结果如图 5-54 所示。

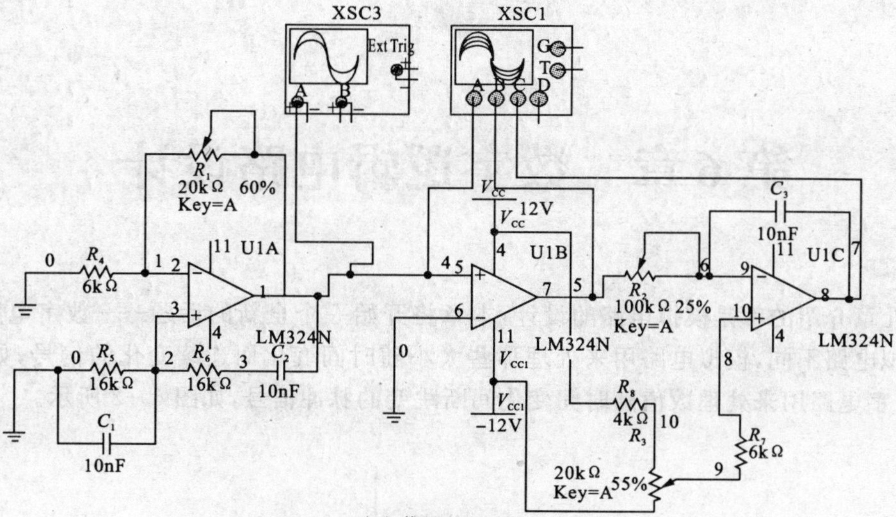

（a）信号产生电路

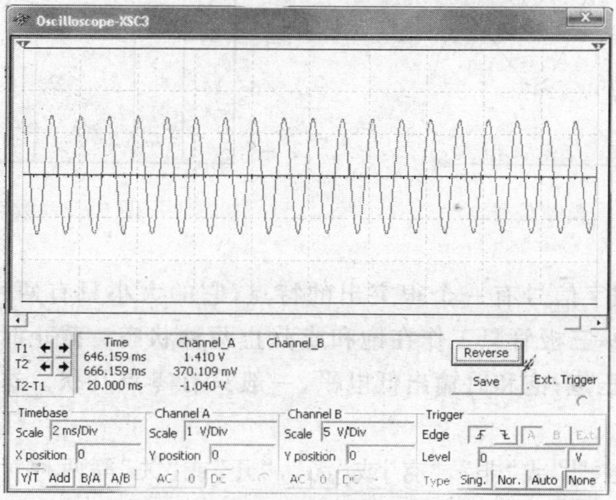

（b）产生正弦波仿真图

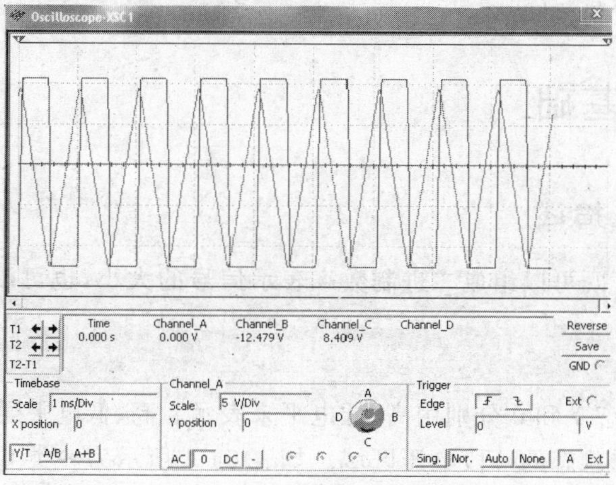

（c）产生方波和三角波仿真图

图 5－54　LM324 信号发生器及产生波形仿真图

第6章　数字逻辑电路设计

前面几章介绍的都是模拟电路的设计，本章将开始一个全新的话题——数字电路。数字电路和模拟电路不同，模拟电路用来处理那些大小随时间变化而连续变化的信号，如图6-1所示，而数字电路用来处理数值随时间变化间断跳变的脉冲信号，如图6-2所示。

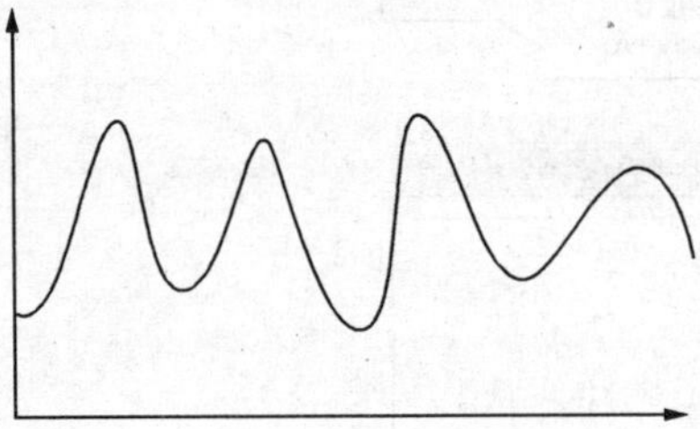

图6-1　模拟信号

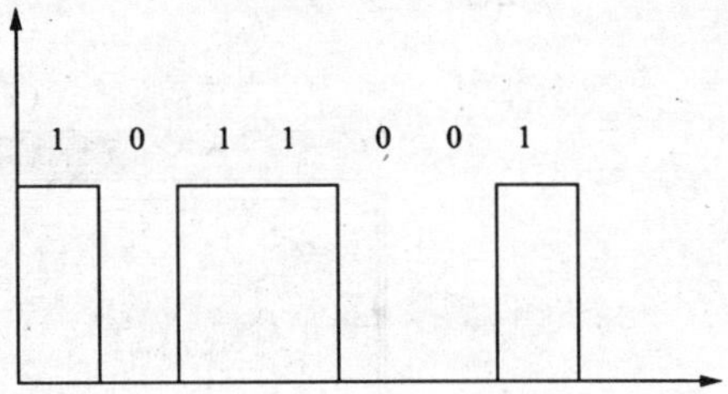

图6-2　数字信号

数字电路处理的数字信号有一个很突出的特点，它的大小只有两种状态：高电平和低电平。所以在数字电路中，三极管只工作在饱和或截止两种状态。截止时共射级电路输出高电平，其值接近于电源电压值；饱和时输出低电平，一般只有零点几伏。这两种状态就是常说的"1"和"0"。

"1"和"0"可以代表"是"或"非"，"有"或"无"，"开"或"关"等两种对立状态组成的逻辑关系，所以可以利用数字电路来进行逻辑判断，正因为如此，数字电路又被称为"数字逻辑电路"，它被广泛应用于自动控制领域。

6.1　数字逻辑基础

6.1.1　数字信号描述

数字信号的0和1既可以组成二进制数来表示信号的大小，也可以表示两种不同的逻辑状态。

1)逻辑电平

在电路中，逻辑状态1和0分别用高、低电平来表示。高、低电平通常不是具体的电压值，而是能够区别两种逻辑状态的一段电压区域。如表6-1所示为一类CMOS器件的电压范围和逻辑电平的关系。这些用来表示逻辑1和0的高、低电平叫逻辑电平。值得注意的是，如果电压在1.5～3.5V的分隔区，将不会被数字系统识别而引起逻辑混乱。

表 6-1　逻辑电平和电压范围的关系

电压范围	数字逻辑	逻辑电平
0～1.5V	0	L(低电平)
3.5～5V	1	H(高电平)

2)数字波形

为了便于研究,一般使用数字波形对数字信号的逻辑电平进行描述,因为只有两种逻辑状态,且通常采用相同的逻辑标准,波形图中一般不标注电压值和时间轴。

(1)数字波形的类型。数字波形是逻辑电平对时间的图形表示,有两种波形表示方式:非归零型和归零型。非归零型在每个时间周期 T 内不归零;归零型在每个时间周期 T 内归零,如图 6-3 所示。只有作为时序控制的时钟脉冲是归零型,其他大多数信号都是非零型。

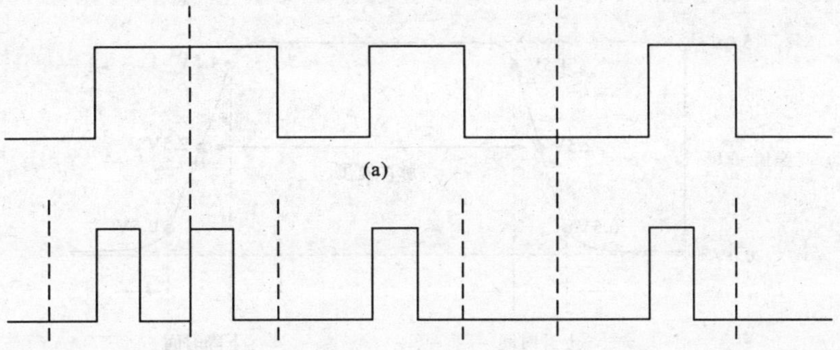

图 6-3　波形类型

(a)非归零型;(b)归零型

非归零信号的每位数据在传输过程中占用一个位时间。每秒钟所传输的数据位数称为比特率。

例 6-1　某通信系统每秒钟传输 1 200 字节,求该系统的比特率。

解:一个字节有 8 个数据位,因此该系统的比特率为

$$1\,200\times 8=9\,600\text{bit/s}$$

数字波形的参数

数字波形的常用参数有周期 T(cycle)、频率 f(frequency)、占空比 q(Duty cycle)和脉冲宽度 t_w 等。它们之间的关系如下:

$$T=1/f$$

$$q(\%)=\frac{t_w}{T}\times 100\%$$

例 6-2　如图 6-4 所示,求该周期波形的周期 T、频率 f、占空比 q 和脉冲宽度 t_w。

解:由图 6-4 可知,该波形的脉冲宽度 $t_w=1\text{ms}$,周期 $T=10\text{ms}$

频率 $f=1/(10\text{ms})=100\text{Hz}$

占空比 $q=\frac{1}{10}\times 100\%=10\%$

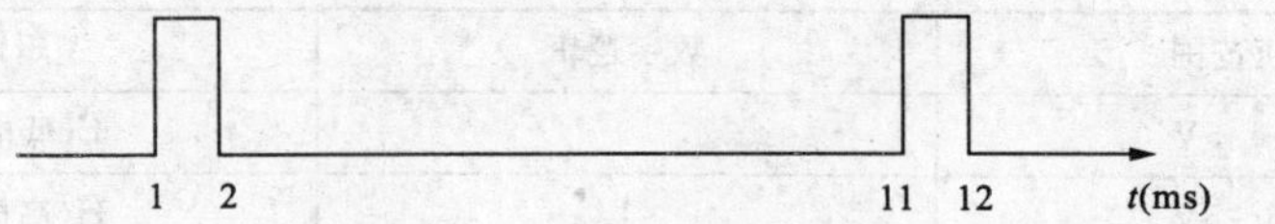

图 6-4　例 6-2 周期波形图

(2)实际数字信号波形。在实际系统中，数字信号不可能实现从低电平到高电平，或从高电平到低电平的瞬间跳变，跳变往往需要一段时间来完成，分别用上升时间 t_r 和下降时间 t_f 来描述这段过渡过程，如图 6-5 所示。上升时间 t_r 为从脉冲幅值的 10%上升到 90%所经历的时间。下降时间 t_f 为从脉冲幅值的 90%下降到 10%所经历的时间。脉冲宽度 t_w 是幅值为总幅值 50%的两个时间点的时间间隔。对于不同类型的器件，其上升时间和下降时间各不相同，在设计电路时需加以考虑，避免竞争冒险和时序出错。

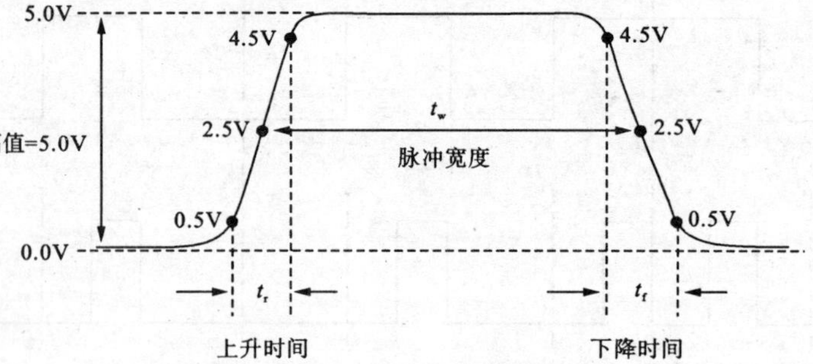

图 6-5　实际脉冲波形

(3)时序图。在数字电路和程序设计中，常用时序图来分析时序电路的逻辑功能。时序图是用来表明各信号之间时序关系的波形图。图 6-6 所示为一典型时序图，其中时钟脉冲 CP 为系统的时间参考信号，各波形的作用将针对具体芯片在后续章节进行介绍。时序图在进行数字系统的设计、分析和应用中具有重要作用，一般在芯片手册中都会附有说明。

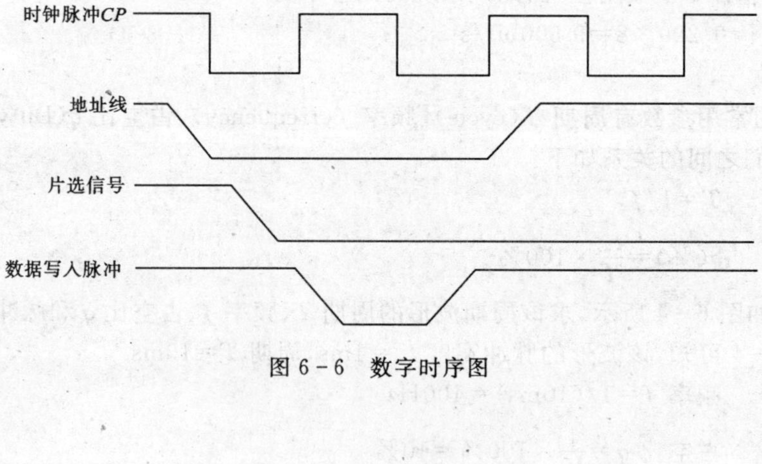

图 6-6　数字时序图

6.1.2　数制

在日常生活中，我们习惯于使用十进制数进行计数；而在数字电路中，通常使用计算机能够辨认的二进制数，以及记录方便、易转换的十六进制数。

1)二进制

二进制数的计数规律和进位方式与十进制数类似。在二进制数中，只有 0 和 1 两个数码，计数规律是"逢二进一"，如：在二进制中 1+1=10(壹零)，这里的 10 不是十进制中的"拾"，而是十进制中的"贰"。二进制是以 2 为基数的计数体制，其表达式为

$$N_B = \sum_{i=-\infty}^{\infty} (K_i \times 2^i)$$

式中，K_i 为 2 的第 i 次幂的系数，是 0 或者 1。为便于不同进制数之间的区分，B 代表二进制数，D 代表十进制数，H 代表十六进制数，O 代表八进制数。

例 6-3　将二进制数 101011 进行各种进制间的转换。

解：$(101011)_B = 1\times 2^5 + 0\times 2^4 + 1\times 2^3 + 0\times 2^2 + 1\times 2^1 + 1\times 2^0 = (43)_D = (2B)_H = (53)_O$

2)十六进制

在记录数值较大的数时，二进制数位数过多，不便于书写，因此在记录和计算机存储时常采用十六进制数。

和二进制类似，十六进制数有 16 个数码，分别是 0、1、2、3、4、5、6、7、8、9、A、B、C、D、E、F，其中 A～F 不区分大小写，代表十进制中的 10～15。十六进制数进位方式为"逢十六进一"，以 16 为基，其通用表达式为

$$N_H = \sum_{i=-\infty}^{\infty} (K_i \times 16^i)$$

式中，K_i 为 16 的第 i 次幂的系数，可以是 0～F 间的任意数。

例 6-4　将十六进制数 101011 进行各种进制间的转换。

解：$(4FD)_H = 4\times 16^2 + 15\times 16^1 + 13\times 2^0 = (1277)_D = (10011111101)_B = (2375)_O$

3)BCD 码

BCD 码就是由二进制编码的十进制数。由 4 位二进制数编码十进制数 0～9，会产生 6 种组合剩余，因此可有不同的编码方式。常见的 BCD 码有 8421 码、2421 码、5421 码、余 3 码和余 3 循环码等，如表 6-2 所示。8421 码是目前使用最广泛的一种 BCD 编码。

例 6-5　试写出十进制数 3456 和 24.89 的 8421BCD 码。

解：3456 的 8421BCD 码为 $(3456)_D = (0011,0100,0101,0110)_{BCD}$

3	4	5	6	2	4	·	8	9
↓	↓	↓	↓	↓	↓		↓	↓
0011	0101	0101	0110	0010	0100	·	1000	1001

24.89 的 8421BCD 码为 $(24.89)_D = (00100100.10001001)_{BCD}$

通过对数制以及不同进制之间转换关系的学习，现将十进制、二进制、八进制、十六进制和 8421BCD 码之间转换关系进行列表比照，如表 6-3 所示。

表 6-2　几种常见 BCD 码

十进制数	有权码			无权码	
	8421 码	2421 码	5421 码	余 3 码	余 3 循环码
0	0000	0000	0000	0011	0010
1	0001	0001	0001	0100	0110
2	0010	0010	0010	0101	0111
3	0011	0011	0011	0110	0101
4	0100	0100	0100	0111	0100
5	0101	1011	1000	1000	1100
6	0110	1100	1001	1001	1101
7	0111	1101	1010	1010	1111
8	1000	1110	1011	1011	1110
9	1001	1111	1100	1100	1010

表 6-3　不同进制转换比照表

十进制	二进制	八进制	十六进制	8421BCD 码
0	0000	00	0	0000
1	0001	01	1	0001
2	0010	02	2	0010
3	0011	03	3	0011
4	0100	04	4	0100
5	0101	05	5	0101
6	0110	06	6	0110
7	0111	07	7	0111
8	1000	10	8	1000
9	1001	11	9	1001
10	1010	12	A	0001,0000
11	1011	13	B	0001,0001
12	1100	14	C	0001,0010
13	1101	15	D	0001,0011
14	1110	16	E	0001,0100
15	1111	17	F	0001,0101

6.1.3　逻辑门

在逻辑运算中，逻辑变量只有 0 和 1 两个取值。0 和 1 代表两种完全对立的逻辑状态，如“开关”、“是非”、“有无”等。对 0 和 1 的基本逻辑运算有与、或、非 3 种，常见的还有与非、或非、异或运算及同或运算等。逻辑门电路就是用来实现这些基本逻辑运算及复合逻辑运算的单元电路。

1)基本逻辑门

基本逻辑门包括与门、或门和非门，下面逐一进行介绍。

(1)与门(AND Gate)。图 6-7(a)所示为一个简单的与逻辑电路。假设 $V_{CC}=5V$，A、B 为输入端，输入有两种状态：高电平 $V_H=3V$，低电平 $V_L=0V$；二极管 D_1、D_2 的正向导通压降 0.7V，L 为电压输出端。A、B 中只要有一个为低电平，就会有二极管导通，使 L 输出 0.7V 的低电平；只有当 A、B 都为高电平时，L 才输出 3.7V 的高电平。高、低电平分别用 1、0 表示，其真值表如表 6-4 所示。若用逻辑表达式来描述该逻辑，可表述为

$$L=A\cdot B$$

式中，“·”表示与运算，或逻辑乘。一般情况下乘号“·”可省略。实现该与运算的逻辑电路称为与门，其常用逻辑符号如图 6－7(b)所示。

表 6－4　与逻辑真值表

A	B	$L=A\cdot B$
0	0	0
0	1	0
1	0	0
1	1	1

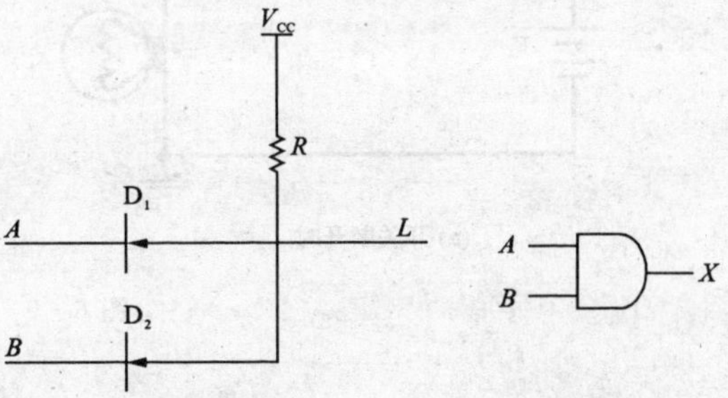

(a) 电路图　(b) 逻辑符号

图 6－7　与逻辑运算

常用的与门芯片有四 2 输入与门 74LS08(74HC08)、三 3 输入与门 74LS11 和双 4 输入与门 74LS21 等，如图 6－8 所示。

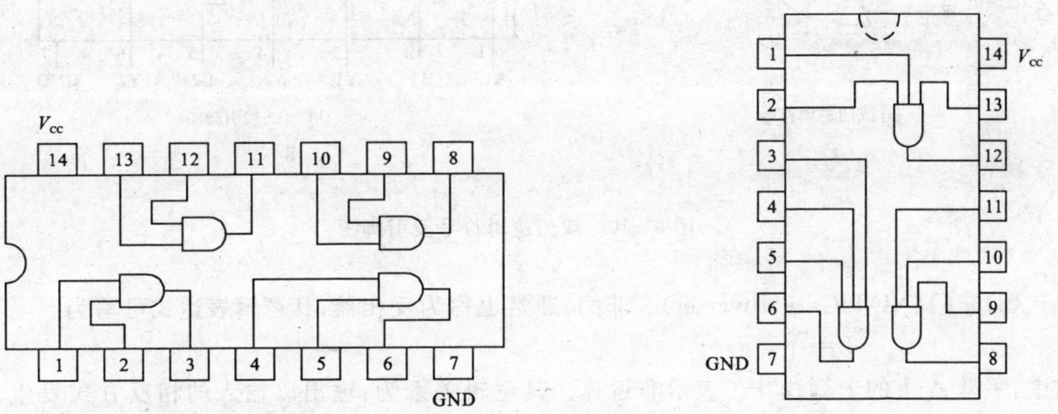

(a) 74LS08引脚图　(b) 74LS11引脚图

图 6－8　芯片引脚图

我们常用的声光控开关中，声、光两控制信号就可以通过与运算来实现灯的亮灭，即只有在无光且有声的情况下，灯才会点亮。

(2)或门(OR Gate)。或门的逻辑表达式可表示为

$$L=A+B$$

式中，符号“＋”表示或运算，或逻辑加。或运算相当于电路中开关的并联，如图 6－9 所示，只要有一个开关闭合，灯就会点亮；只有所有开关都断开时，灯才会熄灭。

或门常用逻辑符号如图 6－10(a)所示，其常见芯片有四 2 输入或门 74LS32，如图 6－10(b)所示。

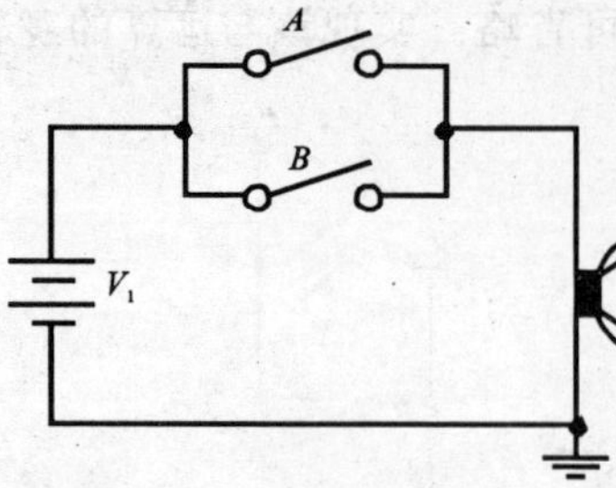

(a) 开关断开时

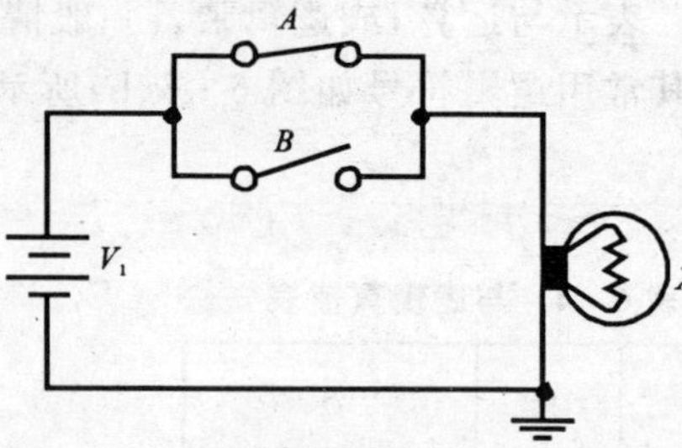

(b) 开关闭合时

图 6-9　或运算电路图

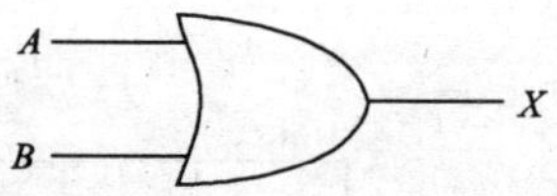

(a) 或门逻辑符号

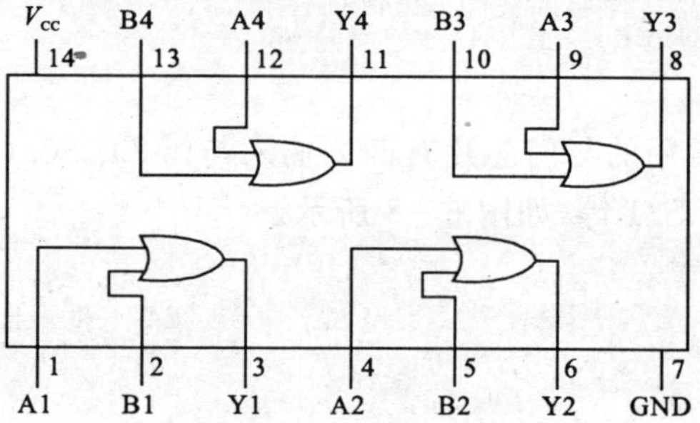

(b) 74LS32引脚图

图 6-10　或门逻辑符号及引脚图

(3)非门(NOT Gate、Inverter)。非门,通常也称为反相器,其逻辑表达式可写为

$$L=\overline{A}$$

式中,字母 A 上的上划线"—"表示非运算。其逻辑关系为:输出以输入的相反方式发生。其真值表如表 6-5 所示。

非门常用的逻辑符号如图 6-11 所示。常用的非门芯片有六反相器 74F04、74F06 及 CD4069 等,芯片详细资料请查询相关的芯片手册。

表 6-5　非门真值表

A	$L=\overline{A}$
0	1
1	0

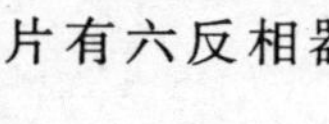

图 6-11　非逻辑符号

非门的主要应用是作反相器,根据反相器的特点,我们可以设计一个逻辑检测笔电路。如图 6-12 所示,输入 V_i 用于逻辑检测,通常逻辑状态有 3 种:高电平、低电平和高阻态。当检测端为高电平时,红色发光二极管亮;为低电平时,绿色发光二极管亮;当为高阻态时,两二极

管都不发光。利用一片 CD4069 反相器芯片和两个发光二极管即可完成该电路。

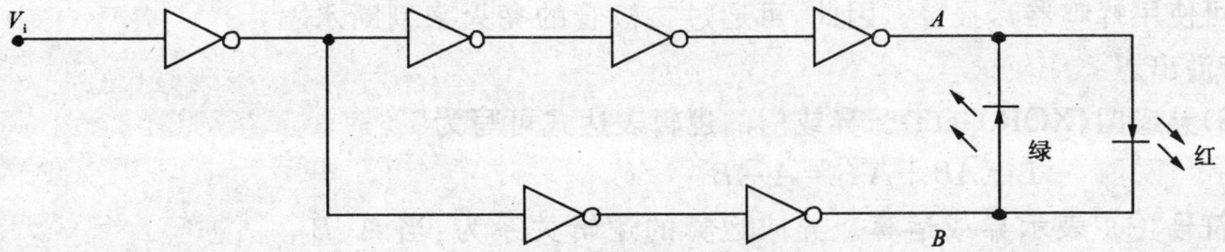

图 6-12　反相器的应用

2)几种常用逻辑门

(1)与非门(NAND Gate)。与非门的逻辑表达式可写为

$$L=\overline{A \cdot B}$$

与非运算由与运算和非运算组合而成,逻辑关系为:只要有输入为 0,则输出就为 1,只有所有输入都为 1 时,输出才为 0。且与非门的两输入相连,即可得到非门,其真值表如表 6-6 所示。

与非门常用的逻辑符号如图 6-13 所示。常用的与非门芯片有四 2 输入与非门 74LCX00、DM7403 及三 3 输入与非门 HEF4023 等,芯片详细资料请查询相关的芯片手册。

表 6-6　与非门真值表

A	B	$L=\overline{A \cdot B}$
0	0	1
0	1	1
1	0	1
1	1	0

图 6-13　与非逻辑符号

(2)或非门(NOR Gate)。或非门的逻辑表达式可写为

$$L=\overline{A+B}$$

或非运算由或运算和非运算组合而成,逻辑关系为:只要有输入为 1,则输出就为 0,只有所有输入都为 0 时,输出才为 1。其真值表如表 6-7 所示。

或非门常用的逻辑符号如图 6-14 所示。常用的或非门芯片有四 2 输入或非门 74HC02、二 4 输入或非门 CD4002B 及三 3 输入或非门 CD4025B 等,详细资料可查询芯片的数据手册。

表 6-7　或非门真值表

A	B	$L=\overline{A+B}$
0	0	1
0	1	0
1	0	0
1	1	0

图 6-14　或非逻辑符号

现介绍一或非门的应用实例。如图 6-15 所示,如果两水箱 A、B 中的水都低于标定液

位，呈低电平，或非门输出高电平，二极管熄灭；若任一水箱的水高于标定液位，传感器就呈高电平，使或非门输出低电平，二极管点亮（也可使用蜂鸣器），报警。因此，可通过二极管的亮灭来判断水是否有溢出。

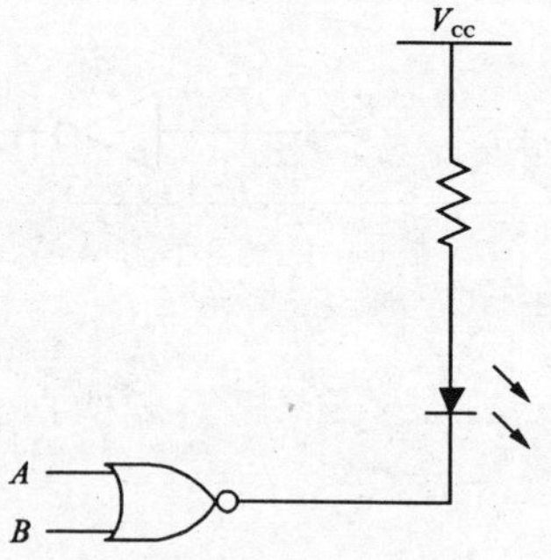

图 6－15　或非门的应用

(3)异或门(XOR Gate)。异或门的逻辑表达式可写为

$$L=\overline{A}B+A\overline{B}=A\oplus B$$

式中，符号"⊕"表示异或运算。异或运算的逻辑关系为：当 A、B 两信号相同时，则输出 L 为 0；两信号不同时，输出为 1。其真值表如表 6－8 所示。

异或门常用的逻辑符号如图 6－16 所示。常用的异或门芯片有 2 输入异或门 74HC1G86，四 2 输入异或门 74AHCT86 及四 2 输入异或门 HEF4070B 等，芯片详细资料请查询相关的芯片手册。

表 6－8　异或门真值表

A	B	$L=A\oplus B$
0	0	0
0	1	1
1	0	1
1	1	0

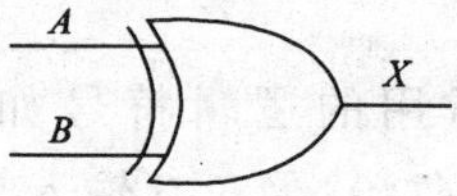

图 6－16　异或逻辑符号

(4)同或门(XNOR Gate)。同或门的逻辑表达式可写为

$$L=AB+\overline{A}\,\overline{B}=A\odot B$$

式中，符号"⊙"表示同或运算。同或运算的逻辑关系和异或运算正好相反：当 A、B 两信号相同时，则输出 L 为 1；两信号不同时，输出为 0。因此，同或门也称为异或非门，其真值表如表 6－9所示。

同或门常用的逻辑符号如图 6－17 所示。常用的同或门芯片有四 2 输入同或门 M54HC266、HD14077、SN74AS136 等，详细资料可查询芯片的数据手册。

表 6－9　同或门真值表

A	B	$L=A\odot B$
0	0	1
0	1	0
1	0	0
1	1	1

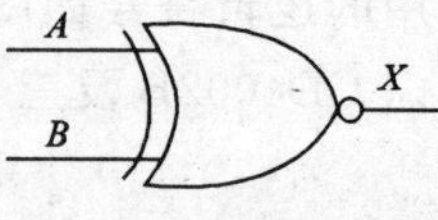

图 6－17　同或逻辑符号

6.2　逻辑代数基础

逻辑代数是研究数字电路逻辑分析与设计的数学工具。本节首先介绍逻辑代数的基本概念、基本定律、公式和定理，在此基础上讨论逻辑函数的几种常用代数化简方法和卡诺图化简方法。

6.2.1　逻辑函数的基本概念

前面提过，数字电路是一种开关电路，输入、输出量一般用高电平"1"、低电平"0"表示，其输入量和输出量之间的关系是一种因果关系，它可以用逻辑函数来描述。

利用二值数字逻辑中的1(逻辑1)和0(逻辑0)不仅可以表示二进制数，还可表示许多对立的逻辑状态。逻辑代数(也称"布尔代数")已成为分析和设计数字电路不可缺少的数学工具。逻辑代数提供了一种方法，即使用二值函数进行逻辑运算，使得用语言描述显得十分复杂的逻辑命题，使用逻辑代数语言后，就变成了简单的代数式，人们称为"逻辑函数"。

6.2.2　逻辑函数的表示方法

设输入逻辑变量为A、B、C、…，输出逻辑变量为F，当A、B、C、…的取值确定后，F的值就被唯一地确定下来，则称F是A、B、C、…的逻辑函数，记为

$$F=f(A,B,C,\cdots)$$

逻辑变量和逻辑函数的取值只能是0或1，没有其他中间值。

逻辑函数除了用逻辑表达式表述外，还常常采用另外4种方法来表述。它们是真值表、逻辑电路图、卡诺图和波形图。

(1)真值表是一种用表格表示逻辑函数的方法，它是用逻辑变量的所有可能取值组合及其对应的逻辑函数值所构成的表格。

(2)逻辑电路图是用规定的图形符号表示逻辑函数运算关系的网络图形。

(3)卡诺图是一种几何图形，用来简化逻辑函数表达式，并将表达式化为最简形式的有用工具。

(4)波形图是用电平的高、低变化来动态表示逻辑变量及其函数值变化的图形。

例如：对于逻辑函数$F=AB$，可用真值表表示，见表6-10所示；用逻辑电路图表示，见图6-18所示；用波形图可见图6-19所示。卡诺图的表示方法在后面章节专门介绍。

表6-10　$F=AB$真值表

A	B	$F=AB$
0	0	0
0	1	0
1	0	0
1	1	1

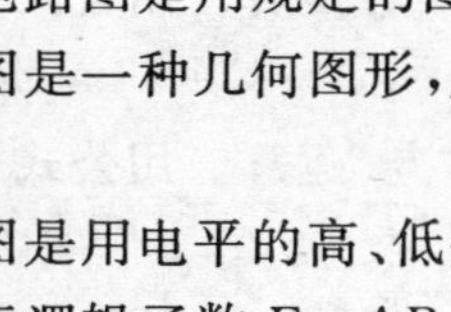

图6-18　$F=AB$逻辑电路图

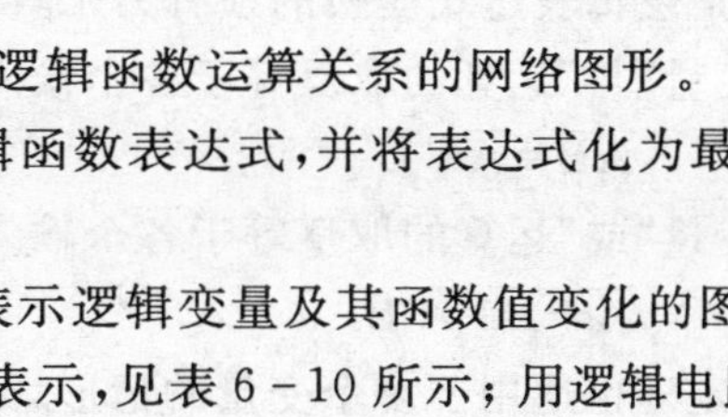

图6-19　$F=AB$的波形图

6.2.3 逻辑代数的运算规则

1)逻辑代数的基本定律

和普通代数一样,逻辑代数也有如下 3 个基本定律。

(1)交换律: $AB=BA$; $A+B=B+A$

(2)结合律: $(AB)C=A(BC)$; $(A+B)+C=A+(B+C)$

(3)分配律: $A(B+C)=AB+AC$; $A+(BC)=(A+B)(A+C)$

2)逻辑代数的基本公式

逻辑代数的基本公式有 7 个。

公式 1 $A\cdot 0=0; A+1=1$

公式 2 $A\cdot 1=A; A+0=A$

公式 3 $A\cdot A=A; A+A=A$

公式 4 $A\cdot \overline{A}=0; A+\overline{A}=1$

公式 5 $\overline{\overline{A}}=A$

公式 6 $A+AB=A; A+\overline{A}B=A+B$

公式 7 $AB+\overline{A}C+BC=AB+\overline{A}C$

3)摩根定理

摩根定理是逻辑表达式变换的强有力工具,是逻辑代数的重要组成部分。其内容如下:

(1)输入变量"与"运算的取反等于各个输入变量取反的"或"运算。用公式表示如下:

$$\overline{AB}=\overline{A}+\overline{B}$$

(2)输入变量"或"运算的取反等于各个输入变量取反的"与"运算。用公式表示如下:

$$\overline{A+B}=\overline{A}\,\overline{B}$$

上述两个定理也适用于多个变量的情形,如:

$$\overline{ABC}=\overline{A}+\overline{B}+\overline{C}$$

$$\overline{A+B+C}=\overline{A}\,\overline{B}\,\overline{C}$$

4)逻辑代数的 3 个规则

逻辑代数的 3 个规则是代入规则、反演规则和对偶规则。

(1)代入规则。任何一个含有变量 A 的逻辑等式,如果将所有出现 A 的位置都代之以同一个逻辑函数 F,则等式仍然成立。这个规则称为代入规则。

例如,给定逻辑等式 $A(B+C)=AB+AC$,若等式中的 C 都用 $(C+D)$ 代替,则该逻辑等式仍然成立,即

$$A[B+(C+D)]=AB+A(C+D)$$

代入规则可以用来扩展定理的应用范围,因为将已知等式某一个变量用任意一个函数代替后,就得到一个新的等式。

(2)反演规则。对于任何一个逻辑式 F,若将其中所有的"·"变成"+","+"换成"·","0"换成"1","1"换成"0",原变量换成反变量,反变量换成原变量,则得到的结果就是 $\overline{F}$。这个规则叫做反演规则。

(3)对偶规则。对于任何一个逻辑表达式 F,如果将式中所有的"·"换成"+","+"换成"·","0"换成"1","1"换成"0",而变量保持不变,原表达式中的运算优先顺序不变。那么就可

以得到一个新的表达式，这个新的表达式称为 F 的对偶式 F^*。这个规则叫做对偶规则。

6.2.4　逻辑函数的代数化简法

逻辑函数表达式有各种不同的表示形式，即使同一类型的表达式也可能有繁有简。对于某一个逻辑函数来说，尽管函数表达式的形式不同，但它们所描述的逻辑功能是相同的。一般说来，逻辑函数的表达式越简单，设计出来的相应逻辑电路也越简单。然而，从逻辑问题概括出来的逻辑函数通常都不是最简的，因此，必须对逻辑函数进行化简。

代数法化简就是运用逻辑代数的定律、公式和规则对逻辑函数进行化简的方法。这种方法没有固定的步骤可以遵循，主要取决于对逻辑代数中公式、定律和规则的熟练掌握及灵活运用的程度。尽管如此，还是可以对大多数常用的方法进行归纳和总结。

1）并项法

利用 $A+\overline{A}=1$ 的公式，将两项合并成一项，并消去一个变量。

例 6-6　化简 $F=A\overline{B}\,\overline{C}+A\overline{B}C$

解：$F=A\overline{B}\,\overline{C}+A\overline{B}C$

$=A\overline{B}(\overline{C}+C)$

$=A\overline{B}$

2）吸收法

利用公式 $A+AB=A$ 和 $A+\overline{A}B=A+B$，消去多余的项。

例 6-7　化简 $F=\overline{A}B+\overline{A}BCD(\overline{E}+F)$

解：$F=\overline{A}B+\overline{A}BCD(\overline{E}+F)$

$=\overline{A}B$

6.2.5　逻辑函数的标准形式

逻辑函数的一般形式都不是唯一的。为了在逻辑问题的研究中使逻辑函数能和唯一的逻辑函数表达式对应，引入逻辑函数标准形式的概念。

逻辑函数的标准形式是建立在最小项和最大项概念的基础之上的。所以下面先介绍最小项和最大项。

1）最小项与最大项

(1)最小项的定义和性质。

最小项的定义：设有 n 个变量，它们所组成的具有 n 个变量的“与”项中，每个变量以原变量或反变量的形式出现一次，且仅出现一次，这个乘积项称为最小项。

由定义可知：n 个变量有 2^n 个最小项。例如：四变量 A、B、C、D 有 16 个最小项如下：$\overline{A}\,\overline{B}\,\overline{C}\,\overline{D}$、$\overline{A}\,\overline{B}\,\overline{C}D$、$\overline{A}\,\overline{B}C\overline{D}$、…、$ABCD$。为了书写方便，把最小项记做 m_i。下标 i 的取值规则是：按照变量顺序将最小项中的原变量用 1 表示，反变量用 0 表示，由此得到一个二进制数，与该二进制数对应的十进制数即下标 i 的值。例如，四变量 A、B、C、D 有 16 个最小项，可记为

$$\overline{A}\,\overline{B}\,\overline{C}\,\overline{D}=m_0,\overline{A}\,\overline{B}\,\overline{C}D=m_1,\overline{A}\,\overline{B}C\overline{D}=m_2,\cdots,ABCD=m_{15}$$

最小项的性质如下：

(a)对于任何一个最小项，只有对应的一组变量取值，才能使其值为“1”。即取值“1”的

机会最小。这也就是最小项名字的由来。例如变量 $ABCD$，只有 $ABCD=1111$ 时，才为"1"。

(b)相同变量构成的两个不同最小项逻辑"与"为"0"。例如，在四变量最小项中，$m_4 \cdot m_6=0$。

(c)n 个变量的全部最小项之逻辑"或"为"1"。

$$\sum m_i = 1$$

(d)某一个最小项不是包含在逻辑函数 F 中，就是包含在反函数 $\overline{F}$ 中。

(e)n 个变量构成的最小项有 n 个相邻最小项。相邻最小项是指除一个变量互为相反外，其余变量均相同的最小项。例如，$A\overline{B}CD$ 与 $ABCD$ 是相邻最小项。

(2)最大项的定义和性质。

最大项的定义：设有 n 个变量，它们所组成的具有 n 个变量的"或"项中，每个变量以原变量或反变量的形式出现一次，且仅出现一次，这个"或"项称为最大项。

由定义可知：n 个变量有 2^n 个最大项。例如：四变量 A、B、C、D 有 16 个最大项如下：

$A+B+C+D$，$A+B+C+\overline{D}$，$A+B+\overline{C}+D$，…，$\overline{A}+\overline{B}+\overline{C}+\overline{D}$。为了书写方便，把最大项记做 M_i。下标 i 的取值规则是：按照变量顺序将最大项中的原变量用 0 表示，反变量用 1 表示，由此得到一个二进制数，与该二进制数对应的十进制数即下标 i 的值。例如，四变量 A、B、C、D 有 16 个最大项，分别可记为

$$A+B+C+D=M_0;A+B+C+\overline{D}=M_1$$

$$A+B+\overline{C}+D=M_2,\cdots,\overline{A}+\overline{B}+\overline{C}+\overline{D}=M_{15}$$

最大项的性质如下：

(a)对于任何一个最大项，只有对应的一组变量取值，才能使其值为"0"。其余情况均为"1"，即取值"1"的机会最大。这也就是最大项名字的由来。例如变量 $ABCD$，只有 $ABCD=0000$ 时，才有 $A+B+C+D$ 为"0"。

(b)相同变量构成的任何两个不同最大项逻辑"或"为"1"。例如，在四变量最大项中，$M_4+M_6=1$。

(c)n 个变量的全部最大项之逻辑"与"为"0"。

$$\prod M_i=0$$

(d)某一个最大项不是包含在逻辑函数 F 中，就是包含在反变量 $\overline{F}$ 中。

(e)n 个变量构成的最大项有 n 个相邻最大项。相邻最大项是指除一个变量互为相反外，其余变量均相同的最大项。例如，$A+B+C+D$ 与 $A+B+C+\overline{D}$ 是相邻最大项。

(3)最小项与最大项的关系。下标 i 相同的最小项与最大项互补，即 $m_i=\overline{M_i}$。如 $\overline{ABC}=\overline{A}+\overline{B}+\overline{C}$ 即为 $\overline{m_7}=M_7$。

2)逻辑函数表达式与真值表的相互转换

(1)由真值表求对应的逻辑函数表达式。如果给出了函数的真值表(表 6－11)，则只要将函数值为 1 的那些最小项相加，便是函数的标准与或表达式；将函数值为 0 的那些最大项相乘，便是函数的标准或与表达式。

表 6-11 真值表

A B C	F	最小项	最大项
0 0 0	0	m_0	M_0
0 0 1	1	m_1	M_1
0 1 0	1	m_2	M_2
0 1 1	1	m_3	M_3
1 0 0	0	m_4	M_4
1 0 1	1	m_5	M_5
1 1 0	0	m_6	M_6
1 1 1	0	m_7	M_7

如果某函数 F 的真值表如表 6-11 所示，则

$$
\begin{aligned}
F &= m_1 + m_2 + m_3 + m_5 = \sum m(1,2,3,5) \\
&= \overline{A}\,\overline{B}C + \overline{A}B\,\overline{C} + A\,\overline{B}\,\overline{C} + A\,\overline{B}C \\
&= M_0 \cdot M_4 \cdot M_6 \cdot M_7 \\
&= \prod M(0,4,6,7) \\
&= (A+B+C)(\overline{A}+B+C)(\overline{A}+\overline{B}+C)(\overline{A}+\overline{B}+\overline{C})
\end{aligned}
$$

(2)由逻辑函数表达式求对应的真值表。其步骤是:首先在真值表中列出输入变量二进制值的所有可能取值组合;其次将逻辑函数的与或(或与)表达式转换为标准与或(或与)形式;最后将构成标准与或(或与)形式的每个最小项(最大项)对应的输出变量处填上1(0),其他填上0(1)。

例如:逻辑函数 $F = AB + \overline{A}BC = ABC + AB\,\overline{C} + \overline{A}BC$,构成该函数的最小项共有 3 项:$ABC$ 为 111;$AB\overline{C}$为 110;$\overline{A}BC$ 为 011。则在真值表中,输入变量二进制值 111、110、011 对应的输出变量处填上 1,其他填上 0,即得该函数的真值表。

6.2.6 逻辑函数的卡诺图化简法

逻辑函数的代数化简法需要特别熟悉逻辑代数的公式、定理和定律,而且还要掌握一定的化简技巧。比较简单易行的方法是使用卡诺图进行化简,这种方法是由美国工程师卡诺提出来的,它是一种图形化简方法。

1)卡诺图

卡诺图是一种描述逻辑函数的方格矩阵,每个方格代表一个最小项或最大项。它和真值表相似,包含了输入变量的所有可能取值组合以及每种取值组合下的输出结果,它相当于真值表的一种特殊输出列。

卡诺图中,方格的数目等于最小项或最大项的总数,即等于 2^n(n 为输入变量数)。所有方格按照格雷码顺序进行行和列的排列,使得每行和每列的相邻方格之间仅有一个变量发生变化。二、三、四变量的卡诺图如图 6-20 所示。

2) 与或表达式的卡诺图表示

对于标准形式的与或表达式来说,卡诺图的表示方法是:把表达式中每一个最小项所对应的方格中填入 1,其余方格填入 0,就得到了该逻辑函数的卡诺图。

例 6-8 用卡诺图表示下面的标准与或表达式(图 6-21)。

$$F = \overline{A}BC + ABC + A\,\overline{B}C$$

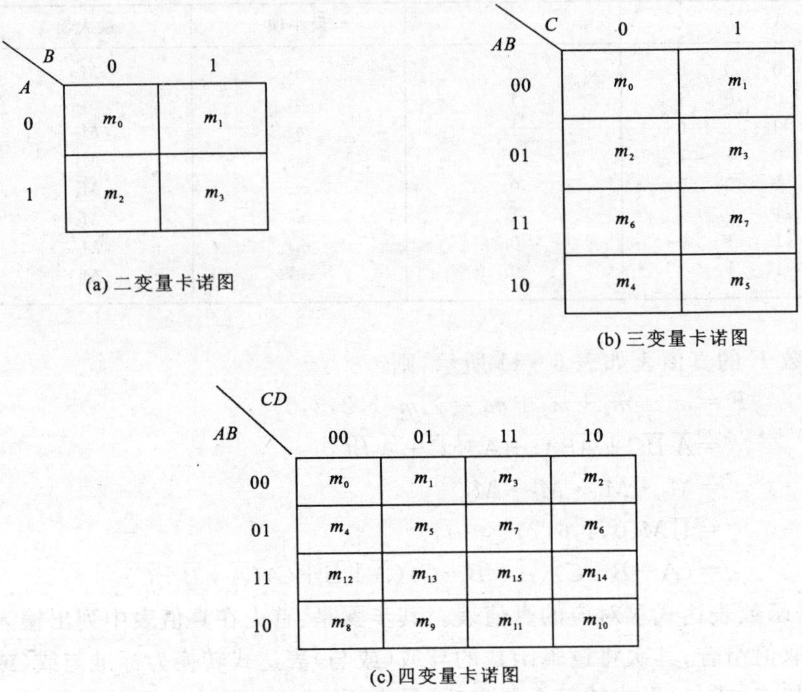

图 6-20　二、三、四变量的卡诺图

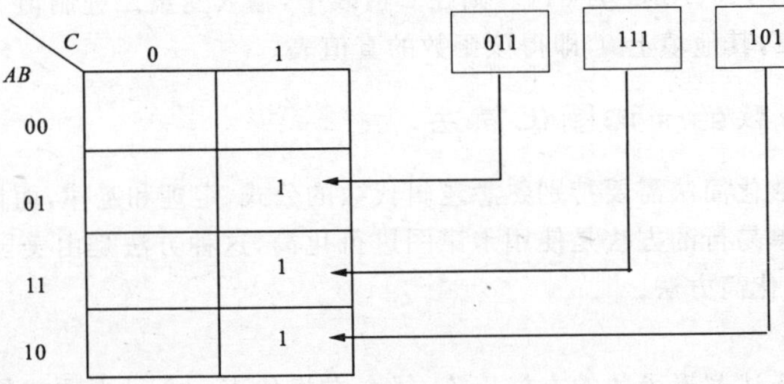

图 6-21　标准与或表达式的卡诺图

如果是非标准形式的与或表达式，可利用 6.4 节所介绍的方法将它转换为标准形式。

例 6-9　用卡诺图表示下面的逻辑函数。

$$F=\overline{A}BCD+ABD+ACD$$

解：首先将逻辑函数 F 化为若干个最小项之和的标准形式：

$$\begin{aligned}F&=\overline{A}BCD+ABD+ACD\\&=\overline{A}BCD+ABD(C+\overline{C})+ACD(B+\overline{B})\\&=\overline{A}BCD+ABCD+AB\overline{C}D+ABCD+A\overline{B}CD\\&=\sum m(7,11,13,15)\end{aligned}$$

画出四变量的卡诺图，在对应于该函数 F 中各最小项的方格中填入 1，其余方格中填入 0，就得到了如图 6－22 所示的卡诺图。

AB \ CD	00	01	11	10
00	0	0	0	0
01	0	0	1	0
11	0	1	1	0
10	0	0	1	0

图 6－22　四变量卡诺图

当然，也可直接由非标准形式的与或表达式得到相应的卡诺图，详见下面的例题。

例 6－10　用卡诺图表示下面的逻辑函数。

$$F=\overline{A}\,\overline{D}+\overline{B}C$$

解：在变量 A、D 取值均为 00 的所有方格中填入 1；在变量 B、C 取值分别为 0、1 的所有方格中填入 1，其余方格中填入 0（如图 6－23）。

AB \ CD	00	01	11	10
00	1	0	1	1
01	1	0	0	1
11	0	0	0	0
10	0	0	1	1

图 6－23　非标准与或表达式的卡诺图例子

6.2.7　与或表达式的卡诺图化简

1）卡诺图化简的依据

在卡诺图中，如果两个最小项之间只有一个变量取值不同，其余变量相同，则称它们具有“逻辑相邻性”，这两个最小项为“逻辑相邻最小项”。如：ABC 和 $AB\overline{C}$。显然，几何位置相邻（仅指上下或左右，不包括对角）的方格所对应的最小项一定是逻辑相邻最小项。此外，与卡诺图中心轴对称的左右两边方格对应的最小项之间及上下两边方格对应的最小项之间也是逻辑相邻最小项。如图 6－23 中 m_0 与 m_2 之间及 m_1 与 m_9 之间是逻辑相邻最小项（图 6－24）。

两个相邻最小项可以合并为一项并消去一个变量。例如：$AB+A\overline{B}=A$。这就是卡诺图化简的依据。因此，逻辑函数化简的实质就是在卡诺图中寻找逻辑相邻最小项，并将它们进行合并。

2）卡诺图化简的步骤

第一步：对卡诺图中的“1”进行分组，并将每组用“圈”围起来。根据以下规则分组。

AB \ CD	00	01	11	10
00	m_0	m_1	m_3	m_2
01	m_4	m_5	m_7	m_6
11	m_{12}	m_{13}	m_7	m_{14}
10	m_8	m_9	m_{11}	m_{10}

图 6-24　逻辑相邻最小项的概念

(1)每个圈内只能含有 2^n($n=0,1,2,3,\cdots$)个最小项。

(2)圈内的每一个最小项必须和该圈中的一个或多个最小项逻辑相邻,但该圈中的所有最小项并不一定必须相互逻辑相邻。

(3)所有取值为 1 的方格均要被圈过,即不能漏下取值为 1 的方格。但它们可以多次被圈。

(4)圈的个数尽量少,圈内方格的个数尽可能多。

第二步:由每个圈得到一个合并的与项。该与项由该圈中仅仅以一种形式(原变量或者反变量)出现的所有变量构成,即消去同时以原变量和反变量形式出现的变量。

第三步:将上一步各合并与项相加,即得所求的最简"与或"表达式。

例 6-11　用卡诺图化简法求出逻辑函数 $F(A,B,C,D)=\sum m(1,3,5,7,8,9,10,11,14,15)$ 的最简与或式。

解:首先画出该逻辑函数的卡诺图(图 6-25):

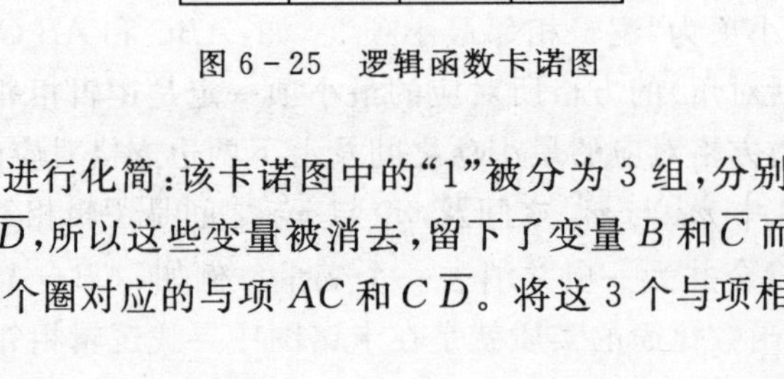

图 6-25　逻辑函数卡诺图

然后按照以上步骤进行化简:该卡诺图中的"1"被分为 3 组,分别对应 3 个圈。第 1 个圈中出现了 A 和 $\overline{A}$、D 和 $\overline{D}$,所以这些变量被消去,留下了变量 B 和 $\overline{C}$ 而形成合并后的与项 $B\overline{C}$。同样方法可得到其他两个圈对应的与项 AC 和 $C\overline{D}$。将这 3 个与项相加就得到最简"与或"表达式:

$$B\overline{C}+AC+C\overline{D}$$

6.3 组合逻辑电路

6.3.1 组合逻辑电路

组合逻辑电路是一种用逻辑门电路组成的，并且输出与输入之间不存在反馈电路和不含有记忆延迟单元的逻辑电路，可用图 6-26 框图来描述组合逻辑电路。

图 6-26 组合逻辑电路框图

一个组合逻辑电路可以有多个输入，如 m 个输入；也可以有多个输出，如 n 个输出。因为组合逻辑电路中不存在反馈电路和记忆延迟单元，所以，某一时刻的输入决定这一时刻的输出，与这一时刻前的输入(过程)无关。换句话说，即当时的输入决定当时的输出。组合逻辑电路的输出和输入关系可用逻辑函数来表示。即

$$Y_j(t)= f_j[X_0(t),X_1(t),\cdots,X_i(t),\cdots,X_{m-1}(t)]$$

或写为

$$Y_j= F_j(X_0,X_1,\cdots,X_i,\cdots,X_{m-1})$$

6.3.2 常用组合逻辑器件的原理及集成电路

在数字集成产品中有许多具有特定组合逻辑功能的数字集成器件，称为组合逻辑器件(或组合逻辑部件)。本节主要介绍这些组合器件以及这些组合部件的应用。

1)编码器

组合逻辑部件中的编码器是对输入赋予一定的二进制代码，给定输入就有相应的二进制码输出。常用的编码器有二进制编码器和二-十进制编码器等。所谓二进制编码器是指输入变量数(m)和输出变量数(n)成 2^n倍关系的编码器，如有 4 线/2 线，8 线/3 线，16 线/4 线的集成二进制编码器；二-十进制编码器是输入十进制数(十个输入分别代表 0～9 十个数)输出相应 BCD 码的 10 线/4 线编码器。

(1)二进制编码器。它是对 2 个输入进行二进制编码的组合逻辑器件，按输出二进制位数称为 n 位二进制编码器。2 线-4 线编码器有 4 个输入(I_0、I_1、I_2、I_3分别表示 0～3 四个数或四个事件)，给定一个数(或出现某一事件)以该输入为 1 表示，编码器输出对应二位二进制码(Y_1Y_0)，其真值表如表 6-12 所示。根据真值表可得最小项表达式：

$$Y_0(I_0,I_1,I_2,I_3) = \sum m(1,4);Y_1(I_0,I_1,I_2,I_3) = \sum m(1,2)$$

若限定输入中只能有一个为“1”，那么，输出表达式可以用下式表示：

$$\begin{cases} Y_0=I_1+I_3=\overline{\overline{I_1}\ \overline{I_3}} \\ Y_1=I_2+I_3=\overline{\overline{I_2}\ \overline{I_3}} \end{cases}$$

由此输出函数表达式可得与非门组成的，如图 6－27 所示的 2 线－4 线编码器逻辑图。

表 6－12　2 线－4 线编码器真值表

I_0	I_1	I_2	I_3	Y_1	Y_2
1	0	0	0	0	0
0	1	0	0	0	1
0	0	1	0	1	0
0	0	0	1	1	1

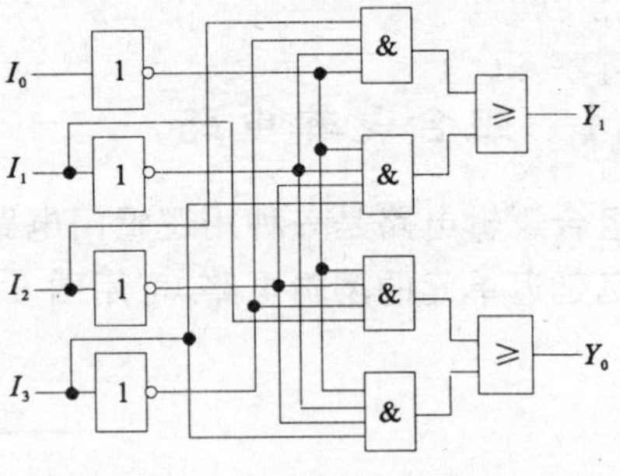

图 6－27　2 线－4 线编码器逻辑图

(2)优先编码器。由上述编码器真值表可以知道，4 个输入中只允许一个输入有信号(输入高电平)。若 I_1 和 I_2 同时为 1，则输出 Y_1Y_0 为 11，此二进制码是 I_3 有输入时的输出编码。即此编码器在多个输入有效时会出现逻辑错误，这是其一。其二，在无输入时，即输入全为 0 时，输出 Y_1Y_0 为 00，与 I_0 为 1 时相同。也就是说，当 $Y_1Y_0=00$ 时，输入端 I_0 并不一定有信号。

为了解决多个输入同时有效的问题可采用优先编码方式。优先编码指按输入信号优先权对输入编码，既可以大数优先，也可以小数优先。为了解决输出唯一性问题可增加输出使能端 E_O，用以指示输出的有效性。

大数优先编码器真值表如表 6－13 所示。这里增加一个输入使能信号 E_I，E_I 等于零时，禁止输入，此时无论输入是什么，输出都无效。只有 E_I 等于 1 时才具有优先编码功能。增加的输出使能信号 E_O 为 1 时，表示输出有效。

表 6－13　2 线－4 线优先编码器真值

E_I	I_0	I_1	I_2	I_3	Y_1	Y_0
0	×	×	×	×	0	0
1	0	0	0	0	0	0
1	1	0	0	0	0	1
1	×	1	0	0	1	1
1	×	×	1	0	0	1

$$Y_1=E_I(I_2\overline{I_3}+I_3)=E_I(I_2+I_3)$$

$$Y_0=E_I(I_1\overline{I_2}\,\overline{I_3}+I_3)=E_I(I_1\overline{I_2}+I_3)$$

$$E_O=E_I(I_0\overline{I_1}\,\overline{I_2}\,\overline{I_3}+I_1\overline{I_2}\,\overline{I_3}+I_2\overline{I_3}+I_3)=E_I(I_0+I_1+I_2+I_3)$$

由于输入变量数较多，一般通过对真值表分析直接写表达式。例如，Y_1 有两项“1”，对应有两个乘积项。一项为 $E_I I_3$，另一项为 $E_I I_2\overline{I_3}$。再利用吸收公式简化，得 Y_1 表达式。同理，可得 Y_0、E_O 两个输出表达式。用与或非门实现此逻辑功能的逻辑图如图 6－28(a)，图 6－28(b)给出了该逻辑电路的方框图，一般输入写在方框左边，输出写在方框右边。方框图只能表示输入和输出端，而输入输出间逻辑关系需用功能表或真值表来描述。

(3)二－十进制编码器。二－十进制编码器对 10 个输入 $I_0\sim I_9$(代表 0～9)进行 8421BCD

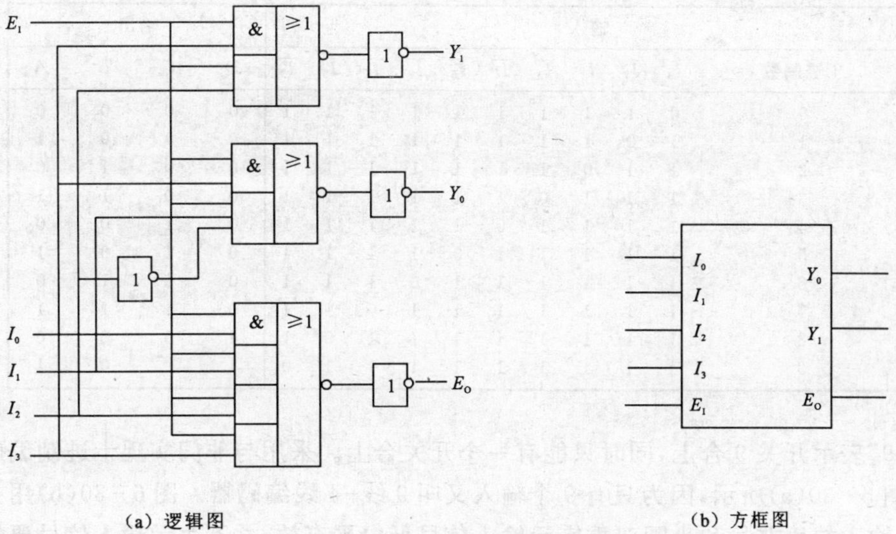

(a) 逻辑图　　　　(b) 方框图

图 6 - 28　具有输入输出使能的优先编码器

编码，输出一位 BCD 码(ABCD)。输入十进制数可以是键盘，也可以是开关输入。但输入有高电平有效和低电平有效之分，如图 6 - 29 所示。图 6 - 29(a)中开关按下时给编码器输入低电平有效信号；图 6 - 29(b)中开关按下时给编码器输入高电平有效信号。比较图 6 - 29(a)、(b)两图，图 6 - 29(a)中 R 可选较大阻值，图 6 - 29(b)中 R 应小于门电路的关门电阻 R_{OFF}，实际应用中多采用低电平有效信号。

(a) 开关按下时输入低电平有效信号　　　　(b) 开关按下时输入高电平有效信号

图 6 - 29　键控输入信号电路图

若输入信号低电平有效可得二-十进制编码器真值表，如表 6 - 14 所示，表中输入变量上的非代表输入低电平有效的意义。

输出逻辑函数为

$$\begin{cases} D=\text{“9”}+\text{“8”}=I_9+I_8=\overline{\bar{I}_9\bar{I}_8} \\ C=\text{“7”}+\text{“6”}+\text{“5”}+\text{“4”}=I_7+I_6+I_5+I_4=\overline{\bar{I}_7\bar{I}_6\bar{I}_5\bar{I}_4} \\ B=\text{“7”}+\text{“6”}+\text{“3”}+\text{“2”}=I_7+I_6+I_3+I_2=\overline{\bar{I}_7\bar{I}_6\bar{I}_3\bar{I}_2} \\ A=\text{“9”}+\text{“7”}+\text{“5”}+\text{“3”}+\text{“1”}=I_9+I_7+I_5+I_3+I_1=\overline{\bar{I}_9\bar{I}_7\bar{I}_5\bar{I}_3\bar{I}_1} \end{cases}$$

表 6-14　4 线-10 线编码器真值表

输入											输出			
十进制数	$\overline{I_0}$	$\overline{I_1}$	$\overline{I_2}$	$\overline{I_3}$	$\overline{I_4}$	$\overline{I_5}$	$\overline{I_6}$	$\overline{I_7}$	$\overline{I_8}$	$\overline{I_9}$	D	C	B	A
0	0	1	1	1	1	1	1	1	1	1	0	0	0	0
1	1	0	1	1	1	1	1	1	1	1	0	0	0	1
2	1	1	0	1	1	1	1	1	1	1	0	0	1	0
3	1	1	1	0	1	1	1	1	1	1	0	0	1	1
4	1	1	1	1	0	1	1	1	1	1	0	1	0	0
5	1	1	1	1	1	0	1	1	1	1	0	1	0	1
6	1	1	1	1	1	1	0	1	1	1	0	1	1	0
7	1	1	1	1	1	1	1	0	1	1	0	1	1	1
8	1	1	1	1	1	1	1	1	0	1	1	0	0	0
9	1	1	1	1	1	1	1	1	1	0	1	0	0	1

式中“9”表示开关 9 合上，同时只能有一个开关合上。采用与非门实现十进制编码电路的逻辑图如图 6-30(a)所示，因为只有 9 个输入又叫 9 线-4 线编码器。图 6-30(b)用方框表示此编码器，输入端用非号和小圈双重表示输入信号低电平有效，并不表示输入信号要经过两次反相。输出端没有小圈和非符号，表示输出高电平有效。

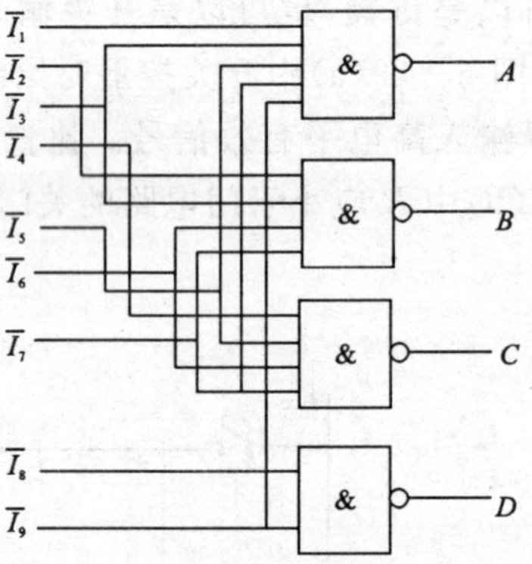

(a) 十进制编码逻辑图

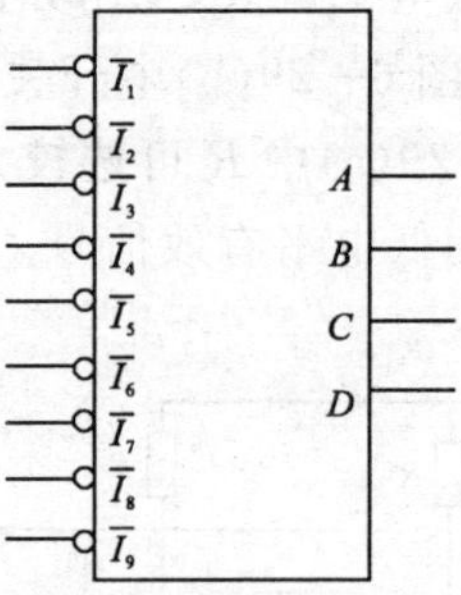

(b) 方框图

图 6-30　十进制编码逻辑图及方框图

2)译码器

译码是编码的逆过程，所以，译码器的逻辑功能就是还原输入逻辑信号的逻辑原意。按功能，译码器有两大类：通用译码器和显示译码器。

(1)通用译码器。通用译码器是指将输入 n 位二进制码还原成 2^n 个输出信号，或将一位 BCD 码还原为 10 个输出信号的译码器，称为 2 线-4 线译码器、3 线-8 线译码器，4 线-10 线译码器等。

①2 线-4 线译码器。广义上讲，通用译码器给定一个(二进制或 BCD 码)输入就有一个输出(高电平或低电平)有效，表明该输入状态。一般来说，每一个输出函数都是一个最小项。表6-15给出了两位二进制通用译码器的真值表，其输出函数为

$$\begin{cases} Y_0=\overline{A}_1\overline{A}_0=m_0 \\ Y_1=\overline{A}_1A_0=m_1 \\ Y_2=\overline{A}_1\overline{A}_0=m_2 \\ Y_3=A_1A_0=m_3 \end{cases}$$

表 6-15　2 线-4 线译码器真值表

A_1	A_0	Y_0	Y_1	Y_2	Y_3
0	0	1	0	0	0
0	1	0	1	0	0
1	0	0	0	1	0
1	1	0	0	0	1

从而得逻辑图如图 6-31 所示。

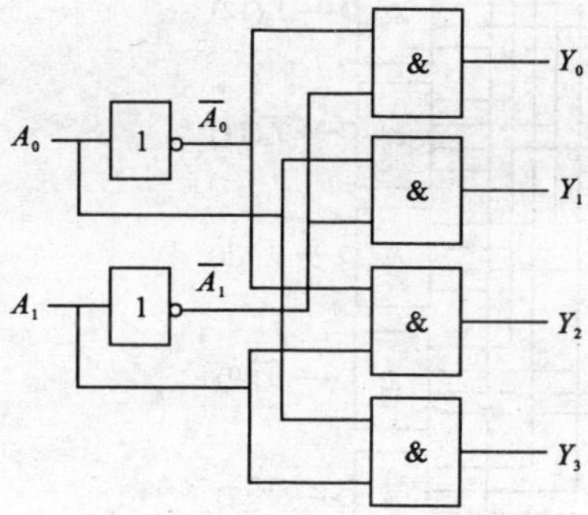

图 6-31　2 线-4 线译码器逻辑图

②集成 3 线-8 线译码器 74138。除了 3 线-8 线的基本译码输入输出端外，为便于扩展成更多位的译码电路和实现数据分配功能，74138 还有 3 个输入使能端 EN_1、$\overline{EN}_{2A}$ 和 $\overline{EN}_{2B}$。74138 真值表和内部逻辑图分别见表 6-16 和图 6-32(a)。

表 6-16　译码器 74138 真值表

EN_1	$\overline{EN}_{2A}$	$\overline{EN}_{2B}$	A_2	A_1	A_0	$\overline{Y}_7$	$\overline{Y}_6$	$\overline{Y}_5$	$\overline{Y}_4$	$\overline{Y}_3$	$\overline{Y}_2$	$\overline{Y}_1$	$\overline{Y}_0$
0	X	X	X	X	X	1	1	1	1	1	1	1	1
X	1	X	X	X	X	1	1	1	1	1	1	1	1
X	X	1	X	X	X	1	1	1	1	1	1	1	1
			0	0	0	1	1	1	1	1	1	1	0
			0	0	1	1	1	1	1	1	1	0	1
			0	1	0	1	1	1	1	1	0	1	1
1	0	0	0	1	1	1	1	1	1	0	1	1	1
			1	0	0	1	1	1	0	1	1	1	1
			1	0	1	1	1	0	1	1	1	1	1
			1	1	0	1	0	1	1	1	1	1	1
			1	1	1	0	1	1	1	1	1	1	1

图 6-32(c)所示符号图中，输入输出低电平有效用极性指示符表示，同时极性指示符又标明了信号方向。74138 的 3 个输入使能(又称选通 ST)信号之间是与逻辑关系，EN_1 高电平有效，$\overline{EN}_{2A}$ 和 $\overline{EN}_{2B}$ 低电平有效。只有在所有使能端都为有效电平($EN_1\ \overline{EN}_{2A}\ \overline{EN}_{2B}=100$)时，74138 才对输入进行译码，相应输出端为低电平，即输出信号为低电平有效。在 $EN_1\ \overline{EN}_{2A}\ \overline{EN}_{2B}\neq 100$ 时，译码器停止译码，输出无效电平(高电平)。

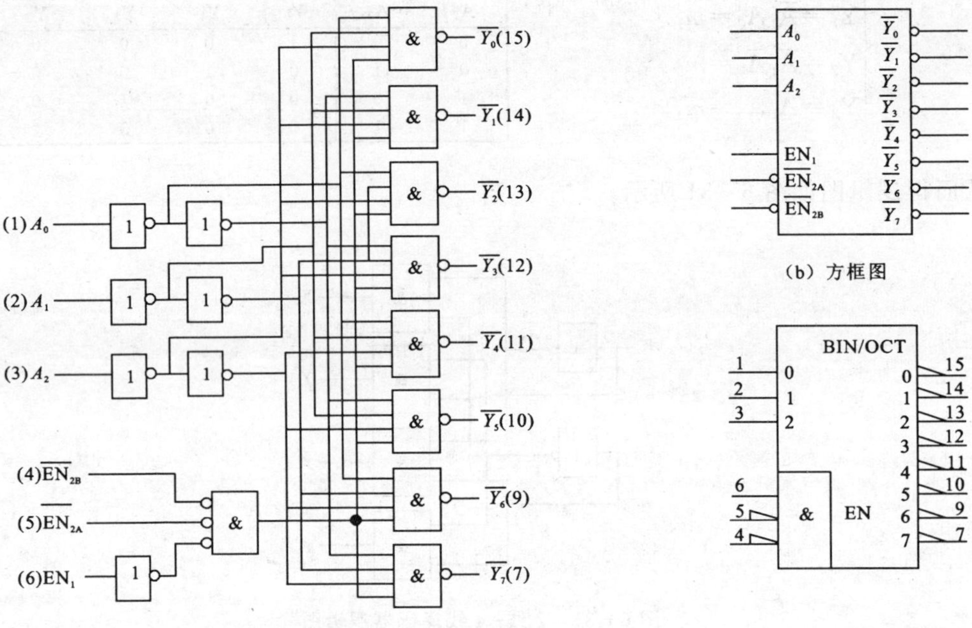

(a) 逻辑图　(b) 方框图　(c) 符号图

图 6-32　3 线-8 线译码器 74138

(2)显示译码器:

①七段字符显示器。在数字系统中,经常要用到字符显示器。目前,常用字符显示器有发光二极管 LED 字符显示器和液态晶体 LCD 字符显示器。

发光二极管是用砷化镓、磷化镓等材料制造的特殊二极管。在发光二极管正向导通时,电子和空穴大量复合,把多余能量以光子形式释放出来,根据材料的不同发出不同波长的光。发光二极管既可以用高电平点亮,也可以用低电平驱动,分别如图 6-33(a)和(b)所示。其中限流电阻一般几百到几千欧姆,由发光亮度(电流)决定。

(a) 高电平驱动　(b) 低电平驱动

图 6-33　发光二极管驱动电路

将 7 个发光二极管封装在一起,每个发光二极管做成字符的一个段,就是所谓的 7 段 LED 字符显示器。根据内部连接的不同,LED 显示器有共阴和共阳之分,如图 6-34 所示。由图 6-34 可知,共阴 LED 显示器适用于高电平驱动,共阳 LED 显示器适用于低电平驱动。由于集成电路的高电平输出电流小,而低电平输出电流相对比较大,采用集成门电路直接驱动

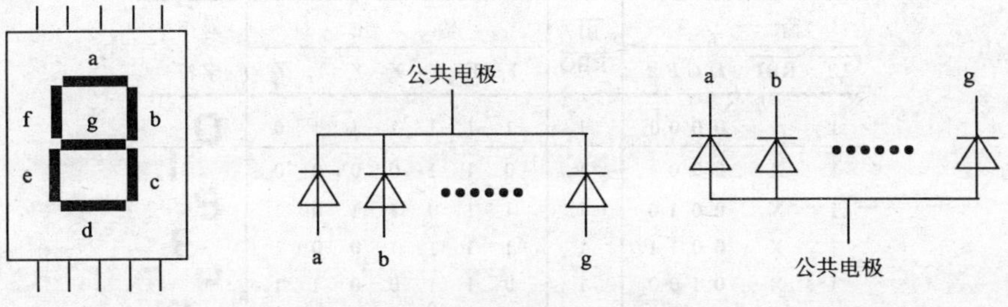

（a）字段排列　　（b）共阴极LED　　（c）共阳极LED

图 6－34　7 段字符显示器

LED 时，较多地采用低电平驱动方式。

液晶 7 段字符显示器 LCD 利用液态晶体有外加电场和无外加电场时不同的光学特性来显示字符。无外加电场时，液晶排列整齐，入射光大部分反射回来，液晶呈透明状态。外加电场时，液晶因电离而打破分子规则排列，入射光散射，仅一小部分反射回来，液晶呈混浊状态，显示暗灰色。LCD 字符显示器的 7 段透明电极做成如图 6－34(a)形状，并有一公共电极称为背电极也做成此形状。透明电极和背电极之间加电场，LCD 显示此透明电极形状。为防止液晶疲劳，提高液晶寿命，显示字符时应在透明电极和公共电极之间加 50～500Hz 的交变电场。通常用异或门来产生所需交变电场，如图 6－35 所示。

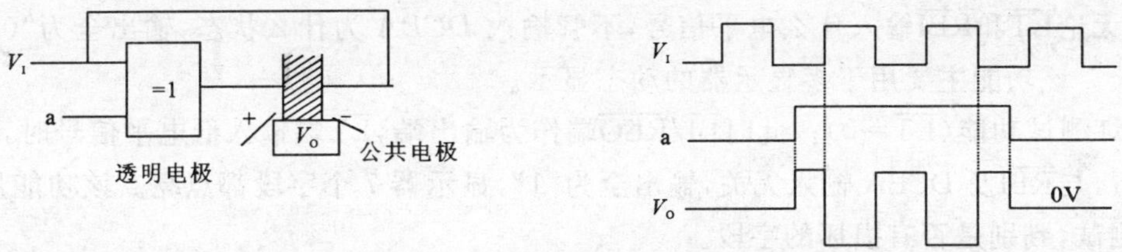

图 6－35　LCD 显示驱动电路及波形

②集成 7 段显示译码器 7448。集成显示译码器有多种型号，有 TTL 集成显示译码器，也有 CMOS 集成显示译码器；有高电平输出有效的，也有低电平输出有效的；有推挽输出结构的，也有集电极开路输出结构；有带输入锁存的，有带计数器的集成显示译码器。就 7 段显示译码器而言，它们的功能大同小异，主要区别在于输出有效电平。7 段显示译码器 7448 是输出高电平有效的译码器，其真值表如表 6－17。

7448 除了有实现 7 段显示译码器基本功能的输入(*DCBA*)和输出($Y_a \sim Y_g$)端外，7448 还引入了灯测试输入端($\overline{LT}$)和动态灭零输入端($\overline{RBI}$)，以及既有输入功能又有输出功能的消隐输入/动态灭零输出($\overline{BI}/\overline{RBO}$)端。

由 7448 真值表可获知 7448 所具有的逻辑功能：

(a)7 段译码功能($\overline{LT}=1,\overline{RBI}=1$)。在灯测试输入端($\overline{LT}$)和动态灭零输入端($\overline{RBI}$)都接无效电平时，输入 *DCBA* 经 7448 译码，输出高电平有效的 7 段字符显示器的驱动信号，显示相应字符。除 *DCBA*＝0000 外，$\overline{RBI}$也可以接低电平，见表 6－17 中 1～16 行。

表 6-17　7 段显示译码器 7448 真值表

输入			$\overline{BI}$/	输出							显示
$\overline{LT}$	$\overline{RBI}$	$D\ C\ B\ A$	$\overline{RBO}$	Y_a	Y_b	Y_c	Y_d	Y_e	Y_f	Y_g	字符
1	1	0 0 0 0	1	1	1	1	1	1	1	0	0
1	X	0 0 0 1	1	0	1	1	0	0	0	0	1
1	X	0 0 1 0	1	1	1	0	1	1	0	1	2
1	X	0 0 1 1	1	1	1	1	1	0	0	1	3
1	X	0 1 0 0	1	0	1	1	0	0	1	1	4
1	X	0 1 0 1	1	1	0	1	1	0	1	1	5
1	X	0 1 1 0	1	0	0	1	1	1	1	1	6
1	X	0 1 1 1	1	1	1	1	0	0	0	0	7
1	X	1 0 0 0	1	1	1	1	1	1	1	1	8
1	X	1 0 0 1	1	1	1	1	0	0	1	1	9
1	X	1 0 1 0	1	0	0	0	1	1	0	1	c
1	X	1 0 1 1	1	0	0	1	1	0	0	1	ɔ
1	X	1 1 0 0	1	0	1	0	0	0	1	1	u
1	X	1 1 0 1	1	1	0	0	1	0	1	1	[illegible]
1	X	1 1 1 0	1	0	0	0	1	1	1	1	[illegible]
1	X	1 1 1 1	1	0	1	1	0	0	0	0	
X	X	X X X X	0	0	0	0	0	0	0	0	
1	0	0 0 0 0	0	0	0	0	0	0	0	0	
0	X	X X X X	1	1	1	1	1	1	1	1	8

(b)消隐功能($\overline{BI}$=0)。此时$\overline{BI}$/$\overline{RBO}$端作为输入端，该端输入低电平信号时，表 6-17 倒数第 3 行，无论$\overline{LT}$和$\overline{RBI}$输入什么电平信号，不管输入 *DCBA* 为什么状态，输出全为“0”，7 段显示器熄灭。该功能主要用于多显示器的动态显示。

(c)灯测试功能($\overline{LT}$=0)。此时$\overline{BI}$/$\overline{RBO}$端作为输出端，$\overline{LT}$端输入低电平信号时，表 6-17 最后一行，与$\overline{RBI}$及 DCBA 输入无关，输出全为“1”，显示器 7 个字段都点亮。该功能用于 7 段显示器测试，判别是否有损坏的字段。

(d)动态灭零功能($\overline{LT}$=1，$\overline{RBI}$= 0)。此时$\overline{BI}$/$\overline{RBO}$端也作为输出端，$\overline{LT}$端输入高电平信号，$\overline{RBI}$端输入低电平信号，若此时 *DCBA* = 0000，表 6-17 倒数第 2 行，输出全为“0”，显示器熄灭，不显示这个零。*DCBA*≠0，则对显示无影响。该功能主要用于多个 7 段显示器同时显示时熄灭高位的零。

图 6-36 给出了 7448 的逻辑图、方框图和符号图。由符号图可以知道，4 号端具有输入和输出双重功能。作为输入($\overline{BI}$)，低电平时，G_{21}为 0，所有字段输出置 0，即实现消隐功能。作为输出($\overline{RBO}$)，相当于$\overline{LT}$，$\overline{RBI}$及 *DCBA* 的与非关系，即$\overline{LT}$=1，$\overline{RBI}$=0，*DCBA*=0000 时，$\overline{RBO}$输出低电平，可实现动态灭零功能。3 号($\overline{LT}$)端有效低电平时，V_{20}=1，所有字段置 1，实现灯测试功能。

③CMOS BCD 7 段字符显示译码器 4511。4511 为 CMOS 7 段显示译码器，具有锁存/译码/驱动功能。其管脚名称和功能如图 6-37 所示，$\overline{LT}$为灯测试端，$\overline{BI}$为灯熄灭端，LE 为锁存使能端。表 6-18 列出了 4511 的逻辑功能。

从表 6-18 可以知道，$\overline{LT}$=0(低电平有效)时，所有字段亮，实现灯测试功能。$\overline{BI}$=0(低电平有效)时，所有字段熄灭，实现消隐功能。在$\overline{LT}$和$\overline{BI}$均为高电平时，4511 实现 BCD 译码

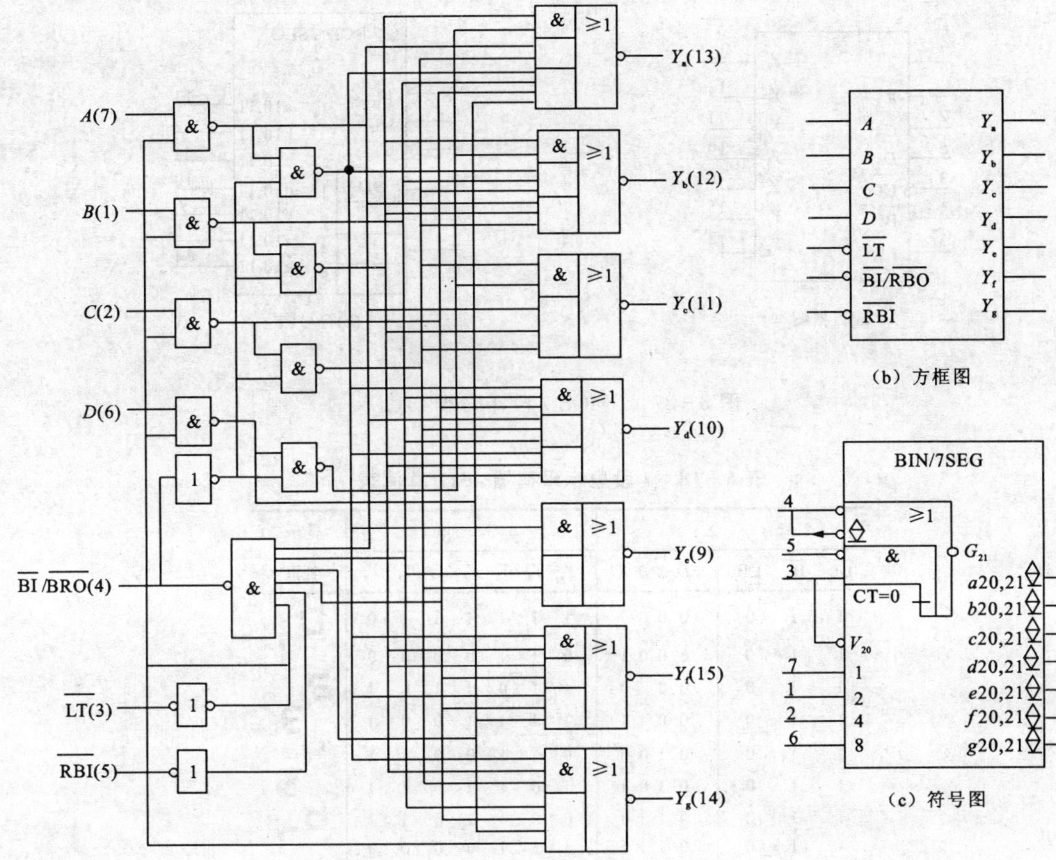

(a) 逻辑图　(b) 方框图　(c) 符号图

图 6-36　7 段显示译码器 7448

显示功能。此时，锁存使能 LE 端(高电平有效)信号决定译码显示内容。LE＝1，显示 LE 上跳时锁存入 4511 内锁存器的输入 BCD 码字符，以后输入变化显示内容不变；LE＝0，显示此时输入的 BCD 码相对应的字符，但只能显示字符“0”～“9”。利用 4511 的锁存功能，多个 7 段译码器可以实现数据线共享。

图 6-37(b)所示符号图中，其限定符号是 BCD/7SEG，也就是说只能对 BCD 码进行译码显示。关联信号 V_{11} 为 1，即外部输入 $\overline{LT}$ 为 0 时，受影响输出 $Y_a \sim Y_g$ 置 1，实现灯测试功能。关联信号 G_{10} 为 0，即外部输入 $\overline{BI}$ 为 0 时，受影响输出 $Y_a \sim Y_g$ 置 0，实现灭灯功能。控制信号 C_9 为 1，即 LE 为 0 时，受影响单元 9D(寄存器)寄存输入数据；C_9 为 0 时，寄存器数据不变。符号图描述的功能与表 6-18 一致。

④显示译码器应用。在多个 7 段显示器显示字符时，通常不希望显示高位的“0”，例如，四位十进制显示时，数 12 应显示为“12”而不是“0012”，即要把高位的两个“0”消隐掉。具有此功能的译码显示电路如图 6-38。

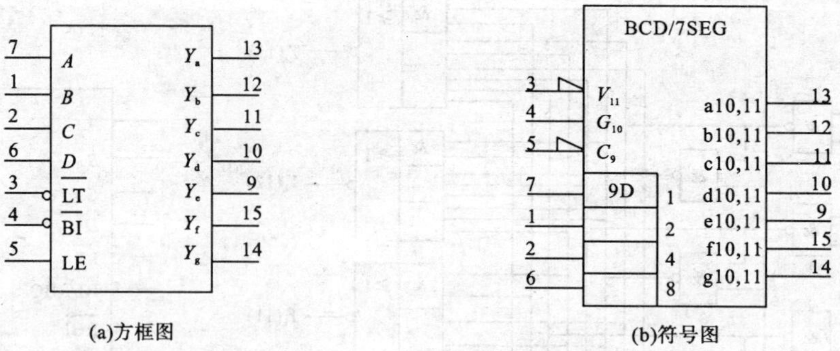

图 6-37　CMOS 7 段译码器 4511

表 6-18　7 段显示译码器 4511 真值表

输入				输出							显示
$\overline{LT}$	$\overline{BI}$	LE	$DCBA$	Y_a	Y_b	Y_c	Y_d	Y_e	Y_f	Y_g	字符
1	1	0	0000	1	1	1	1	1	1	0	0
1	1	0	0001	0	1	1	0	0	0	0	1
1	1	0	0010	1	1	0	1	1	0	1	2
1	1	0	0011	1	1	1	1	0	0	1	3
1	1	0	0100	0	1	1	0	0	1	1	4
1	1	0	0101	1	0	1	1	0	1	1	5
1	1	0	0110	0	0	1	1	1	1	1	6
1	1	0	0111	1	1	1	0	0	0	0	7
1	1	0	1000	1	1	1	1	1	1	1	8
1	1	0	1001	1	1	1	0	0	1	1	9
1	1	0	1010	0	0	0	0	0	0	0	
1	1	0	1011	0	0	0	0	0	0	0	
1	1	0	1100	0	0	0	0	0	0	0	
1	1	0	1101	0	0	0	0	0	0	0	
1	1	0	1110	0	0	0	0	0	0	0	
1	1	0	1111	0	0	0	0	0	0	0	
1	1	1	XXXX		*						*
1	0	X	XXXX	0	0	0	0	0	0	0	
0	X	X	XXXX	1	1	1	1	1	1	1	8

备注：*——取决于 LE 上跳时 BCD 输入

图 6-38 中高位动态灭零输出作为低位动态灭零输入。由于最高位动态灭零输入接低电平，7448-1 输入 $DCBA$=0000，显示熄灭，同时 7448-1 灭零输出$\overline{RBO}$=0 使 7448-2 处于动态灭零状态，7448-2 输入 $DCBA$=0000，显示也熄灭；虽然 7448-3 动态灭零输入也是低电平，但输入 $DCBA\neq0000$，所以显示字符“1”，且动态灭零输出为高电平；7448-4 的$\overline{RBI}$=1，显示字符“2”，若 7448-4 输入 $DCBA$=0000 则可以显示这个“0”。

图 6-39 给出了 3 位字符动态显示电路及相应的选通信号(ST)，同一时间只有一个选通信号有效(高电平)，输入 BCD 码数据线共用。ST_1=1，7448-1 译码驱动对应显示器，其他两

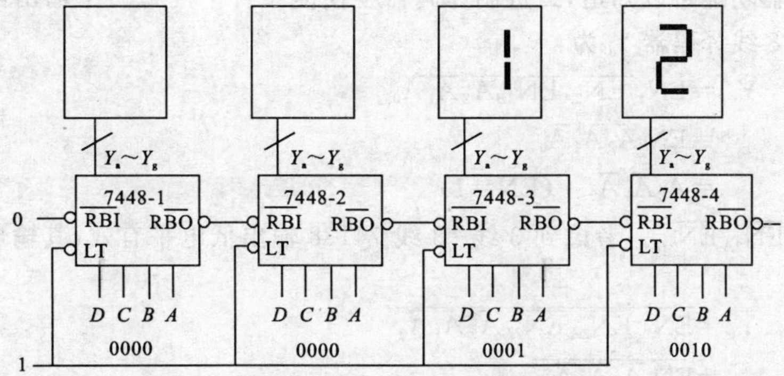

图 6－38　高位“0”消隐的四位译码显示电路

个译码器工作在消隐状态对应显示器熄灭，此时数据线输入个位显示字符的 BCD 码。$ST_2=1$，中间译码器工作，输入 $DCBA$ 应是百位显示字符的 BCD 码。依此类推，每个字符显示器只在相应 ST 为 1 时点亮，这种工作方式称为动态扫描方式。

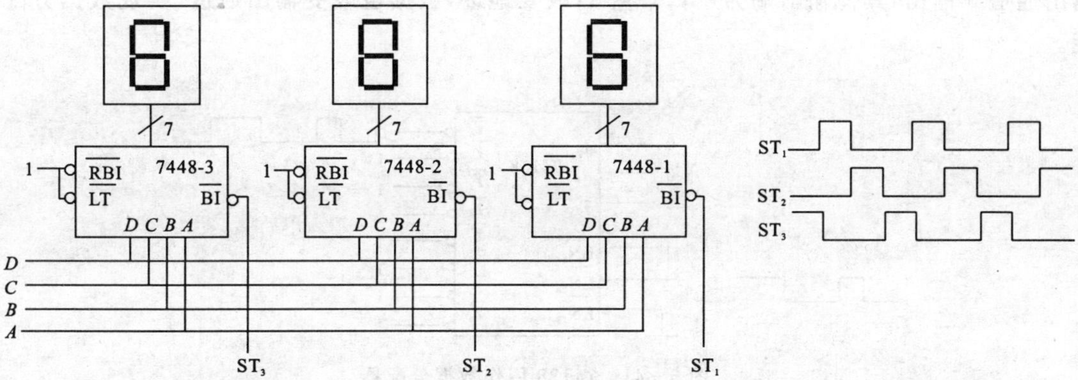

图 6－39　3 位字符动态显示电路

3)数据分配器和数据选择器

(1)数据分配器。数据分配是指信号源输入的二进制数据按需要分配到不同的输出通道，如图 6－40 所示，实现这种逻辑功能的组合逻辑器件称为数据分配器，$M(=2^N)$输出通道需要 N 位二进制信号来选择输出通道，称为 N 位地址(信号)。

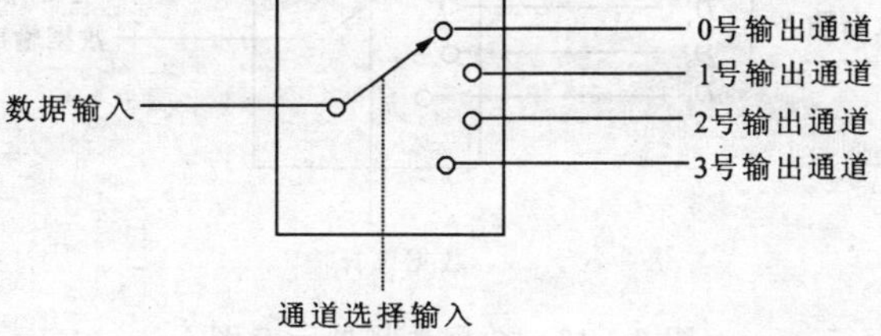

图 6－40　数据分配器示意图

由通用译码器功能可以知道，二进制译码器在使能条件下的每一个输出函数都是一个最小项，例如 3 线-8 线译码器 Y_0 为

$$\begin{aligned} Y_0 &= EN_1\,\overline{EN_{2A}}\,\overline{EN_{2B}}\,\overline{A}_2\overline{A}_1\overline{A}_0 \\ &= EN\,\overline{A}_2\overline{A}_1\overline{A}_0 \\ &= \overline{A}_2\overline{A}_1\overline{A}_0 \quad (EN=1) \end{aligned}$$

其中，$EN=EN_1\,\overline{EN_{2A}}\,\overline{EN_{2B}}$。考虑到 3 线-8 线 74138 输出低电平有效，其输出函数可写成以下形式：

$$\begin{aligned} \overline{Y}_0 &= \overline{EN_1\,\overline{EN_{2A}}\,\overline{EN_{2B}}\,\overline{A}_2\overline{A}_1\overline{A}_0} \\ &= \overline{EN\,\overline{A}_2\overline{A}_1\overline{A}_0} \\ &= \overline{\overline{A}_2\overline{A}_1\overline{A}_0} \quad (EN=1) \end{aligned}$$

若将使能端作为数据输入端，即 $EN=\overline{D}$，则输出

$$\overline{Y}_i=\overline{\overline{D}m_i}。$$

74138 的 $A_2A_1A_0$ 相当于图 6-40 中的通道选择信号，也称作为地址。输入某一地址，相应的 $m_i=1$，该地址对应的通道输出数据 $Y_i=D$。如图 6-41 所示，地址 $A_2A_1A_0=000$ 时，数据由通道 0 输出，其他输出端为逻辑常量 1；改变地址，数据也改变输出通道，实现数据分配功能。

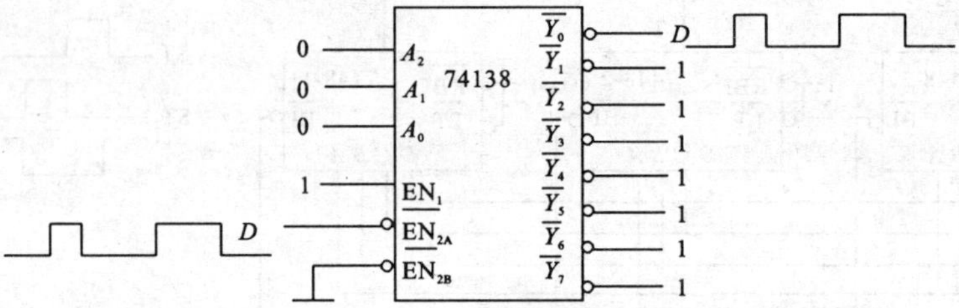

图 6-41　74138 用作数据分配器

(2)数据选择器。数据选择器的逻辑功能与数据分配器的逻辑功能相反，是将多个数据源输入的数据有选择地送到公共输出通道，其功能示意图如图 6-42 所示。一般地说，数据选择器的数据输入端数 M 和数据选择端数 N 成 2^N 倍关系，数据选择端确定一个二进制码(或称为地址)，对应地址通道的输入数据被传送到输出端(公共通道)。

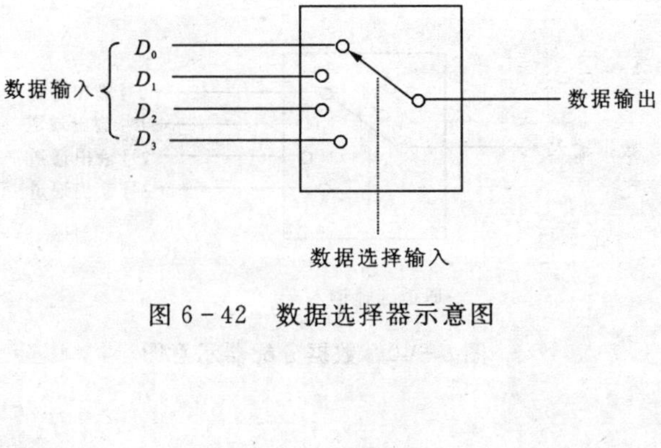

图 6-42　数据选择器示意图

4 选 1 数据选择器有 4 个数据输入端(D_3,D_2,D_1,D_0)和两个数据选择输入端(A_1,A_0)，一个数据输出端(Y)，另外附加一个使能(选通)端(EN)。根据 4 选 1 数据选择器功能，并设使能信号低电平有效，可得 4 选 1 数据选择器功能表(表 6-19)。再由功能表可写出输出逻辑函数。

$$Y=\overline{\mathrm{EN}}\,\overline{A}_1\overline{A}_0D_0+\overline{\mathrm{EN}}\,\overline{A}_1A_0D_1+\overline{\mathrm{EN}}A_1\overline{A}_0D_2+\overline{\mathrm{EN}}A_1A_0D_3$$
$$=\sum\overline{\mathrm{EN}}m_iD_i$$

由此得逻辑图，如图 6-43。

表 6-19　4 选 1 数据选择器功能表

EN	A_1	A_0	Y
1	×	×	0
0	0	0	D_0
0	0	1	D_1
0	1	0	D_2
0	1	1	D_3

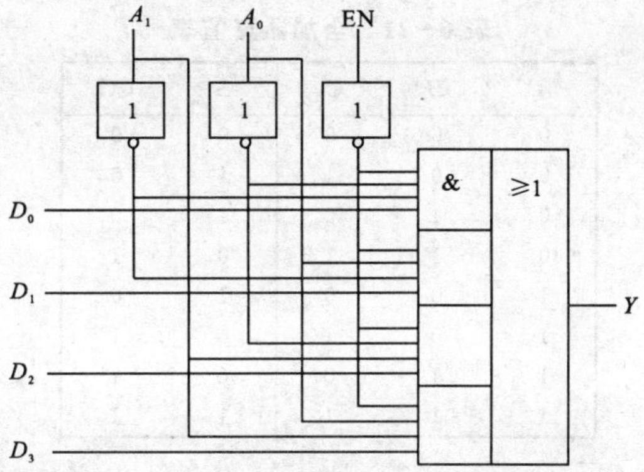

图 6-43　4 选 1 数据选择器逻辑图

4)加法器

加法器是能实现二进制加法逻辑运算的组合逻辑电路。

(1)半加器。所谓半加器是指只有被加数(A)和加数(B)输入的一位二进制加法电路。加法电路有两个输出，一个是两数相加的和(S)，另一个是相加后向高位进位(CO)。

根据半加器定义，得其真值表，如表 6-20 所示。由真值表得输出函数表达式：

$$\begin{cases}S=A\overline{B}+\overline{A}B\\ \quad=A\oplus B\\ \mathrm{CO}=AB\end{cases}$$

表 6-20　半加器真值表

A	B	S	CO
0	0	0	0
0	1	1	0
1	0	1	0
1	1	0	1

显然，半加器的和函数 S 是其输入 A 和 B 的异或函数；进位函数 C 是 A 和 B 的逻辑乘。用一个异或门和一个与门即可实现半加器功能。图 6-44 给出了半加器逻辑图和半加器逻辑符号。

(2)全加器。全加器不仅有被加数 A 和加数 B，还有低位来的进位 C_{I} 作为输入；3 个输入相加产生全加器两个输出，即和函数 S 及向高位进位 CO。根据全加器功能得真值表，如表 6-21所示。再由全加器输出函数卡诺图(图 6-45)，得

$$\begin{cases}S=\overline{A}\,\overline{B}\mathrm{CI}+\overline{A}B\,\overline{\mathrm{CI}}+A\,\overline{B}\,\overline{\mathrm{CI}}+AB\mathrm{CI}\\ \quad=A\oplus B\oplus \mathrm{CI}\\ \mathrm{CO}=(A\overline{B}+\overline{A}B)\mathrm{CI}+AB=(A\oplus B)\mathrm{CI}+AB\end{cases}$$

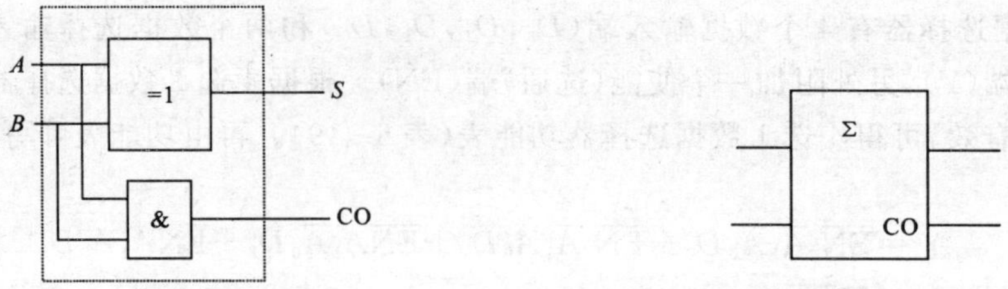

(a) 逻辑图　　(b) 逻辑符号

图 6-44　半加器

表 6-21　全加器真值表

A	B	CI	S	CO
0	0	0	0	0
0	0	1	1	0
0	1	0	1	0
0	1	1	0	1
1	0	0	1	0
1	0	1	0	1
1	1	0	0	1
1	1	1	1	1

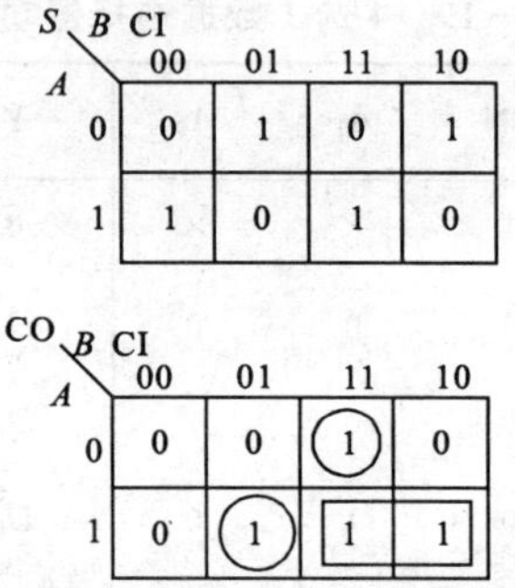

图 6-45　全加器输出函数卡诺图

由此可见，和函数 S 是 3 个输入变量的异或。一般情况下，函数卡诺图中为 1 方格数等于 1/2 总方格数，且每个为 1 方格都是孤立的，则该函数为异或函数。为了利用和函数的共同项，进位函数 CO 按图 7-45 所示化简，而不是按最简与或表达式化简，得逻辑图，如图 6-46。

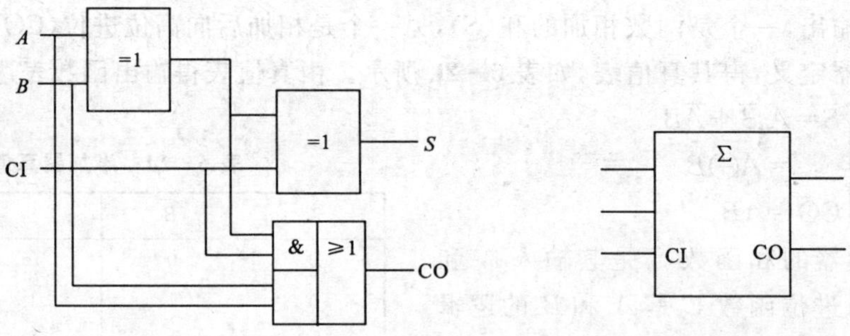

(a) 逻辑图　　(b) 逻辑符号

图 6-46　全加器

(3)多位二进制加法电路。用全加器可以实现多位二进制加法运算，实现四位二进制加法运算的逻辑图如图 6-47 所示。图中低位进位输出作为高位进位输入，依此类推，这种进位方式称为异步进位。

异步进位方式中，进位信号是后级向前级一级一级传输的，由于门电路具有平均传输延迟时间 t_{pd}，经过 n 级传输，输出信号要经过 $n\times t_{pd}$ 时间才能稳定，即总平均传输延迟时间等于 $n\times t_{pd}$。所以，异步进位方式仅适用于位数不多、工作速度要求不高的场合。

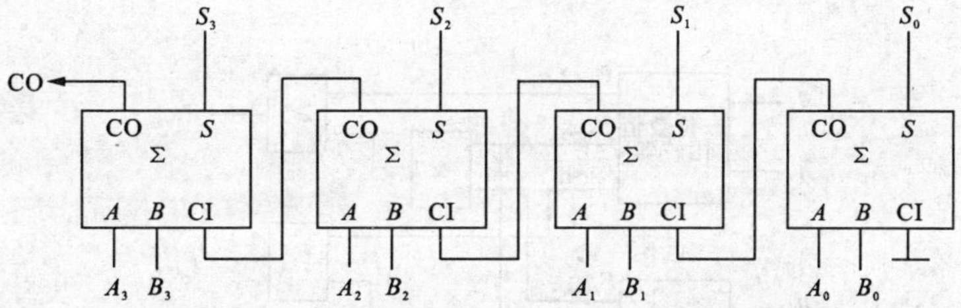

图 6-47 采用异步进位的四位二进制加法器逻辑图

5)数值比较器

数值比较器是一种比较两个输入数值大小的组合逻辑器件,比较有 3 种结果:大于、小于和等于,分别用 3 个输出指示比较结果。

一位数值比较器作为组合逻辑电路一般设计的例题在典型例题中给予介绍。为了便于和一位数值比较器设计相比较,这里重新列出其真值表(表 6-22)和逻辑表达式。从一位数值比较器表达式知道,大于和小于输出函数都是一个最小项,等于输出函数则是异或非(也称同或)逻辑函数。

$$\begin{cases} F_{A>B}=A\overline{B} \\ F_{A=B}=AB+\overline{A}\,\overline{B}=\overline{A\oplus B} \\ F_{A<B}=\overline{A}B \end{cases}$$

二位数值比较器输入有两个二位二进制数 $A=A_1A_0$ 和 $B=B_1B_0$。当高位 $A_1>B_1$,则 $A>B$,$F_{A>B}$为 1;当高位 $A_1<B_1$,则 $A<B$,$F_{A<B}$为 1;当高位 $A_1=B_1$,则要对低位进行比较,$A_0>B_0$,则 $A>B$,$F_{A>B}$为 1;$A_0<B_0$,则 $A<B$,$F_{A<B}$为 1;$A_0=B_0$,则 $A=B$,$F_{A=B}$为 1。二位数值比较器的简化真值表如表 6-23 所示。

表 6-22 一位数值比较器真值表

A	B	$F_{A>B}$	$F_{A=B}$	$F_{A<B}$
0	0	0	1	0
0	1	0	0	1
1	0	1	0	0
1	1	0	1	0

表 6-23 二位数值比较器简化真值表

A_1B_1	A_0B_0	$F_{A>B}$	$F_{A=B}$	$F_{A<B}$
$A_1>B_1$	× ×	1	0	0
$A_1<B_1$	× ×	0	0	1
$A_1=B_1$	$A_0>B_0$	1	0	0
$A_1=B_1$	$A_0<B_0$	0	0	1
$A_1=B_1$	$A_0=B_0$	0	1	0

由以上分析,以一位数值比较器输出函数作为变量,可得二位数值比较器输出函数表达式如下:

$$\begin{cases} F_{A>B}=(A_1>B_1)+(A_1=B_1)(A_0>B_0) \\ \quad =F_{A_1>B_1}+F_{A_1=B_1}F_{A_0>B_0} \\ F_{A<B}=(A_1<B_1)+(A_1=B_1)(A_0<B_0) \\ \quad =F_{A_1<B_1}+F_{A_1=B_1}F_{A_0<B_0} \\ F_{A=B}=(A_1=B_1)(A_0=B_0) \\ \quad =F_{A_1=B_1}F_{A_0=B_0} \end{cases}$$

根据此表达式,可得如图 6－48 所示的逻辑图。

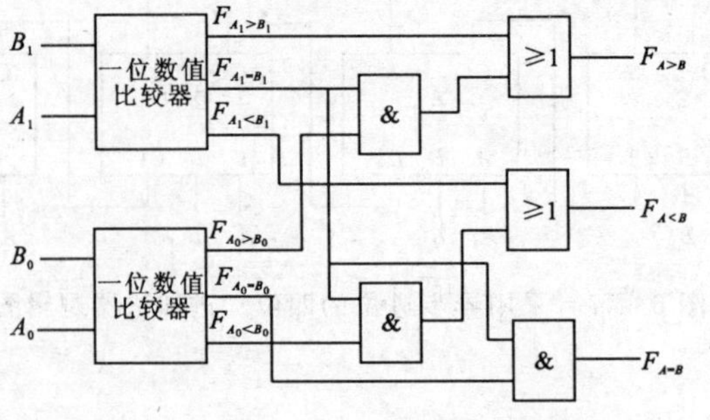

图 6－48　二位数值比较器逻辑图

类似于以上的分析,可以得出四位数值比较器的大于、等于和小于输出函数表达式:

$$\begin{cases} F_{A>B}=F_{A_3>B_3}+F_{A_3=B_3}F_{A_2>B_2}+F_{A_3=B_3}F_{A_2=B_2}F_{A_1>B_1}+F_{A_3=B_3}F_{A_2=B_2}F_{A_1=B_1}F_{A_0>B_0} \\ F_{A=B}=F_{A_3=B_3}F_{A_2=B_2}F_{A_1=B_1}F_{A_0=B_0} \\ F_{A<B}=F_{A_3<B_3}+F_{A_3=B_3}F_{A_2<B_2}+F_{A_3=B_3}F_{A_2=B_2}F_{A_1<B_1}+F_{A_3=B_3}F_{A_2=B_2}F_{A_1=B_1}F_{A_0<B_0} \end{cases}$$

其中:

$$\begin{cases} F_{A_1>B_1}=A_1\overline{B}_1 \\ F_{A_1=B_1}=\overline{A}_1\oplus B_1 \\ F_{A_1<B_1}=A_1\overline{B}_1 \end{cases}$$

6.4　触发器与振荡器

6.4.1　触发器

触发器有两种,一种叫双稳态触发器,另一种叫单稳态触发器,其中双稳态触发器应用更多。

双稳态触发器有两种稳定状态,即“1”和“0”状态。当受到某一信号触发时,它就改变状态,或称为状态“翻转”,从“1”变成“0”,或者从“0”变成“1”。若没有触发信号,它就保持原有状态不变。这种简单的触发器加入一些外部控制电路,就变成了非常灵活的各类触发器。

1)RS 触发器

(1)基本 RS 触发器。把两个与非门 G_1、G_2 的输入和输出端交叉连接,即可构成基本 RS 触发器,其逻辑电路如图 6－49(a)所示。它有两个输入端 R、S 和两个输出端 Q、$\overline{Q}$。

基本 RS 触发器的逻辑方程为

$$Q=\overline{S\overline{Q}}$$
$$\overline{Q}=\overline{RQ}$$

根据上述两个式子得到它的 4 种输入与输出的关系:

①当 $R=1$、$S=0$ 时,则 $\overline{Q}=0$,$Q=1$,触发器置 1。

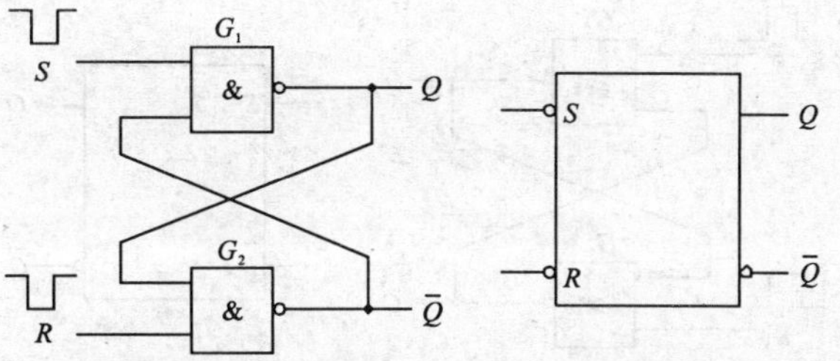

(a) 逻辑电路　(b) 逻辑符号

图 6-49　两个与非门组成的基本 RS 触发器

②当 $R=0$、$S=1$ 时，则 $\overline{Q}=1$，$Q=0$，触发器置 0。

如上所述，当触发器的两个输入端加入不同逻辑电平时，它的两个输出端 Q 和 $\overline{Q}$ 有两种互补的稳定状态。一般规定触发器 Q 端的状态作为触发器的状态。通常称触发器处于某种状态，实际是指它的 Q 端的状态。当 $Q=1$、$\overline{Q}=0$ 时，称触发器处于 1 态，反之触发器处于 0 态。$S=0$，$R=1$ 使触发器置 1，或称置位。因置位的决定条件是 $S=0$，故称 S 端为置 1 端。当 $R=0$，$S=1$ 时，使触发器置 0，或称复位。同理，称 R 端为置 0 端或复位端。若触发器原来为 1 态，欲使之变为 0 态，必须令 R 端的电平由 1 变 0，S 端的电平由 0 变 1。这里所加的输入信号(低电平)称为触发信号，由它们导致的转换过程称为翻转。由于这里的触发信号是电平，因此，这种触发器称为电平控制触发器。从功能方面看，它只能在 S 和 R 的作用下置 0 和置 1，所以又称为置 0、置 1 触发器，或称为置位复位触发器。由于置 0 或置 1 都是触发信号低电平有效，因此，S 端和 R 端都画有小圆圈。

③$R=S=1$ 时，触发器状态保持不变。

触发器保持状态不变时，输入端都加非有效电平(高电平)，需要触发翻转时，要求在某一输入端加一负脉冲，例如在 S 端加负脉冲使触发器置 1，该脉冲信号回到高电平后，触发器仍维持 1 状态不变，相当于把 S 端某一时刻的电平信号存储起来，这体现了触发器具有记忆功能。

④当 $R=S=0$ 时，触发器状态不确定

在此条件下，两个与非门的输出端 Q 和 $\overline{Q}$ 全为 1，在两个输入信号都同时撤去(回到 1)后，由于两个与非门的延迟时间无法确定，触发器的状态不能确定是 1 还是 0，因此称这种情况为不定状态，这种情况应当避免。从另外一个角度来说，正因为 R 端和 S 端完成置 0、置 1 都是低电平有效，所以二者不能同时为 0。

此外，还可以用或非门的输入、输出端交叉连接构成置 0、置 1 触发器，其逻辑图和逻辑符号分别如图 6-50 所示。这种触发器的触发信号是高电平有效，因此，在逻辑符号的 S 端和 R 端没有小圆圈。

状态转移真值表：用表格的形式描述触发器在输入信号作用下，触发器的下一个稳定状态(次态)Q^{n+1} 与触发器的原稳定状态(现态)Q^n 和输入信号状态之间的关系，如表 6-24 所示。从表 6-24 可看出，当 $R=0$、$S=1$ 时，Q^n 不论为何种状态，Q^{n+1} 均为 0。同理，可对其他项目进行合并，得到简化真值表，如表 6-25 所示。

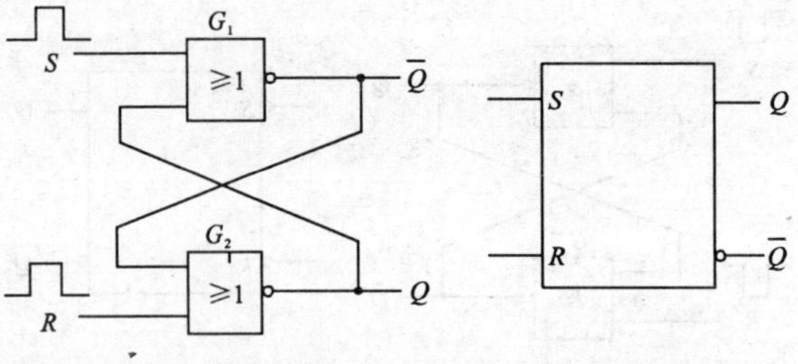

（a）逻辑电路　　（b）逻辑符号

图 6－50　两或非门组成的基本 RS 触发器

表 6－24　基本 RS 触发器状态转移真值表

R	S	Q^n	Q^{n+1}
0	1	0	0
0	1	1	0
1	0	0	1
1	0	1	1
1	1	0	0
1	1	1	1
0	0	0	不定
0	0	1	

表 6－25　简化真值表

R	S	Q^{n+1}
0	1	0
1	0	1
1	1	Q^n
0	0	不定

特征方程：

$$\begin{cases} Q^{n+1}=\overline{S}+RQ^n \\ S+R=1(\text{约束条件}) \end{cases}$$

即以逻辑函数的形式来描述次态与现态及输入信号之间的关系。将表 6－24 中对应各项填写到卡诺图中，如图 6－51 所示。通过此图化简也可得到以上特征方程。

状态转移图：即以图形的方式描述触发器的状态变化对输入信号的要求。图 6－52 是基本 RS 触发器的状态转移图。图中两个圆圈代表触发器的两个状态；箭头表示在触发器的输入信号作用下状态转移的方向；箭头旁边由斜线“/”分开的代码分别表示状态转移的条件和在此条件下产生的输出状态。

Q^n \ RS	00	01	11	10
0	×	1	0	0
1	×	1	1	0

图 6－51　基本 RS 触发器的卡诺图

图 6－52　基本 RS 触发器状态转移图

综上所述，对基本 RS 触发器归纳为以下几点：①基本 RS 触发器具有置位、复位和保持（记忆）的功能；②基本 RS 触发器的触发信号是低电平有效，属于电平触发方式；③基本 RS 触发器存在约束条件（$R+S=1$），由于两个与非门的延迟时间无法确定，当 $R=S=0$ 时，将导致下一状态的不确定；④当输入信号发生变化时，输出即刻就会发生相应的变化，即抗干扰性能较差。

（2）同步 RS 触发器（时钟脉冲控制的 RS 触发器）。前面介绍的基本 RS 触发器的触发翻转过程直接由输入信号控制，而实际上，常常要求系统中的各触发器在规定的时刻按各自输入信号所决定的状态同步触发翻转，这个时刻可由外加的时钟脉冲 CP 来决定。

其电路结构如图 6-53 所示。在基本 RS 触发器的基础上增加 G_3、G_4 两个与非门构成触发引导电路，其输出分别作为基本 RS 触发器的 R 端和 S 端。

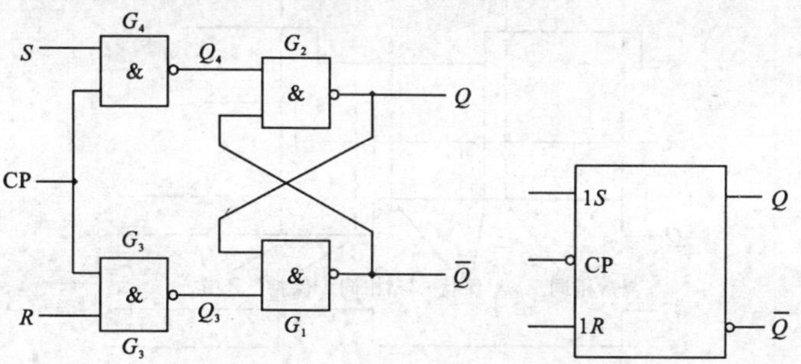

（a）逻辑电路 （b）逻辑符号

图 6-53 同步 RS 触发器

由图 6-53 可知，G_3 和 G_4 同时受 CP 信号控制，当 CP=0 时，G_3 和 G_4 被封锁，R、S 不会影响触发器的状态；当 CP=1 时，G_3 和 G_4 打开，将 R、S 端的信号传送到基本 RS 触发器的输入端，触发器触发翻转。结合基本 RS 触发器的工作原理，我们可以得到以下结论：

①当 CP=0 时，$Q_3=Q_4=1$，触发器保持原来状态不变。

②当 CP=1 时，若 $R=0,S=1$；$Q_3=1,Q_4=0$，触发器置 1；若 $R=1,S=0$；$Q_3=0,Q_4=1$，触发器置 0；若 $R=S=0$；$Q_3=Q_4=1$，触发器状态保持不变；若 $R=S=1$；$Q_3=Q_4=0$，触发器状态不定；可见 R 端和 S 端都是高电平有效，所以 R 端和 S 端不能同时为 1，其逻辑符号中的 R 端和 S 端也没有小圆圈。

状态转移真值表，见表 6-26。

特征方程：根据功能表及卡诺图化简，可得到如下表达式：

$$\begin{cases} Q^{A+1}=S+\overline{R}Q^n \\ \text{SR}=0\text{（约束条件）} \end{cases}$$

工作波形图即以波形的形式描述触发器状态与输入信号及时钟脉冲之间的关系，它是描述时序逻辑电路工作情况的一种基本方法。如图 6-54 所示，图中假设同步 RS 触发器的初始状态为 0 态。

表 6-26　同步 RS 触发器的状态转移真值表

S	R	Q^n	Q^{n+1}	说明	
0	0	0	0	Q^n	输出状态不变
0	0	1	1		
0	1	0	0	0	输出状态与 S 的状态相同
0	1	1	0		
1	0	0	1	1	输出状态与 S 的状态相同
1	0	1	1		
1	1	0	—		输出状态不定
1	1	1	—		

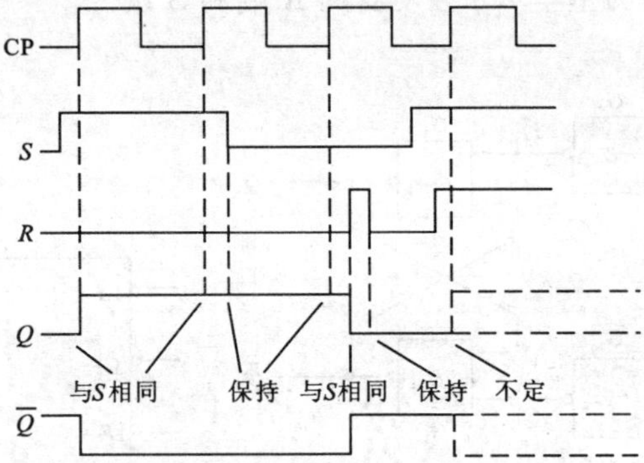

图 6-54　同步 RS 触发器工作波形图

综上所述，对同步 RS 触发器可以归纳为：同步 RS 触发器具有置位、复位和保持(记忆)功能；同步 RS 触发器的触发信号是高电平有效，属于电平触发方式；同步 RS 触发器存在约束条件，即当 $R=S=1$ 时，将导致下一状态的不确定；触发器的触发翻转被控制在一个时间间隔内，在此间隔以外的时间内，其状态保持不变，抗干扰性有所增强。

(3)主从 RS 触发器。主从触发器由两级触发器构成，其中一级接收输入信号，其状态直接由输入信号决定，称为主触发器，还有一级的输入与主触发器的输出连接，其状态由主触发器的状态决定，称为从触发器。

主从 RS 触发器由两个同步 RS 触发器组成，它们分别称为主触发器和从触发器。反相器使这两个触发器加上互补时钟脉冲，如图 6-55 所示。

当 CP=1 时，主触发器的输入门 G_7 和 G_8 打开，主触发器根据 R、S 的状态触发翻转；而对于从触发器，CP 经 G_9 反相后加于它的输入门为逻辑 0 电平，G_3 和 G_4 封锁，其状态不受主触发器输出的影响，所以触发器的状态保持不变。

当 CP 由 1 变为 0 后，情况则相反，G_7 和 G_8 被封锁，输入信号 R、S 不影响主触发器的状态；而这时从触发器的 G_3 和 G_4 则打开，从触发器可以触发翻转。

从触发器的翻转是在 CP 由 1 变为 0 时刻(CP 的下降沿)发生的，CP 一旦达到 0 电平后，主触发器被封锁，其状态不受 R、S 的影响，故从触发器的状态不可能改变，即它只在 CP 由 1 变为 0 时刻触发翻转。这一层意思由图 6-55(b)所示的逻辑符号框图左边的小圆圈表示出来。

其功能描述为：主从 RS 触发器的状态转移真值表、激励表、状态转移图、特征方程及约束

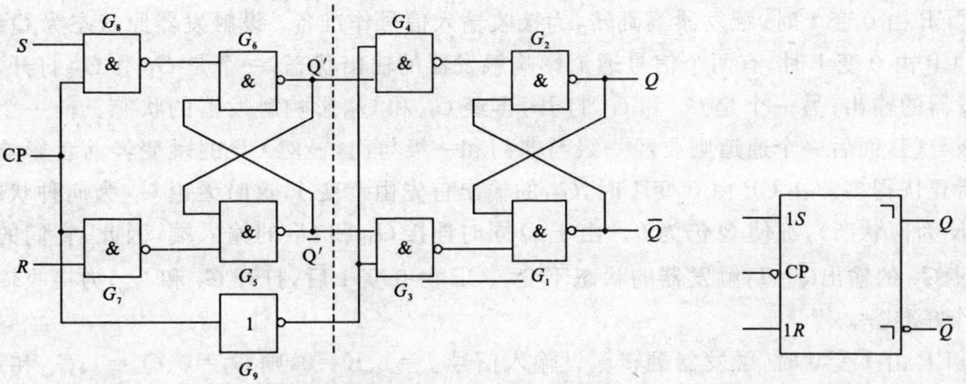

(a) 逻辑电路　　(b) 逻辑符号

图 6-55　由两个同步 RS 触发器组成的主从 RS 触发器

条件与同步 RS 触发器相同,只不过触发器翻转被控制在 CP 脉冲的下降沿,在作工作波形图时应加以区分。

综上所述,对主从 RS 触发器归纳为以下几点:主从 RS 触发器具有置位、复位和保持(记忆)功能;由两个受互补时钟脉冲控制的主触发器和从触发器组成,二者轮流工作,主触发器的状态决定从触发器的状态,属于脉冲触发方式,触发翻转只在时钟脉冲的下降沿发生;主从 RS 触发器存在约束条件,即当 $R=S=1$ 时,将导致下一状态的不确定。

2)JK 触发器

(1)边沿 JK 触发器。边沿 JK 触发器采用与或非电路结构,属于下降沿触发的边沿 JK 触发器,如图 6-56 所示。

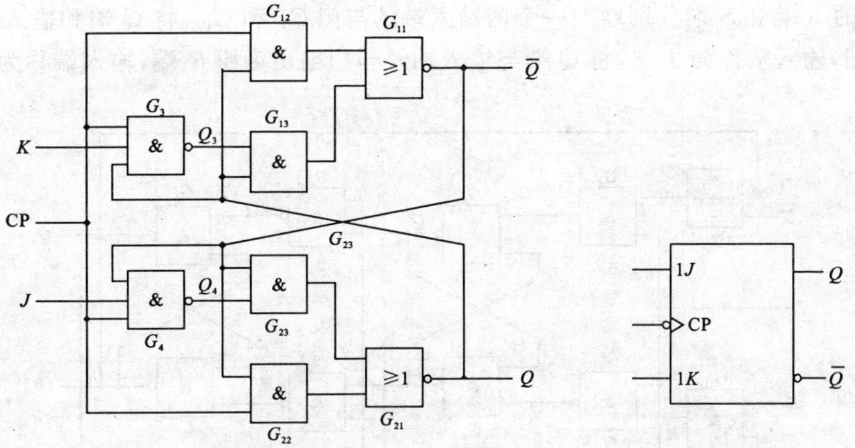

(a) 逻辑电路　　(b) 逻辑符号

图 6-56　边沿 JK 触发器

①当 CP=0 时,触发器处于一个稳态。CP 为 0 时,G_3、G_4 被封锁,不论 J、K 为何种状态,Q_3、Q_4 均为 1,另一方面,G_{12}、G_{22} 也被 CP 封锁,因而由与或非门组成的触发器处于一个稳定

状态，使输出 Q、$\overline{Q}$ 状态不变。

②CP 由 0 变 1 时，触发器不翻转，为接收输入信号作准备。设触发器原状态为 $Q=0$，$\overline{Q}=1$。当 CP 由 0 变 1 时，有两个信号通道影响触发器的输出状态，一个是 G_{12} 和 G_{22} 打开，直接影响触发器的输出；另一个是 G_4 和 G_3 打开，再经 G_{13} 和 G_{23} 影响触发器的状态。前一个通道只经一级与门，而后一个通道则要经一级与非门和一级与门，显然 CP 的跳变经前者影响输出比经后者要快得多。在 CP 由 0 变 1 时，G_{22} 的输出首先由 0 变 1，这时无论 G_{23} 为何种状态(即无论 J、K 为何状态)，都使 Q 仍为 0。由于 Q 同时连接 G_{12} 和 G_{13} 的输入端，因此，它们的输出均为 0，使 G_{11} 的输出 $\overline{Q}=1$，触发器的状态不变。CP 由 0 变 1 后，打开 G_3 和 G_4，为接收输入信号 J、K 作好准备。

③CP 由 1 变 0 时，触发器翻转。设输入信号 $J=1$、$K=0$，则 $Q_3=0$、$Q_4=1$，G_{13} 和 G_{23} 的输出均为 0。当 CP 下降沿到来时，G_{22} 的输出由 1 变 0，则有 $Q=1$，使 G_{13} 输出为 1，$Q=0$，触发器翻转。虽然 CP 变 0 后，G_3、G_4、G_{12} 和 G_{22} 封锁，$Q_3=Q_4=1$，但由于与非门的延迟时间比与门长(在制造工艺上予以保证)，因此，Q_3 和 Q_4 这一新状态的稳定是在触发器翻转之后。由此可知，该触发器在 CP 下降沿触发翻转，CP 一旦到 0 电平，则将触发器封锁，处于①所分析的情况。

总之，该触发器在 CP 下降沿前接受信息，在下降沿触发翻转，在下降沿后触发器被封锁。

其功能描述为：边沿型 JK 触发器的状态转移真值表、特征方程、状态转移图及激励表与主从 JK 触发器完全一致，只不过在画工作波形图时，不用考虑一次变化现象。

综上所述，对边沿 JK 触发器归纳为以下几点：边沿 JK 触发器具有置位、复位、保持(记忆)和计数功能；边沿 JK 触发器属于脉冲触发方式，触发翻转只在时钟脉冲的负跳变沿发生；由于接收输入信号的工作在 CP 下降沿前完成，在下降沿触发翻转，在下降沿后触发器被封锁，所以不存在一次变化的现象，抗干扰性能好，工作速度快。

(2)主从 JK 触发器。它是在主从 RS 触发器的基础上组成的，如图 6－57 所示。在主从 RS 触发器的 R 端和 S 端分别增加一个两输入端的与门 G_{11} 和 G_{10}，将 Q 端和输入端经与门输出为原 S 端，输入端称为 J 端，将 Q 端与输入端经与门输出为原 R 端，输入端称为 K 端。

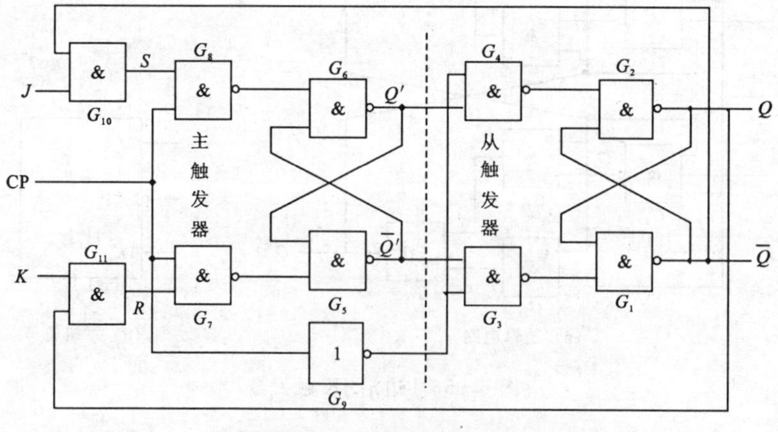

图 6－57　主从 JK 触发器的逻辑电路图

由上面的电路可得到 $S=J\overline{Q}, R=KQ$。代入主从 RS 触发器的特征方程得到：

$$Q^{n+1}=J\,\overline{Q^n}+\overline{K}Q^n$$

当　$J=1$、$K=0$ 时，$Q^{n+1}=1$；

$J=0$、$K=1$ 时，$Q^{n+1}=0$；

$J=K=0$ 时，$Q^{n+1}=Q^n$；

$J=K=1$ 时，$Q^{n+1}=Q^n$；

由以上分析，主从 JK 触发器没有约束条件。在 $J=K=1$ 时，每输入一个时钟脉冲，触发器翻转一次。触发器的这种工作状态称为计数状态，由触发器翻转的次数可以计算出输入时钟脉冲的个数。

其特征方程为

$$Q^{n+1}=J\,\overline{Q^n}+\overline{K}Q^n$$

状态转移真值表，见表 6-27。

表 6-27　主从 JK 触发器的状态转移真值表

J	K	Q^n	Q^{n+1}		说　明
0	0	0	0	Q^n	输出状态不变
0	0	1	1		
0	1	0	0	0	输出状态与 J 端状态相同
0	1	1	0		
1	0	0	1	1	输出状态与 J 端状态相同
1	0	1	1		
1	1	0	1	$\overline{Q^n}$	每输入一个脉冲，输出状态改变一次
1	1	1	0		

状态转换图，如图 6-58 所示。

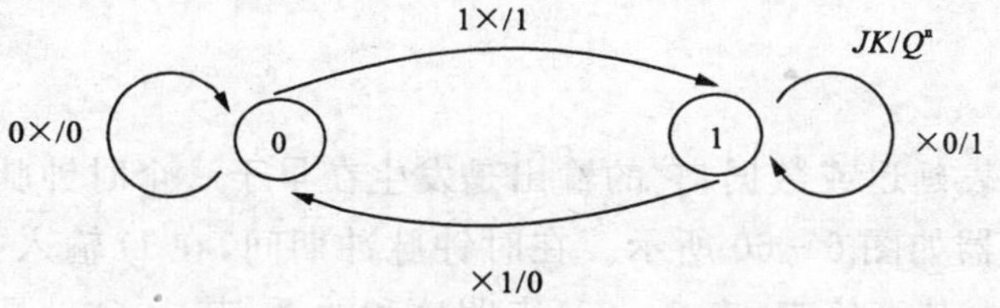

图 6-58　JK 触发器的状态转移图

(3)集成 JK 触发器。集成 JK 触发器的产品较多，以下介绍一种比较典型的高速 CMOS 双 JK 触发器 HC76。该触发器内含两个相同的 JK 触发器，它们都带有预置和清零输入，属于负跳沿触发的边沿触发器，其逻辑符号和引脚分布如图 6-59 所示。其功能表见表 6-28 所示。如果在一片集成器件中有多个触发器，通常在符号前面（或后面）加上数字，以表示不同触发器的输入、输出信号，比如 C_1 与 $1J$、$1K$ 同属一个触发器。

综上所述，对主从 JK 触发器归纳为以下几点：主从 JK 触发器具有置位、复位、保持（记忆）和计数功能；主从 JK 触发器属于脉冲触发方式，触发翻转只在时钟脉冲的负跳变沿发生；不存在约束条件，但存在一次变化现象；产生一次变化的原因是因为在 CP=1 期间，主触发器一直在接收数据，但主触发器在某些条件下（$Q=0$，CP=1 期间 J 端出现正跳沿干扰或 $Q=1$，CP=1 期间 K 端出现正跳沿干扰），不能完全随输入信号的变化而发生相应的变化，以至影响从触发器状态与输入信号的不对应。

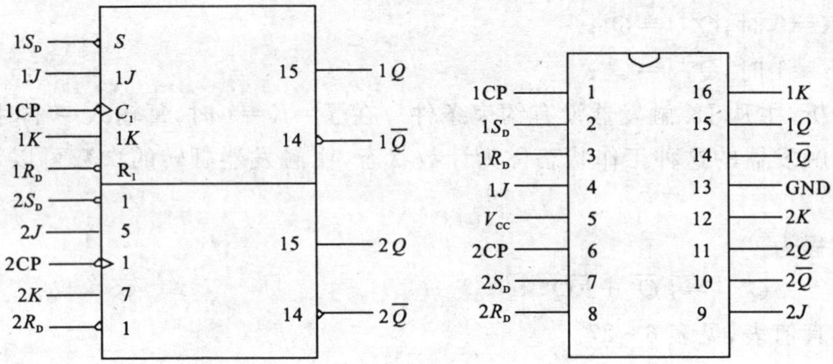

（a）逻辑符号　　（b）引脚图

图 6-59　JK 触发器 HC76

表 6-28　HC76 的功能表

输入					输出	
$\overline{SD}$	$\overline{RD}$	CP	J	K	Q	$\overline{Q}$
L	H	×	×	×	H	L
H	L	×	×	×	L	H
H	H	↓	L	L	Q^n	Q^n
H	H	↓	H	L	H	L
H	H	↓	L	H	L	H
H	H	↓	H	H	$\overline{Q^n}$	Q^n

3）D 触发器

D 触发器的 D 代表延迟或数据，它的输出是发生在早于一个时钟脉冲之前的 D 输入的函数。维持阻塞 D 触发器如图 6-60 所示。在时钟脉冲期间，在 D 输入提供"1"会导致输出变为 1，否则输出变为 0。其真值表（表 6-29）表明这种关系，其中 Q^{n+1} 是时钟脉冲以后的 Q 输出，它取决于 D 的输入状态。

用 JK 触发器构成的 D 触发器，如图 6-61 所示。

4）计数器

表 6-29　D 触发器真值表

D	Q^{n+1}
0	0
1	1

计数就是统计输入脉冲的个数，能实现计数操作的电路叫计数器。如用 3 个 JK 触发器组合而成的三位异步二进数加法计数器，如图6-62所示。

计数器工作前先清 0，使 CR=0，则 $Q_2Q_1Q_0=0$，每输入一个 CP 脉冲 FF_0 翻转一次，每输入 2 个脉冲 FF_1 翻转一次，每输入 4 个 CP 脉冲 FF_2 翻转一次，三位二进制异步加法计数器状态表见表 6-30。

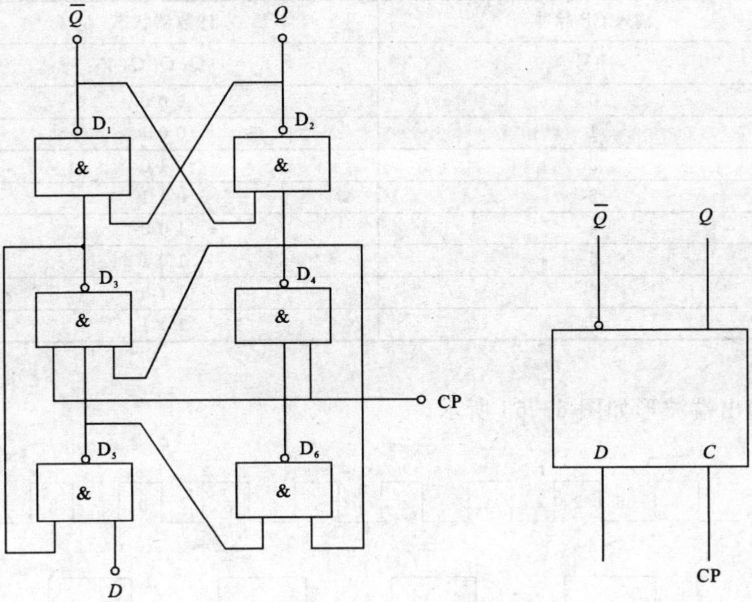

(a) 逻辑电路　　　　(b) 逻辑符号

图 6-60　D 触发器及符号

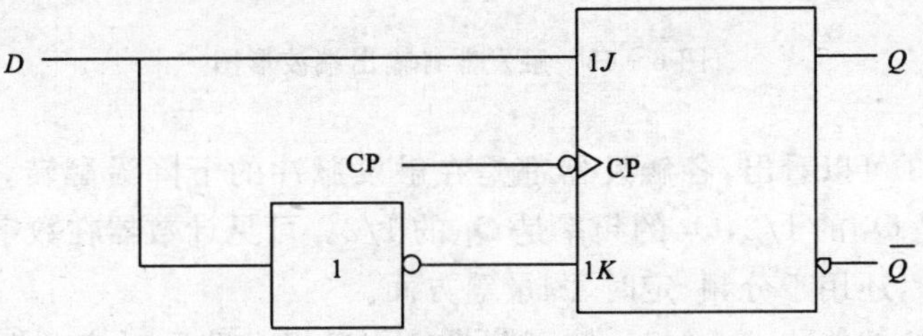

图 6-61　JK 触发器构成 D 触发器

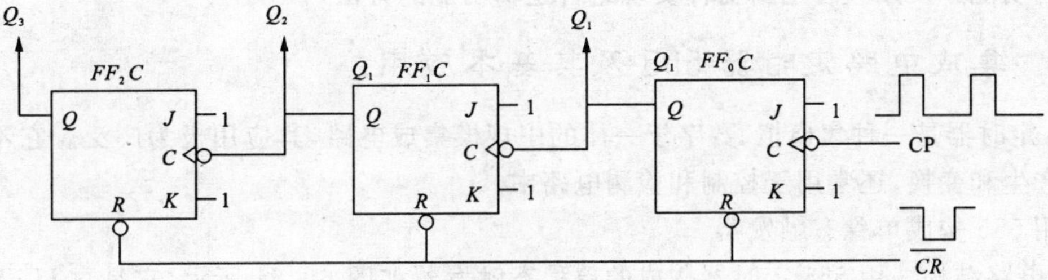

图 6-62　三位异步二进数加法计数器

表 6-30　计数器状态表

输入 CP 脉冲	计数器状态
序号	$Q_2\ Q_1\ Q_0$
0	0 0 0
1	0 0 1
2	0 1 0
3	0 1 1
4	1 0 0
5	1 0 1
6	1 1 0
7	1 1 1

触发器各输出端波形如图 6-63 所示。

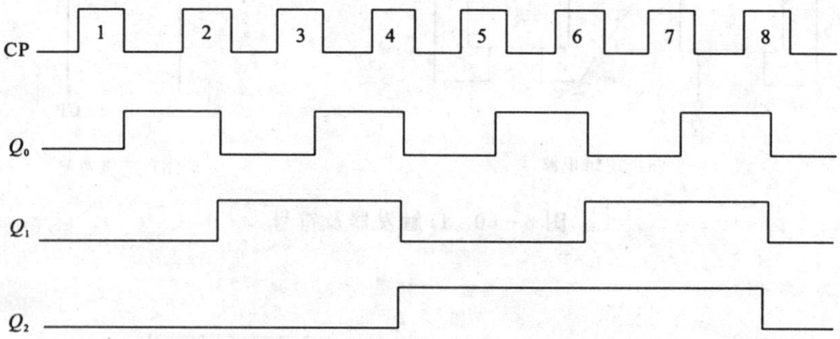

图 6-63　触发器各输出端波形图

从波形图 6-63 可以看出，各触发器都是在触发脉冲的下降沿翻转，且 Q_0 的频率是 CP 的 1/2，Q_1 的频率是 Q_0 的 1/2，Q_2 的频率是 Q_1 的 1/2。可见计数器在数字电路中有广泛的应用，它除了用计数外，还用于分频、定时、测量等方面。

根据逻辑电路的功能特点，逻辑电路可分为组合逻辑电路和时序逻辑电路两大类。本章讨论组合逻辑电路的基本概念、特点以及组合电路的分析和设计方法。介绍常用组合电路的功能和主要应用。通过本章学习，应很好地掌握组合电路的分析和设计方法，掌握常用组合逻辑器件的功能以及用组合逻辑器件实现组合逻辑功能的方法。

6.4.2　集成电路定时器 555 及其基本应用

555 定时器是一种集模拟、数字于一体的中规模集成电路，其应用极为广泛。它不仅用于信号的产生和变换，还常用于控制和检测电路中。

1)用 555 构成单稳态触发器

(1)电路结构。用 555 定时器构成的单稳态触发器如图 6-64 所示，它是靠 U_i 下降沿触发的。

(2)工作原理：①当 $V_i=1$，即在没有触发脉冲到来时，无论在接通电源后的瞬间基本 RS 触发器是 1 状态还是 0 状态，电路都将自动稳定在 $Q=V_o=0$ 的状态。

假定接通电源后 RS 触发器 $Q=0$，则三极管 Td 导通，电容上电压 $V_C=0$，两个比较器输

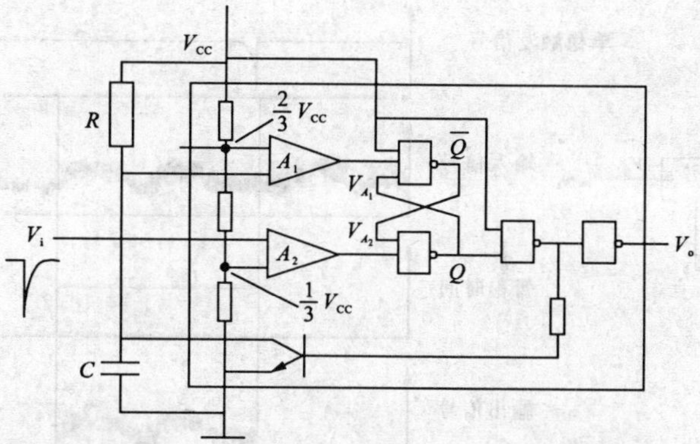

图 6－64　555 定时器构成的单稳态触发器

出均为 1,则 RS 触发器为保持状态,$Q=0$ 的状态将保持下去。

反之,接同电源后 RS 触发器 $Q=0$,则三极管 Td 导通,因而电源电压 V_{CC}便通过电阻向电容 C 充电。随着充电电压升高,当升至电容电压大于或等于 $2/3V_{CC}$时,RS 触发器被置 0,则三极管导通,电容 C 经 Td 的集电极回路迅速放电,使 RS 触发器回到 $Q=0$ 的状态。

由此可知,电路在接通电源后,肯定进入 Q＝0 的状态。

②当 V_i 下降沿到来时,触发单稳态工作,$V_{A_2}=0$,RS 触发器翻转,$Q=1$,三极管 Td 截止,电路进入暂稳状态,此时,V_{CC}经 R 向 C 充电,使 V_C 上升。

③当 $V_C \geqslant \frac{2}{3}V_{CC}$时,RS 触发器翻转,$Q=0$,Td 导通放电,电路回到稳定状态。

电容 C 的充放电回路示意图和输入输出波形如图 6－65 所示。

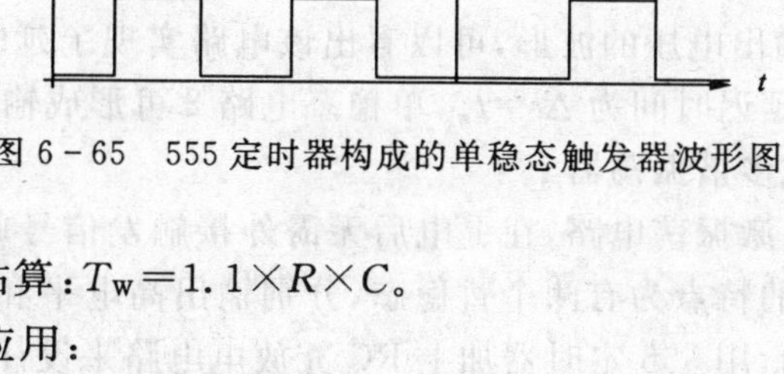

图 6－65　555 定时器构成的单稳态触发器波形图

(3)脉冲宽度 T_W 的估算：$T_W=1.1\times R\times C$。

(4)单稳态触发器的应用：

①用于定时控制。设输入一段模拟信号,要求从 t_1 开始,t_2 结束,我们设计了如图 6－66 所示的电路。

分析电路,可画出各点的电压波形。模拟开关受单稳电路的控制：当单稳电路输出为低电平时,开关打开,输出无信号,当单稳电路输出高电平时,开关闭合,输入信号可以输出。$T_w=$

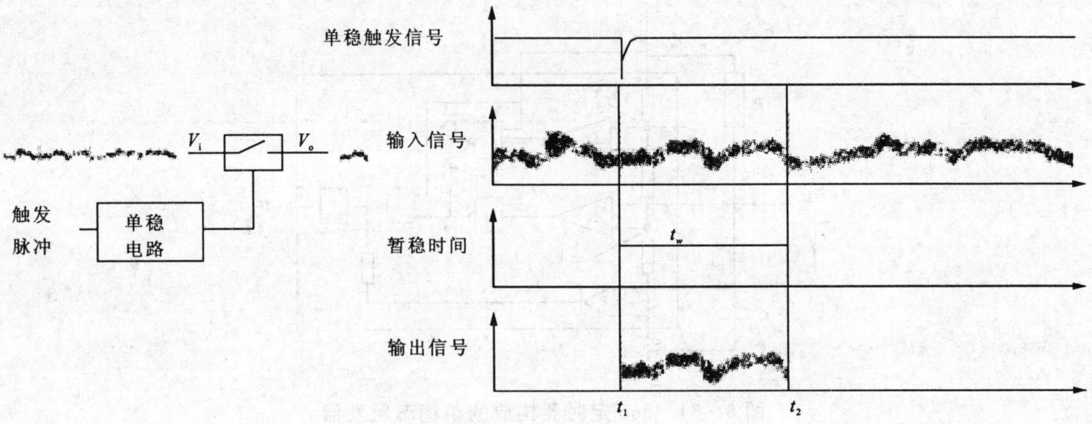

图 6-66 单稳态触发器用于定时控制的电路图和波形图

t_2-t_1，选择单稳电路的 RC 元件就可以设定时间。

②用于延时。设计一个电路，如图 6-67 所示，使一个前沿脉冲延迟输出。设延迟时间为 Δt。

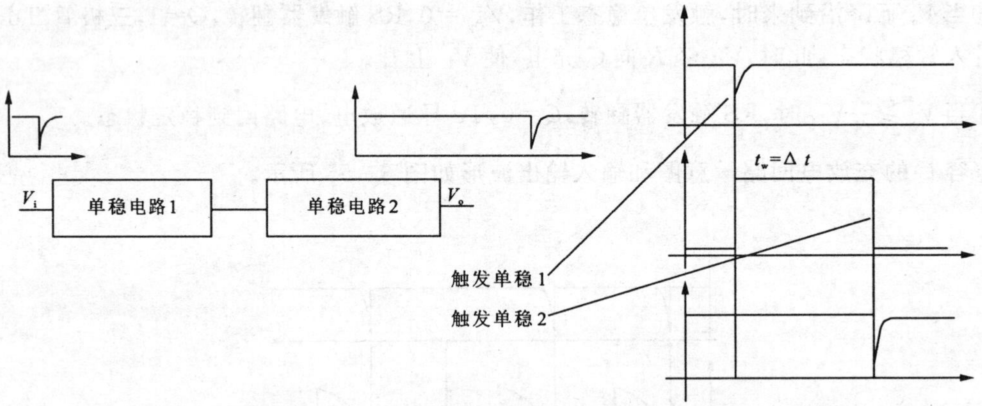

图 6-67 单稳态触发器用于延时的框图和波形图

分析图 6-66，画出输出电压的波形，可以看出该电路实现了延时和脉冲形成的功能。单稳态电路 1 起延时作用，延迟时间为 $\Delta t=t_w$，单稳态电路 2 可形成输入脉宽。

2)用 555 定时器构成多谐振荡器

多谐振荡器是一种自激振荡电路，在上电后无需外接触发信号就能产生一定频率和幅值的矩形脉冲，多谐振荡器的特点为有两个暂稳态，分别输出高电平和低电平，上电后两个暂稳态能自动相互倒换。下面，用 555 定时器加上 RC 充放电电路来设计多谐振荡器。555 定时器构成的多谐振荡器电路图和工作原理图分别如图 6-68(a)和(b)所示。

设电容上的初始电压为 0，则接通电源后 $V_C=0$，$V_{I1}=V_{I2}=V_C$，比较器 A_1 和 A_2 分别输出 $V_{A_1}=1$；$V_{A_2}=0$，RS 触发器输出 $V_o=1$，内部放电管 TD 截止，$\overline{V_o}=0$，于是高电平通过电阻 R_1 和 R_2 向电容 C 充电，随着充电过程的进行，V_C 逐渐升高，当 V_C 升至 $2/3V_{CC}$ 时，比较器 A_1

和 A_2 输出翻转，$V_{A_1}=0$；$V_{A_2}=1$，RS 触发器输出 $V_o=0$，内部放电管 TD 导通，$\overline{V_o}=1$，电容 C 通过电阻 R_2 放电，当 V_C 降至 $1/3V_{CC}$ 时，电路再次翻转，输出高电平，C 又开始充电，这样 V_C 在 $2/3V_{CC}$ 和 $1/3V_{CC}$ 之间往复变化，输出不断高低变换形成振荡，得到一定频率的矩形波。

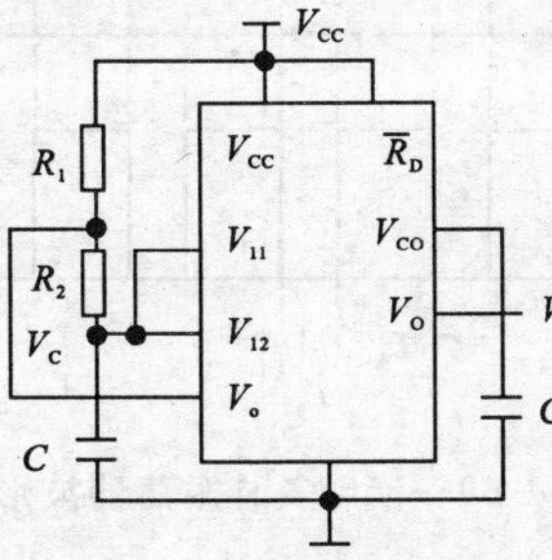

(a) 555多谐振荡器电路图

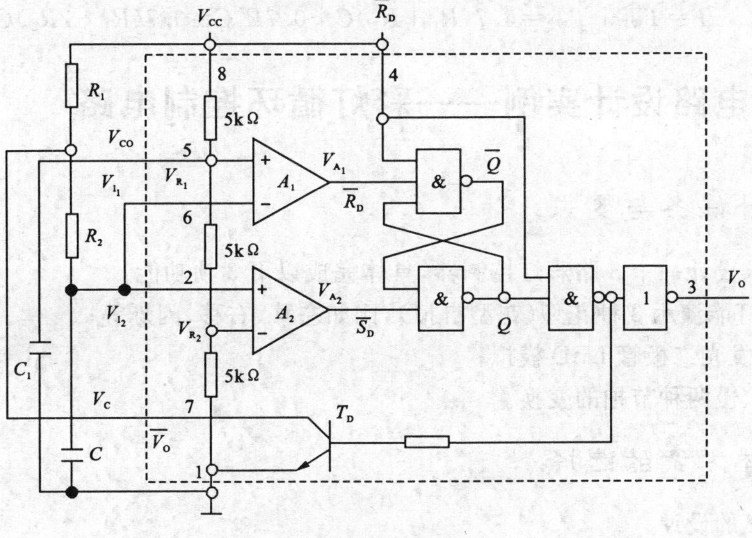

(b) 555多谐振荡器工作原理图

图 6－68　555 多谐振荡器

结果，这个电路在没有外界触发的情况下，仍能输出周期变化的矩形波，其输出波形如图 6－69 所示。

输出波形振荡周期 $T=T_{W1}+T_{W2}$，其中 T_{W1} 为输出高电平时，电源通过 R_1 和 R_2 向电容 C 充电的时间。

$$T_{W1}=(R_1+R_2)C\times\ln[\frac{V_{cc}-1/3V_{CC}}{V_{cc}-2/3V_{CC}}]$$
$$=(R_1+R_2)C\times\ln2=0.7(R_1+R_2)C$$

T_{W2} 为输出低电平时，电容 C 通过 R_2 放电的时间。

$$T_{W2}=R_2C\times\ln[\frac{0-2/3V_{CC}}{0-1/3V_{CC}}]$$
$$=R_2C\times\ln2=0.7R_2C$$

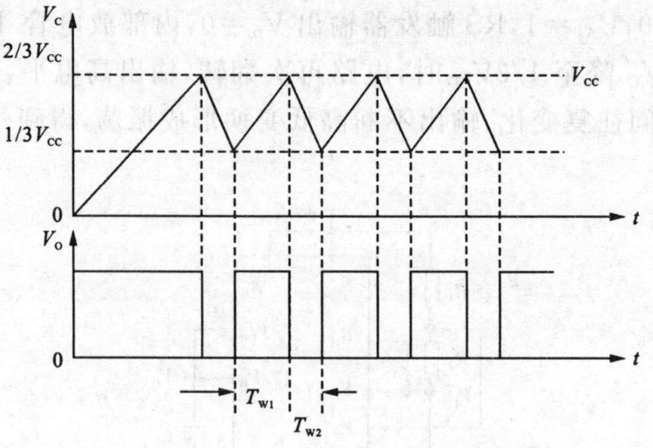

图 6－69　555 多谐振荡器波形图

振荡周期为

$$T=T_{W1}+T_{W2}=0.7(R_1+R_2)C+0.7R_2C=0.7(R_1+2R_2)C$$

6.5　数字电路设计实例——彩灯循环控制电路

6.5.1　设计任务与要求

本实例要求设计一个 8 路彩灯控制器，具体完成以下 3 项功能：

(1)8 路彩灯能演示 3 种花型（花型自拟），比如左移、右移、闪烁等；

(2)彩灯用发光二极管 LED 模拟；

(3)实现快、慢两种节拍的变换。

6.5.2　总体方案的选择

1)总体方案的设计

根据设计要求，彩灯的闪烁需要一个时钟源作为系统时钟，且时钟源对精度和稳定性要求不高；彩灯花型的变化可以通过控制电路实现，控制电路可以是计数器、译码器和门电路的组合，也可以利用单片机等其他数字电路实现，另外还需要时钟分频控制电路的彩灯闪烁速度。总体框图如图 6－70 所示。

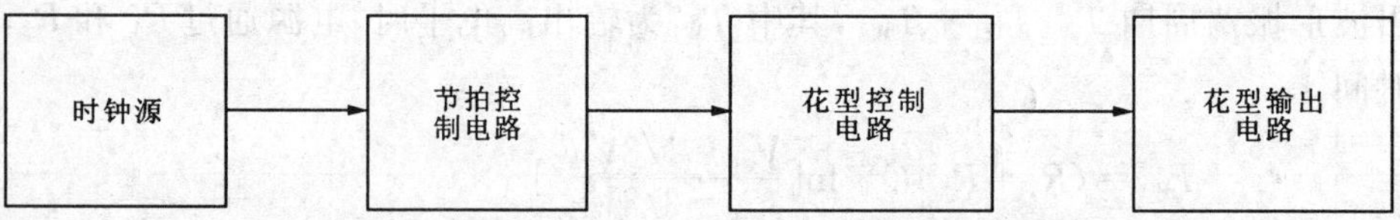

图 6－70　彩灯控制电路总体框

2)各模块设计方案

时钟信号 CP 电路：一般彩灯闪烁速度在每秒 10 次以内，没有精度的要求，因此，可以采用如文氏桥振荡器、多谐振荡器等作为时钟源，由于文氏桥输出为正弦波，为方便数字电路使用，初步确定采用 555 实现多谐振荡器产生时钟源，其电路设计方便简洁，成本低，性能可靠，只需要外接几个电阻、电容，就可以实现多谐振荡器、时钟频率设定为 1Hz。

花型控制电路：花型的变化可以看作是对时钟的计数输出，计数器可以有十六进制、十进制等型号，其清零方式有通过清零和异步清零两种，这里考虑采用 74LS161 四位二进制同步计数器完成时钟的计数，利用其清零和置位功能实现花型的改变；其中一片 74LS161 作为低位，当其计数满进位时，产生脉冲使高位 74LS161 开始计数，完成这一功能只需将低位 74LS161 的进位端接在高位的使能端，便能将两块片子级联起来。

花型输出电路：计数器的输出信号通过双向移位寄存器完成，通过左移和右移完成花型变化；这里考虑由 74LS194 双向移位寄存器构成，该移位寄存器输出为 8 路，可以驱动 8 路彩色 LED。

节拍控制电路：为改变节拍，可以利用分频器得到所需的时钟信号，并利用数据选择器完成时钟的选择，这里由 74LS151 八选一数据选择器完成时钟选择，节拍的快慢变化可由 74LS74 双上升沿 D 触发器完成分频。

6.5.3　单元电路设计与实现

1)花型输出电路

设计 3 种彩灯花型。

花型 1:8 路灯分两半。从左至右渐亮，全亮后，再分两半从左至右渐灭。循环两次。

花型 2:从中间到两边对称地逐次渐亮，全亮后仍由中间到两边逐次渐灭。循环两次。

花型 3:从左至右顺次渐亮。全亮后逆序渐灭。循环两次。

从表 6-31 所示的花型编码表可以看出，花型的高四位和低四位具有对称的关系，需要利用移位寄存器的方向控制来实现花型的变化效果。

表 6-31　移存器输出状态编码表

节拍序号	花型 1	花型 2	花型 3
1	00000000	00000000	00000000
2	10001000	00011000	10000000
3	11001100	00111100	11000000
4	11101110	01111110	11100000
5	11111111	11111111	11110000
6	01110111	11100111	11111000
7	00110011	11000011	11111100
8	00010001	10000001	11111110
9			11111111
10			01111111
11			00111111
12			00011111
13			00001111
14			00000111
15			00000011
16			00000001

每种花型完整显示两遍，所以 3 种花型完全显示一遍需要的总节拍数为 64，即 1～16 显示第一个花型，17～32 显示第二个花型，33～64 显示第三个花型。

2)主要芯片介绍

74LS194 是一种常用的双向移位寄存器，所存的代码能在移位脉冲的作用下依次移位，其可以实现左移或者右移的功能。移位寄存器数据输入输出的方式有串入串出、串入并出、并入串出、并入并出 4 种形式。其引脚分布见图 6－71。74LS194 的引脚如图 6－70 所示，其中，D_3、D_2、D_1、D_0 为并行输入端；Q_3、Q_2、Q_1、Q_0 为并行输出端；S_R 为右移串行输入端；S_L 为左移串行输入端；S_1、S_0 为操作模式控制端；$\overline{CR}$为直接无条件清零端；CP 为时钟脉冲输入端。74LS194 有 5 种不同操作模式：并行送数寄存；右移（方向由 $Q_3 \to Q_0$）；左移（方向由 $Q_0 \to Q_3$）；保持及清零。S_1、S_0 和$\overline{CR}$端的控制作用如表 6－32 所示。

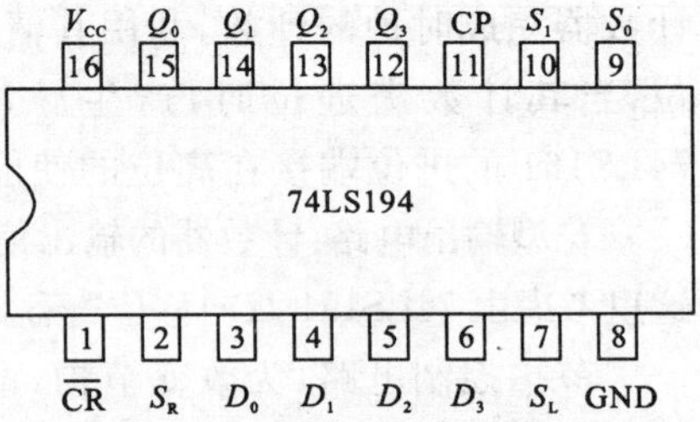

图 6－71　74LS194 引脚图

表 6－32　74LS194 真值表

输　入				输　出				功能说明
CLR	CLK	S_1 S_0	S_L S_R	Q_A^{n+1}	Q_B^{n+1}	Q_C^{n+1}	Q_D^{n+1}	
0	×	× ×	× ×	0	0	0	0	异步清 0
1	↑	0 1	× 0	0	Q_A^n	Q_B^n	Q_C^n	右移
1	↑	0 1	× 1	1	Q_A^n	Q_B^n	Q_C^n	右移
1	↑	1 0	0 ×	Q_B^n	Q_C^n	Q_D^n	0	左移
1	↑	1 0	1 ×	Q_B^n	Q_C^n	Q_D^n	1	左移
1	↑	1 1	× ×	A	B	C	D	并行输入
1	↑	0 0	× ×	Q_A^n	Q_B^n	Q_C^n	Q_D^n	保持

一片 74LS194 可以实现 4 位数据的移位功能，根据题目的要求，花型输出由两片移位寄存器 74LS194 实现。考虑到花型的变换效果，两个移位寄存器的输出之间存在对称关系，这里两片之间不需要进行级联。移位寄存器 8 个输出信号端连接 8 个发光二极管，用其输出信号控制发光二极管的亮灭实现花型演示。而花型之间的变化通过花型控制电路的输出即 74LS161 级联的计数器输出控制，74LS194 和 74LS161 采用同步时序逻辑控制，使用同一个时钟源。

74LS161 为二进制同步计数器，具有同步预置数、异步清零以及保持等功能。其引脚图如图 6－72 所示。逻辑功能表如表 6－33 所示。

从功能表的第一行可知，当$\overline{CR}=0$（输入低电平），则不管其他输入端（包括 CP 端）状态如何，4 个数据输出端 Q_A、Q_B、Q_C、Q_D全部清零。由于这一清零操作不需要时钟脉冲 CP 配合（即不管 CP 是什么状态都行），所以$\overline{CR}$为异步清零端，且低电平有效，也就是说该计数器具有“异步清零”功能。

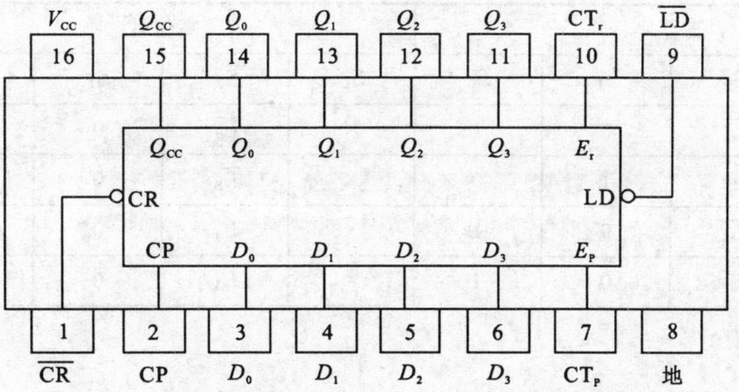

图 6－72　74LS161 引脚分布图

表 6－33　74LS161 的功能表

输入									输出			
$\overline{CR}$	$\overline{LD}$	CT_r	CT_P	CP	D_0	D_1	D_2	D_3	Q_0	Q_1	Q_2	Q_3
0	×	×	×	×	×	×	×	×	0	0	0	0
1	0	×	×	↑	d0	d1	d2	d3	d0	d1	d2	d3
1	1	1	1	↑	×	×	×	×	计数			
1	1	0	×	×	×	×	×	×	保持			
1	1	×	0	×	×	×	×	×	保持			

注：$Q_{CC}= CT_r \cdot Q_0 \cdot Q_1 \cdot Q_2 \cdot Q_3$

从功能表的第二行可知，当$\overline{CR}=1$，且$\overline{LD}=0$时，时钟脉冲 CP 上升沿到达，4 个数据输出端 Q_A、Q_B、Q_C、Q_D同时分别接收并行数据输入信号 a、b、c、d。由于这个置数操作必须有 CP 上升沿配合，并与 CP 上升沿同步，所以称该芯片具有“同步置数”功能。

从功能表的第三行可知，当$\overline{LD}=\overline{CR}=1$，$CT_r=CT_P=1$时，则对计数脉冲 CP 实现同步十进制加计数；而从功能表的第四行又知道，当$\overline{CR}=\overline{LD}=1$时，只要 CT_r 和 CT_P 中有一个为 0，则不管 CP 状态如何(包括上升沿)，计数器所有数据输出都保持原状态不变。因此，CT_r 和 CT_P 应该为计数控制端，当它们同时为 1 时，计数器执行正常同步计数功能；而当它们有一个为 0 时，计数器执行保持功能。另外，进位输出 $Q_{CC}=CT_r \cdot Q_0 \cdot Q_1 \cdot Q_2 \cdot Q_3$表明，进位输出端仅当计数控制端 $CT_r=1$，且计数器状态为 15 时它才为 1，否则为 0。

要用 74LS194 实现 3 个花型的连续显示必须对两片 74LS194 的 S_1、S_0 和 S_L、S_R 的节拍的变化进行相应的改变，通过 74LS161 的输出反馈来控制，经过观察每 16 个 CP 低位片输出 $Q_1 \sim Q_4$ 变化比较频繁，根据变化的花型频率选用高位片的 $Q_5 \sim Q_6$ 去控制 74LS194 的 S_L、S_R、S_1、S_0 的变化从而实现花型的变化。这里为方便起见，将低位片的 74LS161 的输出记为 Q_A、Q_B、Q_C、Q_D；高位片的输出记为 Q_E、Q_F、Q_G、Q_H。将两片 74LS194 分为低位片 1 和高位片 2，其输出端从低位到高位记为 $L_1 \sim L_8$。列出各花型和其对应的 74LS194 的 S_1、S_0、S_L、S_R 的输入信号及节拍控制信号列表如表 6－34 所示。

根据以上分析，对高位片和低位片 74LS194 的控制端列出卡诺图分析化简，如图 6－73 所示。

表 6－34　花型转换表

花型	低位片				高位片				节拍控制信号
	S_L	S_R	S_1	S_0	S_L	S_R	S_1	S_0	$Q_E\ Q_F$
1	×	$\overline{L_8}$	0	1	×	$\overline{L_8}$	0	1	00
2	$\overline{L_8}$	×	1	0	×	$\overline{L_8}$	0	1	10
3	×	$\overline{L_8}$	0	1	×	L_4	0	1	01
	×	$\overline{L_8}$	0	1	×	L_4	0	1	11

74LS194 低位片

$Q_F \backslash Q_E$	0	1
0	×	$\overline{L_8}$
1	×	×

$S_L=\overline{L_8}$

$Q_F \backslash Q_E$	0	1
0	0	1
1	0	0

$S_1=Q_E \cdot \overline{Q_F}$

$Q_F \backslash Q_E$	0	1
0	$\overline{L_8}$	×
1	$\overline{L_8}$	$\overline{L_8}$

$S_R=\overline{L_8}$

$Q_F \backslash Q_E$	0	1
0	1	0
1	1	1

$S_L=\overline{Q_E Q_F}$

74LS194 高位片

$Q_F \backslash Q_E$	0	1
0	×	×
1	×	×

$S_L=X$

$Q_F \backslash Q_E$	0	1
0	$\overline{L_8}$	$\overline{L_8}$
1	L_4	$\times L_4$

$S_R=\overline{Q_F} \cdot \overline{L_8}+Q_F \cdot L_4$

$Q_F \backslash Q_E$	0	1
0	0	0
1	0	0

$S_1=0$

$Q_F \backslash Q_E$	0	1
0	1	1
1	1	1

$S_0=1$

图 6－73　74LS194 的控制端卡诺图分析图

根据图 6－73 分析可以得到，控制 74LS194 高、低位片的左移右移变化控制端 S_1、S_0 以及串行输入端，可由 74LS161 的输出端 Q_E、Q_F 和本身输出端 L_4 和 $\overline{L_8}$ 控制。用 $Q_A \sim Q_H$ 表示 74LS161 从低位到高位的输出端。

逻辑控制结果表达式如表 6－35 所示。

花型输出电路图如图 6－74 所示。

表 6－35　逻辑控制结果

74LS194 低位片	74LS194 高位片
$S_1=Q_E\oplus Q_F$	$S_1=0$
$S_0=\overline{S_1}$	$S_0=1$
$S_L=\overline{L_8}$	$S_L=X$
$S_R=\overline{L_8}$	$S_R=Q_F\cdot L_4+\overline{Q_F}\cdot\overline{L_8}$

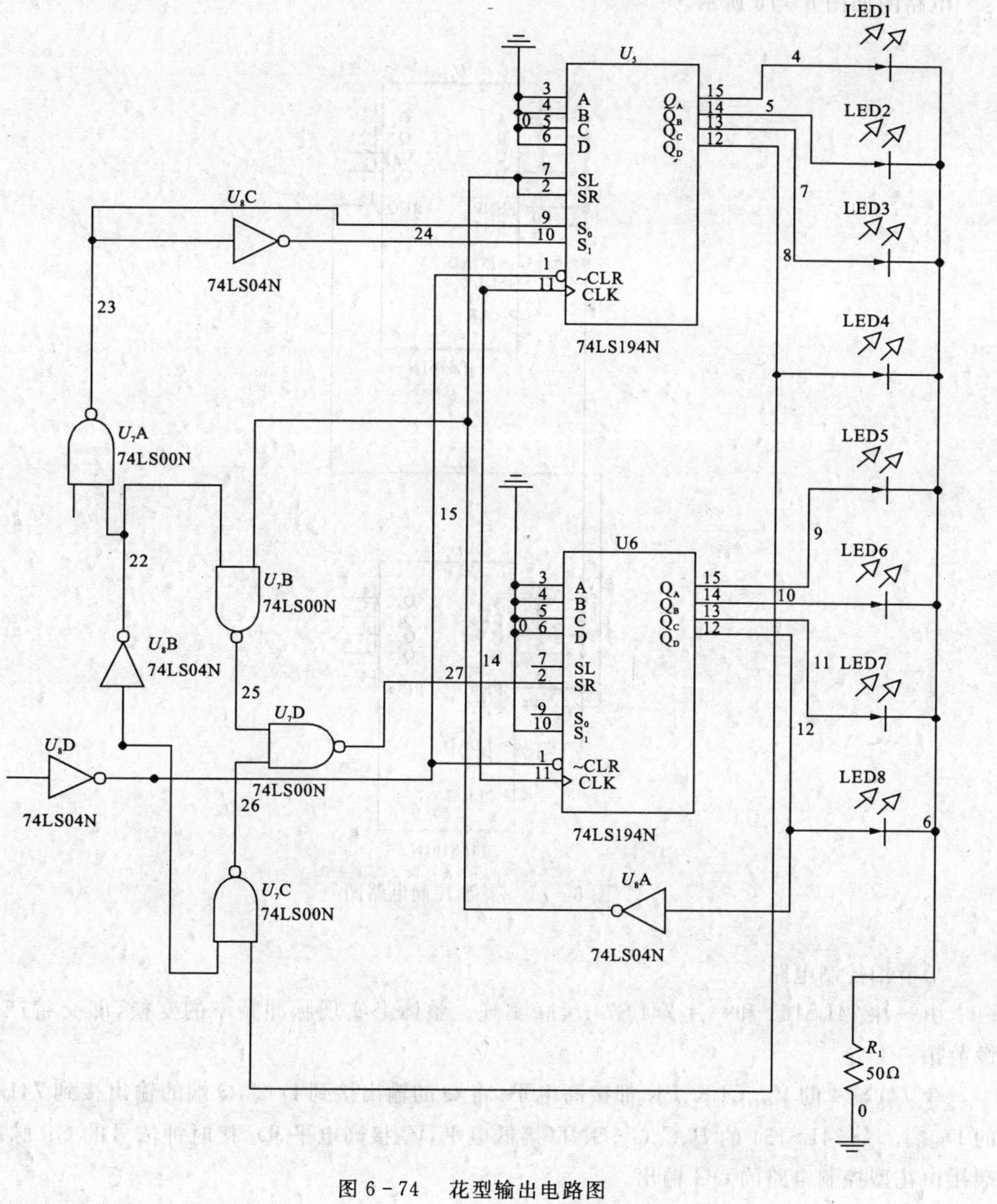

图 6－74　花型输出电路图

3)花型控制信号电路

由两片 74LS161 级联的模 128(3 种花型节拍每种显示两遍,再总体重复一遍的总节拍数)计数器。

74LS161 的级联用的是同步,并用$\overline{Q_H}$清零。

当 3 种花型全新显示一遍后(总共 64 拍)161 的输出变为 00000100,所以将 74LS161 高位片的 Q_2(即 Q_G)信号输给节拍控制电路的 74LS151 的 A,通过节拍控制电路改变第二遍花型显示的频率。74LS161 的 CP 脉冲来自节拍控制电路中 74 的输出端 Y。

电路图如图 6-75 所示。

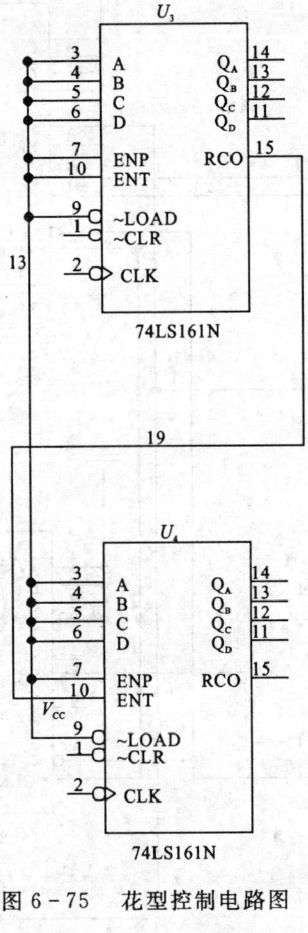

图 6-75　花型控制电路图

4)节拍控制电路

由一片 74LS151 和一片 74LS74 级联实现。整体上实现脉冲频率的变换,即交替产生快慢节拍。

令 74LS74 的 V_{cc}、CLR、PR 都接高电平,将 Q 的输出接到 D 端,Q 端的输出接到 74LS151 的 D_1 端。令 74LS151 的 B、C、G'、GND 接低电平,V_{cc}接高电平,D_0 接时钟信号的 CP 脉冲,A 端接由花型控制电路的 QG 输出。

所以 Y 端的输出就为:$Y=\mathrm{CP}\,\overline{A}+Q\cdot A$　(Q 是 74LS74D 触发器的输出端)。

由于 D 触发器具有记忆功能，记录上一个状态，所以在每一个 CP 脉冲的上升沿，Q 输出为上一次的记录(即一个脉冲)。也就比时钟信号电路的 CP 脉冲慢了一拍。

所以通过 A 为 0 或 1 选择 Y 端输出的脉冲的频率。A 端接的是 74LS161 的高位片的 QG，即当到达第 64 拍时 QG 为 1 接下来的 65～128 拍为变慢后的脉冲输出。电路图如图 6－76所示。

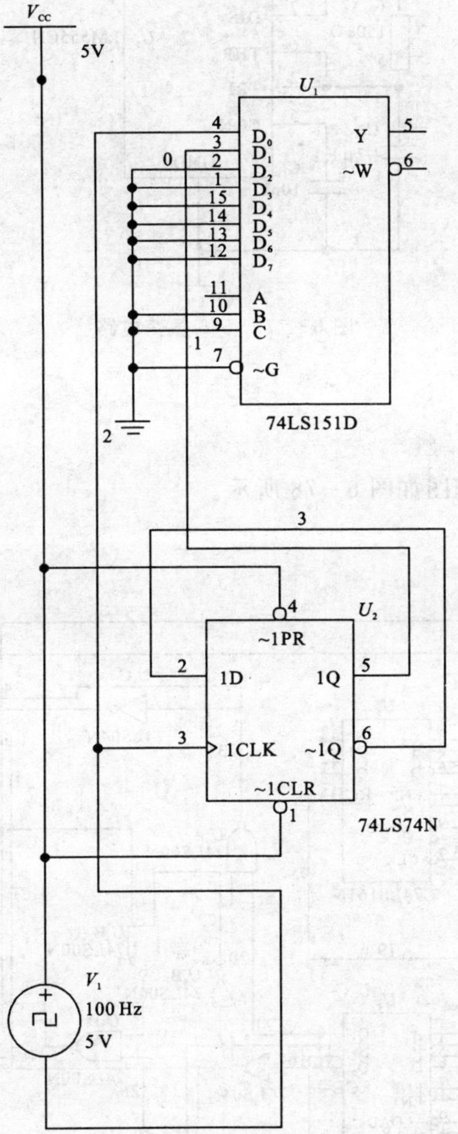

图 6－76　节拍控制电路图

5)时钟信号电路 9

由一片 555 加上适当电容及电阻实现多谐振荡器。电路图如图 6－77 所示。

电容 C_2 取 4.7μF，C_1 取 0.01μF，电阻 R_2 取 150kΩ，R_1 取 4.7kΩ，根据 6.4 节中 555 定时器构成的多谐振荡器输出波形振荡周期计算公式，可得输出频率为 1Hz。

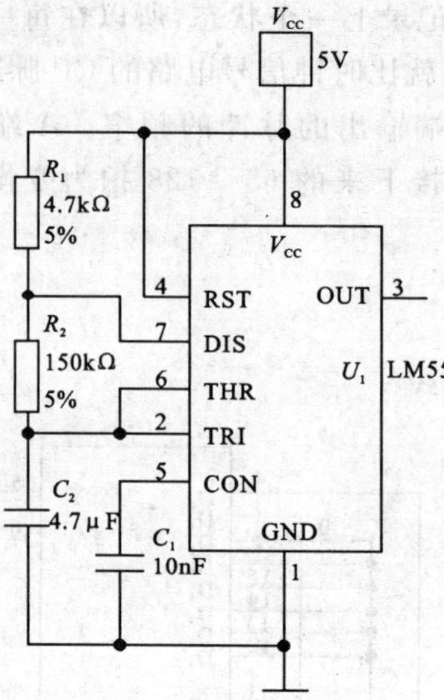

图 6－77　555 振荡电路

6.5.4　总体电路图

彩灯循环控制电器原理图如图 6－78 所示。

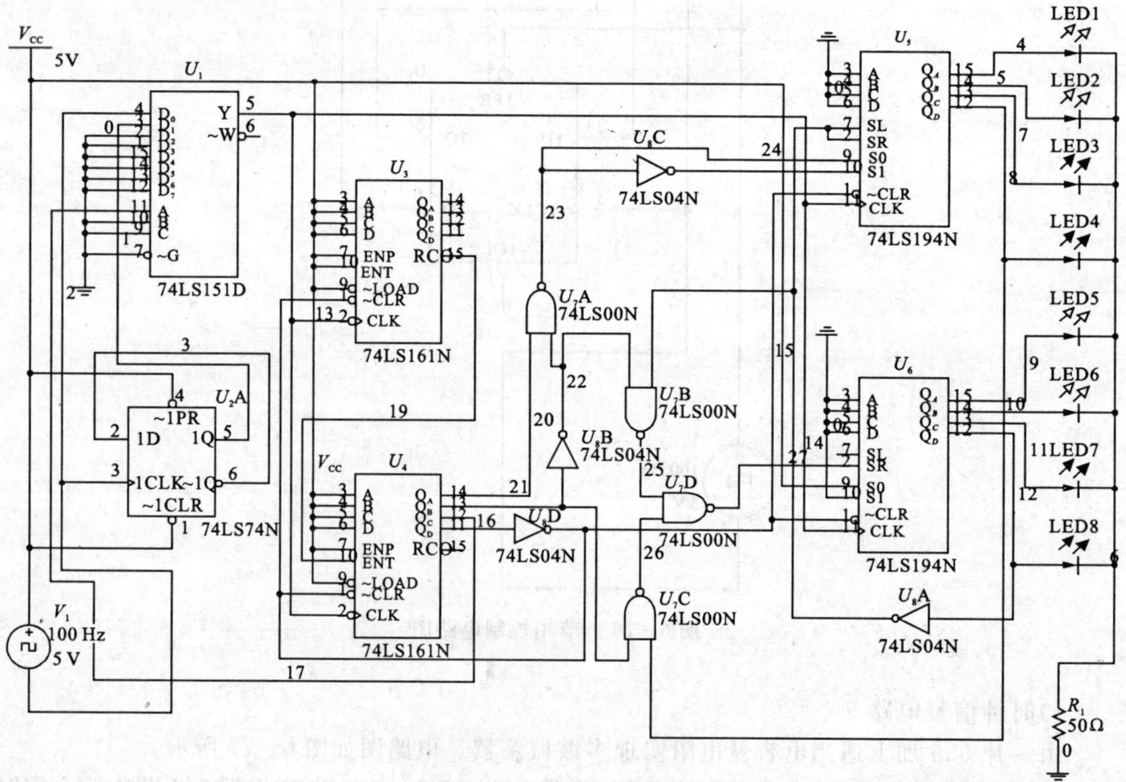

图 6－78　总体电路图

6.5.5　各个单元电路的输入、输出信号波形

1)基本 CP 脉冲产生电路波形图与分频电路波形图(图 6-79)

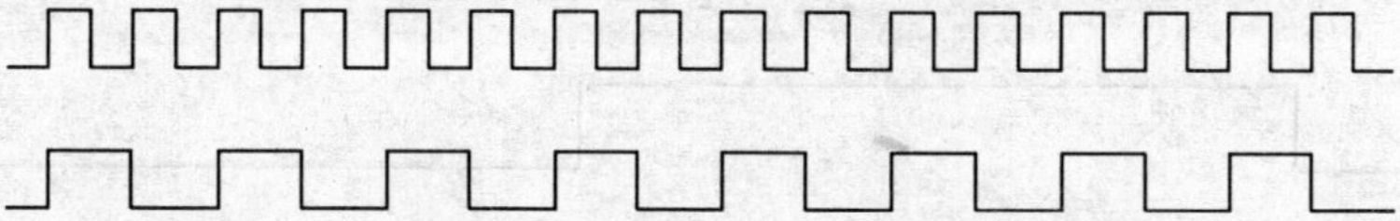

图 6-79　基本 CP 脉冲产生电路波形图与分频电路波形图

2)测试波形

花型一(图 6-80):

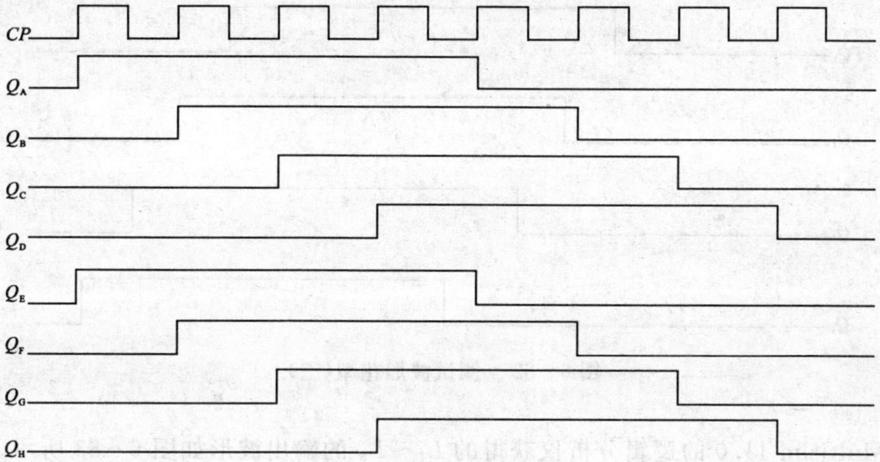

图 6-80　测试波形花型(一)

花型二(图 6-81):

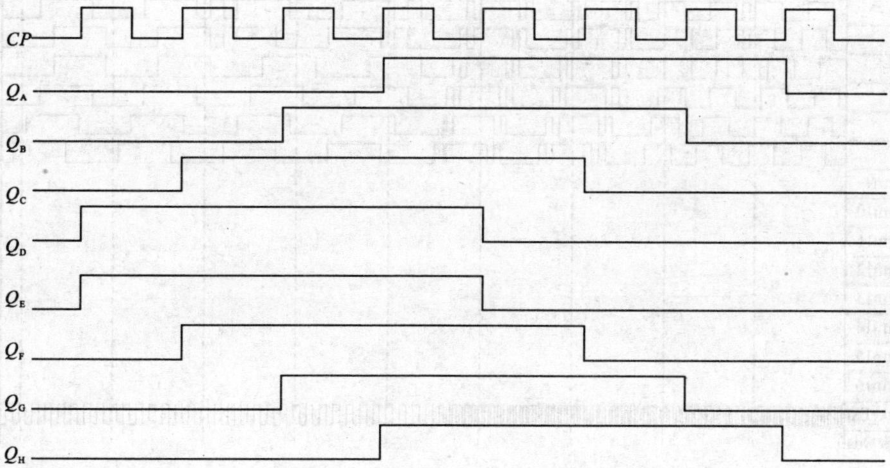

图 6-81　测试波形花型(二)

花型三(图 6－82)：

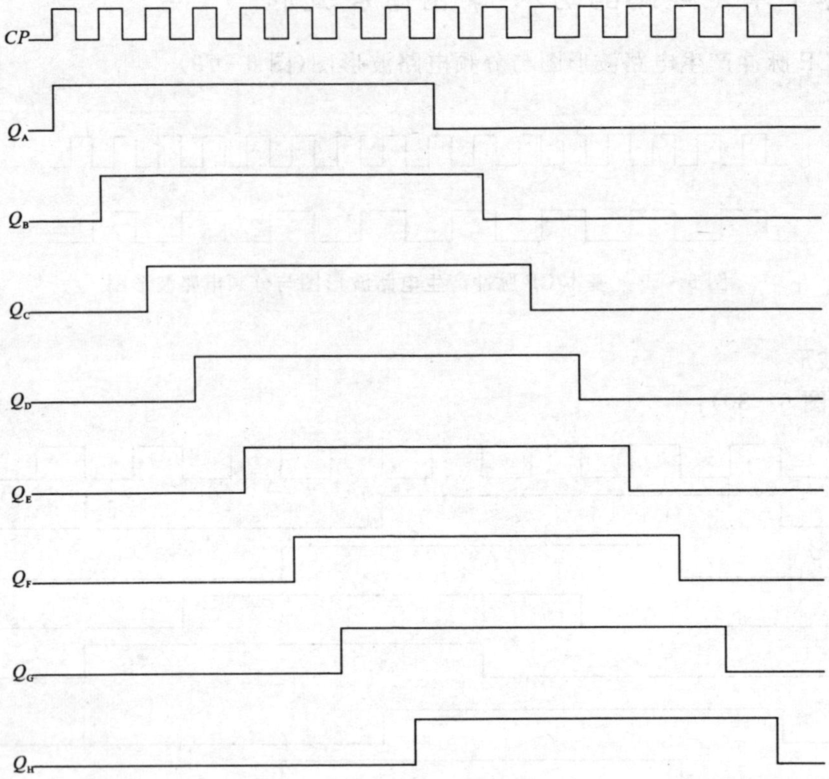

图 6－82　测试波形花型(三)

通过 Multisim 11.0 的逻辑分析仪获得的 $L_1 \sim L_8$ 的输出波形如图 6－83 所示。

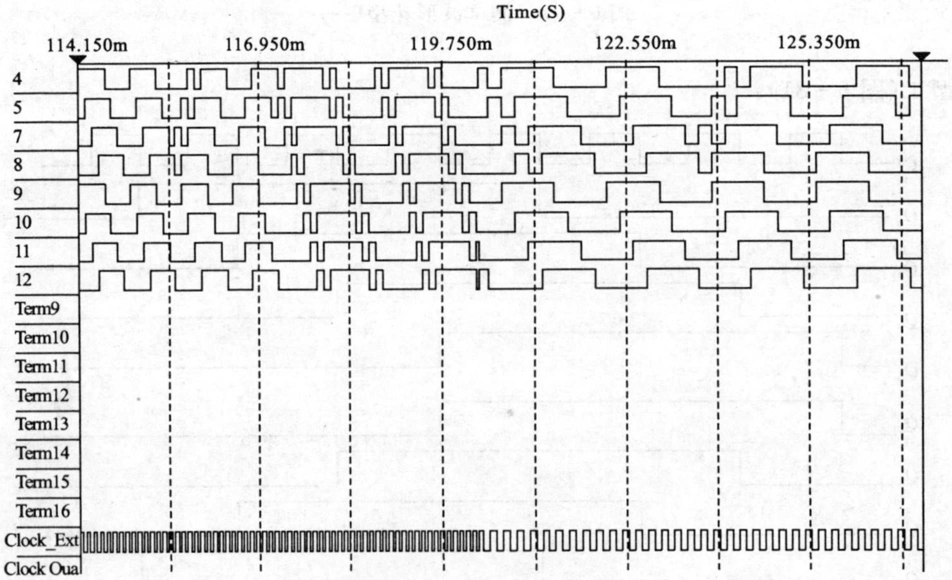

图 6－83　$L_1 \sim L_8$ 波形图

第 7 章　数据采集及 A/D、D/A 转换

在控制系统和信号处理系统及许多测量仪器等现代电子系统中，大部分均采用计算机和数字电路作为系统的核心处理部分。计算机所处理的数据都是离散的数字量，然而大多数的控制对象和被测的物理量都是一些连续变化的模拟量，如声音、图像、温度、速度、流量等。目前绝大多数的传感器输出也是模拟量。这样，模拟量必须通过模数(A/D)转换器转换成数字量，便于计算机和数字电路进行处理，计算机和数字电路处理的结果又须通过数模(D/A)转换器转换成模拟量输出。模数和数模转换作为二者的桥梁已成为电子系统中的重要环节。

7.1　数据采集

信号采集是系统的喉舌部分，其质量的好坏直接影响整体系统的最终效果。例如，我们对着麦克风说话，麦克风会把我们的声音“记录”下来，转换成模拟形式的电信号，然后传输到后面的模块中进行处理。麦克风“记录”声音的过程就称为数据采集。显然，数据采集往往需要借助传感器实现。

7.1.1　数据采集系统

一般的数据采集系统如图 7－1 所示。模拟输入信号通过传感器变换成电信号，经过信号调理后，放大或者衰减到模数转换器合适的输入幅度，进行 A/D 转换得到对应的数字量，通过计算机进行处理或者以数字形式传输或保存。在处理数字信号之后，必要时将数字量进行数模转换，重新转换为模拟信号的形式。模数转换器以每秒 f_s 的采样速率对输入的模拟信号进行转换，按照奈奎斯特采样定理，为了避免出现混叠现象，模拟输入信号必须使其最高频率分量小于 $f_s/2$。由于 ADC 进行转换需要一定的时间，ADC 通常要求输入信号值在转换过程中保持为一常数，因此，每次转换时，在 ADC 之前要用一个采样保持放大器 SHA(Sample Hold Amplifier)，使该信号值保持不变。处理器将数字量输出给 DAC 转换成模拟量，得到的阶梯状信号通过一个平滑滤波器来减少噪声。

图 7－1　数据采集系统框图

7.1.2　采样率

采样就是对连续信号每隔一定周期测量一次。测量的周期称为采样周期，采样周期的倒数为采样频率，即采样率 f_s，$f_s=1/T_s$。

连续信号的采样由采样开关或采样/保持器完成。采样开关输入的是连续信号，输出的是离散信号，即采样信号。图 7-2 表明采样过程，采样波形是具有一定幅度的脉冲，采样开关输出的是被输入连续信号调制的脉冲信号，输出信号可以看成是连续信号与脉冲序列的乘积，可用下式表示：

$$f_{p(t)}=f_{a(t)}p_{(t)}$$

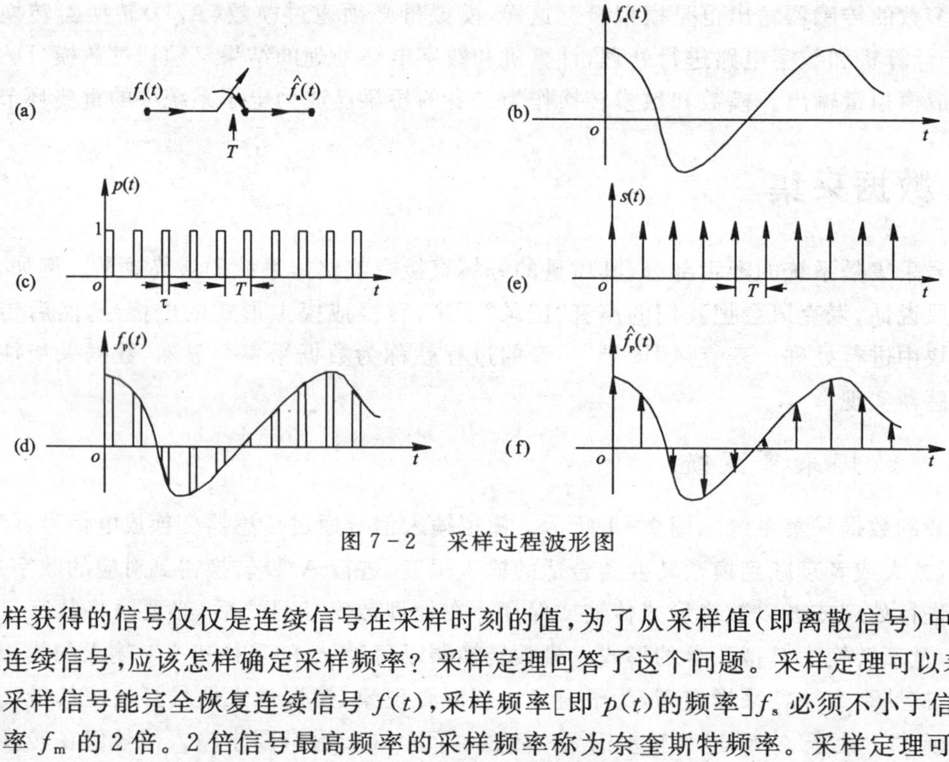

图 7-2　采样过程波形图

采样获得的信号仅仅是连续信号在采样时刻的值，为了从采样值(即离散信号)中恢复出原来的连续信号，应该怎样确定采样频率？采样定理回答了这个问题。采样定理可以表述为：为了使采样信号能完全恢复连续信号 $f(t)$，采样频率[即 $p(t)$的频率]f_s 必须不小于信号最高有效频率 f_m 的 2 倍。2 倍信号最高频率的采样频率称为奈奎斯特频率。采样定理可用如下公式表示：

$$f_s\geqslant 2f_m$$

当以某一采样频率 f_s 对一个信号频率宽度为 f_m 的信号进行采样时，会在重建的波形中出现“和频”(f_s+f_m)及“差频”(f_s-f_m)分量。“和频”在所关心的频带外，很容易被滤掉；如果采样频率不够高，“差频”分量就落在信号频带之内，发生混叠现象。图 7-3 说明了产生混叠现象的原理。其中 $f(\omega)$是对信号 $f(t)$进行抽样后的频谱，以 ω 形式体现，$\omega=2\pi f$，即：

$$w_m=2\pi f_m\,;w_s=2\pi f_s$$

原信号得以恢复的条件是 $f_s\geqslant 2f_m$，其中 f_s 为采样频率，f_m 为原信号占有的频带宽度。而 $f_{min}=2f_m$ 为最低采样频率，又称“奈奎斯特频率”。当 $f_s<2f_m$ 时，采样信号的频谱会发生混叠，从发生混叠后的频谱中我们无法用低通滤波器获得原信号频谱的全部内容。在实际使用中，仅包含有限频率的信号是极少的。因此，即使 $f_s=2f_m$，恢复后的信号失真还是难免的。

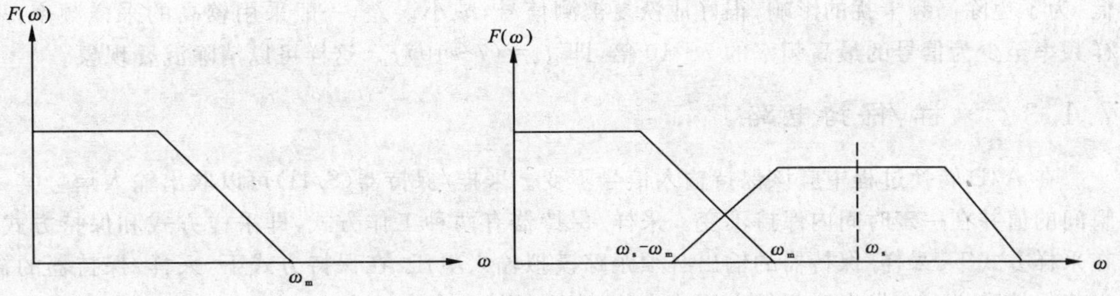

图 7-3　混叠现象的产生

图 7-4 画出了当采样频率 $f_S \geqslant 2f_m$（不混叠时）及当采样频率 $f_S < 2f_m$（混叠时）两种情况下采样信号的频谱。

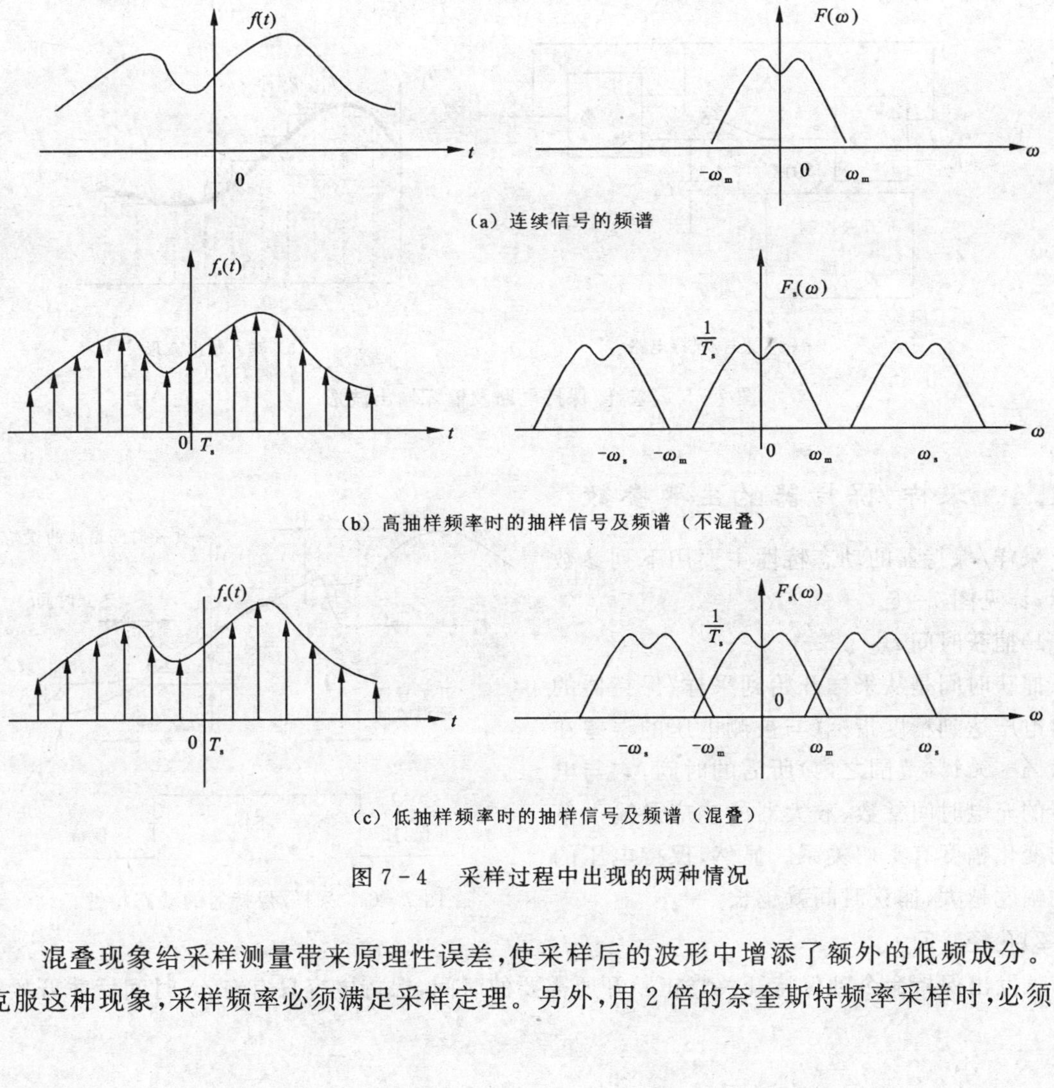

图 7-4　采样过程中出现的两种情况

混叠现象给采样测量带来原理性误差，使采样后的波形中增添了额外的低频成分。为了克服这种现象，采样频率必须满足采样定理。另外，用 2 倍的奈奎斯特频率采样时，必须用截

止频率为 f_m 的低通滤波器，即抗混叠滤波器。在数据采集系统中，由于其工作频率一般较低，为了免除高频干扰的影响，很好地恢复被测信号，减小误差，一般采用较高的采样频率，采样频率至少为信号的最高频率的 7～10 倍，即 $f_s=(7\sim10)f_m$，这样可以消除混叠现象。

7.1.3　采样/保持电路

在 A/D 转换过程中应该保持输入信号不变。采样/保持器(S/H)可以取出输入信号某一瞬间的值并在一定时间内保持不变。采样/保持器有两种工作方式，即采样方式和保持方式。在采样方式下，采样/保持器的输出必须跟踪模拟输入电压；在保持方式下，采样/保持器的输出将保持采样命令发出时刻的电压输入值，直到保持命令撤销为止。

图 7-5 给出了采样/保持电路的原理图和经采样、保持后的输出波形。图 7-5(a)中 A_1 为高输入阻抗的场效应管组成的放大器，A_2 为输出缓冲器，开关 S 是工作方式控制开关。图中采样电子开关 S 受采样信号 $S(t)$ 控制，定时地合上 S，对保持电容 C_H 充放电。因 A_1、A_2 接成电压跟随器，此时 $V_o=V_i$。S 打开时，保持电容 C_H 因无放电回路保持采样所获得的输入电压，输出电压亦保持不变。

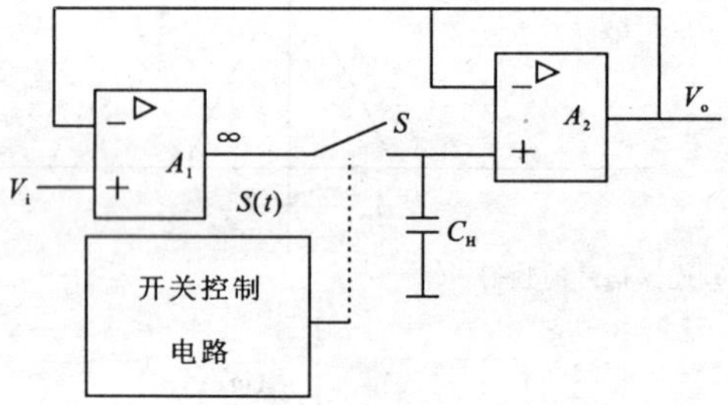

(a) 采样/保持电路

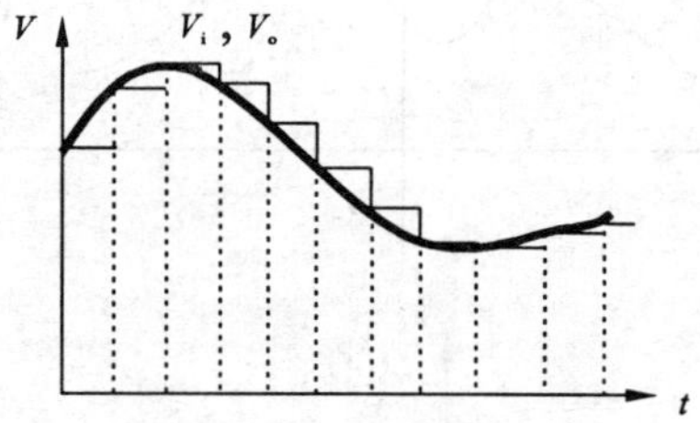

(b) 输入输出波形

图 7-5　采样/保持电路及输入输出波形

7.1.4　采样/保持器的主要参数

采样/保持器的动态特性主要用下列参数表示，详见图 7-6。

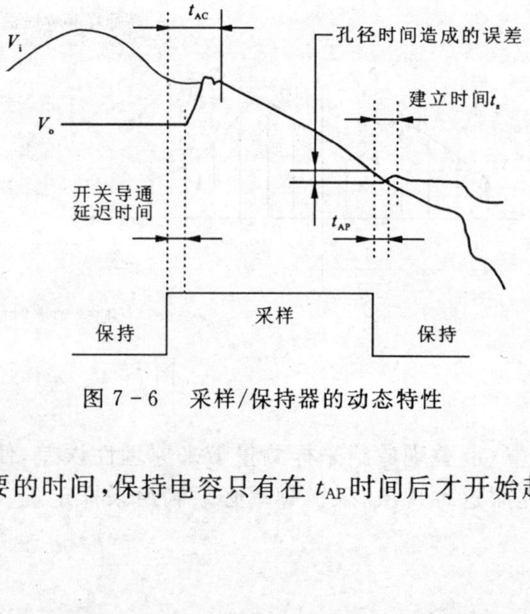

图 7-6　采样/保持器的动态特性

1)捕获时间 t_{AC}

捕获时间是从采样开始到采样/保持器的输出电压达到精度指标(与被测电压的误差在 0.01%～0.1%范围之内)所需的时间，它与电容器的充电时间常数、放大器的响应及输入信号的变化幅度有密切关系。显然，保持电压的变化幅度越大，捕获时间就越长。

2)孔径时间 t_{AP}

从发出保持命令到保持开关真正断开所需要的时间，保持电容只有在 t_{AP}时间后才开始起保持作用，因此，这一延时会产生一个与被采样信号的变化相关的误差。

3）保持建立时间 t_S

采样/保持器进入保持状态后，需要经过保持建立时间 t_S，输出才能达到稳定。因此转换时间早于 t_S 会产生误差。

4）孔径抖动 t_{AJ}

孔径抖动亦称孔径不确定度，表示 t_{AP} 的变化范围，一般比 t_{AP} 小 1/2 到 1 个数量级。

5）衰减率

在保持状态下，由于保持电容的漏电流和其他杂散漏电流，引起保持电压下降。衰减率反映了采样/保持器的输出值在保持期间内的变化。

7.2　D/A 转换器

7.2.1　D/A 转换原理

数模转换是将数字量转换为模拟电信号（电流或电压），使输出的模拟电信号与输入的数字量成正比。实现这种转换功能的电路叫数模转换器（D/A 转换器或 DAC）。

一个 n 位二进制数可表示为 $D=D_{n-1}D_{n-2}\cdots D_1D_0$，其中最高有效位称为 MSB，最低有效位 LSB 的权依次为 2^{n-1}，2^{n-2}，…，2^1，2^0。为了将数字量转换为模拟量，需要将二进制数的每一位按权的大小转换为相应的模拟量，然后将代表各位的模拟量相加，就得到与该数字量成正比的模拟量。DAC 输入数字量与输出模拟量的对应关系称为 DAC 的转换特性。图7－7为 3 位二进制数 DAC 的转换特性。

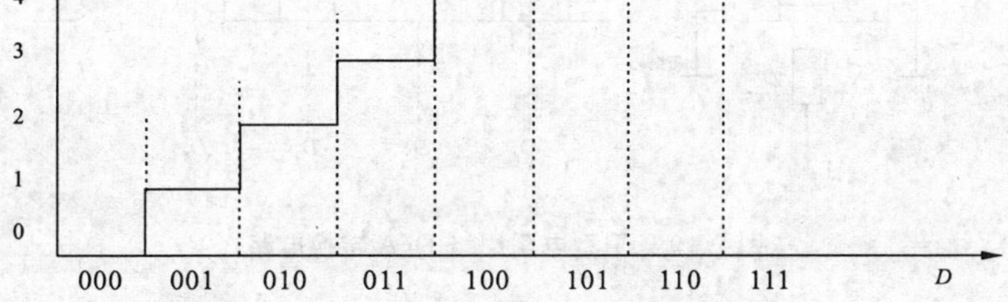

图 7－7　3 位二进制数 DAC 的转换特性

设输入数字量为 D，输出模拟量为 V_o，则 D/A 转换的关系可表达为

$$V_o = kD = k\sum_{i=0}^{n-1} D_i 2^i = k(2^{n-1}D_{n-1} + 2^{n-2}D_{n-2} + \cdots + 2^1 D_1 + 2^0 D_0)$$

其中，k 为比例系数，上式表明实现一个 n 比特 DAC，需要 n 个开关和 n 个二进制加权变量 $D^i 2^i$ 来相加得到 V_o；另外电路还需要一个加法器和一个基准实现比例系数 k。实际的 n 位二进制 DAC 组成一般包括数字寄存器、模拟开关、基准电压源、解码网络和放大器几个组成部分，如图 7－8 所示。

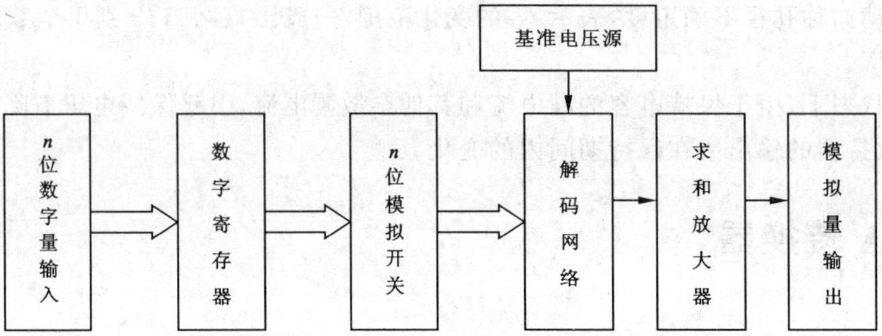

图 7－8　D/A 组成框图

按解码网络结构不同，D/A 转换器有倒 T 型电阻网络、T 型电阻网络 D/A 转换器和权电流 D/A 转换器等。

7.2.2　T 型电阻网络 D/A 转换器

以 4 位 DAC 为例，电路图如图 7－9 所示。

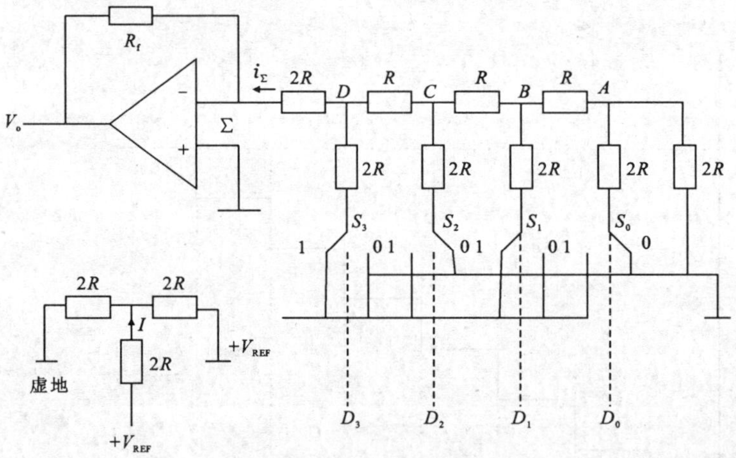

图 7－9　T 型电阻网络 D/A 转换电路

由于运放的同相端接地，因此，反相端为虚地，T 型电阻网络有如下特点：

(1)从任何一个结点向左或向右到地或虚地端的等效电阻相等，均为 R。

(2)从任何一模拟开关 S 到地或虚地端的等效电阻相等，均为 $3R$。

模拟开关 S_i 是接地还是接基准电压 V_{REF}，受输入的二进制码 $D_3D_2D_1D_0$ 控制，也称为电压模式 DAC。总电流为

$$i_{\Sigma}=\frac{I}{2}D_3+\frac{I}{4}D_2+\frac{I}{8}D_1+\frac{I}{16}D_0=\frac{1}{2^4}\frac{V_{REF}}{3R}(2^3D_3+2^2D_2+2^1D_1+2^0D_0)$$

运放为反相放大器结构，输出电压 V_o 为

$$V_o=-\frac{R_f}{2^4}\frac{V_{REF}}{3R}2^3D_3+2^2D_2+2^1D_1+2^0D_0$$

依此类推，n 位 T 型电阻网络 DAC，则输出电压为

$$V_o=-\frac{R_f}{2^4}\frac{V_{REF}}{3R}(2^{n-1}D_{n-1}+2^{n-2}D_{n-2}+\cdots+2^1D_1+2^0D_0)$$

7.2.3　倒 T 型电阻网络 D/A 转换器

倒 T 型电阻网络 D/A 转换器是目前使用最为广泛的一种形式，其电路结构如图 7-10 所示。

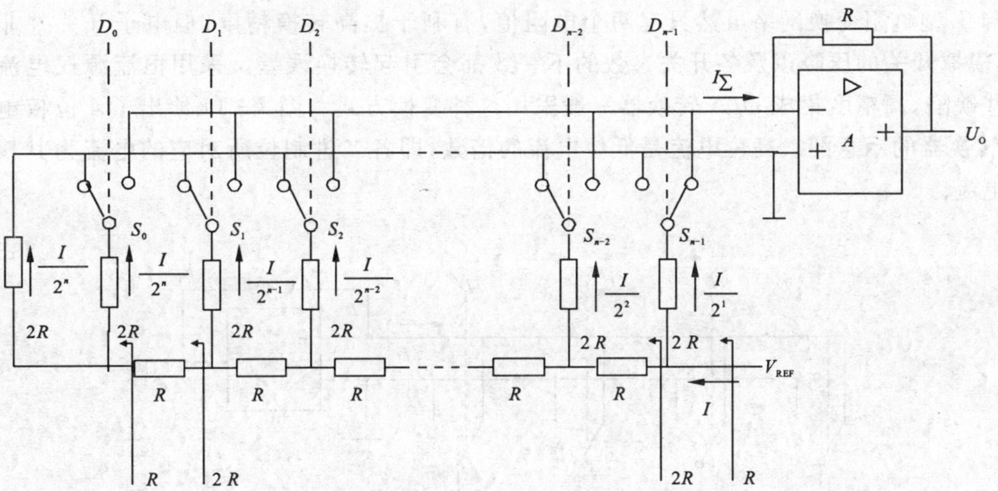

图 7-10　倒 T 型电阻网络 D/A 转换电路

当输入数字信号的任何一位是“1”时，对应开关便将 $2R$ 电阻接到运放反相输入端，而当其为“0”时，则将电阻 $2R$ 接地。由图 7-10 可知，按照虚短、虚断的计算方法，求和放大器反相输入端的电位为虚地，所以无论开关合到哪一边，都相当于接到了“地”电位上。在图示开关状态下，从最左侧将电阻折算到最右侧，先是 $2R\parallel 2R$，电阻值为 R，再和 R 串联，又是 $2R$，一直折算到最右侧，电阻仍为 R，则可写出电流 I 的表达式为

$$I=\frac{V_{REF}}{R}$$

只要 V_{REF} 选定，电流 I 为常数。流过每个支路的电流从右向左，分别为 $\frac{I}{2^1}$、$\frac{I}{2^2}$、$\frac{I}{2^3}$、…。当输入的数字信号为“1”时，电流流向运放的反相输入端，当输入的数字信号为“0”时，电流流向地，可写出 I_{Σ} 的表达式：

$$I_{\Sigma}=\frac{I}{2}D_{n-1}+\frac{I}{4}D_{n-2}+\cdots+\frac{I}{2^{n-1}}D_1+\frac{I}{2^n}D_0$$

在求和放大器的反馈电阻等于 R 的条件下，输出模拟电压为

$$V_o = -RI_\Sigma = -R(\frac{I}{2}D_{n-1} + \frac{I}{4}D_{n-2} + \cdots + \frac{I}{2^{n-1}}D_1 + \frac{I}{2^n}D_0)$$

$$= -\frac{V_{REF}}{2^n}(D^{n-1}2^{n-1} + D^{n-2}2^{n-2} + \cdots + D_1 2^1 + D_0 2^0)$$

$$V_o = -\frac{V_{REF}}{2^n}(D_{n-1} \times 2^{n-1} + D_{n-2} \times 2^{n-2} + \cdots + D_1 \times 2^1 + D_0 \times 2^0)$$

倒 T 型电阻网络由于流过各支路的电流恒定不变，故在开关状态变化时，不需电流建立时间，所以该电路转换速度快，尖峰脉冲干扰较小，是使用最广泛的一种 D/A 转换器。以上两种 DAC 由于电阻值的分散程度仅为 2∶1，所以可以在集成电路中制造成高精度和高稳定性的 DAC。

7.2.4 权电流型 D/A 转换器

倒 T 型电阻变换网络虽然只有两个电阻值，有利于提高转换精度，但电子开关并非理想器件，模拟开关的压降以及各开关参数的不一致都会引起转换误差。采用恒流源权电流能克服这些缺陷，高精度集成 D/A 转换器一般采用这种变换方式。图 7-11 给出了 4 位权电流型 D/A 转换器的示意图。高位电流是低位电流的倍数，即各二进制位所对应的电流为其权乘最低位电流。

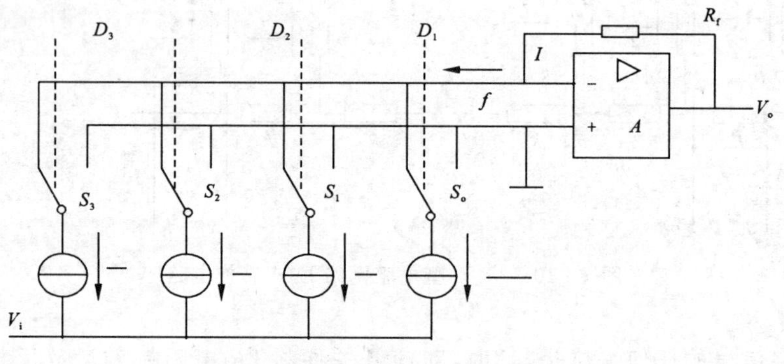

图 7-11　权电流型 D/A 转换器

由图 7-11 可知，当 $D_i=0$ 时，开关 S_i 接地；$D_i=1$ 时，开关 S_i 与运放的反相端相连，相应的权电流流入求和电路。分析该电路可得

$$V_o = i_\Sigma R_f = R_f(\frac{I}{2}D_3 + \frac{I}{4}D_2 + \frac{I}{8}D_1 + \frac{I}{16}D_0)$$

$$= \frac{I}{2^4}R_f(2^3 D_3 + 2^2 D_2 + 2^1 D_1 + 2^0 D_0)$$

$$= \frac{I}{2^4}R_f \sum_{i=0}^{3} 2^i D_i$$

由于权电流型 D/A 转换器中，各支路上的权电流的大小不受开关导通电阻和电压的影响，所以该电路的转换精度较高。

7.2.5 D/A转换器的输出方式

D/A转换器大部分是数字电流转换器,实用中通常需增加输出电路,实现电流电压变换。在变换网络中,电流是单方向的,即在0和正满度值或负满度值之间变化,是单极性的。为了能使输出在正、负满度值之间变化,即双极性输出方式,需要增加输出电路。

在单极性输出方式时,数字量采用自然二进制码表示大小,输出电路只要完成电流到电压的变换即可。

双极性输出方式时,数字量是双极性数。二进制双极性数字的负数可采用:2的补码、偏移二进制码或符号数值码(符号位加数值码)。表7-1列出了部分4位双极性二进制码。

表7-1 部分4位双极性二进制码

十进制数	补码	偏移码	符号数值码	十进制数	补码	偏移码	符号数值码
0	0000	1000	0000	−1	1111	0111	1001
1	0001	1001	0001	−2	1110	0110	1010
2	0010	1010	0010	−3	1101	0101	1011
3	0011	1011	0011	−4	1100	0100	1100
4	0100	1100	0100	−5	1011	0011	1101
5	0101	1101	0101	−6	1010	0010	1110
6	0110	1110	0110	−7	1001	0001	1111
7	0111	1111	0111	−8	1000	0000	

由表7-1可见,偏移二进制码是在自然二进制码的基础上偏移而成的,4位偏移二进制码的偏移量为1000(8H)。因此,按自然二进制码进行D/A变换后,只要将输出模拟量也进行相应偏移(减去1000对应的模拟值),即可获双极性输出。数字量以2的补码表示时,需先将2的补码转换成偏移二进制码(2的补码加1000),然后送D/A转换器,可得双极性输出。

7.2.6 D/A转换的主要技术指标

D/A转换器的性能指标是选用D/A转换芯片的重要依据,也是衡量D/A转换芯片质量的重要参数。读者首先要明白每个性能指标所代表的实际物理意义,才能在使用中合理地选用。D/A转换器的性能指标有很多种,在实际中主要考虑的有以下几种。

1)分辨率

分辨率是指D/A转化器能够分辨的最小输出的模拟增量,取决于输入数字量的二进制位数。一个n位的D/A转换器所能够分辨的最小电压增量定义为满量程值的2^{-n}倍。例如,满量程为5V的8位D/A转换器分辨率为$5V \times 2^{-8} = 19.53mV$;如果将转换器位数增加到14位,则分辨率为$5V \times 2^{-14} = 0.305mV$。

2)转换精度

转换精度是指满量程时 D/A 转换器的实际模拟输出值和理论值的接近程度。例如,满量程时输出理论值为 10V,而实际输出值在 9.99～10.01V 之间,则该 D/A 转换器的转换精度为±10mV。通常,D/A 转换器的转换精度为分辨率的一半,即为 LSB/2。LSB 指的是分辨率,即输入转换器的数字量最低位变化引起输出电压幅值的变化量。

3)偏移量误差

偏移量误差是指输入数字量为零时,输出模拟量对零的偏移值,这种误差可以通过 D/A 转换器的外接参考电压 V_{REF} 和电位器加以调整。

4)线性度

线性度是指 D/A 转换器的实际转换特性曲线和理想直线之间的最大偏差,通常情况下,线性度不应当超出±1/2LSB。

5)转换速度

转换速度是指 D/A 转换器完成一次数字量到模拟量的转换过程所耗费的时间。在选用时,必须要考虑到速度匹配的问题,例如,如果前一次输入到 D/A 转换器中的数字量还没来得及转换成稳定的模拟输出,下一次数字量输入又到达,则会造成 D/A 转换器的模拟输出量错误,这在应用中是不允许的。

除了上述指标外,温度灵敏度也是 D/A 转换器的重要技术参数,由于它们都比较小,这里先不考虑。可以参考相关书籍。

7.2.7 集成 D/A 转换器及其应用

目前使用的 D/A 转换器多数是集成电路芯片。集成 D/A 转换芯片的类型很多,有不同的分类方法。若按位数分,可以分为 8 位、10 位、12 位、16 位等;若按输出方式分,有电流型和电压型两类;若按接口方式分,可分为串行和并行两种;若按工艺分,可分为 TTL 型和 MOS 型等。典型的 D/A 转换器有 8 位通用型的 DAC0832,12 位的 DAC1208,电压输出型的 AD558 等。下面重点讨论 DAC0832。

DAC0832 是 8 位分辨率的 D/A 转换集成芯片,其主要特点是与微机连接简单、转换控制方便、价格低廉等,在微机系统中得到了广泛的应用。其主要技术指标是:分辨率为 8 位,功耗为 20mW,单电源供电,电源范围为+5～+15V,建立时间为 1μs,电流型输出。

由于 D/A 转换芯片的输入是数字量,输出为模拟量,模拟信号很容易受到电源和数字信号的干扰而引起波动,为提高输出的稳定性和减少误差,模拟信号部分必须采用高精度基准电源 V_{REF} 和独立的地线,一般把数字地和模拟地分开。模拟地是模拟信号及基准电源的参考地,其余信号如工作电源地、数据、地址、控制等数字逻辑地的参考地都是数字地。D/A 转换器输出的电流信号转换成电压信号,并进行放大后才能驱动执行机构的部件。

DAC0832 的内部结构框图如图 7－12 所示,它由 8 位输入寄存器、8 位 DAC 寄存器、8 位 DAC 转换器及转换控制电路构成。

DAC0832 的外部封装为 20 脚双列直插式,如图 7－13 所示。各引脚功能见表 7－2 所示。

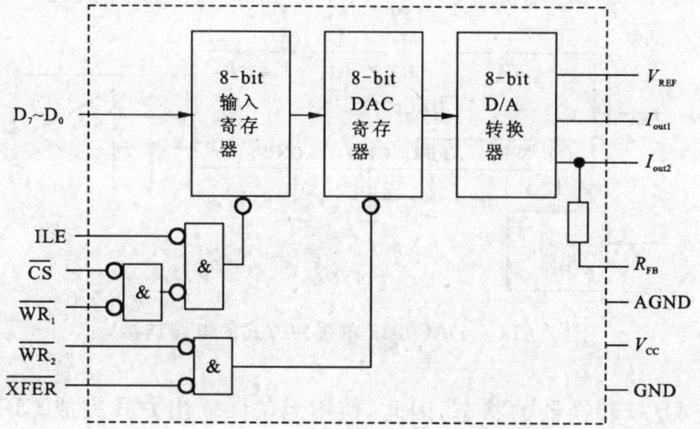

图 7-12　DAC0832 结构框图

表 7-2　DAC 功能引脚

引脚名称	功能特点
$D_0 \sim D_7$	8 为数据输入端
$\overline{CS}$	片选信号线，低电平有效
ILE	数据锁存允许信号，高电平有效
$\overline{WR_1}$	输入寄存器写入控制，低电平有效
$\overline{WR_2}$	DAC 寄存器写入控制，低电平有效
$\overline{XFER}$	传送控制信号，低电平有效
I_{out1}	模拟电流输出端口 1，当 DAC 寄存器全为 1 时，此电流最大，当 DAC 寄存器全为 0 时，此电流最小
I_{out2}	模拟电流输出端口 2，在数值上 $I_{out1}+I_{out2}=$常数
R_{FB}	内部反馈电阻引出端，接运算放大器输出端
V_{REF}	基准电压输入端，可在 $-10\sim+10$V 之间
V_{CC}	芯片电源电压，可在+5V 或+15V 选择
GND	数字信号地
AGND	模拟信号地

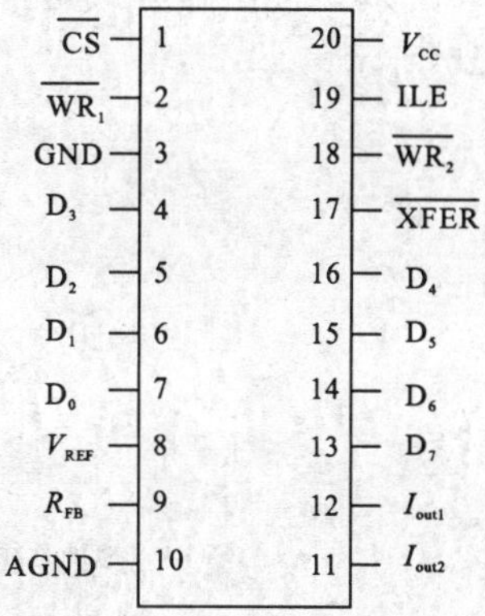

图 7-13　DAC0832 引脚图

DAC0832 内部有两个寄存器，即输入寄存器和 DAC 寄存器，能实现 3 种工作方式：单缓冲方式、双缓冲方式和直通方式。

1）单缓冲方式

单缓冲工作方式是使输入寄存器或 DAC 寄存器中的任意一个工作在直通状态，另一个由 CPU 控制。通常$\overline{WR_2}$和$\overline{XFER}$连接数字地，使 DAC 寄存器的输出能够跟随输入，即第二级寄存器工作在直通状态，输入寄存器的控制端 ILE 接+5V，$\overline{CS}$接端口地址译码器输出，$\overline{WR_1}$连接系统总线的$\overline{IOW}$写信号，电路连接如图 7-14 所示。

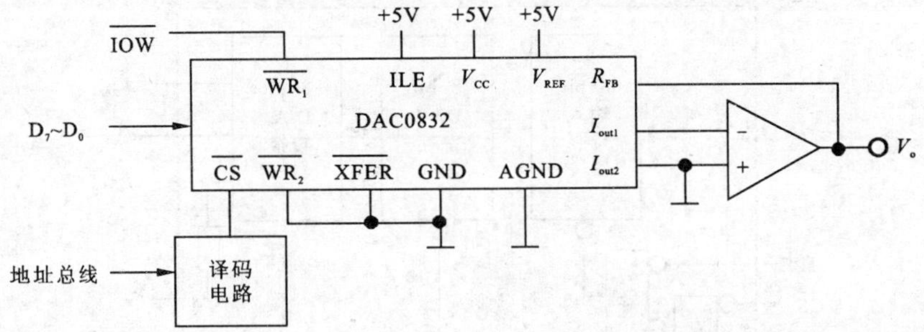

图 7-14　DAC0832 单缓冲方式的电路连接

由于不需检查 D/A 转换器的状态，因此，使用无条件输出方式完成 CPU 向 D/A 转换器进行数据传送。当 CPU 向端口地址发出写命令时，要进行 D/A 转换的数据通过数据总线呈现在 DAC0832 的 $D_7 \sim D_0$ 上，系统 I/O 地址经译码电路产生片选信号，系统总线的 $\overline{IOW}$ 信号为低电平后，数据写入到输入寄存器中，因为 DAC 寄存器为直通状态，所以写入到输入寄存器的数据立刻进行 D/A 转换。

2)双缓冲方式

双缓冲工作方式是指输入寄存器和 DAC 寄存器分别受到控制，该方式电路连接如图 7-15 所示。

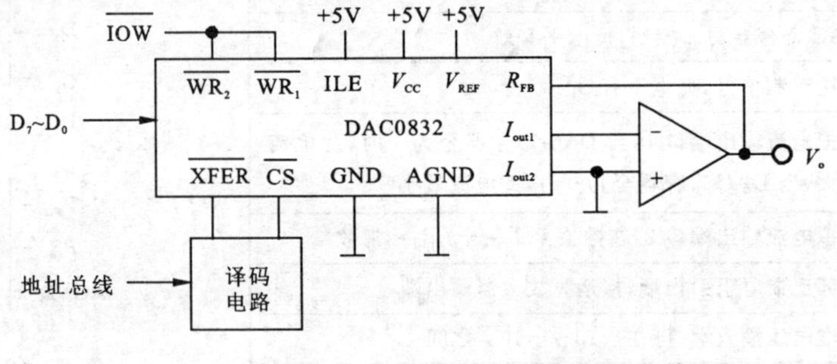

图 7-15　DAC0832 双缓冲方式的电路连接

在双缓冲方式下，CPU 要对 DAC0832 进行两步写操作，即首先将数据写入输入寄存器，然后将输入寄存器的内容写入 DAC 寄存器。

3)直通方式

直通方式是指两个寄存器的有关控制信号都预先置为有效，两个寄存器都开通。只要数字量送到数据输入端，就立即进入 D/A 转换器进行转换。此时，$\overline{CS}$、$\overline{WR_1}$、$\overline{WR_2}$、$\overline{XFER}$引脚都直接连接数字地，ILE 信号接高电平，这种方式一般应用较少。

DAC0832 是电流形式输出，当需要电压形式输出时，必须外接运算放大器。根据输出电压的极性不同，DAC0832 又可分为单极性输出和双极性输出两种输出方式。

(1)单极性输出。DAC0832 的单极性输出电路如图 7-16 所示。V_{REF} 可以接±5V 或±10V参考电压，当接＋5V 时，输出电压范围是 0～－5V；当接－5V 时，输出电压范围是 0～＋5V；当接＋10V 时，输出电压范围是 0～－10V；当接－10V 时，输出电压范围是 0～＋10V。

若输入数字为 0～255，则输出为：$V_o = -V_{REF} \times B/256$，式中，$B$ 为输入的十进制数，因为转换结果 I_{out1} 接运算放大器的反相端，所以，式中有一个负号。若 $V_{REF} = +5V$，输入数字为：0～255 时，$V_o = -(0 \sim 4.98)V$。

(2) 双极性输出。即在单极性电压输出的基础上，在输出端再加一级运算放大器，就构成了双极性电压输出，DAC0832 的双极性输出电路如图 7-17 所示。

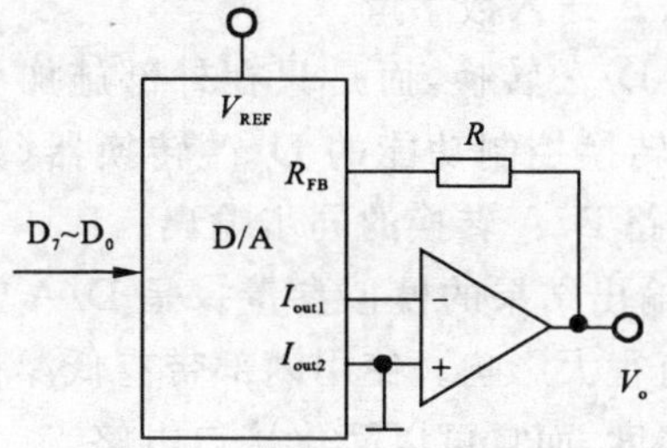

图 7-16　DAC0832 的单极性输出

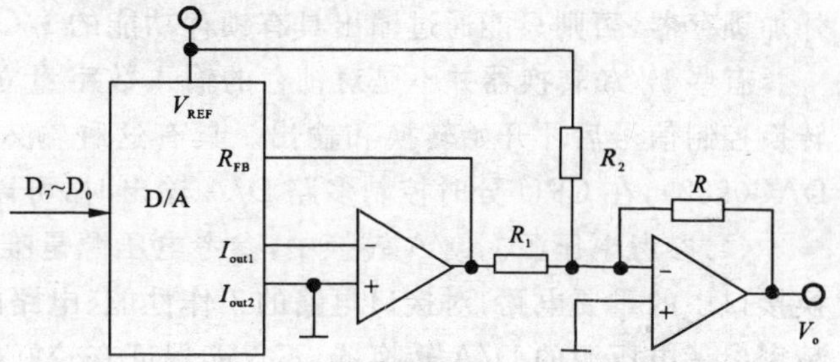

图 7-17　DAC0832 的双极性输出

7.2.8　D/A 转换器的选型原则

1)D/A 转换器主要性能指标的选择

选择 D/A 转换器时，主要考虑芯片的性能、结构及应用特性。在性能上必须满足 D/A 转换的技术要求；在结构和应用特性上应满足接口方便、外围电路简单、价格低廉等要求。关于 D/A 转换器的主要性能指标，在芯片的器件手册上都会给出。在 D/A 接口设计的实际应用中，用户在选择时主要考虑的是以位数(如 8 位、10 位、12 位等)表示的转换精度和转换时间。

2)D/A 转换器的主要结构特性与应用特性选择

D/A 转换器的这些特性主要表现为芯片内部结构的配置状况。这些配置状况对 D/A 转换接口电路设计带来很大的影响，主要有以下特点：

(1)数字输入特性。数字输入特性包括输入编码、数据格式以及逻辑电平等。目前批量生产的 D/A 转换器一般都只能接收自然二进制数字代码。因此，当输入数字代码为偏置码或 2 的补码等双极性码时，应外接适当的偏置电路后才能实现。

输入数据格式一般为并行码，对于芯片内部配置有移位寄存器的 D/A 转换器，可以接收串行码输入。

对于不同的 D/A 芯片输入逻辑电平要求不同。对于固定阀值电平的 D/A 转换器一般只能和 TTL 或低压 CMOS 电路相连，而有些逻辑电平可以改变的 D/A 转换器可以满足与 TTL、高低压 CMOS、PMOS 等各种器件直接连接的要求。不过应当注意，这些器件往往为此设置了“逻辑电平控制”或者“阀值电平控制端”，用户要按手册规定，通过外电路给这一端以合适的电平才能工作。

(2)模拟输出特性。目前，多数 D/A 转换器均属电流输出器件。手册上通常给出在规定的输入参考电压及参考电阻之下的满码(全 1)输出电流 I_o。另外还给出最大输出短路电流以及输出电压允许范围。

对于输出特性具有电流源性质的 D/A 转换器，用输出电压允许范围来表示由输出电路

(包括简单电阻负载或者运算放大器电路)造成输出端电压的可变动范围。只要输出端的电压小于输出电压允许范围,输出电流和输入数字之间保持正确的转换关系,而与输出端的电压大小无关。对于输出特性为非电流源特性的D/A转换器,如AD7520、DAC1020等,无输出电压允许范围指标,电流输出端应保持公共端电位或虚地,否则将破坏其转换关系。

(3)锁存特性及转换控制。D/A转换器对输入数字量是否具有锁存功能将直接影响与CPU的接口设计。如果D/A转换器没有输入锁存器,通过CPU数据总线传送数字量时必须外加锁存器,否则只能通过输出具有锁存功能的I/O口给D/A送入数字量。

有些D/A转换器并不是对锁存的输入数字量立即进行D/A转换,而是只在外部施加了转换控制信号后才开始转换和输出。具有这种输入锁存及转换控制功能的D/A转换器(如DAC0832),在CPU分时控制多路D/A输出时,可以做到多路D/A转换的同步输出。

(4)参考电压源。D/A转换中,参考电压源是唯一影响输出结果的模拟参量。是D/A转换接口中的重要电路,对接口电路的工作性能、电路的结构有很大影响。使用内部带有低漂移精密参考电压源的D/A转换器,不仅能保证有较好的转换精度,而且可以简化接口电路。

目前在D/A转换接口中常用到的一些D/A转换器不带参考电压源。有时为了方便地改变输出模拟电压范围、极性,须配置相应的参考电压源。故在D/A接口设计中常常要进行参考电压源的配置设计。

7.3 A/D转换器

7.3.1 A/D转换原理

模数转换是将模拟电信号转换为数字量,使输出的数字量与输入的模拟电信号成正比。实现这种转换功能的电路称为模数转换器(ADC)。

在A/D转换中,因为输入的模拟信号在时间上是连续的,而输出的数字信号是离散量,所以进行转换时只能按一定的时间间隔对输入的模拟信号进行采样,然后再把采样值转换为输出的数字量。通常A/D转换需要经过采样、保持、量化、编码4个步骤。也可将采样、保持合为一步,量化、编码合为一步,共两大步来完成。

将模拟信号转换成数字信号的第一步是采样,所谓采样就是将时间上连续的模拟信号变成时间上离散信号的过程。由于ADC进行转换需要一定的时间,在采样结束后,再将此取样信号保持一段时间,使A/D转换器有充分的时间进行A/D转换。其中,采样脉冲的频率越高,采样越密,采样值就越多,其采样/保持电路的输出信号就越接近于输入信号的波形。因此,对采样频率就有一定的要求,必须满足采样定理即:$f_s \geqslant 2f_m$,其中f_m是输入模拟信号频谱中的最高频率。

如果要把变化范围在0~7V间的模拟电压转换为3位二进制代码的数字信号,由于3位二进制代码只有2^3即8个数值,因此,必须将模拟电压按变化范围分成8个等级。每个等级规定一个基准值,例如0~0.5V为一个等级,基准值为0V,二进制代码为000,6.5~7V也是一个等级,基准值为7V,二进制代码为111,其他各等级分别为该级的中间值,为基准值。凡属于某一等级范围内的模拟电压值,都取整,用该级的基准值表示。例如3.3V,它在2.5~3.5V之间,就用该级的基准值3V来表示,代码是011。显然,相邻两级间的差值就是$\Delta=1V$,而各级基准值是Δ的整数倍。模拟信号经过以上处理，就转换成以 Δ 为单位的数字量，如图7－18所示。

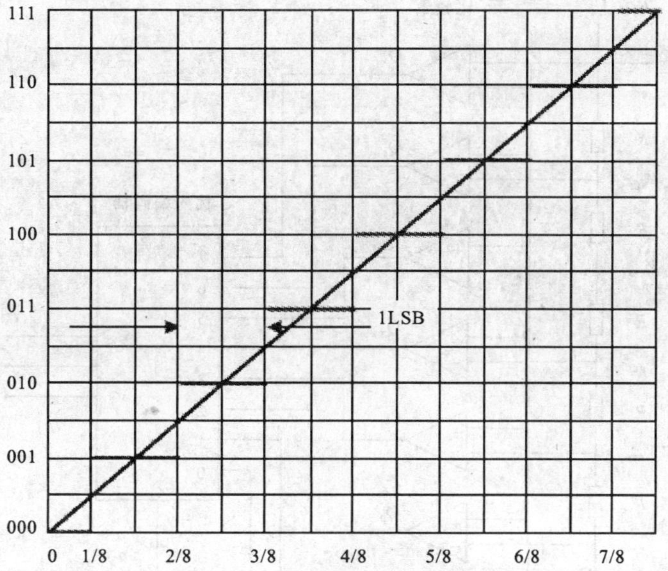

图 7－18　ADC 量化图

量化是把采样电压转换为以某个最小单位电压 Δ 的整数倍的过程。分成的等级称为量化级，A 称为量化单位。所谓编码，就是用二进制代码来表示量化后的量化电平。采样后得到的采样值不可能刚好是某个量化基准值，总会有一定的误差，这个误差称为量化误差。显然，量化级越细，量化误差就越小，但是所用的二进制代码的位数就越多，电路也将越复杂。

7.3.2　并联比较型 A/D 转换器

并联比较型 A/D 转换器的电路如图 7－19 所示。它由电阻分压器、电压比较器及编码电路组成，输出的各位数码是一次形成的，它是转换速度最快的一种 A/D 转换器。

图 7－19 中由 8 个大小相等的电阻串联构成电阻分压器，产生不同数值的参考电压，形成 $1/8V_{REF}$～$7/8V_{REF}$ 共 7 种量化电平。7 个量化电平分别加在 7 个电压比较器的反相输入端，模拟输入电压 V_i 加在比较器的同相输入端。当 V_i 大于或等于量化电平时，比较器输出为 1，否则输出为 0，电压比较器用来完成对采样电压的量化。3 位并行比较型 A/D 转换器的输入、输出关系如表 7－3 所示。

比较器的输出送到优先编码器进行编码，得到 3 位二进制代码 $D_2D_1D_0$。并联比较型 A/D转换器转换精度主要取决于量化电平的划分，分得越精细，则精度越高。这种 ADC 的最大优点是具有较快的转换速度，但是，所用的比较器和其他硬件较多，输出数字量位数越多，转换电路就将越复杂。并联比较型 ADC 具有高速和内部采样的优点，但需要提供 2^n－1 个比较器。例如，一个 8 比特转换器需要 255 个比较器。芯片面积随 n 呈指数增长，使得大于 10 位的高速转换器难以实现。因此，这种类型的转换器适用于高速度、低精度要求的场合。

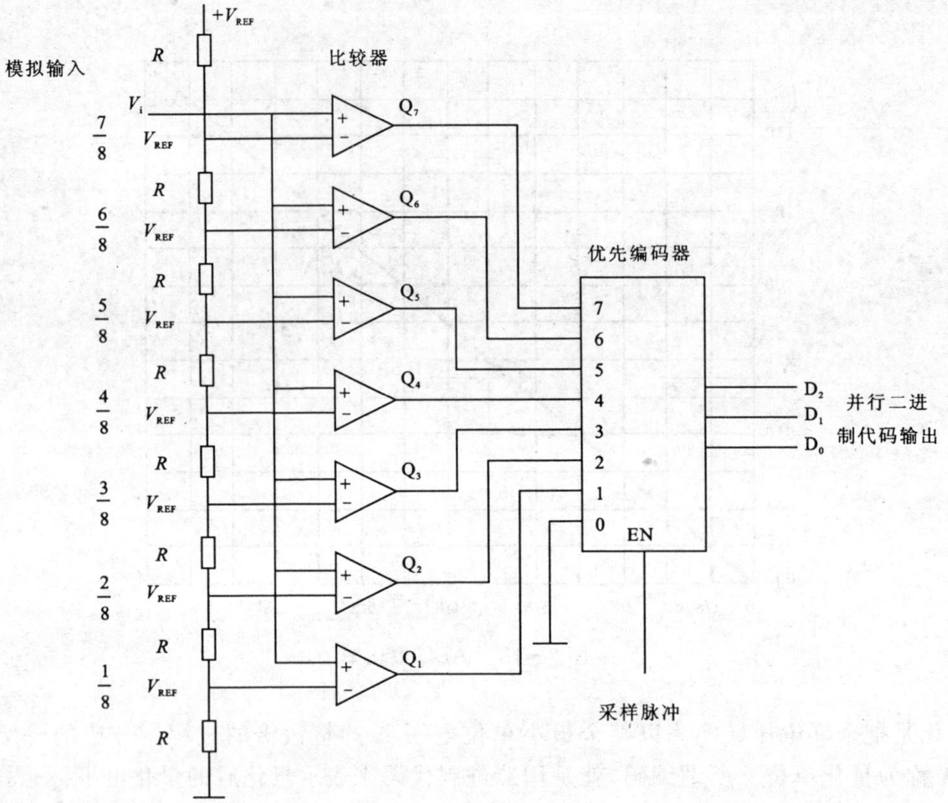

图 7－19　并联比较型 A/D 转换器电路

表 7－3　3 位并行比较型 A/D 转换器的输入与输出关系对照表

输入模拟电压 V_i	比较器输出								编码器输出		
	Q_7	Q_6	Q_5	Q_4	Q_3	Q_2	Q_1	Q_0	D_2	D_1	D_0
$0\leqslant V_i<\frac{1}{8}V_{REF}$	0	0	0	0	0	0	0	0	0	0	0
$\frac{1}{8}V_{REF}\leqslant V_i<\frac{2}{8}V_{REF}$	0	0	0	0	0	0	0	1	0	0	1
$\frac{2}{8}V_{REF}\leqslant V_i<\frac{3}{8}V_{REF}$	0	0	0	0	0	0	1	1	0	1	0
$\frac{3}{8}V_{REF}\leqslant V_i<\frac{4}{8}V_{REF}$	0	0	0	0	0	1	1	1	0	1	1
$\frac{4}{8}V_{REF}\leqslant V_i<\frac{5}{8}V_{REF}$	0	0	0	1	1	1	1	1	1	0	0
$\frac{5}{8}V_{REF}\leqslant V_i<\frac{6}{8}V_{REF}$	0	0	1	1	1	1	1	1	1	0	1
$\frac{6}{8}V_{REF}\leqslant V_i<\frac{7}{8}V_{REF}$	0	1	1	1	1	1	1	1	1	1	0
$\frac{7}{8}V_{REF}\leqslant V_i<V_{REF}$	1	1	1	1	1	1	1	1	1	1	1

7.3.3　逐次逼近型 A/D 转换器

逐次逼近型 A/D 转换器属于直接型 A/D 转换器，它能把输入的模拟电压直接转换为输出的数字代码，而不需要经过中间变量。转换过程相当于一架天平秤量物体的过程，不过这里不是加减砝码，而是通过 D/A 转换器及寄存器加减标准电压，使标准电压值与被转换电压平衡。这些标准电压通常称为电压砝码。

比较的过程首先是取最大的电压砝码，即寄存器最高位为 1 时的二进制数所对应的 D/A 转换器输出的模拟电压，将此模拟电压 V_A 与 V_i 进行比较，当 $V_A > V_i$ 时，最高位置 0；反之，当 $V_A < V_i$ 时，最高位 1 保留，再将次高位置 1，转换为模拟量与 V_i 进行比较，确定次高位 1 保留还是去掉。依此类推，直到最后一位比较完毕，寄存器中所存的二进制数即为 V_i 对应的数字量。图 7-20 中表示将模拟电压 V_i 转换为 4 位二进制数的过程。其中，电压砝码依次为 800mV、400mV、200mV 和 100mV，转换开始前先将寄存器清零，所以加给 D/A 转换器的数字量全为 0。当转换开始时，通过 D/A 转换器送出一个 800mV 的电压砝码与输入电压比较，由于 $V_i <$ 800mV，将 800mV 的电压砝码去掉；再加 400mV 的电压砝码，$V_i >$ 400mV，于是保留 400mV 的电压砝码，再加 200mV 的砝码，$V_i >$ 400mV + 200mV，200mV 的电压砝码也保留；再加 100mV 的电压砝码，因 $V_i <$ 400mV + 200mV + 100mV，故去掉 100mV 的电压砝码。最后寄存器中获得的二进制码 0110，即为 V_i 对应的二进制数。

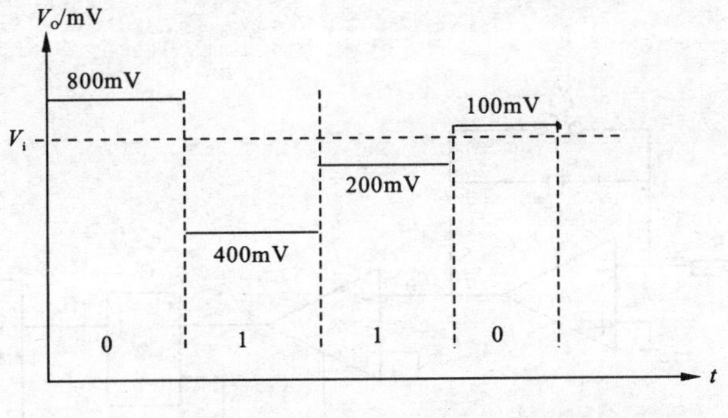

图 7-20　逐次逼近型 A/D 转换器的逼近过程示意图

逐次逼近型 A/D 转换器由控制电路、数码寄存器、D/A 转换器和电压比较器组成。以 3 位 ADC 为例，如图 7-21 所示。首先，控制电路使数码寄存器的输出为 100，经过 D/A 转换成相应的电压 V_o，送到电压比较器于模拟输入电压 V_i 进行比较，若 $V_i > V_o$，则通过控制电路将最高位的 1 保留，反之，则将最高位置 0；接着将次高位置 1，再经 D/A 转换为相应的电压 V_o，重复上一步，根据比较结果决定次高位是 1 还是 0；最后所有位都比较结束后，转换完成。这样数字寄存器中保存的数字就是 A/D 转换后的输出数字。

影响逐次逼近型 ADC 速度的主要因素是 DAC 的建立时间和比较器的响应时间。ADC 的分辨率受限于 DAC 的分辨率和线性以及比较器的精度。

7.3.4　双积分型 A/D 转换器

双积分型 A/D 转换器属于间接型 A/D 转换器，它是把待转换的输入模拟电压先转换为

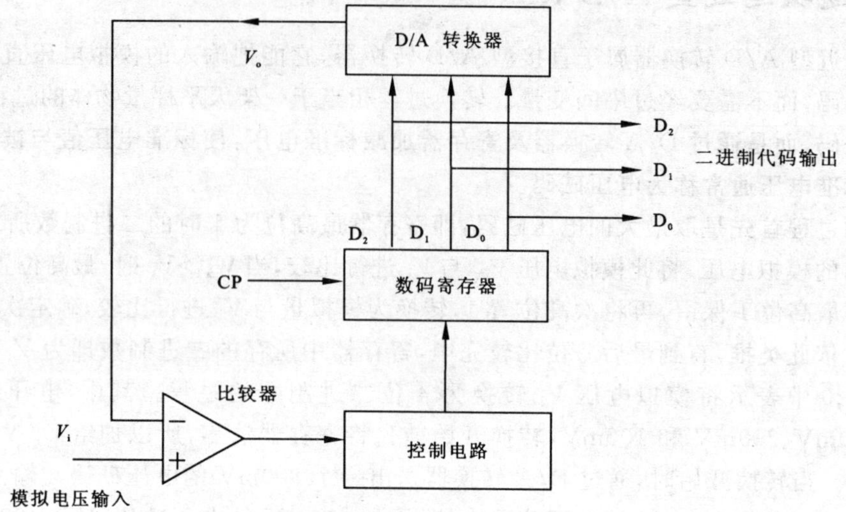

图 7－21　逐次逼近型 A/D 转换器转换电路

一个中间变量，例如时间 T，然后再对中间变量量化编码，得出转换结果，这种 A/D 转换器多称为电压－时间变换型（简称 VT 型）。图 7－22 给出的是 VT 型双积分式 A/D 转换器的原理图。

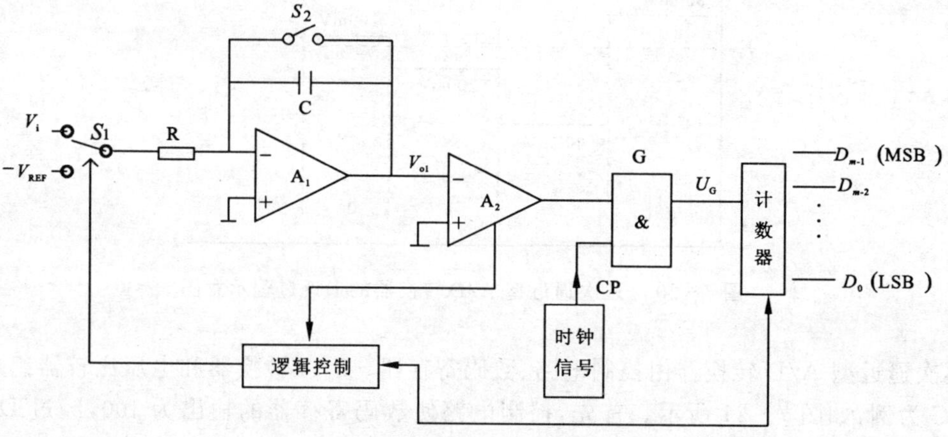

图 7－22　双积分型 A/D 转换器的框图

转换开始前，先将计数器清零，并接通 S_2 使电容 C 完全放电。转换开始，断开 S_2。整个转换过程分两阶段进行。

第一阶段，令开关 S_1 置于输入信号 V_i 一侧。积分器对 V_i 进行固定时间 T_1 的积分。积分结束时积分器的输出电压为

$$V_{o1}=\frac{1}{c}\int_0^{T_1}\left(-\frac{V_i}{R}\right)\mathrm{d}t=-\frac{T_1}{RC}V_i$$

可见积分器的输出 V_{o1} 与 V_i 成正比。这一过程称为转换电路对输入模拟电压的采样过

程。在采样开始时，逻辑控制电路将计数门打开，计数器计数。当计数器达到满量程 N 时，计数器由全“1”复“0”，这个时间正好等于固定的积分时间 T_1。计数器复“0”时，同时给出一个溢出脉冲(即进位脉冲)，使控制逻辑电路发出信号，令开关 S_1 转换至参考电压 $-V_{REF}$ 一侧，采样阶段结束。

第二阶段称为定速率积分过程，将 V_{o1} 转换为成比例的时间间隔。采样阶段结束时，一方面因参考电压 $-V_{REF}$ 的极性与 V_i 相反，积分器向相反方向积分。计数器由0开始计数，经过 T_2 时间，积分器输出电压回升为零，过零比较器输出低电平，关闭计数门，计数器停止计数，同时通过逻辑控制电路使开关 S_1 与 V_i 相接，重复第一步。

因此得到：

$$\frac{T_2}{RC}V_{REF}=\frac{T_1}{RC}V_i$$

即 $$T_2=\frac{T_1}{V_{REF}}V_i$$

上式表明，反向积分时间 T_2 与输入模拟电压成正比。

在 T_2 期间计数门 G_2 打开，标准频率为 f_{CP} 的时钟通过 G_2，计数器对 V_G 计数，计数结果为 D，由于

$$T_1=N_1\cdot T_{CP}$$

$$T_2=D\cdot T_{CP}$$

则计数的脉冲数为 $$D=\frac{T_1}{T_{CP}V_{REF}}V_i=\frac{N_1}{V_{REF}}V_i$$

计数器中的数值就是A/D转换器转换后的数字量，至此即完成了VT转换。若输入电压 $V_{i1}<V_i$，$V'_{o1}<V_o$，则 $T'_2<T_2$，它们之间也都满足固定的比例关系，如图7-23所示。

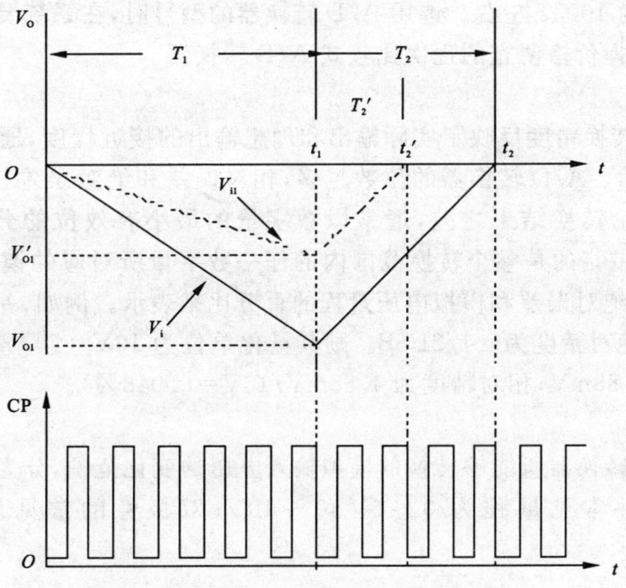

图7-23 双积分型A/D转换器波形图

双积分型 A/D 转换器若与逐次逼近型 A/D 转换器相比较，因有积分器的存在，积分器的输出只对输入信号的平均值有所响应，所以，它的突出优点是工作性能比较稳定且抗干扰能力强；由以上分析可以看出，只要两次积分过程中积分器的时间常数相等，计数器的计数结果与 RC 无关，所以该电路对 RC 精度的要求不高，而且电路的结构也比较简单。双积分型 A/D 转换器属于低速型 A/D 转换器，一次转换时间在 1～2ms，而逐次比较型 A/D 转换器可达到 1μs。不过在工业控制系统中的许多场合，毫秒级的转换时间已经绰绰有余，双积分型 A/D 转换器的优点正好有了用武之地。

7.3.5　A/D 转换的主要技术指标

A/D 转换器的性能指标是正确选用 A/D 转换芯片的依据，也是衡量芯片质量的重要参数。其性能指标很多，例如：分辨率、转换速率、转换精度、量程等。

1)分辨率

分辨率是指转换器所能分辨的被测量的最小值。对于 A/D 转换器来说，分辨率表示输出数字量变化与各相邻数字所需要输入模拟电压的最小变化量。如果 A/D 转换器的位数为 n，分辨率为满输入电压值的 $1/2^n$ 倍。例如，某 ADC 输入模拟电压范围为 0～10V，输出为 10 位二进制数，则分辨率为

$$\frac{\Delta V}{2^n}=\frac{10}{2^{10}}V=9.77(\mathrm{mV})$$

由于分辨率与转换器的位数有关，所以可以用数字量的位数简单地表示分辨率。例如，一个输出为 8 位二进制数的 A/D 转换器，可以称其分辨率为 8 位。

2)转换速率

转换速率是指完成一次 A/D 转换所需要时间的倒数，也是选择 A/D 转换芯片的一个重要参数。A/D 转换芯片的型号不同，转换速率差别很大。一般情况下，8 位的逐次比较式 A/D 转换器的转换时间为 100μs 左右。选用 A/D 转换器的型号时，在系统要求的转换时间允许的情况下，应该尽量选择价格便宜的逐次比较式 A/D 转换器。

3)转换精度

A/D 转换器的转换精度反映了实际输出和理想输出的接近程度，通常采用绝对误差和相对误差两种方法表示。A/D 转换器的位数越多，相对误差和绝对误差就越小(绝对误差等于实际转换结果与理论转换结果之差，通常以数字量的最小有效位的分数值来表示。例如：±1/2LSB。相对误差指的是整个转换范围内的任一数字量所对应的模拟输入量的实际值与理论值之差，通常用绝对误差和模拟电压量程的百分比来表示。例如，一个 10 位 A/D 转换芯片，满量程为 10V，绝对精度为±1/2LSB。则其量化单位为 $10V/(2^{10}-1)=9.77mV$，绝对精度为 9.77mV/2=4.88mV，相对精度为 4.88mV/10V=0.048%)。

4)量程

量程是指 A/D 转换器所能够转换的模拟输入电压的变化范围，分为单极性和双极性两种类型。例如，单极性常见量程为 0～5V、0～10V；双极性的常见量程为－5～＋5V、－10～＋10V等。

7.3.6　集成 A/D 转换器及其应用

市场上 A/D 转换芯片种类很多，典型的 A/D 转换芯片主要有 ADC0809、ADC1210、

AD574、AD674、AD678 等，下面重点讨论 ADC0809。

ADC0809 是 8 位、8 通道逐次逼近式 A/D 转换器，片内有 8 路模拟开关，可以同时连接 8 路模拟量，单极性，量程为 0～5V。片内有三态输出锁存器，可以直接与微机总线相连接。该芯片有较高的性能价格比，适用于对精度和采样速度要求不高的场合或一般的工业控制领域。由于其价格低廉，便于与微机连接，因而应用十分广泛。

ADC0809 主要的技术指标是：8 位分辨率，增益温度系数为 0.02%，功耗为 20mW，单电源＋5V 供电，转换时间为 100μs，能对 8 路模拟电压信号进行转换，输出电平与 TTL 电平兼容。

ADC0809 的内部逻辑结构如图 7－24 所示，主要由 8 路模拟选通开关、8 位 A/D 转换器、8 位三态输出锁存器和地址锁存器等组成。其中，地址选择信号（ADDC～ADDA）与 8 路模拟通道（IN_7～IN_0）之间的对应关系见表 7－4。

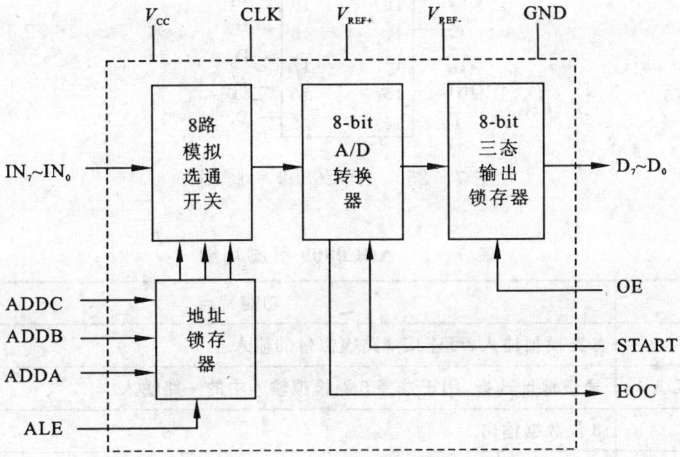

图 7－24　ADC0809 结构框图

表 7－4　模拟通道地址选择

地址选择信号状态			所选择通道	地址选择信号状态			所选择通道
ADDC	ADDB	ADDA		ADDC	ADDB	ADDA	
0	0	0	IN_0	1	0	0	IN_4
0	0	1	IN_1	1	0	1	IN_5
0	1	0	IN_2	1	1	0	IN_6
0	1	1	IN_3	1	1	1	IN_7

ADC0809 的转换过程如下：

(1) 在 ALE 信号的作用下，地址引脚 ADDC～ADDA 上的信号被地址锁存器锁存并选择相应的模拟信号，随后被选择的模拟信号进入 A/D 转换器。

(2) 在启动脉冲 START 的作用下，A/D 转换器进行转换。

(3) 转换完成后，EOC 由低电平变为高电平，该信号可以作为状态信号由 CPU 查询，也可以作为中断请求信号通知 CPU 本次 A/D 转换已经完成。

(4) CPU 通过执行读 ADC0809 数据端口指令，使 OE 有效，打开三态输出锁存器，使转换结果通过系统数据总线进入 CPU。

ADC0809 引脚图如图 7-25 所示，各引脚功能见表 7-5。

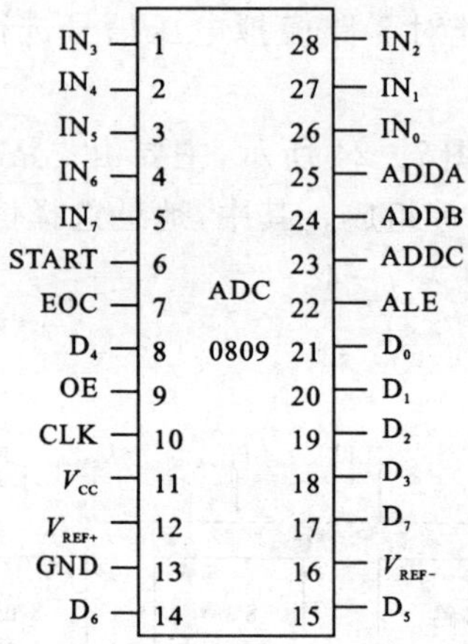

图 7-25　ADC0809 引脚图

表 7-5　ADC0809 引脚功能

引脚名称	功能特点
IN_7～IN_0	8 路模拟输入，可连接 8 路模拟量的输入
ADDC～ADDA	通道地址选择，用于选择 8 路模拟输入中的一路输入
D_7～D_0	8 位数据输出
OE	输出允许信号，用来锁存 ADDC～ADDA 端的地址输入数据
START	A/D 转换启动信号
EOC	转换结束状态信号
CLK	时钟输入端
V_{CC}	芯片的电压电源，+5V
V_{REF+} 和 V_{REF-}	参考电压，要求电压相当稳定，其中 V_{REF+} 典型值为+5V，V_{REF-} 典型值为 0V
GND	地线

ADC0809 与 51 系列单片机的接口，如图 7-26 所示。

要具体使用 ADC0809 芯片实现 A/D 转换，只了解其与单片机的硬件接口是不够的，必须结合单片机程序才能实现操作，这里建议读者一定要去查看 ADC0809 的相关技术文档，上面有它的详细性能参数和应用电路，特别注意对其操作时的时序图，只有看懂了时序图，才能按照严格的时序编写程序实现 A/D 操作。或者先去研究别人写的例程，把别人的例程看懂了，然后按照自己的需要对其进行修改，使之能够完成自己想要完成的任务，这也是我们应该掌握的一个学习技能。

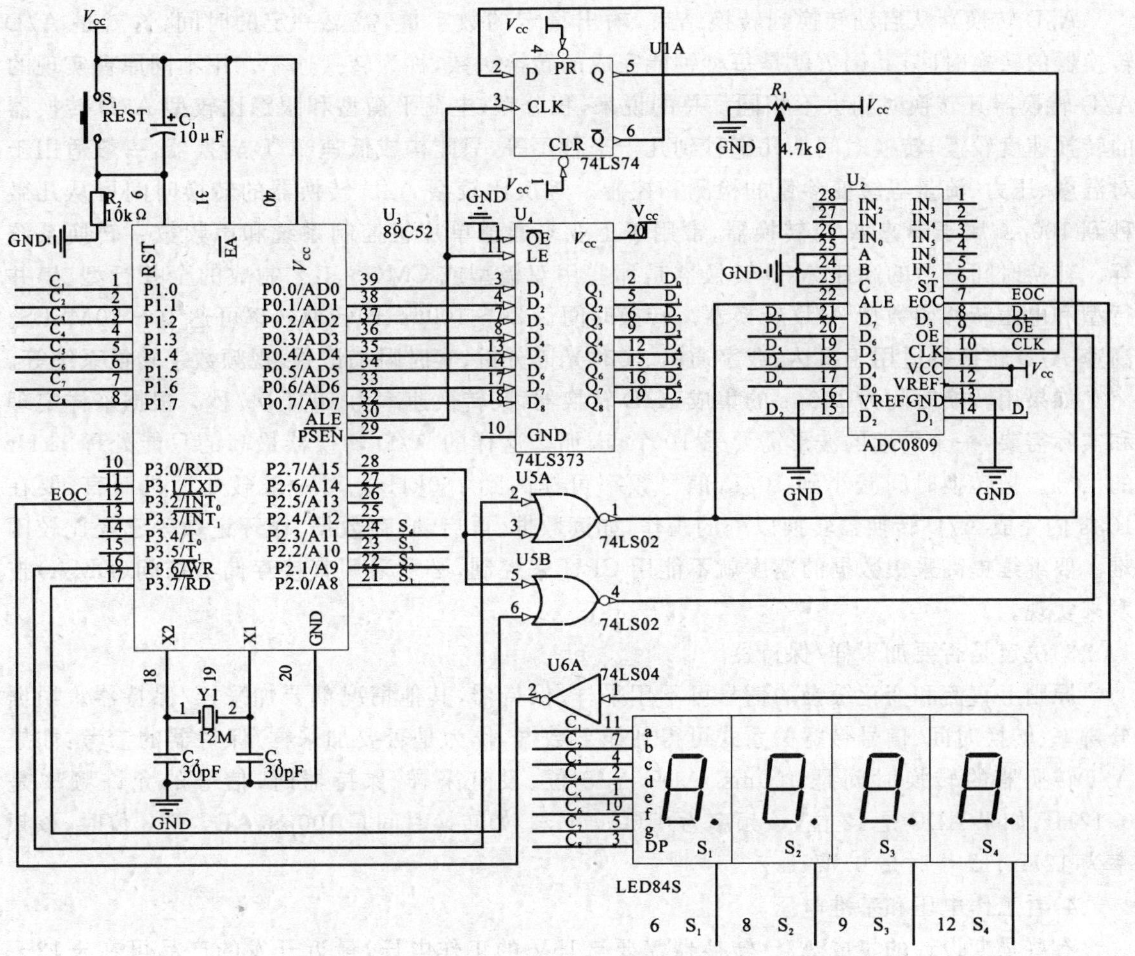

图 7-26 ADC0809 与 51 系列单片机的接口电路

7.3.7 A/D 的选型原则

1)确定 A/D 转换器的位数

根据前向通道的总误差，选择 A/D 转换器精度以及分辨率，由此选择 ADC 的位数。用户提出的数据采集精度要求是综合精度要求，它包括传感器精度、信号调节电路精度和 A/D 转换精度。应将综合精度在各个环节上进行分配，以确定对 A/D 转换器的精度要求，据此确定 A/D 转换器的位数。A/D 转换器位数的确定与整个测量控制系统所要测量控制的范围和精度有关，但又不能唯一确定系统的精度。在估算时，A/D 转换器的位数至少要比总精度要求的最低分辨率高一位(虽然分辨率与转换精度是不同的概念，但没有基本的分辨率就谈不上转换精度，精度是在分辨率的基础上反映的)。实际选取的 A/D 转换器的位数应与其他环节所能达到的精度相适应。

一般把 8 位以下的 A/D 转换器归为低分辨率 A/D 转换器，9～12 位的称为中分辨率，13 位以上的称为高分辨率。

2)确定 A/D 转换器的转换速率

A/D 转换器从启动转换到转换结束，输出稳定的数字量，需要一定的时间，这就是 A/D 转换器的转换时间，其倒数就是每秒钟能完成的转换次数，称为转换速率。用不同原理实现的 A/D 转换器其转换时间大不相同。总的说来，积分型、电荷平衡型和跟踪比较型 A/D 转换器的转换速度较慢，转换时间从几毫秒到几十毫秒不等，只能构成低速 A/D 转换器，一般适用于对温度、压力、流量等缓变参量的检测和控制。逐次比较型 A/D 转换器的转换时间可从几微秒到 100μs，属于中速 A/D 转换器，常用于工业多通道单片机控制系统和声频数字转换系统等。转换时间最短的高速 A/D 转换器是那些用双极型或 CMOS 工艺制成的全并行型、串并行型和电压转移函数型 A/D 转换器。转换时间仅 20～100ns，即转换速率可达 10～50MSPS。高速 A/D 转换器适用于雷达、数字通讯、实时光谱分析、实时瞬态记录、视频数字转换系统等。

如果用转换时间为 100μs 的集成 A/D 转换器，其转换速率为 10 千次/秒。根据采样定理和实际需要，一个周期的波形需要采 10 个点，那么这样的 A/D 转换器最高的只能处理 1kHz 的信号。把转换时间减小到 10μs，信号频率可提高到 100kHz。对一般微处理机而言，要在 10μs 内完成 A/D 转换器转换以外的工作，如读数据、再启动、存数据、循环记数等已经比较困难。要继续提高采集数据的速度就不能用 CPU 来控制，必须采用直接存储器访问(DMA)技术来实现。

3)决定是否要加采样/保持器

原则上直流和变化缓慢的信号可不用采样/保持器，其他情况都要加采样/保持器。根据分辨率、转换时间、信号带宽关系式可得到如下数据，作为是否要加采样/保持器的参考：如果 A/D转换器的转换时间是 100ms、ADC 是 8 位、没有采样/保持器时，信号的允许频率是 0.12Hz；如果 ADC 是 12 位，该频率为 0.007 7Hz。如转换时间是 100μs、ADC 是 8 位时，该频率为 12Hz，12 位时是 0.77Hz。

4)看工作电压和基准电压

有些早期设计的集成 A/D 转换器需要±15V 的工作电压，最近开发的产品可在＋12～＋15V范围内工作，这就需多种电源。如果选择使用单＋5V 工作电压的芯片，与单片机系统可共用一个电源就比较方便。

基准电压源是提供给 A/D 转换器转换时所需要的参考电压，这是为保证转换精度的基本条件。在要求较高精度时，基准电压要单独用高精度稳压电源供给。

5)正确选用 A/D 转换器有关量程的引脚

A/D 转换器的模拟量输入有时需要是双极性的，有时是单极性的。输入信号最小值有从零开始，也有从非零开始。有的 A/D 转换器提供了不同量程的引脚，只有正确使用，才能保证转换精度。

(1)变换量程的双模拟输入引脚和双极性偏置引脚的正确使用。有的 A/D 转换器如 AD573、ADC80 等提供两个模拟输入引脚，分别为 $10V_{IN}$ 和 $20V_{IN}$，不同量程的输入电压可从不同引脚输入。

有的 A/D 转换器如 AD573、AD574、AD575 等还提供了双极性偏置控制引脚 BOC(Bipolar Offset Control)，当此脚接地时，信号为单极性输入方式；当此脚接参考电压时，信号输入为双极性方式。

若把以上两种引脚结合排列组合使用，这种转换器可具有 4 种量程：0～10V、0～20V(单极性)，−5～+5V、−10～+10V(双极性)。

(2)双参考电压引脚的正确使用。有些A/D转换器如AD0809提供两个参考电压引脚，一个为REF(+)，另一个为REF(−)。通常情况下，可将REF(−)接地。当输入的模拟量不是从零开始、最大值也不是满量程时，就可利用这两个参考电压引脚连成对称参考电压接法。例如，输入模拟量来自压力传感器，压力为零时，模拟量电压为1.25V；压力为额定值时，模拟电压值为3.75V。使用对称参考电压接法，则可使压力为零时的A/D转换器的输出字为00H，压力为额定值时输出字为FFH。此种接法可提高测量精度。

(3)A/D转换器内部比较器反相输入端。有的A/D转换器如AD1210，其模拟输入端有两个，分别接在内部比较器的同相和反相输入端。分别使用不同的输入端，输入信号将得到正逻辑和互补逻辑(输入满量程时，输出为00H，输入为0时，输出为FFFH)。

第 8 章　单片机基础及其开发软件

单片机是一种应用广泛的嵌入式处理器。单片机具有种类繁多、价格低廉、功能强大和拓展能力强等特点，目前单片机已渗透到人类生活的各个领域，如家居电器、程控玩具、机器人、医疗器械、汽车电子系统、工业控制单元、办公自动化设备、金融电子系统、个人信息终端及通信产品、舰船和飞机的仪表控制、导弹的导航装置等等。可以说，单片机是现代电子系统中的重要组成部分，几乎所有领域都会涉及到单片机。因此，每一位电子设计者都离不开学习单片机，掌握单片机的开发和应用方法。另外，对于参加电子设计竞赛的学生来说，单片机的学习也是必不可少的。

8.1　单片机概述

提起单片机，很多初学者不禁会问：什么是单片机？单片机是怎么工作的？单片机能用来干什么？等等诸如此类的问题。本章节以典型的 8 位 MCS－51 系列单片机为例，慢慢为您揭开单片机的“神秘面纱”。

8.1.1　单片机简介

单片机，全称 Micro Controller Unit，简称 MCU，即微控制器。大多数单片机的相关书籍或资料都会给大家一种印象：“单片机是一台微型计算机”。那么，为什么会有这种说法呢？

如果大家对计算机有所了解，就会知道一台完整的计算机，除了 CPU，还有内存、硬盘、键盘、鼠标、显示器和主板等设备，它们有机地组合起来实现特定的功能。单片机内部也有与计算机功能类似的模块。一片单片机是一块集成芯片，但不是一块实现某一个简单逻辑功能的芯片，而是为适应某方面的需求，产生了一种将中央处理器、存储器（ROM，RAM）、I/O 接口电路、定时器/计数器以及连接它们的总线都集成到一块硅片上，构成一个小而完善的“计算机系统”，即所谓的单片微型计算机。当然，单片机的性能指标、功能应用等肯定不能与我们常说的计算机相比了。它主要作为系统设计中控制部分的核心器件，根据写入里面的程序运行，通过不同的程序实现不同的控制功能，灵活性强，性价比和可靠性高。

目前，单片机主要有 8 位、16 位和 32 位等几种，其封装有双列直插式、双列扁平式、四列扁平式等，如图 8－1 所示。设计者可以根据不同的需求，选用不同的单片机芯片。

8.1.2　单片机的种类及特点

目前，单片机新器件层出不穷，种类很多，至少有 70 多个系列，500 多个品种。单片机有多种不同的分类方法。

按单片机指令集可分为集中指令集（CISC）和精简指令集（RISC）两种。

(a) 双列直插式51单片机　(b) 双列扁平式430单片机　(c) 四列扁平式AVR单片机

图 8-1　几种单片机外形

按单片机机器字长可分为:4 位(很少用)、8 位、16 位、32 位。

按单片机内核可分为:MCS-51、AVR、PIC、MSP、HT、ARM 等等。

下面介绍几种国内市场常见单片机的特点。

1)MCS-51 系列单片机

MCS-51 单片机是 Intel 公司于 1980 年在 MCS-48 系列的基础上推出的一款 8 位的单片机,其采用冯·诺依曼结构,具有 64K(16 位)的寻址空间,有强大的 I/O 控制能力和多种片内外设,软件开发方便,使得它的应用范围广泛。MCS-51 系列单片机的制成及发展与 HMOS 工艺的发展有着密切联系。HMOS 是高性能的 NMOS 工艺,而 CMOS 与 HMOS 工艺的结合则产生了 C-HMOS 工艺的产品,例如 80C51、80C31 等。这类产品既保持了 HMOS 高速和高封装密度的特点,又具有 CMOS 低功耗的特点。此外,MCS-51 采用集中指令集(CISC),指令相当全面,编程灵活。

现在与 MCS-51 单片机兼容的单片机种类繁多,例如 PHILIPS、ATMEL、STC 等公司在 MCS-51 内核的基础上,面向不同的领域和应用,进行了多项技术改进(提高时钟频率、加大片内存储器、增强 I/O 口功能、增加 ISP 功能、增加高速接口等),开发了大量的 MCS-51 系列兼容芯片。增强型的 MCS-51 系列单片机集成度更高、性价比更好、功能更强大,是目前使用最广泛的单片机系列,也是影响最为深远的一类单片机。

2)MSP430 单片机

MSP430 系列单片机是 TI 公司研发的一款 16 位的单片机,采用了精简指令集(RISC)结构,具有丰富的寻址方式(7 种源操作数寻址、4 种目的操作数寻址)、简洁的 27 条内核指令以及大量的模拟指令;大量的寄存器以及片内数据存储器都可参加多种运算;还有高效的查表处理指令;有较高的处理速度,在 8MHz 晶体驱动下指令周期为 125ns。该单片机的主要特点是超低功耗,可应用于手持设备等对功耗要求严格的场合。

其次,根据系统运行时打开的功能模块不同,即采用不同的工作模式,芯片的功耗有着显著的不同。在系统中共有一种活动模式(AM)和 5 种低功耗模式(LPM0～LPM4)。在等待方式下,耗电为 $0.7\mu A$,在节电方式下,最低可达 $0.1\mu A$。

此外,MSP430 系列单片机的各成员都集成了较丰富的片内外设。它们分别是看门狗(WDT)、模拟比较器、定时器、串口、硬件乘法器、液晶驱动器、10 位/12 位 ADC、I^2C 总线、直接数据存取(DMA)、I/O 端口(P_0～P_6)、基本定时器(Basic Timer)等的一些外围模块的不同组合。MSP430 系列单片机的这些片内外设为系统的单片解决方案提供了极大的方便。

3)PIC 单片机

PIC(Peripheral Interface Controller)单片机是由美国微芯(MicroChip)公司推出的一款单片机,是一种用来可开发的去控制外围设备的可编程集成电路,如图 8-2 所示。它是首先采用了精简指令集(RISC)的嵌入式微控制器,仅 35 条指令,运行速度快。

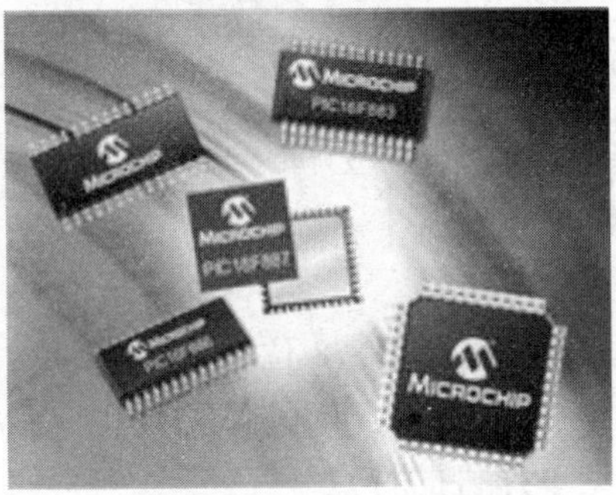

图 8-2　PIC 单片机

PIC 单片机有计算和记忆功能,并由软件控制运行。根据 PIC 单片机的类型,其处理能力和存储容量不同。其最高操作频率大约都在 20MHz,存储器容量用作写程序的大约 1～4K 字节。数据存储器的擦/写可达 1 000 000 次,数据的保持大于 40 年。有 13 位的 I/O 引脚,可以单独直接控制,每一个 I/O 引脚均可承受 25mA 的输入/输出电流,这样就可以直接驱动 LED。有 8 位的定时/计数器(TMRO)并带有 8 位可编程的预分频。有通电复位(POR);功耗上升(POWER-UP)计时器(PWRT);振荡器起动计时器(OST);看门狗计时器(WDT);内部 RC 振荡器等。另外,它有 4 种可供选择的时钟:RC(片内低成本 RC 振荡器);XT(标准的晶体/谐振器);HS(高速晶体/谐振器);LP(低功耗、低频率的晶体)。工作电压的范围宽 2.0～ 6.0V。

4)ARM 嵌入式处理器

1991 年 ARM 公司成立于英国剑桥,该公司专门从事基于 AISC 技术芯片设计开发,作为知识产权供应商,本身不直接从事芯片生产,主要出售芯片设计技术的授权。目前,采用 ARM 技术知识产权(IP)核的微处理器,即我们通常所说的 ARM 微处理器,已遍及工业控制、消费类电子产品、通信系统、网络系统、无线系统等各类产品市场,基于 ARM 技术的微处理器应用约占据了 32 位 RISC 微处理器 75 %以上的市场份额,ARM 技术的应用已经广泛深入到国民经济的各个领域。如工业控制领域、消费娱乐电子领域、网络应用领域等许多不同的应用领域。

由于全世界有几十家大的半导体公司(包括 Intel、Samsung、Motorola、Philips 等)使用 ARM 公司的授权,因此既使得 ARM 技术获得更多的第三方工具、制造、软件的支持,又使整个系统成本降低,使产品更容易进入市场被消费者所接受,更具有竞争力。

从以上所述可以看出,单片机种类繁多。在单片机系统的设计中,一般需要权衡考虑多种因素,例如结构和速度、功能和资源、功耗、体积、可靠性和抗干扰能力、开发难度、性价比及可继承性与可移植性等。但对于初学者,选取适当的单片机可以着重考虑以下几个方面:

(1)结构是否典型和规范,适合于基本知识的学习。

(2)软件开发容易，且程序易于移植、改进与扩充。

(3)学习资源丰富，包括网络资源、书籍等。

(4)产品丰富。

(5)集成片内 Flash，程序下载方式简单，例如支持 ISP 下载方式。

(6)开发工具成熟，成本低。

正是基于以上考虑，本章节选取适合初学者学习基本知识和实践开发的 MCS－51 系列单片机为例，介绍单片机的基本结构、软件应用及技术开发等。

8.1.3　单片机的应用

单片机具有极高的可靠性、微型性和智能性，已成为工业控制领域中不可缺少的控制工具，并深深地渗入到我们的日常生活当中，正如前面所说，小到电子玩具、家用电器，大到车载、舰船电子系统，遍及计量测试、工业过程控制、机械电子、金融电子、商用电子、办公自动化、工业机器人、军事和航空航天等领域都可见到单片机的身影。事实上，手机、家用电器、掌上电脑以及鼠标等电脑配件中都配有 1～2 部单片机，汽车上一般配备有 40 多部单片机，复杂的工业控制系统上甚至可能有数百台单片机在同时工作。单片机的数量不仅远超过 PC 机和其他计算的总和，甚至比人类的数量还要多。

例如，日常生活中常常使用的全自动洗衣机，从图 8－3 所示的操作面板可见其智能化，其很多功能都是通过单片机来控制的，如图 8－4、图 8－5 所示。

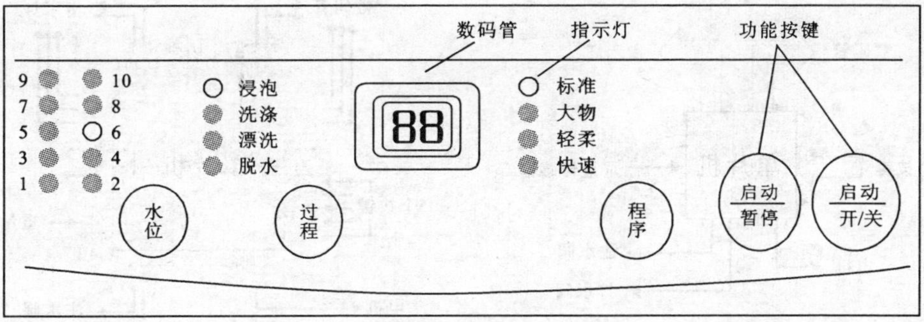

图 8－3　操作面板

单片机的应用大致可分为如下几个范畴。

1)在智能仪器仪表上的应用

单片机具有体积小、功耗低、控制功能强、扩展灵活、微型化和使用方便等优点，广泛应用于仪器仪表中，结合不同类型的传感器，可实现诸如电压、功率、频率、湿度、温度、流量、速度、厚度、角度、长度、硬度、元素、压力等物理量的测量。采用单片机控制使得仪器仪表数字化、智能化、微型化，且功能比起采用纯模拟或数字的更加强大。例如精密的测量设备(功率计、示波器、各种分析仪)。

2)在工业控制中的应用

用单片机可以构成形式多样的控制系统、数据采集系统。例如工厂流水线的智能化管理，电梯智能化控制、各种报警系统，与计算机联网构成二级控制系统等。

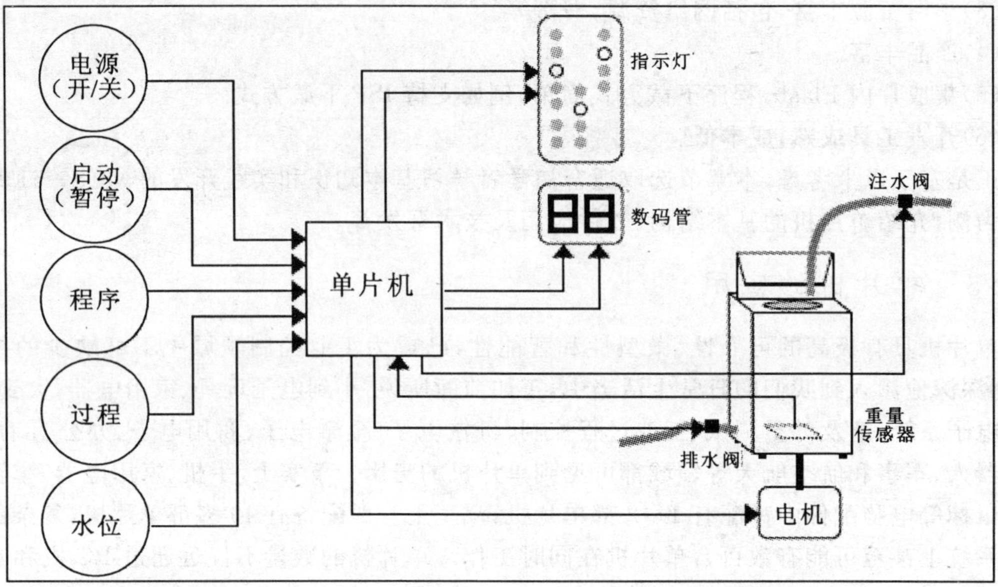

图 8-4　洗衣机简化系统示意图

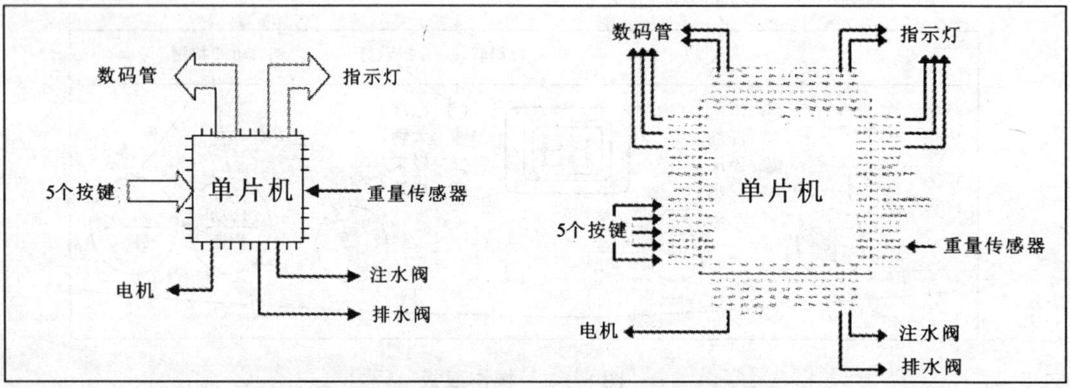

图 8-5　全自动洗衣机的单片机和外围控制部件

3)在家用电器中的应用

可以这样说,现在的家用电器基本上都采用了单片机控制,从电饭煲、洗衣机、电冰箱、空调机、彩电、其他音响视频器材再到电子秤量设备,五花八门,无所不在。

4)在计算机网络和通信领域中的应用

现代的单片机普遍具备通信接口,可以很方便地与计算机进行数据通信,为在计算机网络和通信设备间的应用提供了极好的物质条件,现在的通信设备基本上都实现了单片机智能控制,从手机、电话机、小型程控交换机、楼宇自动通信呼叫系统、列车无线通信,再到日常工作中随处可见的移动电话、集群移动通信、无线电对讲机等。

5)单片机在医用设备领域中的应用

单片机在医用设备中的用途亦相当广泛，例如医用呼吸机、各种分析仪、监护仪、超声诊断设备及病床呼叫系统等等。

8.2　51 单片机的基本结构

8.2.1　总体结构

8051 是 MCS-51 系列单片机的典型产品。8051 单片机片内除集成了中央处理器(CPU)、存储器和输入输出电路外，还包含了定时器/计数器、中断控制、并行接口、串行接口和时钟振荡电路等，因此构成了一个完整的微机电路。8051 单片机结构原理示意图如图 8-6 所示。

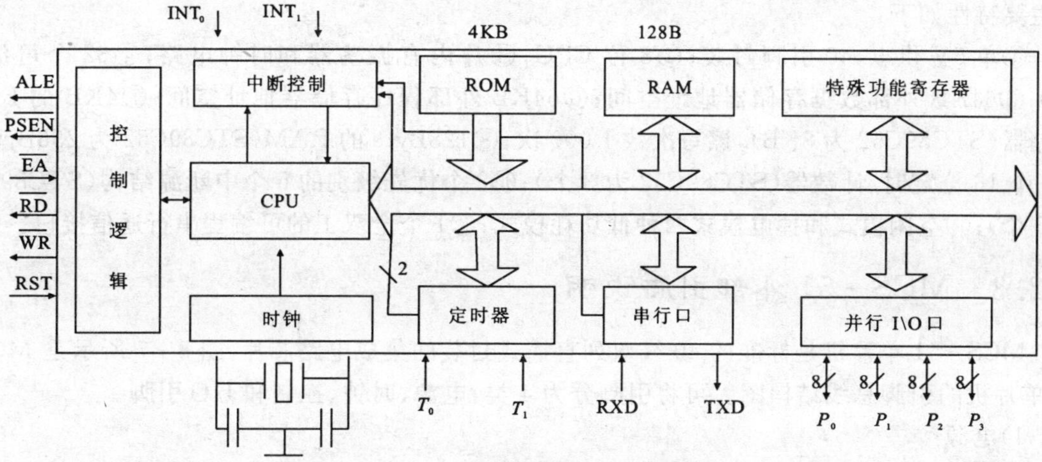

图 8-6　8051 结构原理示意图

CPU(中央处理器)是单片机的核心单元，由运算器和控制器组成，其主要功能是实现算术运算、逻辑运算和控制程序计数器、寄存器等。

CPU 与单片机内部其他部件之间的连接使用总线。总线是一组连线，这组连线按照一定规则同步操作，比如同步读取信号或同步写入数据。总线分为地址总线和数据总线两种，地址总线上传送的总是地址信号，数据总线上传送的总是数据。

存储器是存储用户编写程序和数据的地方。主要分为两种：ROM 和 RAM。

ROM(Read Only Memory)是只读存储器，主要存放用户编写的程序和固定不变的数据表格。CPU 就是通过一条一条地运行 ROM 里边的程序来实现运算和控制的。所以 ROM 通常也被叫做程序存储器。这个存储器的特点是掉电后，数据不丢失，但是只能写入一次。

RAM(Random Access Memory)叫随机存储器，用来存储程序运行过程中产生的临时数据。所以 RAM 也叫数据存储器。当程序在运行时，有些数据经常在变动，如数码管的显示值等，这些值就暂时放置在 RAM 中，供其他程序进一步读取，即代表 RAM 里可以随时写入数据和读取数据。这种存储器的特点是访问速度快，但是掉电后数据全部丢失。

I/O(Input/Output)叫做输入输出接口，是CPU对外部设备进行控制和读取外部信息的接口。它读取和输出的数据只能是二进制数0和1(ADC口除外)。当输出I/O口输出1时，实际上输出的是5V直流电；当输出为0时，输出0V直流电。当输入信号为5V直流电时，读取的信号为1，当输入信号为0V时，读取的信号为0。

但值得注意的是，因为单片机I/O口本身电路原因，使得输出高电平会略低于5V，为4.8V左右，输出低电平会略高于0V，为0.2V左右。

51系列单片机共有4组32条I/O引脚，这些引脚既可以作为输出也可以作为输入，都是双向工作的引脚。

至于定时器/计数器、中断控制等单元，我们将在下一章具体实例中使用到这些部件的时候，再进行介绍。

8.2.2 MCS-51的结构特点

STC89C51与8051单片机在引脚排列、工作特征、硬件组成、指令系统等方面完全兼容。其主要特性如下：

①单5V供电，40引脚封装；②8位CPU；③片内有振荡器和时钟电路；④32个可编程I/O；⑤64KB外部数据存储器地址空间；⑥64KB外部程序存储器地址空间；⑦4KB的Flash存储器(STC89C52为8KB)，擦写次数1 000次；⑧128Byte的RAM(STC89C52为256Byte)；⑨2个16位定时/计数器(STC89C52为3个)；⑩2个优先级别的5个中断源结构(STC89C52为6个)；⑪空闲模式和掉电模式两种低功耗模式；⑫1个全双工的可编程串行通信接口。

8.2.3 MCS-51外部引脚说明

MCS-51单片机是标准的40线双列直插式封装的集成电路芯片，图8-7所示是MCS-51单片机的引脚总线结构图。可将引脚分为4类：电源、时钟、控制和I/O引脚。

1)电源

(1)V_{CC}：芯片电源，接+5V。

(2)V_{SS}：接地端。

2)时钟

XTAL1、XTAL2：晶体振荡电路反相输入端和输出端。51单片机的时钟有两种方式：一种是片内时钟振荡方式，但需在18和19脚外接石英晶体(2-12MHz)和振荡电容，振荡电容的值一般取10～30pF；另外一种是外部时钟方式，即将XTAL1接地，外部时钟信号从XTAL2脚输入。常用电路方式如图8-8所示。

3)控制线

51单片机的控制线共有4根。

(1)ALE/$\overline{\text{PROG}}$：地址锁存允许/片内EPROM编程脉冲。其中，ALE用来锁存P0口送出的低8位地址，PROG的功能是在片内EPROM芯片编程期间，此引脚输入编程脉冲。

(2)$\overline{\text{PSEN}}$：外ROM读选通信号。

(3)RST/V_{PD}：复位/备用电源。RST(Reset)为复位信号输入端，如图8-9所示。V_{PD}用于在V_{CC}掉电情况下，接备用电源。

当51单片机通电，时钟电路开始工作，在RST引脚上出现24个时钟周期以上的高电平，系统

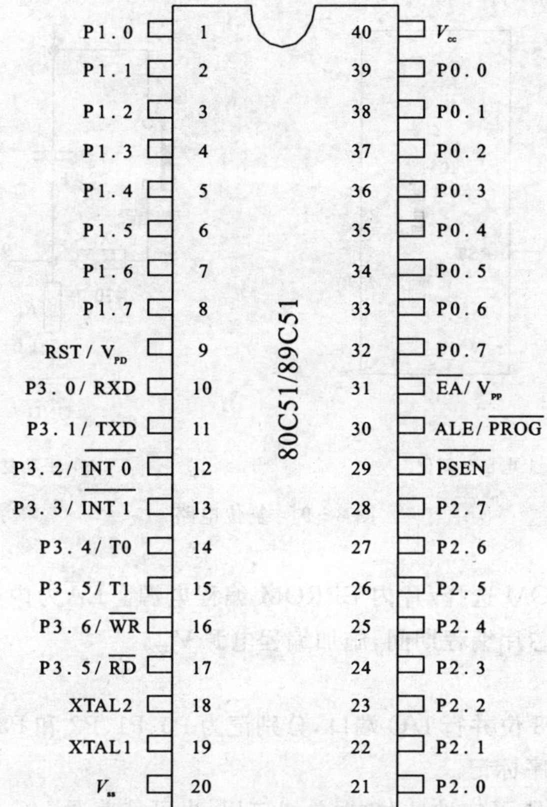

图 8－7　MCS－51 单片机引脚总线结构图

（a）内部时钟方式　　（b）外部时钟方式

图 8－8　时钟电路

即初始复位。51 单片机的复位方式可以是自动复位，也可以是手动复位。此外，RST/V_{PD}还是一复用脚，V_{CC}掉电期间，此脚可接上备用电源，以保证单片机内部 RAM 的数据不丢失。

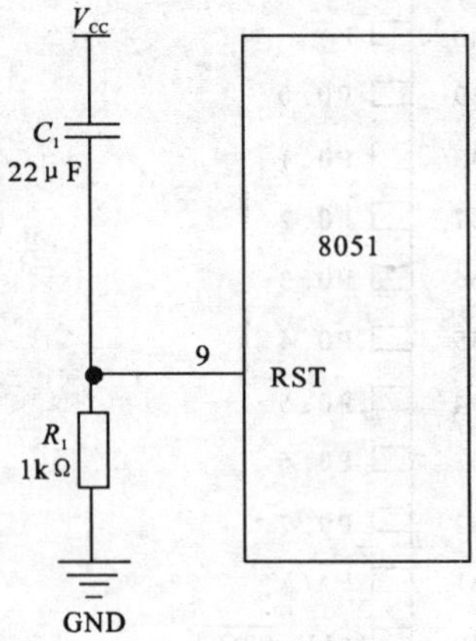

（a）上电自动复位

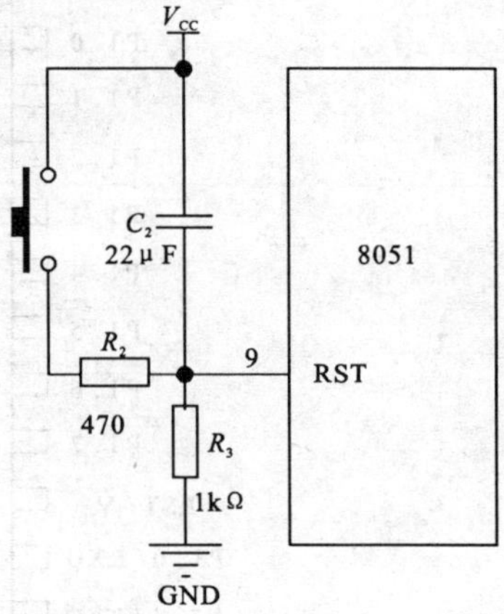

（b）手动复位电路

图 8－9　复位电路

(4)$\overline{EA}/V_{pp}$:内外 ROM 选择/片内 EPROM 编程电源。$\overline{EA}$为内外 ROM 选择端。V_{pp}的功能是在片内 EPROM 芯片编程期间,施加编程电源 V_{pp}。

4)I/O 口线

51 单片机共有 4 组 8 位并行 I/O 端口,分别记为 P0、P1、P2 和 P3 组,共 32 个引脚。每组 8 条引脚分别按 0～7 顺序标记。

P0 口:双向 I/O 口,既可作地址/数据总线口用,也可作普通 I/O 口用。P0 口输入时需要接上拉电阻才能置 1。

P1 口:准双向 I/O 口。

P2 口:双向 I/O 口,既可作地址总线口输出地址高 8 位,也可作普通 I/O 口用。

P3 口:多用途端口,既可作普通 I/O 口用,也可按每位定义的第二功能操作。

8.3　MCS－51 单片机的最小系统

通过以上章节的介绍,大家应该对单片机已有一定的了解了,下面接下来讲讲 51 单片机能正常工作的基础条件。

单片机内部集成了很多电路,是一个智能化的集成芯片,但其本质还是一个电子元器件,并不能独立运行,必须外连一些其他元器件,构成一定的电路,才能实现它的功能。这就像电阻一样,如果把一个电阻独立地放着,是没有任何意义的,只有将电阻接在电路中,才能实现它的功能,究竟是分压还是限流,得看具体电路。

能使单片机工作的最简电路,称之为单片机最小系统。常见的 51 单片机最小系统电路只需要 1 个晶振和几个电阻、电容即可,如图 8－10 所示。

此处,选用有 40 个引脚的 STC89S52 单片机为例。因为此款单片机的核心是 MCS－51 单片机,简单易学,可以查阅的资料来源丰富,而且这款单片机支持 ISP 下载,程序下载方便。当然,如果初学者有特殊的需求,也可以选择其他的单片机进行学习。

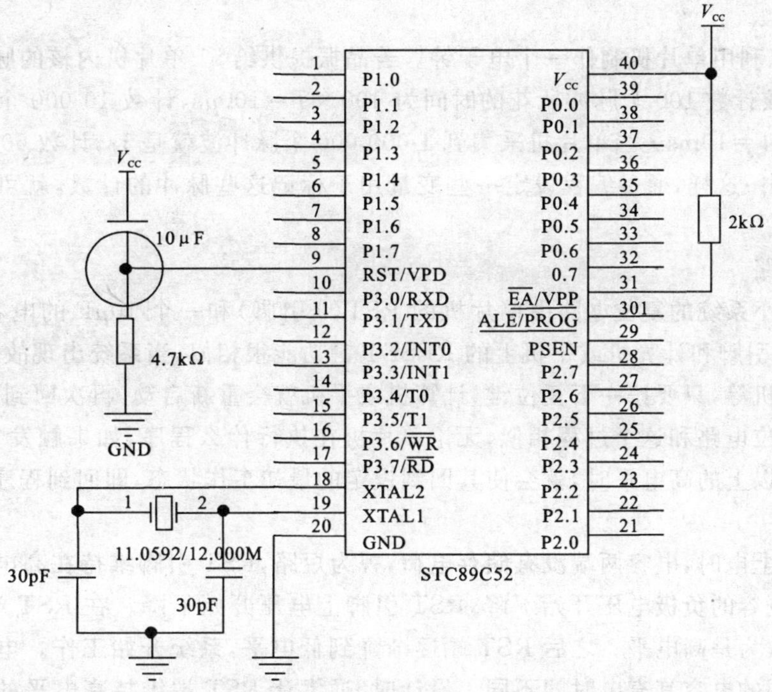

图 8-10 单片机最小系统

1)供电

系统要工作,需要供电。其$+V_{cc}$(40 引脚)和 GND(20 引脚)为单片机的电源端和接地端。STC89S52 单片机和 TTL 数字集成电路一样,都采用单 5V 供电。

2)时钟电路

单片机最小系统的时钟电路由 XTAL1(19 引脚)和 XTAL2(18 引脚)接 1 个外部晶振和 2 个电容构成,如图 8-10 左下角部分。

晶振是一种能够输出稳定的振荡周期的元件,通过它,单片机才有了"时间"的概念。不过晶振并不能独立使用,必须配合合适的负载电容,否则会产生错误,或者不能正常工作。负载电容的选择可以根据单片机数据手册上的说明来选择。对于 51 单片机,一般选择 20～40pF 的瓷片电容。

也许有初学者会问:"为什么要加这个电路呢?"这里来看一个例子:一个人在某一时刻,正常情况下只能做一件事请(当然三心二意的不算),可是一个人却不可能一整天都做同一件事,于是我们得把这一天需要做的事按照某一个时间顺序进行安排。为了区别不同的时间段,聪明的古代人发明了日晷。通过日晷,将一日划分成 12 个等分,即 12 个时辰。这样,就有了时间概念,可以规划时间安排。

同样,单片机需要"规划"哪个时间段做什么事情。所以,为了给单片机一个"日晷",我们使用了能够输出振荡时钟脉冲的晶振。于是,设计者就能通过编程对单片机做一些时间安排,如当第一个时钟脉冲出现时,单片机做什么,当第二个时钟脉冲出现时,单片机又做什么等等。

晶振的频率决定了该系统的时钟频率。比如晶振频率选择 12MHz,那么单片机工作的频率就是 12MHz，即每秒输出 12 000 000 个脉冲信号，其时钟周期（输出一个脉冲信号的时间）为 1/12μs。

例如，可以利用单片机制作一个电子钟。若晶振提供给 51 单片机内核的脉冲波的周期是 $T=1\mu s$，则内核计数 100 个脉冲所花的时间为 $100\times T=100\mu s$，计数 10 000 个脉冲所花的时间为 $10\ 000\times T=10ms$…当单片机采集到 1 000 000 个脉冲波就是 1s，计数 $60\times 1\ 000\ 000$ 个脉冲就是 1min…这样，通过编程设定一些变量用于标记这些脉冲的计数，就可以制作出一个电子钟了。

3）复位电路

单片机最小系统的复位电路由单片机的 RST（9 引脚）和一个 10μF 的电容、4.7kΩ 的电阻组成。RST 引脚和计算机或手机上的 RESET 键功能很相似，当系统出现故障，如应用程序停止响应或死机等，只要按一下复位键，计算机或手机就会重新启动，再次回到正常工作状态。单片机上的复位电路和这个过程相似，无论单片机在执行什么程序，如果触发复位，只要这个引脚上有 2μs 以上的高电平时，就会使其回到设定的最初工作状态，即回到程序的起始地址重新执行。

当单片机上电时，电容两端没有储存电荷，视为短路，RST 引脚维持在高电平上。当电容开始充电时，电容的负极电压开始下降，RST 引脚上电压开始下降。在 RST 端电压高于 3V 的情况下，均认为是高电平。之后 RST 端逐渐降到低电平，系统开始工作。电容的充电需要一段时间，不同的电容其充电时间不同。设计时，通常让 RST 端维持高电平的时间达到毫秒级别。

4）外部访问允许端

图 8－10 中，STC89S52 单片机的 31 引脚，外部访问允许端（$\overline{EA}/V_{pp}$），通过一个电阻接到了电源 V_{CC}，使其为高电平。在单片机的引脚定义中，EA 口是访问外部存储器使能端。此处，“EA”这两个字母上有一条横线，则表示该引脚是低电平时有效（数字电路中常用这种方法表示）。当 31 引脚为低电平时，系统就直接访问外部程序存储器，当其为高电平时，则访问内部程序存储器中的程序。值得注意的是，当要访问的程序存储器地址超出内部存储器的地址范围时，系统会自动访问外部存储器中相应的地址。

STC89S52 单片机有 4KB 的内部存储器空间，其单片机最小系统中没有外接存储器，所以将 31 引脚通过电阻拉到高电平。8031 单片机也是基于 8051 单片机内核的，但其内部没有集成存储器，在设计时需要外置存储器，则需将 EA 引脚接地，才能保证单片机的正常工作。

设计 51 单片机最小系统时，需要注意以下问题：

（1）复位电路中，极性电容 C_1 的大小直接影响单片机的复位时间，容值越大，所需的复位时间越短。一般选用 10～30μF。

（2）晶振的振荡频率直接影响单片机的处理速度，频率越大处理速度越快。一般选用 6MHz 或者 11.059 2MHz，有时还可采用更高频率的晶振。

（3）晶振离单片机越近越好，起振电容离晶振越近越好。一般，起振电容 C_2、C_3 选取 15～33pF。

（4）P0 口为开漏输出，作为输出口时需加上拉电阻，阻值一般为 10kΩ。

8.4　单片机的工作原理

单片机虽是智能化的集成芯片，但终究不会像人类的大脑一样，拥有自己的思想。它只能读取设计者编写的程序，然后破译出这些程序是什么意思，才能执行相应的操作。所以，51 单片机的工作过程可以简化为取指令、译指令、执行指令 3 个阶段。这里的指令即为设计者编写的程序，MCS－51 单片机除了支持汇编语言外，还支持 C 语言。

单片机指令的集合就是它的指令系统，不管是集中指令集还是精简指令集，都是一个有限数量的指令的集合。换句话说，单片机能够执行的指令是有限的，而且每类单片机能够执行的操作都是在设计这类单片机时已经设计好的，只要它读取到事先规范好的指令，就会自动地进行分析，然后执行该指令所对应的操作。每一款单片机都有一个对应的指令系统，它是程序开发人员编程的基础。当然，开发人员也不可能开发出指令系统不存在的指令。

当系统上电时，单片机的晶振电路开始工作，产生的信号会送入单片机，作为系统的时钟信号。这个时钟信号就是单片机的工作时序。我们把写好的程序烧录到单片机的程序存储器中，单片机在执行时就按顺序一条一条地往外取指令来运行。

图 8－11 所示为 51 单片机中央处理器(CPU)的简图。单片机读取指令时，先送出地址线给 ROM，地址 PC 的初始值为 0，即从 ROM 的 0 地址处开始自动读取指令。从 ROM 中读取出的指令通过数据总线传送给指令寄存器 IR，再通过相应的电路进行译码，最后执行相应的操作，这样单片机就工作起来了。

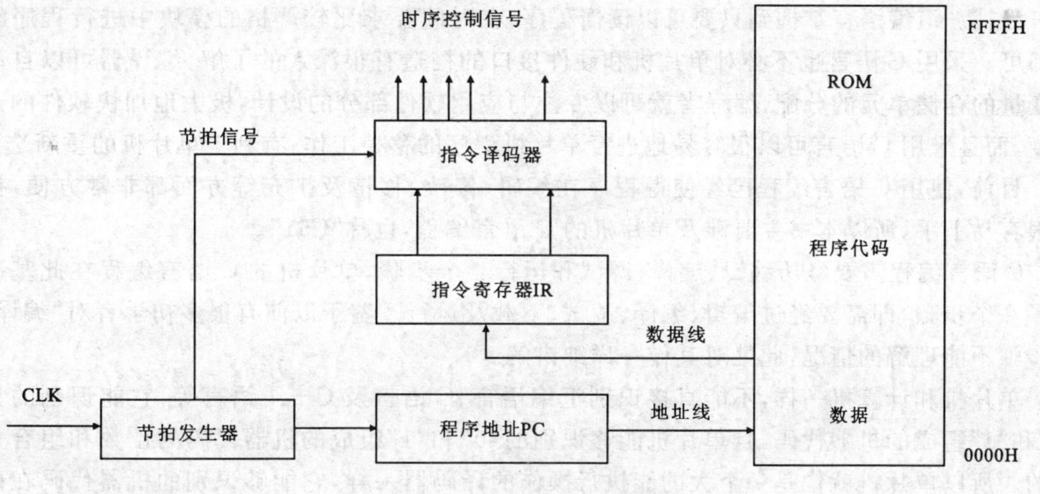

图 8－11　单片机中央处理器简图

当然，很多单片机比图 8－11 更复杂，功能更强大，例如，可以通过某种电路或机制让单片机重复地执行某段程序，这就是程序的循环执行。

在 CPU、存储器及总线的基础上，再集成一些其他的 CPU 可以控制的模块，如 I/O 口、定时器、串口等，或者改变一下总线的机制，就形成了各种类型的单片机。当我们深刻理解了单片机的工作原理后，就可以更好地开发和应用它。

8.5 单片机的编程

学习单片机是一个经验积累的过程，一定要学会自己动手，积累实践经验。初学者学习单片机一般有两种不同的方式：一种是按照教科书上的内容逐步深入。学习单片机内部结构、汇编语言设计、外围设备接口介绍和编程、常用器件驱动等，然后再在标准实验板上，按照标准教程所提供的标准程序进行实验学习。教科书上内容广泛丰富，读者可以深入掌握单片机的各种知识点，实验板上功能强大，可以开展很多实验项目。但教材篇幅较大，实验板功能较复杂，初学者需要花费很多精力去学习、去使用。另一种方式是在实例中学习单片机。初学者可以直接利用实例熟悉单片机的工作原理和内部结构，分析程序设计等，边实践边加强理论知识。这种方式避免了枯燥的理论讲解，且能激发初学者学习单片机的兴趣。同时，在实例演示中掌握单片机芯片数据资料的阅读方法和技巧，避免走入纯应用而忽视理论的误区。因此，从本节开始，初学者们就可以自己动手了，在软件开发中慢慢体会单片机的“魔力”。

8.5.1 51单片机C语言

单片机的编程语言经历过早期的机器代码，到后来的汇编语言，再发展到高级语言的演变，例如C/C++语言。C语言是一种编译型程序设计语言，它兼顾了多种高级语言的特点，并具有汇编语言的功能，用C语言来编写目标系统软件会大大缩短开发周期，且明显地增加软件的可读性，便于改进与扩充，以研发出规模更大、性能更完备的系统。用C语言进行单片机程序设计是单片机开发与应用的必然趋势。单片机的程序设计应该以C语言为主，以汇编语言为辅。汇编语言掌握到只要可以读懂程序，在时间要求比较严格的模块中进行程序的优化即可。采用C语言也不必对单片机和硬件接口的构造有很深入的了解，编译器可以自动完成变量的存储单元的分配，编程者就可以专注与应用软件部分的设计，极大地加快软件的开发速度，而且采用C语言可以很容易地进行单片机程序的移植工作，有利于单片机的重新选型。

目前，使用C语言编程已经使得程序在编辑、修改、移植及扩充等方面都非常方便，初学者很容易上手，所以本书主要涉及单片机的C语言编程，也称“C51”。

C语言编程需要经历编辑、编译、调试和运行4个步骤，单片机的C语言编程在此基础上多了一个步骤，即需要经过编辑、编译、调试、下载及运行。鉴于以前有很多初学者对“编译”这个步骤不能理解的情况，此处对其作一详细讲解。

单片机和计算机一样，不能直接识别汇编语言、C语言及C++语言等，它能识别的只有“0”和“1”组成的机器代码，且单片机能够识别的“0”和“1”组成的机器代码的位数和组合是一定的。所以单片机就像是一个大的能执行操作的译码器一样，它能够识别的机器代码在内部都做了相应的硬件电路，我们只要给出相应的机器代码它就能工作，这种机器代码就是单片机的指令系统。我们给单片机编程，简单地说，就是控制它什么时候工作，到底怎样去工作！

早期的单片机设计工程师们在编程时，是直接编写单片机的机器代码，然后下载到单片机的程序存储器(ROM/Flash)中，让单片机工作起来。由于机器代码形式庞杂，这种编写方式非常麻烦。后来就有了汇编语言。汇编语言并不是替换烧录到单片机中的机器代码，而是替换语言编辑的过程。这样，编程人员只用编写容易记住的汇编语言即可。汇编语言是机器代码的助记符，当编程人员编写程序完成后，通过某个软件，这些语言会自动翻译成机器代码。

再后来，就有了C语言等高级语言，大大简化了编程过程。同样，需要某种特殊软件将C语言转换成单片机能够识别的机器代码。这里，就有了一个专业词语：编译，同时也出现了各种编译软件。

单片机的C语言(C51)和单纯意义上的C语言在标示符、关键字、数据类型、运算符、表达式、函数等概念基本上都是一样的。例如，对于加法运算，C51和C语言都是一样的表示：

```
int a,b,c;
a=1;
b=2;
c=a+b;
```

但两者间还是存在一些不同点。C51中多了一些特殊的函数(如中断函数等)和特殊的标示符(如表示寄存器的标识符等)。因为C51是针对51单片机的编程，所以它会增加一些与硬件相关的语法，实行对硬件的操作。

例如，对单片机的并行口P0口进行操作，有一个语句：

P0=0xf0;//0xf0是二进制数1111_0000B的十六进制表示。

当执行完这个语句后，P0.1 ～ P0.3这4个引脚上输出的电平就为0V，P0.4 ～ P0.7这4个引脚上输出的电平就为5V了。

对于P1、P2及P3口的操作也是一样的，都是通过其对应的寄存器的操作来实现。另外，对单片机的其他硬件模块(例如，定时器、串口等)的操作也是如此。这也是为什么在很多单片机书籍上都说“对单片机的编程就是对它的寄存器进行操作”的原因。

8.5.2　单片机开发环境介绍

Keil C51是美国Keil Software公司出品的51系列兼容单片机C语言软件开发系统，与汇编相比，C语言在功能上、结构性、可读性、可维护性上有明显的优势，因而易学易用，成为目前最常用的集成编译软件。Keil提供了包括C编译器、宏汇编、连接器、库管理和一个功能强大的仿真调试器等在内的完整开发方案，通过一个集成开发环境(μVision)将这些部分组合在一起。运行Keil软件需要WIN98、NT、WIN2000、WINXP等操作系统。如果你使用C语言编程，那么Keil就可以作为最佳选择，即使不使用C语言而仅用汇编语言编程，其方便易用的集成环境、强大的软件仿真调试工具也会令你事半功倍。

Keil C51的使用方法如下：

(1)从桌面快捷方式或开始菜单打开Keil软件，可以看到如下的主窗口，如图8-12所示。

(2)点击“project——New μVision Project”新建一个工程，如图8-13所示。

(3)在对话框，选择一个路径，给这个工程命名后保存，不需要填后缀，注意默认的工程后缀与μVision3及μVision2版本不同，为uvporj。如图8-14所示。

(4)弹出一个框，如图8-15所示。此时会发现在单片机的型号选项中没有STC公司的单片机，这不是软件安装的问题，是因为STC公司的单片机和Atmel的兼容没有单独罗列。所以此处选择Atmel选项并选中AT89S51或52(按使用者的芯片类型选择)。

(5)选择C语言启动代码。如果使用汇编来编程，请选择“否”；如果使用C51来编程，请选择“是”；如果不出现本提示，则是Keil软件没有解压在C盘根目录，请检查。如图8-16所示。

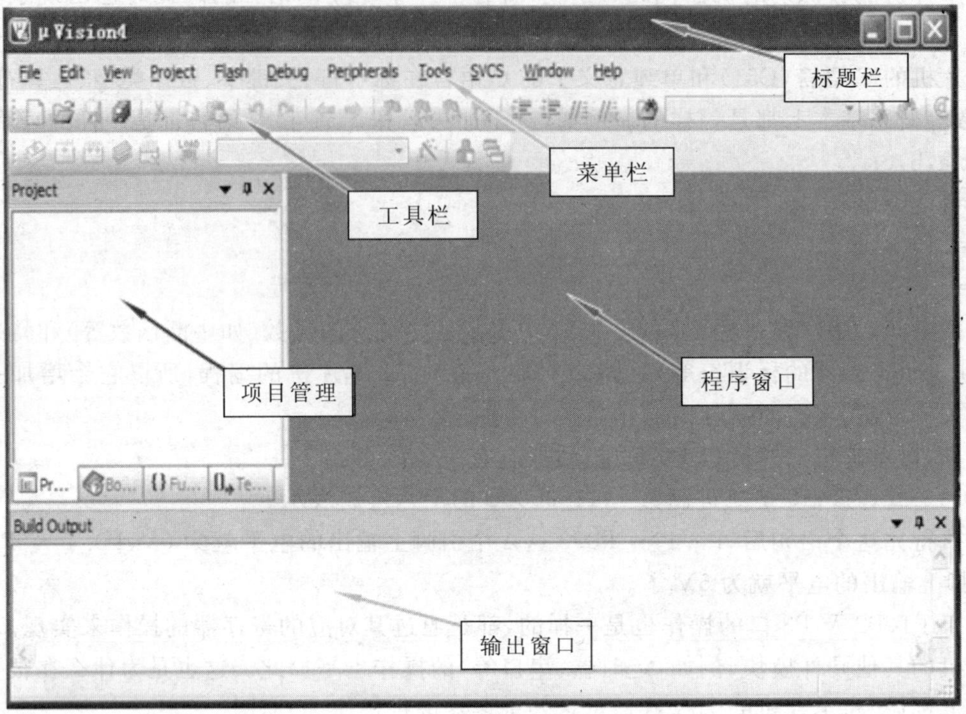

图 8－12　Keil 软件主窗口

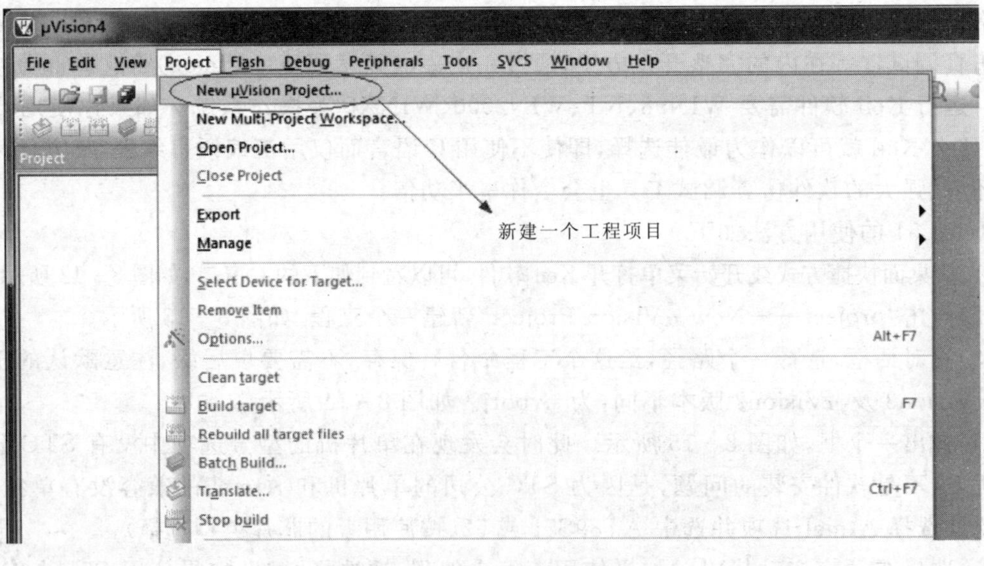

图 8－13　Keil 软件 Project 菜单

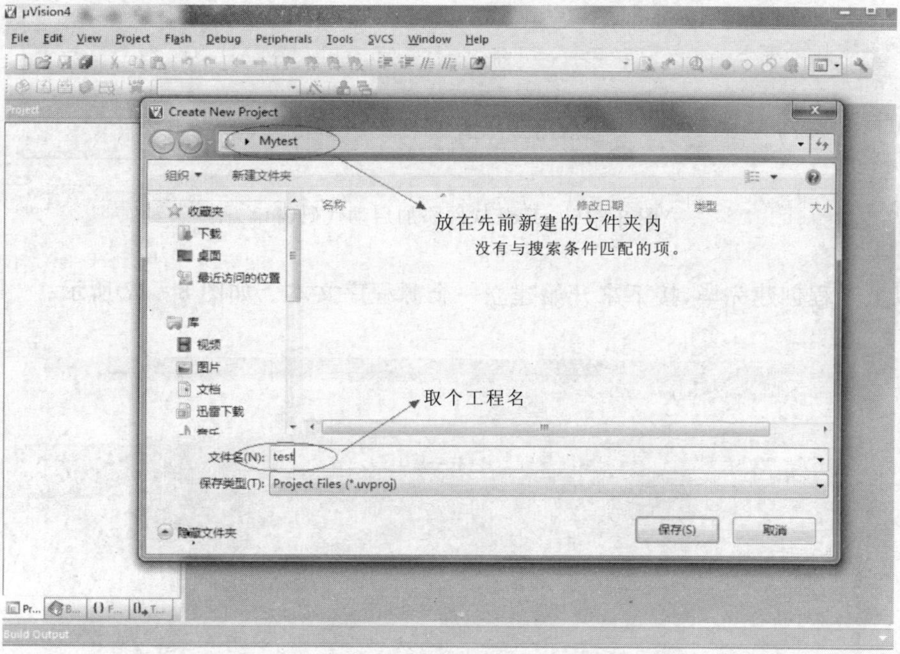

图 8－14　Keil 软件创建工程窗口

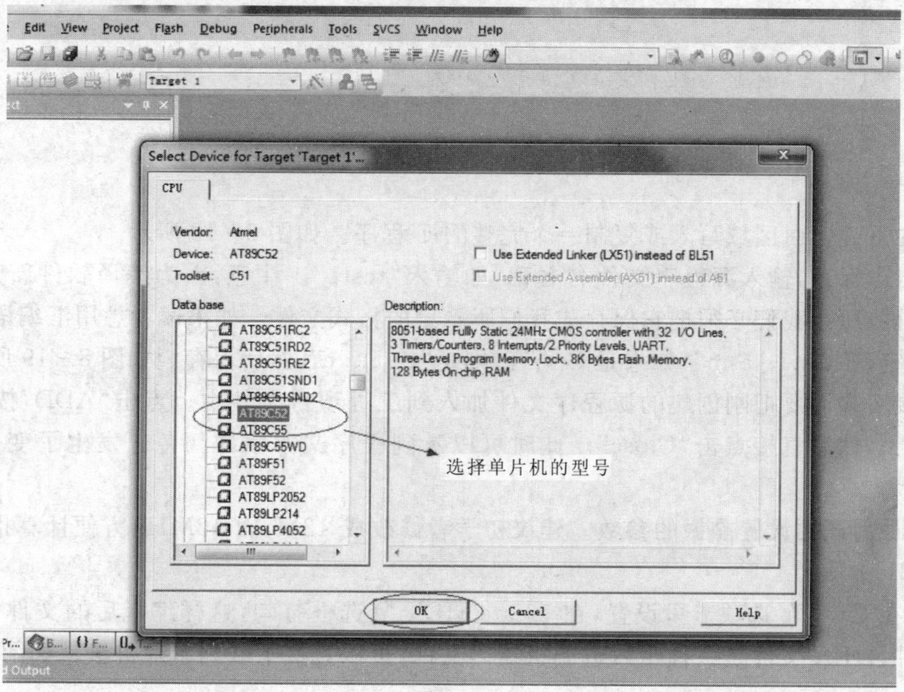

图 8－15　Keil 软件单片机型号选择菜单

图 8-16　Keil 软件添加启动代码窗口

(6)以上工程创建完毕，接下来开始建立一个源程序文本。如图 8-17 所示。

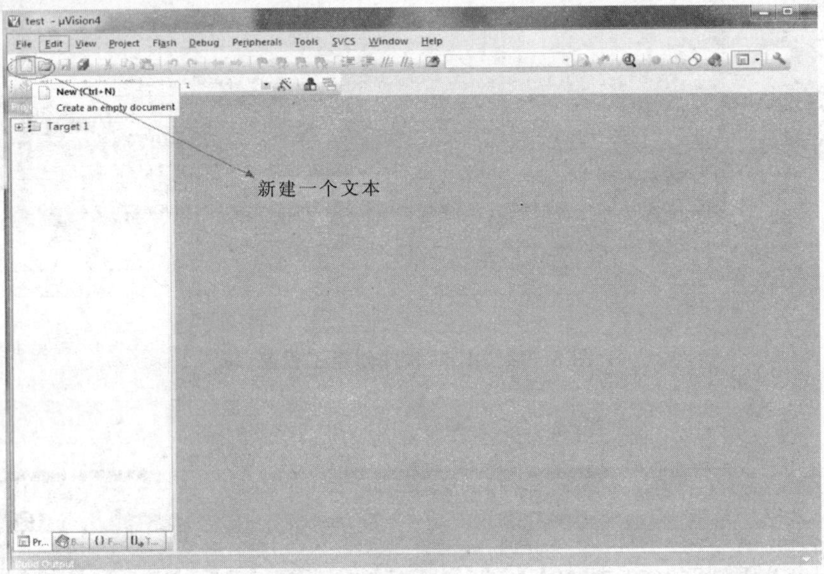

图 8-17　Keil 软件创建源程序文本文件

(7)在下面空白区域写入或复制一个完整的 C 程序。如图 8-18 所示。

(8)点击保存，输入源程序文件名名称，如输入“test1”。注意：因为编译软件新建的文件是文本文件，所以我们必须把它保存成我们所希望的格式文件。如果读者想用汇编语言，要带后缀名一定是“test1. asm”；如果是 C 语言，则是“test1. c”，然后保存。如图 8-19 所示。

(9)接下来需要把刚创建的源程序文件加入到工程项目文件中。点击“ADD”按钮，对话框不会消失，然后直接点击“Close”。此时可以看到程序文本字体颜色已发生了变化。如图 8-20所示。

(10)最后还要设置晶振的参数。建议初学者修改成 12M，因 12MHz 方便计算指令时间。如图 8-21 所示。

(11)在 Output 选项卡里设置，在 create HEX 复选框打勾，这样编译后的文件才会输出 HEX 文件，HEX 文件是一种十六进制机器码文件，可以直接下载到单片机里。如图 8-22 所示。

(12)此时，工程项目创建和设置全部完成。点击保存并编译，显示 0 error 0 warning 即代码正确，没有错误，可以生成可执行的文件。如果显示有错误就要重新回到代码相应的地方查看错误并

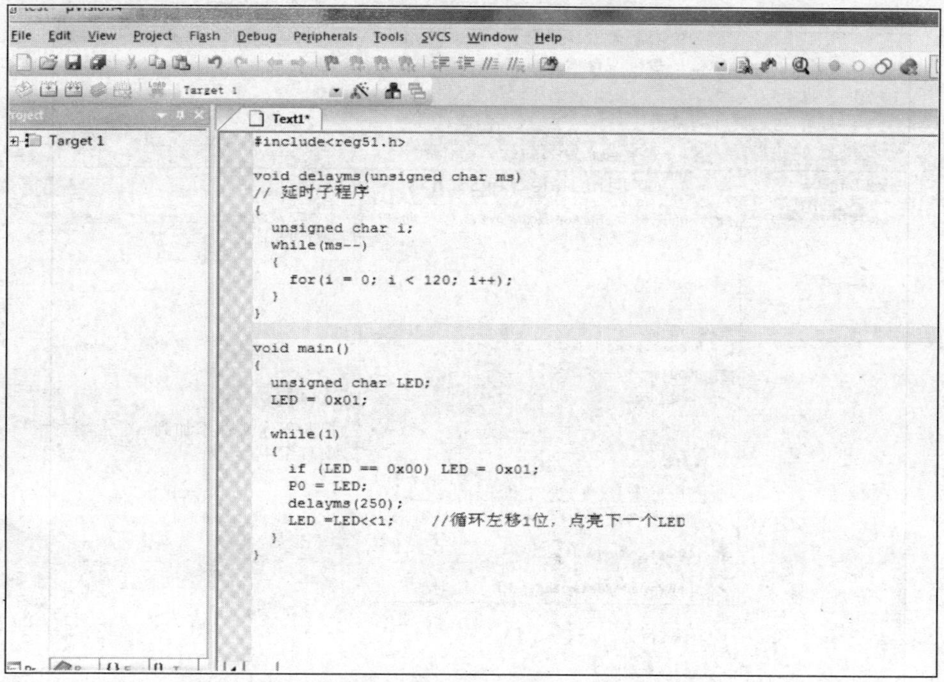

图 8-18　Keil 软件程序编辑窗口

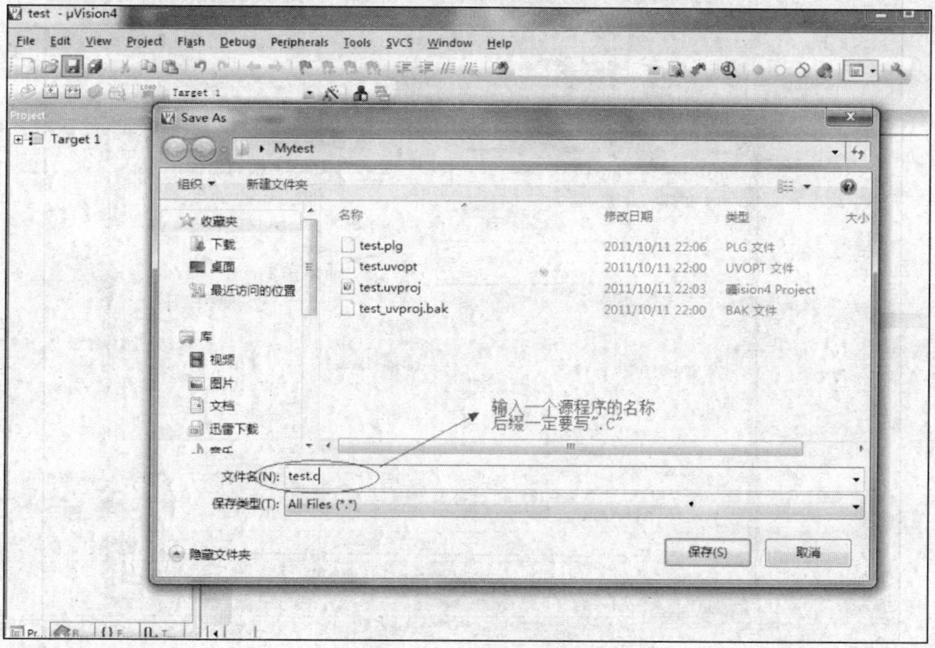

图 8-19　Keil 软件保存源文件窗口

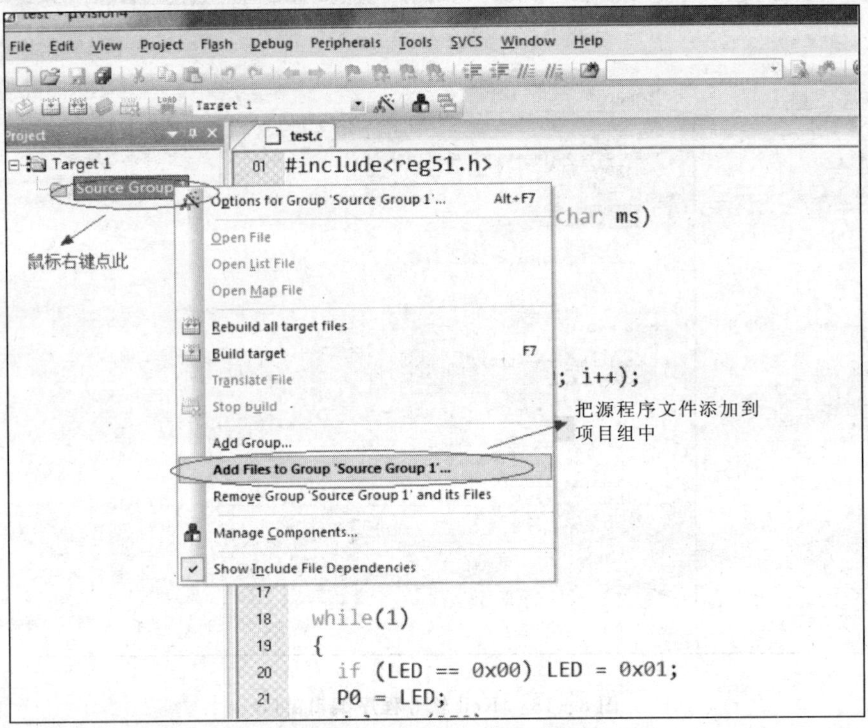

图 8-20　Keil 软件添加源文件菜单

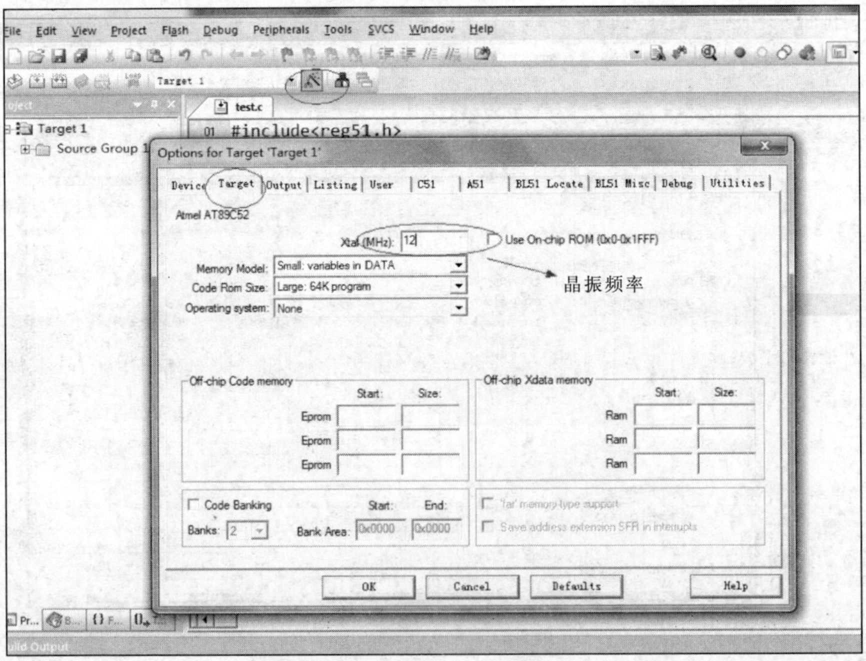

图 8-21　Keil 软件时钟设置窗口

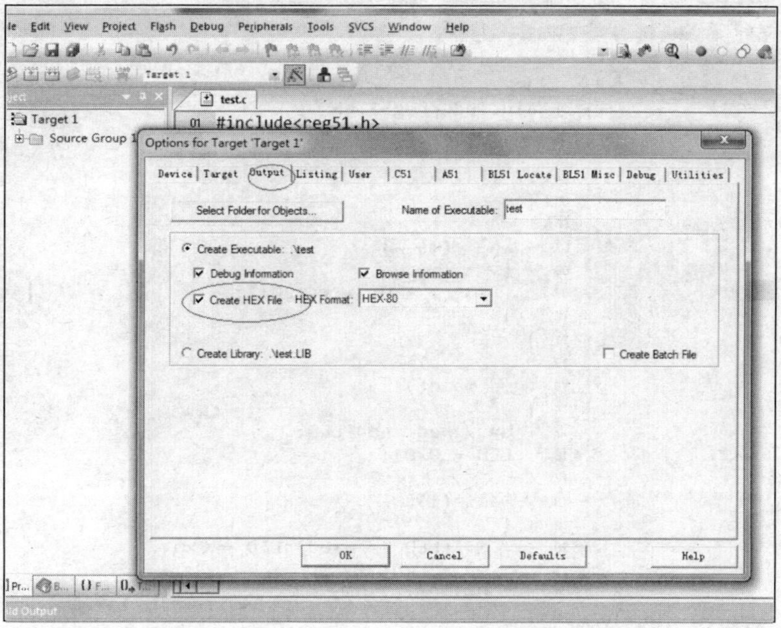

图 8-22　Keil 软件设置创建 HEX 文件窗口

修正。确定没问题后再点击编译按钮。这里 Keil 会将你编写的代码编译成 HEX 文件。可以看到在定义的文件夹里已经生成可下载到单片机里的 HEX 文件,如图 8-23 所示。

以上图文描述的是 Keil μVision 的使用入门,这些是单片机基础知识和基本操作必备的。Keil μVision 拥有强大的功能,还有仿真、调试等功能,如图 8-24 所示,在此不一一详解。

8.5.3　Keil 软件的仿真调试

1)仿真调试工具简介

和模拟电路一样,学习和使用单片机离不开仿真调试工具。单片机的仿真调试工具一般简称为仿真器。仿真器由两部分组成,一部分是仿真器的工具软件,另一部分是硬件。

(1)仿真器软件部分。仿真器软件主要包括编辑器、编译器和调试器。编辑器用来编辑源程序,包括汇编语言程序和 C/C++语言程序。编译器用来把相应语言源程序编译成为单片机能识别的机器代码。在编译过程中,编译器可以指出逻辑错误和语法错误。调试器是仿真器中最重要的软件工具,可以用来调试用户程序。调试用户程序有两种方法:一种是模拟调试用户程序,另一种是实时调试用户程序。模拟调试方法不需要连接实验板或开发板,只在计算机上模拟单片机的指令执行,并虚拟单片机片内资源,从而实现调试的目的。但这种调试不可能像真正的单片机运行环境那样执行指令能在同一个时间完成,所以运行时间往往比单片机慢,只能是一种初步的、小型工程的调试,适合代码行数小于 2 000 行这类的程序。实时调试方法需要外接开发板或实验板,同时可以检查硬件电路的错误。

(2)仿真器硬件部分。仿真器硬件一般指仿真头,这个仿真头可以插在用户实验板或开发板的单片机插座上,用来模拟单片机的运行,如图 8-25 所示。在调试过程中,用户可以把它

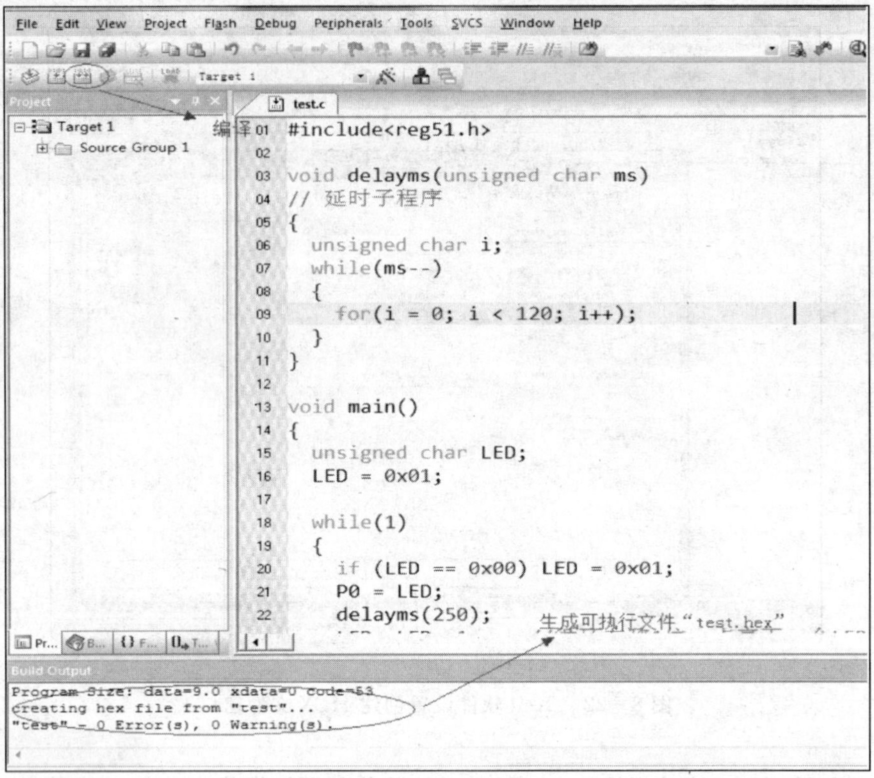

图 8－23　Keil 软件编译结果

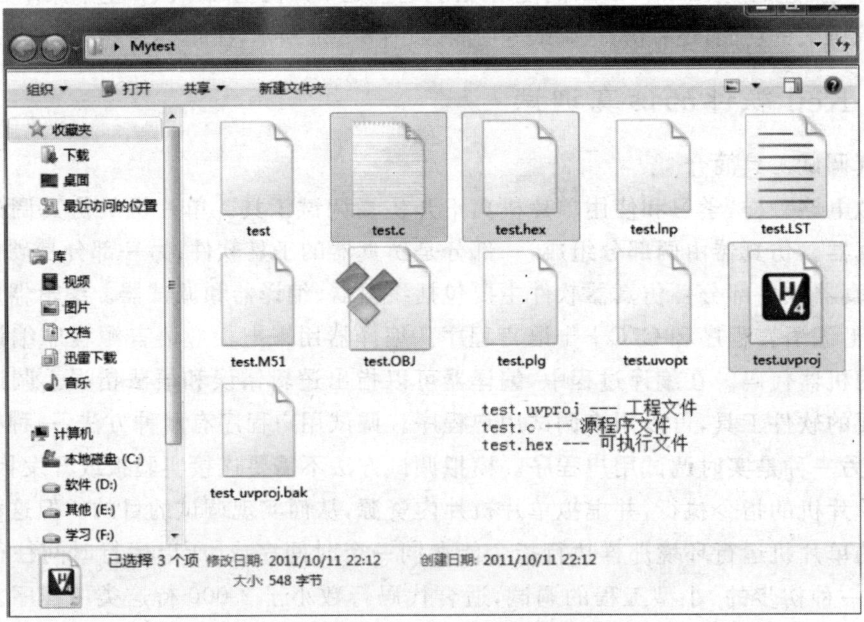

图 8－24　Keil 软件生成的文件

视为运行的单片机，并从计算机的调试器上控制和检测用户程序的运行。所以说，仿真器的硬件调试其实也需要计算机软件的配合。

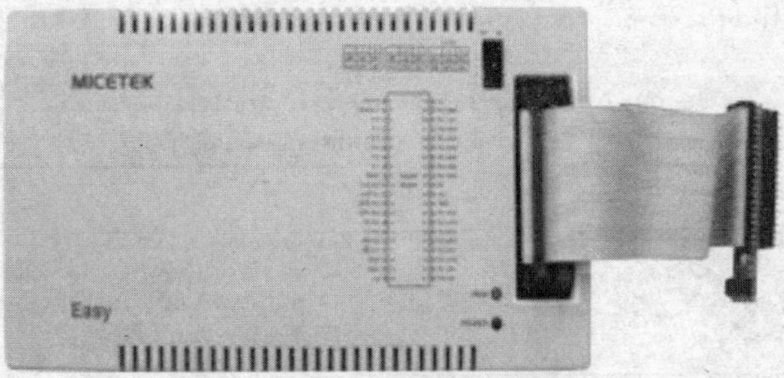

图 8-25　仿真器实物图

仿真器的硬件调试过程如下：计算机软件把编译好的程序通过串行口、并行口或者 USB 口传输到仿真器，然后与单片机一样执行。仿真器仿真全部的单片机资源(所有的单片机接口，并且有真实的引脚输出)。仿真器会将单片机内部的内存与时序等情况返回给计算机，这样就可以在计算机里看到单片机程序真实的执行情况。不仅如此，还可以通过计算机的软件实现单步、全速、运行到光标的常规调试手段。

2)Keil 仿真软件

市场上仿真器种类众多，但仿真器软件大同小异，使用方法基本相近，因此，本书选用的 Keil 仿真软件可以作为学习其他仿真软件的参考。

下面逐步介绍 Keil 仿真软件的模拟调试步骤。

(1)设置 Debug 选项卡。鼠标右键点击项目管理区中的“Source Group 1”，在弹出的菜单中选择 option for Target ‘Target 1’，找到 Debug 选项卡。如图 8-26 所示。

从 Debug 选项卡中不难看出有两类仿真形式可选：Use Simulator 纯软件仿真 和 Use：Keil Monitor-51 Driver 仿真器的仿真。选中 Use Simulator 进行纯软件仿真。图 8-27 所示为 Keil 软件模拟仿真设置窗口。

(2)编译项目并生成可编程的 HEX 文件。选择 Project→Rebuild all target files。如图 8-28所示。

(3)启动调试。鼠标点击 Debug 菜单找“Start/Stop Debug Session”或点击图中的快捷键启动软件调试。如图 8-29 和图 8-30 所示。

(4)进入软件调试模式。调试窗口如图 8-31 所示。

进入 Keil 的软件仿真窗口之后，就可以观察 51 单片机在运行时的变量、寄存器、存储器及外设等的相关参数或数据来了解单片机的工作状态。存储器(RAM/Flash)的值的观察在 View 的菜单中有相应的选项，如图 8-32 所示。外设(I/O 口、中断、定时器等)的观察在 Peripheral的菜单中有相应的选项，如图 8-33 所示。

8.5.4　51 单片机程序烧录

单片机程序烧录的常见方法有 ISP(In-system Programming，在线系统编程)下载和

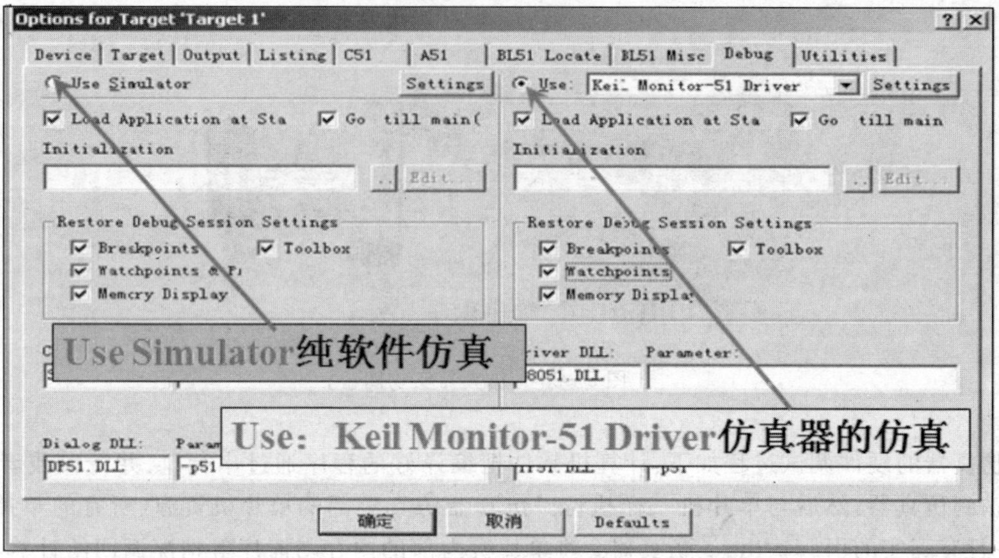

图 8-26　Keil 软件仿真模式选择窗口

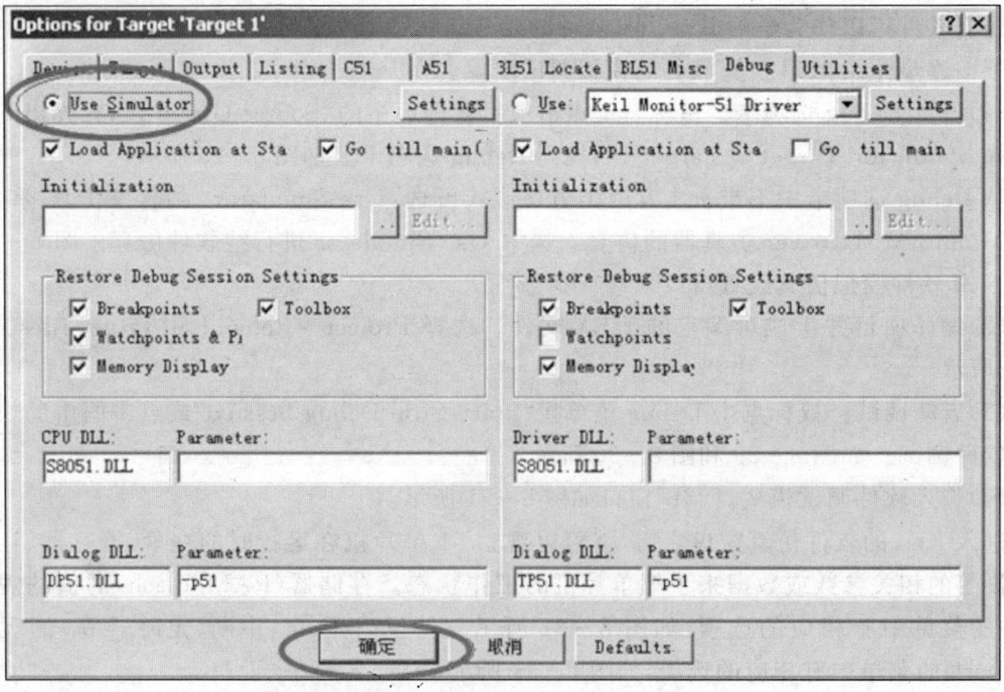

图 8-27　Keil 软件模拟仿真设置窗口

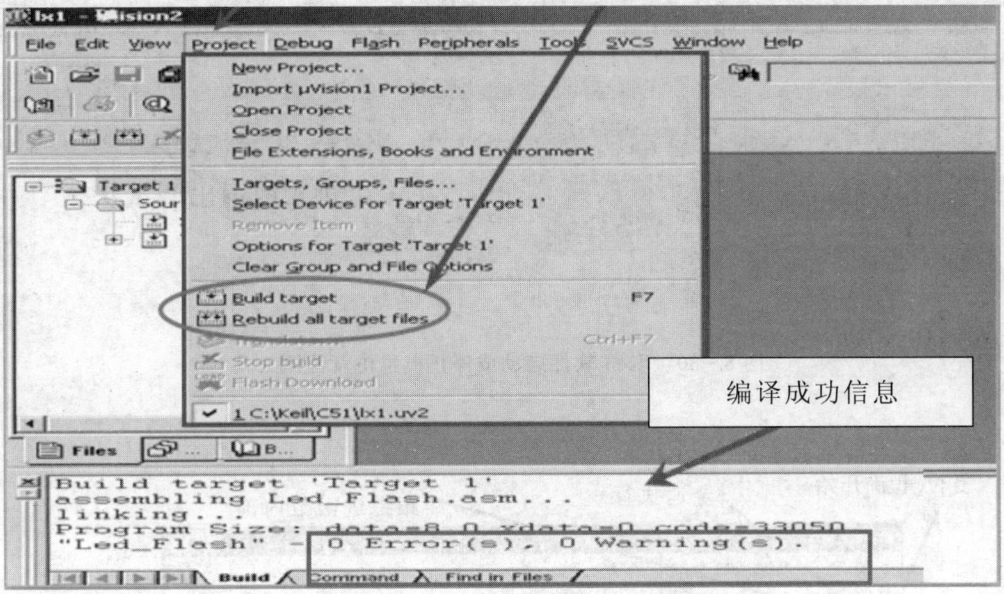

图 8 - 28　Keil 软件 Project 菜单

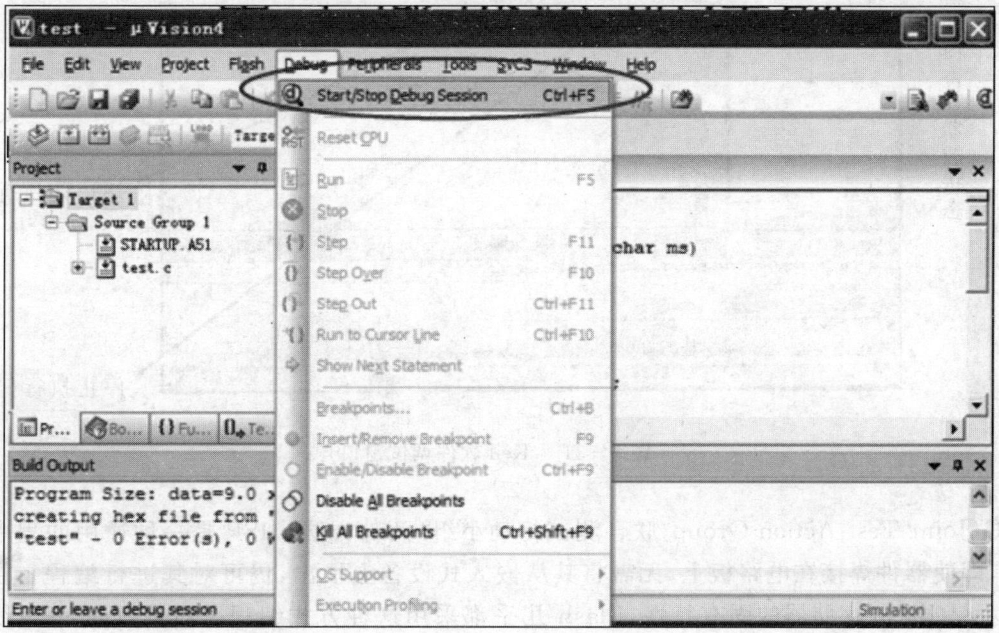

图 8 - 29　Keil 软件启动或停止模拟仿真选项

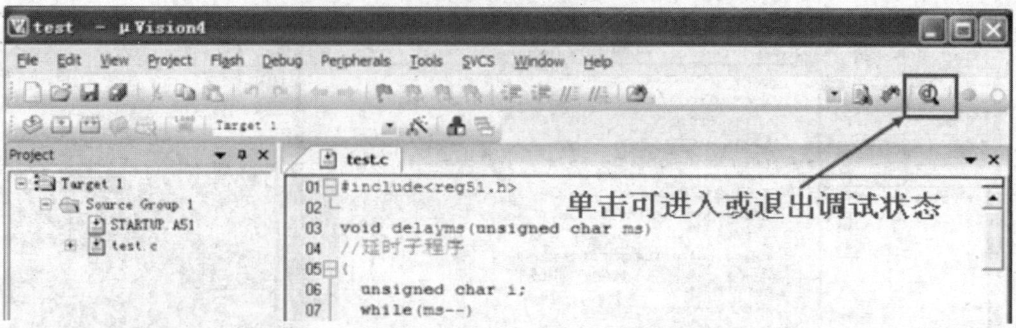

图 8 - 30　Keil 软件启动或停止模拟仿真快捷工具

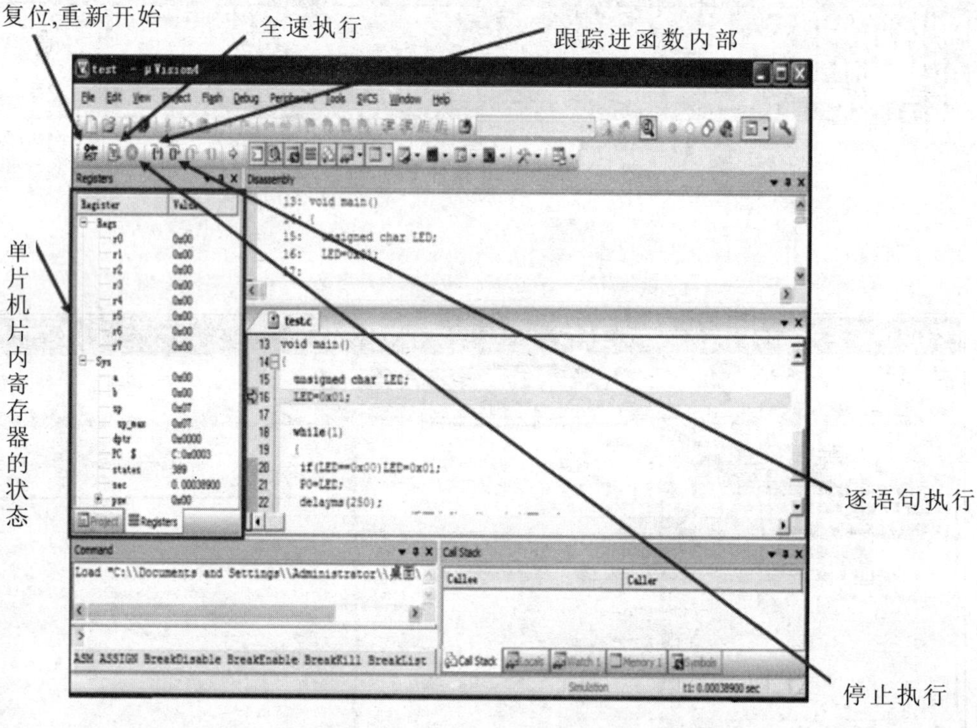

图 8 - 31　Keil 软件调试窗口

JTAG(Joint Test Action Group,联合测试行动小组)两种方法。ISP 是一种通用的程序下载方式,即使器件焊接在电路板上,无需将其从嵌入式设备上取出,仍可对其进行编程。在系统可编程是 Flash 存储器的固有特性,Flash 几乎都采用这种方式编程。而且,ISP 下载线成本低廉,制作简单,一个并口 ISP 下载线只需几十元即可得到,但是通过 ISP 方式下载程序速度较慢。JTAG 是一种国际标准测试协议(IEEE1149.1 兼容),主要用于芯片内部测试。标准的 JTAG 接口是 4 线:TMS、TCK、TDI 和 TDO,分别为模式选择、时钟、数据输入和数据输出线。JTAG 仿真器既可以用于程序的下载,也可以用于单片机的硬件仿真,但成本相对较贵。

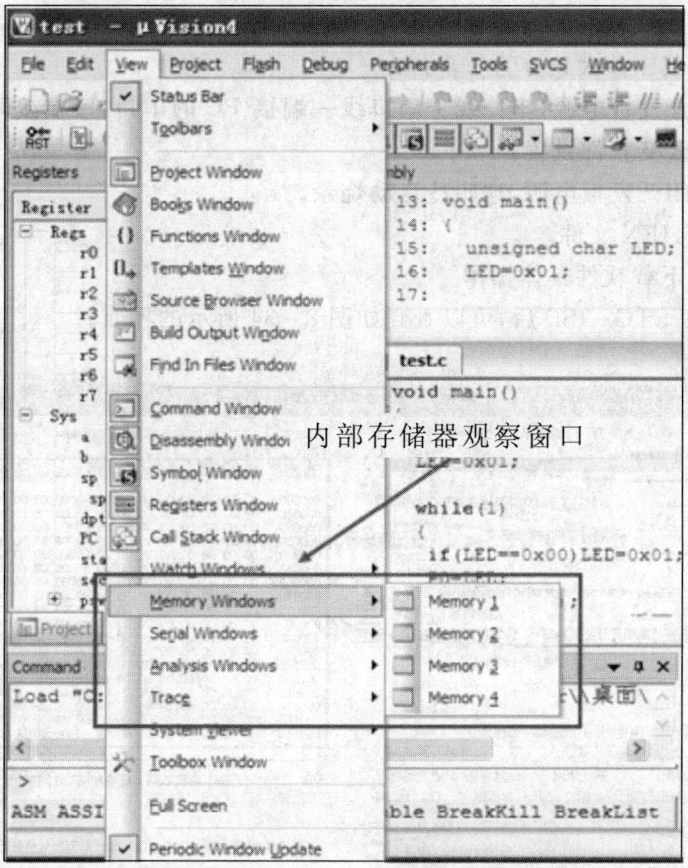

图 8-32　Keil 软件 View 菜单观察存储器窗口选项

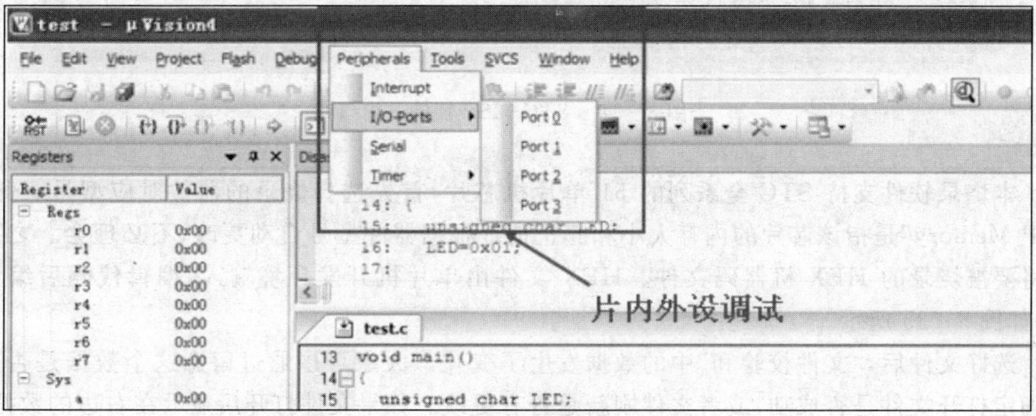

图 8-33　Keil 软件片内外设调试选项

STC 公司的 51 单片机的程序下载，通常通过串口进行在应用程序下载，即 ISP 下载。

1)STC－ISP 下载软件使用步骤

STC－ISP 下载软件大致分为 3 步：

第一步，连接开发板电源，串口线。串口线一端接 PC 的串口，一端接开发板。使用 USB 转串口线时，需要改变软件设置。

第二步，先关闭开发板电源，这叫冷启动烧录。

第三步，加载 HEX 文件。

2)STC－ISP 下载软件具体操作

启动烧录程序 STC－ISP 后，可以看到如图 8－34 所示的界面。

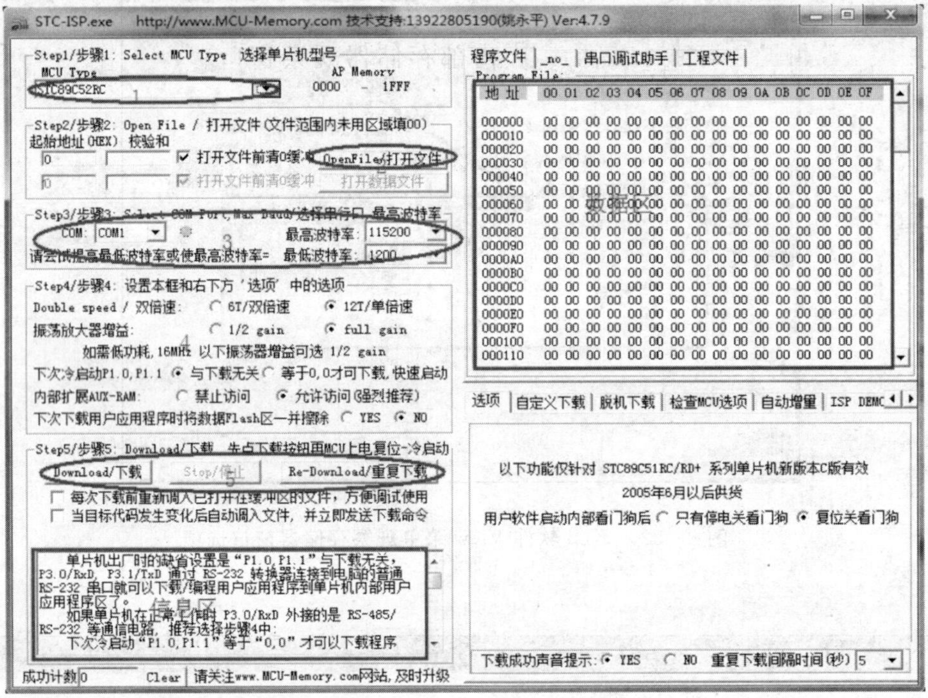

图 8－34　STC－ISP 软件主窗口

本烧录软件支持 STC 全系列的 51 单片机芯片，首先选择烧录的器件对应型号。此处，“AP Memory”是指该芯片的内存大小和起止地址根据器件型号自动更改，不必理会。之后选择将要被烧录的 HEX 机器码文件。HEX 文件由单片机开发环境输入，编辑代码后编译产生，如图 8－35 所示。

选好文件后，“文件校验和”中的数据发生了变化。大家可以通过留意这个数据是否变化来确定打开文件是否成功，或者文件刷新是否有更改。如果文件打开后显示在右边的数据区，也可观察右边数据区是否有更改。当数据太多而更改的地方又很少时，观察“文件校验和”会更快更准确。选好了器件和文件后，就可以设置串口和串口通信速度了。串口是一个 9 针的插座，老式的鼠标口就是串口。为了让通信可靠，我们可以适当地选较低的速度，这个速度在串口线较长时更为重要。烧录过程中，如果出现失败，可以考虑将串口通信速度降低再试，这

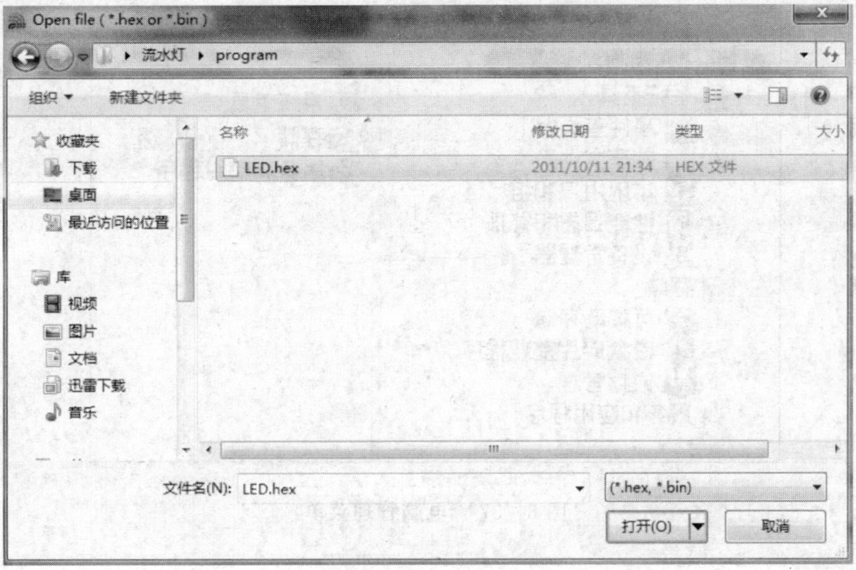

图 8-35　STC-ISP 软件加载 HEX 文件对话框

是由于机器配置以及当地环境因素决定的。当供电电源偏低(用 USB 供电的一般都会偏低)和环境干扰过大时,必须选低一点的波特率(即通信速率)。烧录成功与失败,可以从信息区的提示看出。

下面设置 COM 口。在桌面右击“我的电脑”出现下拉菜单,选择“管理”,如图 8-36 所示。

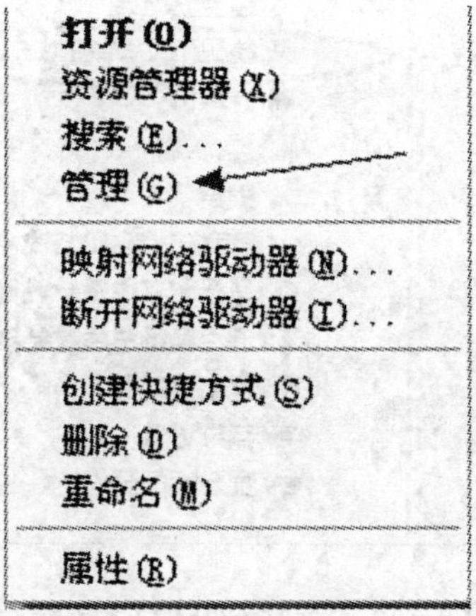

图 8-36　我的电脑下拉菜单

在出现的窗口中选择设备管理器,如图 8-37 所示。

将右侧窗口中“端口”项前“+”号点开。如图 8-38 所示。

此时可看到端口序号,例如,端口序号 COM5。值得注意的是,在查看端口号之前应确保

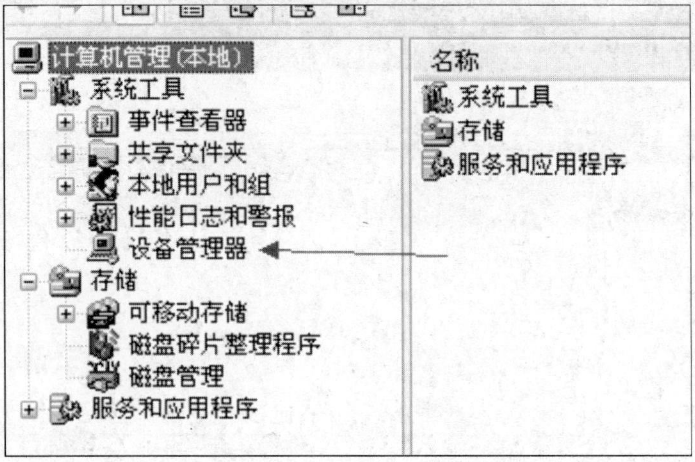

图 8－37　电脑管理菜单

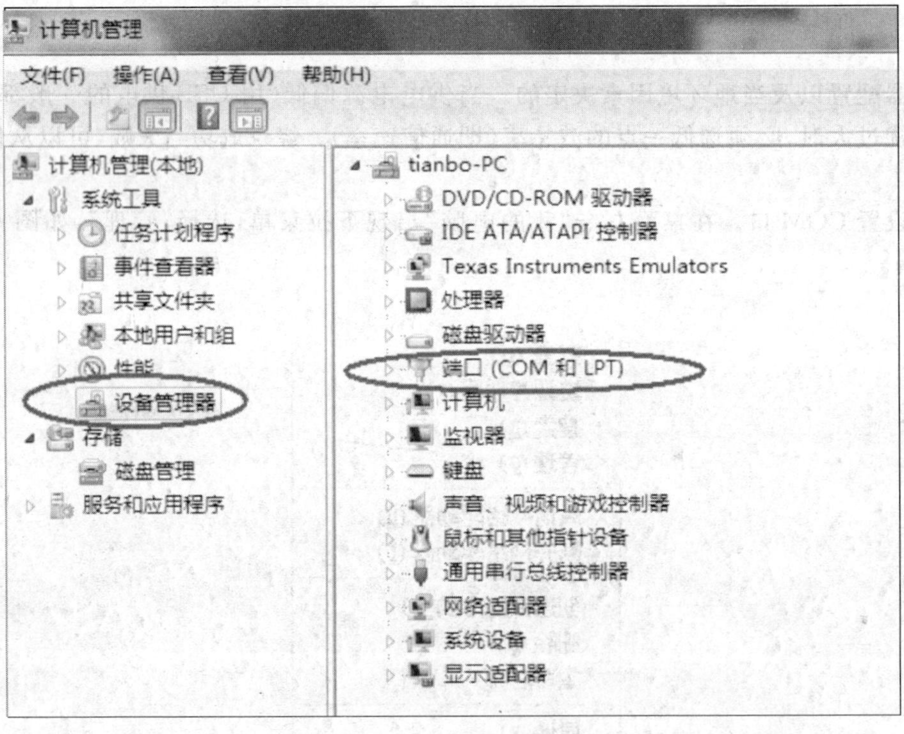

图 8－38　电脑 COM 口查看窗口

下载线已经连接到电脑上，并且已经安装了驱动，如图 8－39 所示。

回到 STC 软件的界面在箭头所指的下拉菜单中选择相应的端口号，如 COM5。如图 8－40 所示。

选择并设置好串口后，开始设置时钟倍频和增益。时钟倍频主要是为了提高工作速度，设

图 8－39　电脑 COM 口选项下拉菜单

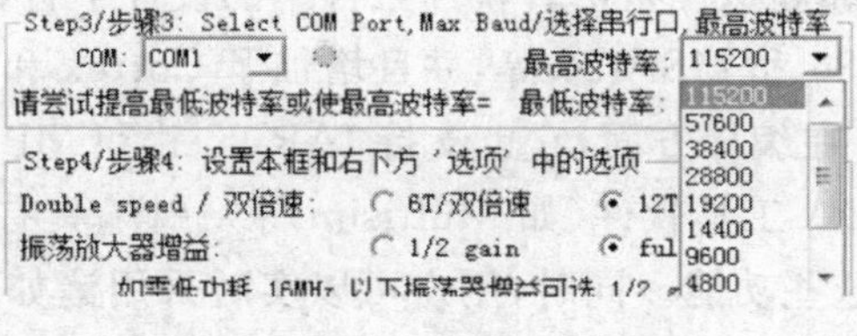

图 8－40　STC－ISP 软件 COM 口和窗口波特率设置

置时钟增益是为了降低电磁辐射。这些对于高级工程人员和最终产品开发用处很大,但对于初学者来说,作简单了解即可。

最后,点击"Download/下载",就可以进入程序烧录状态。如图 8－41 所示。

图 8－41　STC－ISP Download 选项

这里,也可以点击"Re－Download/重复下载"。"Re－Download/重复下载"常用于大批量的编程,不需要每次都点击"Download/下载"。当出现图 8－42 所示的图状态时,给实验板通电即可完成编程过程。如果实验板已经通电,则必须关掉电源 5s 再次通电。记住程序下载时,一定要先断电,再点下载,之后再开电。

图 8－42　STC－ISP Stop 选项

上面这些步骤完成后,可以看到下载进度。当进度达到百分百后,意味着整个程序的烧录过程全部成功。

8.6　51 单片机的模拟仿真

编写 51 单片机的 C 语言程序时,除了软件模拟调试外,常常需应用其他的模拟仿真软件来对编写的程序进行电路模拟仿真。因为对程序的模拟仿真可代替部分单片机的硬件制作与调试,调高程序编写的效率,即使在深入学习 51 单片机 C 语言程序时,模拟仿真技术也是必不可少的。这里简单介绍一款 51 单片机常用的仿真软件 Proteus。

Proteus 软件是英国 Labcenter electronics 公司出版的 EDA 工具软件(该软件在中国的总代理为广州风标电子技术有限公司)。它不仅具有其他 EDA 工具软件的仿真功能,还能仿真单片机及外围器件,比如键盘、LED、LCD 等。Proteus 软件是目前最好的仿真单片机及外围器件的工具。虽然目前国内推广刚起步,但已受到单片机爱好者、从事单片机教学的教师、致力于单片机开发应用的科技工作者的青睐。Proteus 能够实现从原理图布图、代码调试到单片机与外围电路协同仿真,一键切换到 PCB 设计,真正实现了从概念到产品的完整设计,将电路仿真软件、PCB 设计软件和虚拟模型仿真软件三合一的设计平台,其处理器模型支持 8051、HC11、PIC、AVR、ARM、8086 和 MSP430 等,并且增加了 Cortex 和 DSP 系列处理器,并持续增加其他系列处理器模型。在编译方面,它也支持 IAR、Keil 和 MPLAB 等多种编译器。

Proteus 软件和其他 EDA 工具软件(如 Multisim 等)一样,具有原理布图、PCB 自动或人工布线及 SPICE 电路仿真这些功能。同时,用户可以实时采用诸如 RAM、ROM、键盘、马达、LED、LCD、AD/DA、部分 SPI 器件及部分 IC 器件。此外,Proteus 软件可以仿真 51 系列、AVR、PIC、ARM 等常用主流单片机。可以利用此软件直接在基于原理图的虚拟原型上编程,再配合显示及输出,能看到运行后输入输出的效果。配合系统配置的虚拟逻辑分析仪、示波器等,Proteus 软件建立了完备的电子设计开发环境。

当初学者学习单片机而手上又没有现成的开发板时,选用 Proteus 软件进行仿真,是一种很好的选择。

8.6.1 Proteus 7 Professional 界面简介

安装完 Proteus 后,运行 ISIS 7 Professional,会出现如图 8-43 所示的窗口界面(此处是已经编辑好了 51 单片机的原理图)。

(1)原理图编辑窗口(The Editing Window):顾名思义,它是用来绘制原理图的。此窗口为可编辑区,元件要拖放在这个区域里面。不过,这个窗口是没有滚动条的,可用预览窗口来改变原理图的可视范围。

(2)预览窗口(The Overview Window):它可显示两个内容,一个是当用户在元件列表中选择一个元件时,它会显示该元件的预览图;另一个是当用户的鼠标焦点落在原理图编辑窗口时(即放置元件到原理图编辑窗口后或在原理图编辑窗口中点击鼠标后),它会显示整张原理图的缩略图,并会显示一个方框。此方框里面的内容就是当前原理图窗口中显示的内容,可通过鼠标在上面点击改变方框的位置,从而改变原理图的可视范围,如图 8-44 所示。

(3)模型选择工具栏(Mode Selector Toolbar):包含多种图标。

模型选择工具栏的主要模型(Main Modes)如图 8-45 所示。

按照从左到右的顺序,上面图标所代表的含义依次为:选择元件(components)(默认选择的)、放置连接点、放置标签(用总线时会用到)、放置文本、绘制总线、放置子电路和即时编辑元件参数(先单击该图标再单击要修改的元件)。

模型选择工具栏的配件(Gadgets)如图 8-46 所示。

从左到右,各图标所代表含义依次为:终端接口(terminals)(有 V_{CC}、地、输出、输入等接口)、器件引脚(用于绘制各种引脚)、仿真图表(graph)(用于各种分析,如 Noise Analysis)、录音机、信号发生器(generators)、电压探针(使用仿真图表时要用到)、电流探针(使用仿真图表

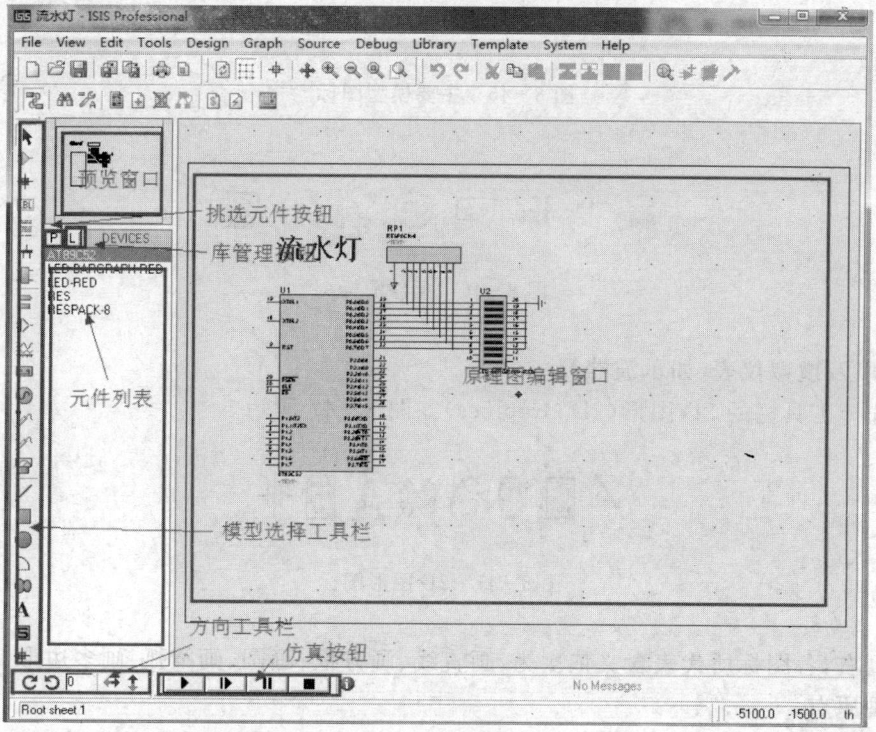

图 8-43　Proteus 主窗口

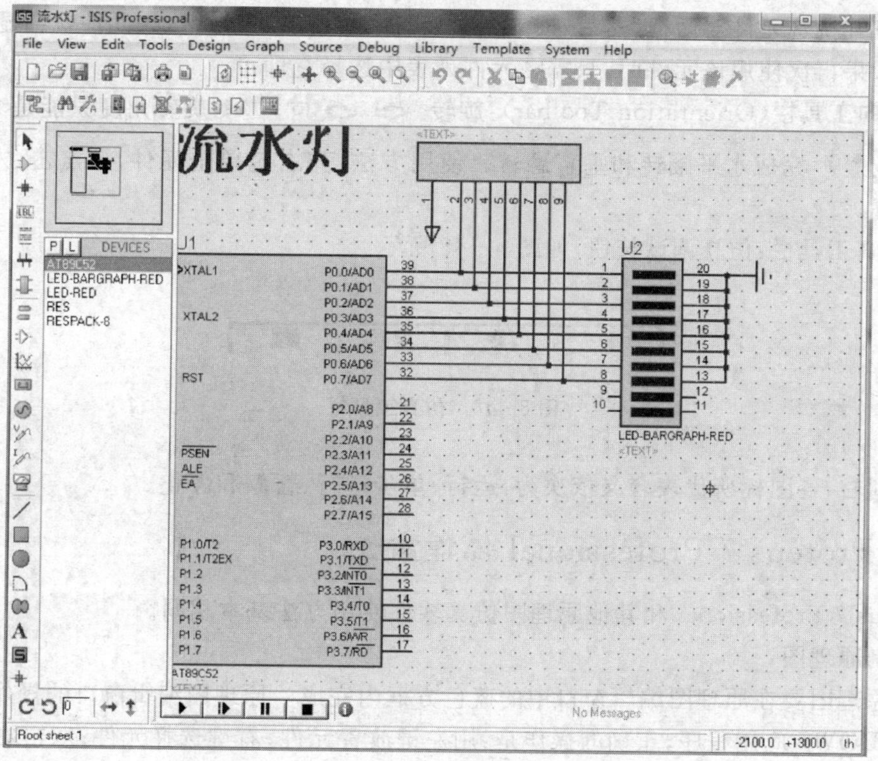

图 8-44　Proteus 放大后的原理图

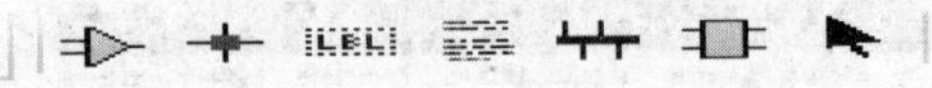

图 8-45　主要模型图标

图 8-46　配件图标

时要用到)以及虚拟仪表(如示波器等)。

模型选择工具栏的 2D 图形(2D Graphics)如图 8-47 所示。

图 8-47　2D 图形图标

从左到右,各图标所代表含义依次为:画直线、画方框、画圆、画圆弧、画多边形、画文本、画符号以及画原点。

(4)元件列表(The Object Selector):用于挑选元件(components)、终端接口(terminals)、信号发生器(generators)、仿真图表(graph)等。例如,当选择“元件(components)”,单击“P”按钮后会打开挑选元件对话框,然后选择某一个元件,单击“OK”按键,该元件就会显示在元件列表中。如果再次使用该元件时,只需在元件列表中选择它即可。

(5)方向工具栏(Orientation Toolbar):旋转 :旋转角度只能是 90 的整数倍。翻转: 完成水平翻转和垂直翻转。使用方法:先右键单击元件,再点击(左击)相应的旋转图标。

(6)仿真工具栏:仿真调试按钮,如图 8-48 所示。

图 8-48　仿真工具栏

从左到右,各图标所代表含义依次为:运行、单步运行、暂停和停止。

8.6.2　Proteus 7 Professional 操作简介

Proteus 7 Professional 和其他原理图仿真软件使用方法基本相同。

1)绘制原理图

绘制原理图要在原理图编辑窗口中的蓝色方框内完成。原理图编辑窗口的操作不同于常用的 WINDOWS 应用程序,正确的操作是:用左键放置元件;右键选择元件;双击右键删除元件;右键拖选多个元件;先右键后左键编辑元件属性;先右键后左键拖动元件;连线用左键,删除用右键；改连接线：先右击连线，再左键拖动；中键放缩原理图。

2)定制元器件

定制元器件有3种途径。一是用 PROTEUS VSM SDK 开发仿真模型制作元器件；一种是在已有的元件基础上进行改造，比如把元件改为 BUS 接口的；还有一种就是利用他人已制好的元器件或网上下载的一些新元件，添加到自己的元件库里面。

3)Sub－Circuits 应用

用一个子电路可以把部分电路封装起来，这样可以节省原理图窗口的空间。

第9章 单片机系统设计实例

通常，一个单片机系统开发的过程是：功能确定→电路设计→程序编写→仿真调试→程序修改→用编程器将程序烧录入单片机。这个过程适用于任何单片机系统的开发。因此，从开始就形成有条理、有步骤的系统设计过程的概念是很重要的。

9.1 利用51单片机点亮1个LED

9.1.1 功能确定

确定系统任务是一个十分重要的环节。在开发前必须要清楚系统到底要实现什么功能，然后才能根据这个明确的目的设计硬件电路和程序。

本实例的任务中，要求的功能是：当单片机上电后，与51单片机的某一I/O口连接的1个LED发光。

9.1.2 电路设计

上一章中介绍过51单片机的最小系统，任何复杂的单片机系统电路都是在最小系统的基础上通过添加模块设计出来的。这里，根据任务要求，需要添加1个LED，使用Proteus软件画出的原理图如图9-1所示。

此处，单片机选用AT89C52。因为Proteus软件和Keil编译软件一样，没有STC公司的单片机，但可以用Atmel公司的相同型号代替。若没有特别说明，后面所有任务中的单片机均选用Atmel公司的单片机进行仿真，但是实际使用为STC89C52。

通过前面的学习，我们知道，当加到LED两端的电压差超出其导通压降时开始导通，LED的导通压降一般为1.7～1.9V。此外，一般二极管的点亮电流为5～10mA。在图9-1中，LED的负极与单片机的P2.0口连接，正极串接一个300Ω的电阻再与电源相连。这个300Ω电阻的作用是限制通过LED的电流，防止电流过大而损坏LED或满足端口对最大电流的限制。

AT89C52有P0、P1、P2、P3共4组8位的I/O口，每个I/O都可以输入和输出0V(低电平0)或者5V(高电平1)。而51单片机内部设计了P0、P1、P2、P3四个8位寄存器来分别控制这32个I/O口的工作。这4个寄存器每一个都是8位，而且每个寄存器的D_0～D_7分别对应着PX.0～PX.7，如P0寄存器的最高位D_7对应着P0.7，P1口的最低位D_0就对应着P1.0……单片机就是通过操作这4个8位寄存器来操作32个I/O口。若往寄存器中写1或0，对应的引脚就输出5V或0V；若读取寄存器中的状态，寄存器中的值为1说明外部电路输入到单片机对应的引脚电平为高电平，寄存器中的值为0就说明外部电路输入到单片机的电平为

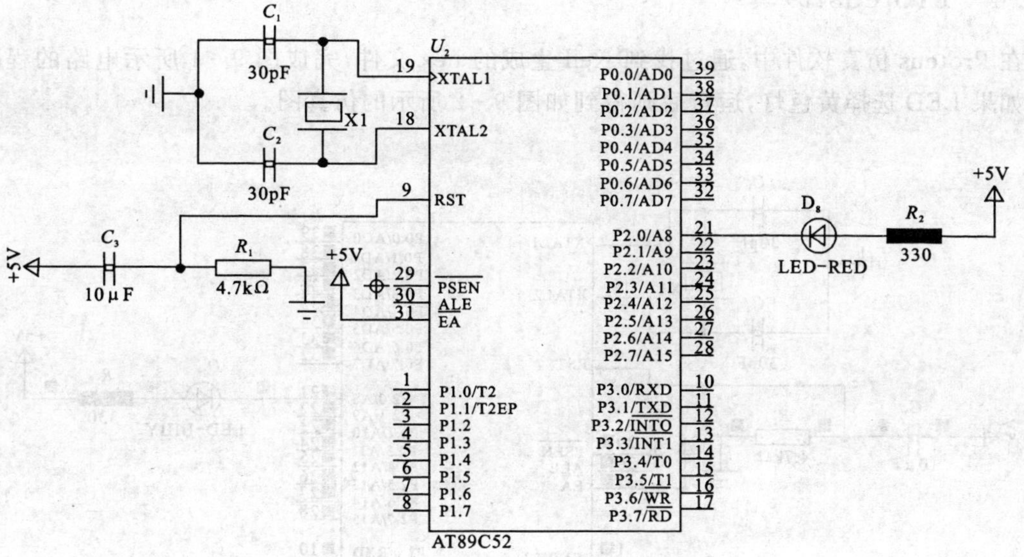

图 9-1 “点亮一个 LED”任务的电路图

低电平。此外，51 单片机的 I/O 的寄存器既支持按照 bit 位操作，也支持整体操作，本任务就是利用单片机的寄存器按照 bit 位写入数据来实现的。

如果单片机的 P2.0 引脚输出低电平，LED 的“＋”极电压就高于其“－”极电压，形成正向电压差，LED 就能够被点亮了。

9.1.3 程序编写

根据上一节，只要单片机的 P2.0 引脚输出持续的低电平就能使 LED 发光。产生这个引脚低电平的方式是通过程序来控制。

程序的编写因人而异。以下是一个简单的 LED 控制程序。

```
#include<reg51.h>
sbit led=P2^0;//位操作定义
/****************************
位操作定义说明：该操作类似于C语言中的宏定义，51单片机C语言中规定了位操作的语法，执行这样的定义后，我们对led的操作就相当于对P2.0这个I/O口的操作。如果led=0，P2.0就输出低电平，如果led=1，P2.0就输出高电平。当然，对其他引脚的单独操作也可以采取同样的办法。
****************************/
void main()//主函数
{
  while(1)
  {
    led=0;//P2.0输出低电平，该引脚连接的led点亮
  }
}
```

9.1.4 Proteus 仿真

在 Proteus 仿真软件中，通过找到 Keil 生成的 hex 文件，完成图 9－1 所示电路的程序加载。如果 LED 选择黄色灯，运行后则得到如图 9－2 所示的仿真图。

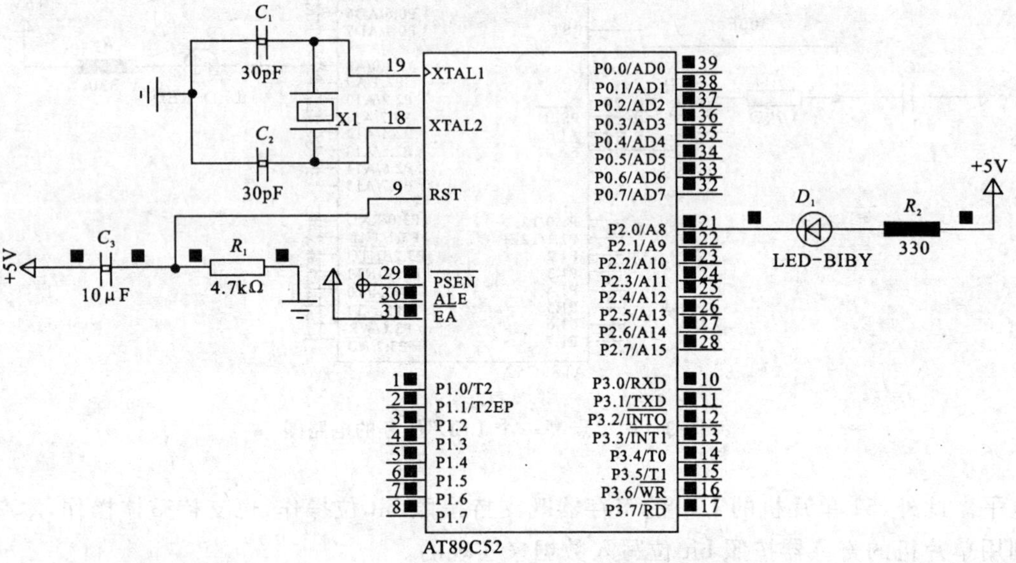

图 9－2　“点亮 1 个 LED”任务的仿真图

9.1.5 程序修改

程序写完后，一般都要经过编译，确认无误后才继续下一步，比如程序下载等。程序编写完成后要先保存文件，再单击【全部编译】快捷键  。这里，建议每次编译前都要保存一下。如果不保存，软件遇到情况关闭，之前写的程序就全白费了。所以一开始要养成良好习惯，这对以后的编程会大有好处。

在 Keil 软件中编译 LED 控制程序后的屏幕截图如图 9－3 所示。

查看编译结果中最后一行，“0 Error(s)，0 Warning(s)”表示有 0 个错误，0 个警告。这表明工程编译通过。

当然，不是每个用户第一次都能顺利通过，当编写的代码很多时经常会出现错误。这时需要通过编译结果中的提示，查找错误的地方，然后相应修改过来。现在介绍如何查找错误。

我们将上面的例子中

sbit led＝P2^0；

改写成

sbit led＝p2^0；

保存程序，然后编译，得到如图 9－4 所示的界面。

从图 9－4 中可以看出，编译过程出现了错误，错误信息有两处，分别是第 2 行的 p2 和第 7 行的 led 没有定义。

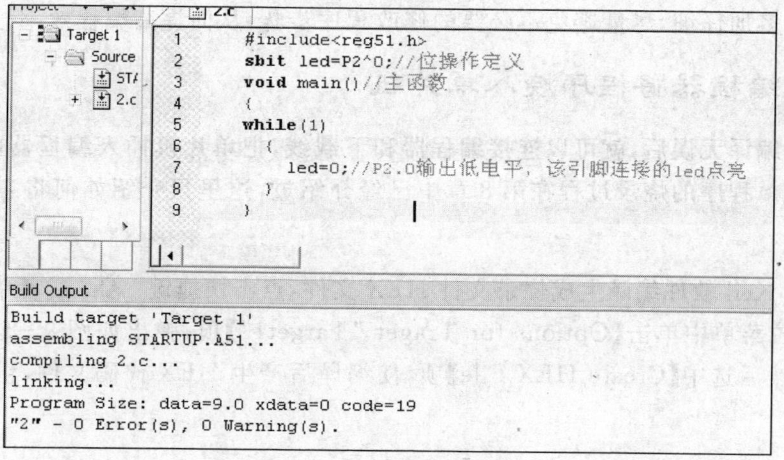

图 9 - 3　编译后的界面

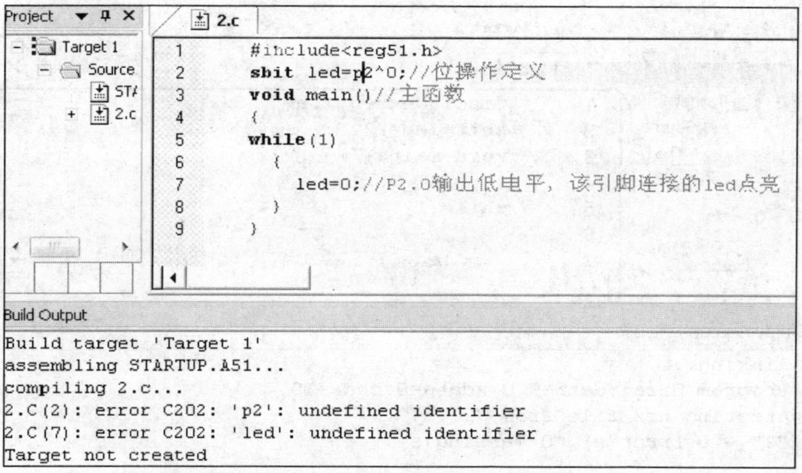

图 9 - 4　输出错误界面

在一个程序中，在某处先出现了错误，则可能会影响到后面的程序，造成更多的相关编译错误。所以，有时后面显示的这些错误就可能是基于前面的错误而产生的，并非真正的错误。为了提高效率，往往从最开始的错误查起，修改一处后重新编译一次，那么后面与之相关联的错误就会全部自动被修改。

此例中，我们首先双击第一条错误信息，程序会自动跳转到相应行，从这行中查找错误。我们发现，第 2 行中，p2 和 led 同时存在该行上，仔细查看，原来 sbit 位操作定义中大写字母“P”写成了小写字母“p”。改正后再次编译通过了。说明第 2 行的错误是导致第 7 行有错误的根源。

在编程过程中，容易出现大小写字母混写的情况，如字母“P”、“C”、“K”和“Z”等，其大小写形式比较接近，容易出错。另外，还有一个错误也很常见，即标点符号。如每一句语言的最后一个标点符号“;”,它是英文输入法中的标点符号,而不是中文输入法中的分号。所以,编写程序时一定要多加仔细,尽量避免不必要的修改程序步骤,从而提高编程效率。

9.1.6　用编程器将程序烧入单片机

程序代码编译无误后,就可以连接编程器和下载线,把单片机插入编程器的插座中,将程序烧入单片机。程序的烧录过程在第 8 章中已经介绍过,这里只介绍如何将工程生成的文件烧入单片机中。

首先利用 Keil 软件编译生成烧录文件 HEX 文件,点击快捷键 或者单击【Project】菜单,然后在下拉菜单中单击【Options for Traget "Target1"】项,弹出如图 9-5 所示画面。单击【Output】,然后选中【Create HEX File】项,使编译后产生 HEX 代码文件,供下载到单片机中。

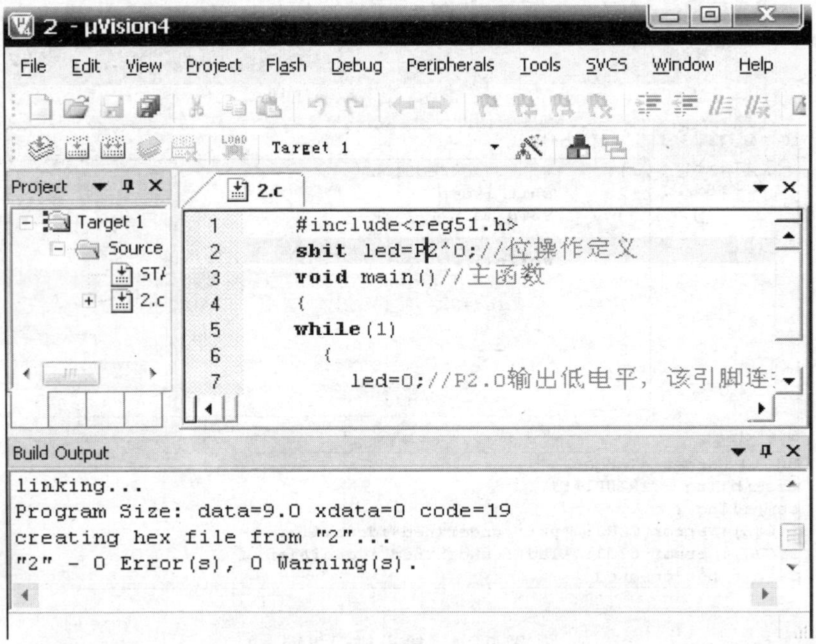

图 9-5　生成 HEX 文件窗口

观察窗口看到多了一行“create hex file from "2"...”。当创建一个工程并编译它时,生成的 HEX 与工程文件相同。所以烧入单片机时,选择和工程相对应的 HEX 文件,避免烧入其他文件。

单片机烧录后,将单片机插入自制的实验电路中。如果前面步骤全部正确,那么,接通电源后,我们的第一个最简单单片机系统——“利用 51 单片机点亮 1 个 LED”,就大功告成了。

至此,大家已熟知简易单片机系统开发的过程。限于篇幅,后面几个实例将具体介绍系统的设计思路和工作原理。

9.2　利用 51 单片机设计一个简单的流水灯

9.2.1　实现功能

本实例要求的功能是:使用 51 单片机的 I/O 口,循环点亮 8 个 LED。

9.2.2　设计思路

前一实例已学习,要想点亮 LED,将其负极与单片机的 I/O 口相连,正极拉到正电源,让其对应的 I/O 口输出低电平即可。

此处选用 8 个 LED 的正极与单片机的 I/O 口相连,负极接地。同理,要想点亮 LED,只需使与之对应的 I/O 口输出高电平即可。为了让其循环点亮,就是让其对应的 I/O 口循环输出高电平,其他时间输出低电平。

使用 Proteus 软件,画出流水灯的电路图,如图 9－6 所示。

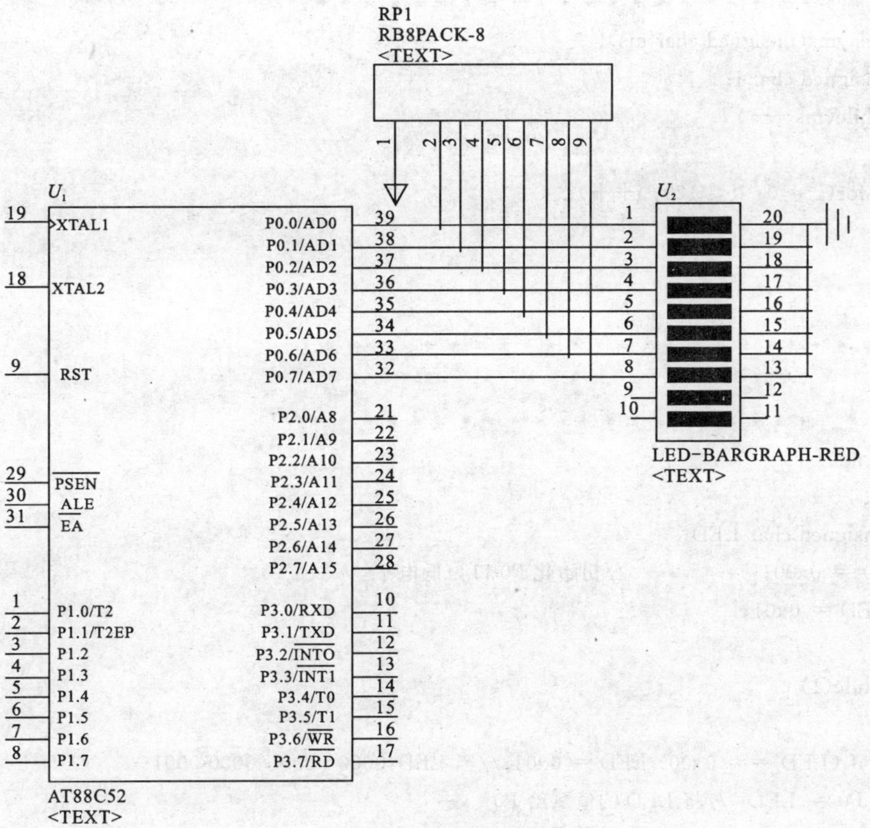

图 9－6　流水灯电路图

图 9－6 中,8 个 LED 的正极分别与单片机的 P0 口连接,负极直接接地。因为 P0 口内部没有集成上拉电阻,所以外接了 9 脚排阻。9 脚排阻相当于 8 个 10kΩ 的电阻并联,公共端 1

脚接电源 V_{CC}。实际电路中，LED 电路中还应该串联 300Ω 左右的电阻，起到限流从而保护 LED 的作用。因上图为仿真电路，可以省略此电阻。

流水灯要求实现的效果是依次点亮 8 个 LED，则 I/O 口的操作流程为：开始时 P0.0 高电平→P0.1 高电平→P0.2 高电平→P0.3 高电平→P0.4 高电平→P0.5 高电平→P0.6 高电平→P0.7 高电平→P0.0 高电平→P0.1 高电平→P0.2 高电平→P0.3 高电平→P0.4 高电平→……（循环）。

9.2.3 主程序设计

为了实现流水灯的功能，此处最简单的思路就是初始化后，使单片机为高电平的 I/O 口逐渐左移 1 位，直至左移 7 位后再次回到初始化位置，依次循环即可。

下面是利用单片机的 C 语言编写的流水灯控制程序。

```
#include<reg51.h>

/******************************
延时子程序
******************************/
void delayms(unsigned char ms){
    unsigned char i;
    while(ms--)
    {
      for(i = 0; i < 120; i++);
    }
}

/******************************
主函数
******************************/
void main()
{
    unsigned char LED;
    P0 = 0x00;              //初始化 P0 口为低电平
    LED = 0x01;

    while(1)
    {
      if (LED == 0x00) LED = 0x01;//当 LED:0000 0000→0000 0001
      P0 = LED; //将 LED 的值赋给 P0
      delayms(250); //延时一段时间,
      LED =LED<<1; //左移 1 位,点亮下一个 LED,0000 0001→0000 0010
    }
}
```

程序中 delayms()函数是延时函数，这个函数使用了 while 语句和 for 语句循环，循环的次数根据 while 里面数字和 for 语句里面的数字决定。如果要更改延时，只需改里面的数字即可。单片机执行指令的时候，是从上向下顺序执行，每执行一条指令都需要一定时间，这个时间主要根据单片机的晶振来决定。单片机每执行一次 delayms()函数，所需时间为其中所包含指令执行的次数与每一条指令的执行时间之积。

除了以上的思路，还可以使用其他的方法完成任务。51 单片机中还有定时器、中断等资源，可以优化程序设计。

9.2.4 PROTUES 仿真

将图 9-6 中单片机加载程序后，得到的仿真结果如图 9-7 所示。

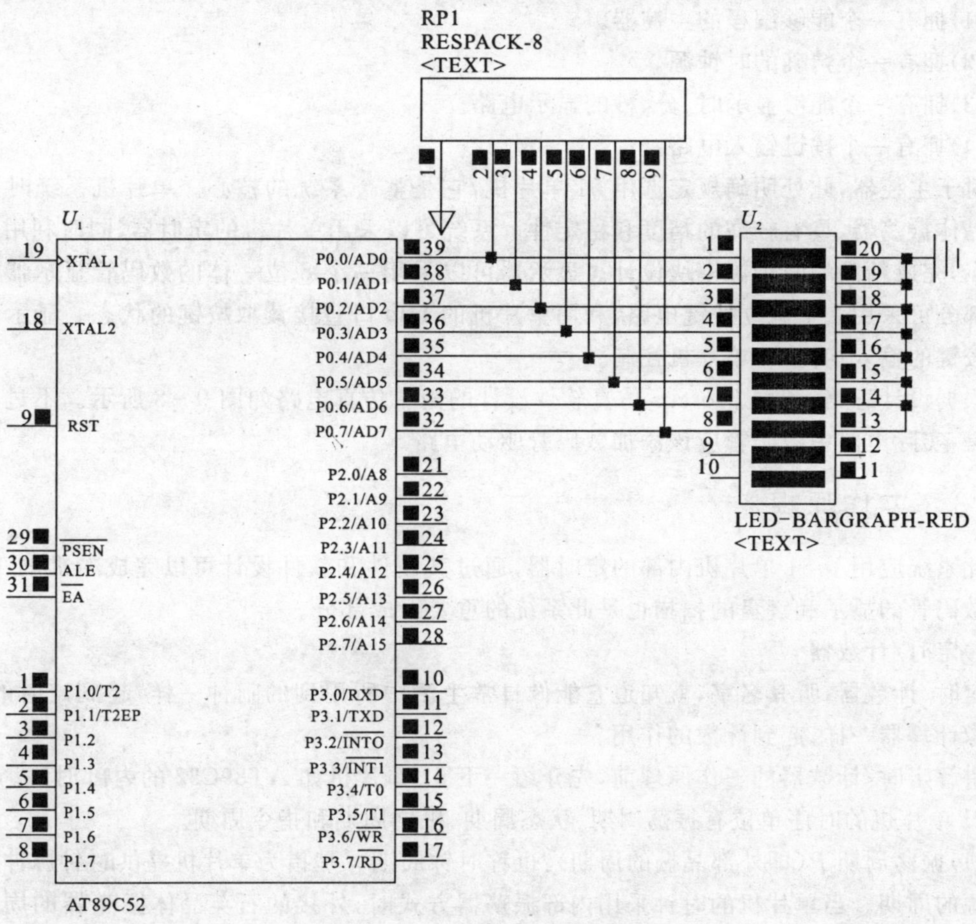

图 9-7　流水灯的仿真效果图

9.3 利用定时器设计一个电子时钟

9.3.1 实现功能

使用51单片机的定时器设计一个时钟，要求如下：

(1)时间在数码管上显示，并按秒实时更新。

(2)能够使用按键随时调节时钟的时、分、秒。按键设置为3个，分别为功能选择键、数值增大键和数值减小键。

9.3.2 设计思路

根据任务要求，系统必须具备以下几个条件：

(1)拥有一个能够编程的主控器。

(2)拥有一个精确的时钟源。

(3)拥有一个能够显示时、分、秒的显示电路。

(4)拥有一个按键输入电路。

对于主控器，此处明确规定选用51单片机，它是整个系统的核心。单片机系统时钟采用石英晶体振荡器，具有较高的精度和稳定性。系统可以采用单片机的定时器，同时利用其可编程特点，完成精准的时钟源模块设计。显示器可以采用一个8位一体的数码管显示器。按键输入部分可采用3个独立按键电路，利用单片机的I/O口直接读取按键的状态。显示器的显示及按键的输入均由51单片机控制。

根据设计思路，利用Proteus仿真软件设计的简单仿真电路如图9-8所示。不过值得注意的是，实际电路中数码管应该添加数码管驱动电路。

9.3.3 工作原理

此系统应用了51单片机内部的定时器，通过其硬件和软件设计可以完成精准的1s时钟源。数码管的显示和键盘的扫描也是此系统的重要组成部分。

1)定时/计数器

定时/计数器，听其名字，就知道它能像日常生活中所用到的闹钟一样，起到定时的作用，也能像计算器一样，起到计数的作用。

讲解定时/计数器的工作原理前，先介绍一下51单片机如AT89C52的内部时序。

51单片机的时序单位有振荡周期、状态周期、机器周期和指令周期。

(1)振荡周期 P(即外部晶振的周期)：也称时钟周期。是指为单片机提供时钟脉冲信号的振荡源的周期。当单片机的时钟采用内部振荡器方式时，外接的石英晶体振荡器的周期即为单片机的振荡周期。

(2)状态周期 S：对时钟信号二分频后所形成的脉冲信号周期称为状态周期，每个状态周期 S 包括2个振荡周期，分别记作 $P1$、$P2$，所以 $1S=2P$。

(3)机器周期：一个机器周期包含6个状态周期 $S1$～$S6$，也就是12个时钟周期。在一个机器周期内，CPU可以完成一个独立的操作。

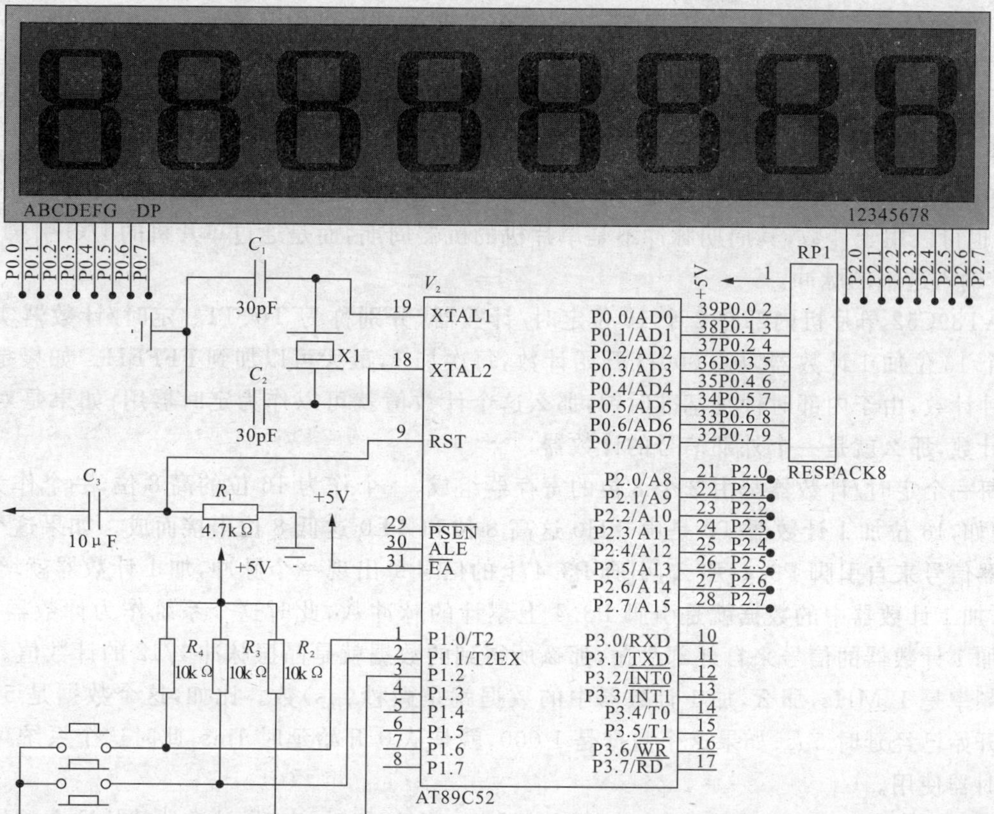

图 9－8　数字时钟原理图

(4)指令周期：它是指 CPU 完成一条指令所需的全部时间。每条指令执行时间都是由一个或几个机器周期组成。一个指令周期通常含有 1～4 个机器周期。AT89C51 系统中，有单机器周期指令、双机器周期指令和四机器周期指令。

上述 4 种时序单位中，振荡周期和机器周期是单片机内计算其他时间(例如波特率、定时器的定时时间等)的基本时序单位。

当单片机外接晶振频率分别为 12MHz 和 6MHz 时，其各种时序单位的大小如下：

12MHz	6MHz
振荡周期＝1/fosc＝1/12MHz＝0.0833μs	1/6MHz＝0.167μs
状态周期＝2/fosc＝2/12MHz＝0.167μs	2/6MHz＝0.334μs
机器周期＝1/fosc＝12/12MHz＝1μs	12/6MHz＝2μs
指令周期＝(1～4)机器周期＝1～4μs	2～8μs

定时器是通过计算周期脉冲的数量来工作的，其定时时间为脉冲周期与脉冲周期的数量之积。例如，当 AT89C52 单片机的晶振为 12MHz 时，它给定时器的周期脉冲的周期为 1μs(称为机器周期)。如果要定时 50ms，就需要定时器的计数器计数到 50 000，即 50 000×1μs＝50ms。

一个8位的二进制数能够表示的数的范围为0～255，即256个数；一个16位二进制数能够表示的数的范围为0～65 535，即65 536个数。现在单片机内部设计一个电路（假如16位的寄存器），它有这样一个功能：把单片机的机器周期连接给这个电路，当机器周期每走完一个周期，这个16位的寄存器就加1。当单片机读完这个16位寄存器的二进制数时，将这个二进制数乘以机器周期，就可以得到一个时间。

单片机内部的这个模块就是定时/计数器。它可以用于定时，其周期脉冲为单片机的机器周期，也可以用于计数，其周期脉冲不是单片机的机器周期，而是通过单片机的I/O引脚的T0或T1输入进来的脉冲。

AT89C52单片机内部有2个16位定时/计数器，分别称为T0、T1。定时/计数器实质上是一个16位加1计数器，从0000H开始计数，每次加1，最大可以加到FFFFH。如果是对内部时钟计数，由于内部时钟是基准时钟，那么这个计数值就可以作为定时器用；如果是对外部信号计数，那么就是一个外部信号的计数器。

每一个定时/计数器都由2个8位的寄存器组成，一个作为16位的高8位，一个作为低8位，例如，16位加1计数器T0是由TH0这高8位和TL0这低8位串接而成。如果这个加1计数器信号来自引脚P3.4，那么，引脚P3.4上的信号每出现一个脉冲，加1计数器就增加1。因此，加1计数器中的数据就是引脚P3.4上累计的脉冲数，此时这个系统作为计数器使用。如果加1计数器的信号来自外部晶振，那么所得到的数据就是晶振脉冲1/12的计数值。假设晶振频率是12MHz，那么，加1计数器中的数据就是微秒（μs）数。比如，这个数据是5，就是从0开始已经延时5μs；如果这个数据是1 000，就是从0开始延时1ms，此时这个系统可以作为定时器使用。

当编程人员给定时/计数器16位的寄存器赋一个初值时，定时/计数器就从这个初值开始计数。当计数到65 535再加1时，由于单片机中数字溢出时，会舍弃溢出位而保留本身的数值，所以此时计数器会自动变成0重新开始计数。

如果单片机要执行其他操作，但让定时/计数器一直这样计数下去，会造成资源浪费，这时需要定时器的中断。

2）中断

单片机在读取编写的C语言程序时，是从上到下依次一条一条语句执行的。例如，单片机执行完第6句程序后，它不能跳过下面的语句直接执行第16句的程序，而是得依次执行完第7～15句的程序。为了提高效率，单片机内部集成一个功能单元，它可以使单片机在特定的条件下，执行某函数时，直接跳转执行某一个事件的处理函数，当这个事件处理完毕后再返回到原来的程序继续执行，这个单元就是中断。

在单片机的程序编写过程中，可以在main函数之外再创建一个特殊的函数——中断函数。当出现中断函数时，单片机可以先暂停main函数中的程序执行，而先执行这个特殊函数中的程序，执行完毕后返回。至于什么条件下设置中断，要看具体的电路情况。一般有I/O口的电平触发（即外部中断）、计数器溢出、串口接收到数据等。

单片机的中断有优先级和嵌套。正如我们生活当中，如果正在做某件事时，又同时需要做另外几件事，这时需要将各种事情按轻重缓急排个序，然后决定先做哪件事后做哪件事。单片机也一样，如果出现多个中断时，它会处理优先级别高的那个中断。这就是单片机的中断优先级。单片机在执行某个函数时，发现有中断申请，它会立即跳转，开始执行中断程序；但当在执行中断程序时，又发现一个优先级别更高的中断，单片机就会处理这个优先级别更高的中断；等优先级别更高的中断程序执行完后，单片机再回到开始的中断中执行，完成之后再回到最初的函数当中，这个称为中断嵌套。

AT89C52 的定时/计数器在计数数据增加到 FFFFH 而溢出时，会给 CPU 一个中断请求信号，提示计数器已满。当然，设计者也可以屏蔽掉这个中断请求信号。

理解 51 单片机的中断，则能有效地控制程序，并可以减少程序开发及排错的时间。

(1)中断允许和禁止。51 单片机有 5 个中断源，即 2 个外部中断($\overline{INT0}$、$\overline{INT1}$)、2 个定时器中断(TIMER0、TIMER1)和 1 个串口中断(UART)。51 单片机内部提供了一个专用中断使能寄存器 IE，控制 CPU 对中断源的开放或屏蔽，以及每个中断源是否允许中断。这是一个 8 位的特殊功能寄存器，其每位对应的功能如下：

EA	无效位	(ET2)	ES	ET1	EX1	ET0	EX0

IE.7：EA。CPU 中断允许位。

EA＝1，CPU 开放中断；

EA＝0，CPU 屏蔽所有的中断请求。

IE.6：无效位，暂时没有使用。

IE.5：ET2。T2 定时器中断允许控制位，本书所介绍的这款单片机没 T2 定时器。

IE.4：ES。串行中断允许位。

ES＝1，允许串行口中断；

ES＝0，禁止串行口中断。

IE.3：ET1。T1 中断允许位。

ET1＝1，允许 T1 中断；

ET1＝0，禁止 T1 中断。

IE.2：EX1。外部中断 1 允许位。

EX1＝1，允许外部中断 1 中断；

EX1＝0，禁止外部中断 1 中断。

IE.1：ET0。T0 中断允许位。

ET0＝1，允许 T0 中断；

ET0＝0，禁止 T0 中断。

IE.0：EX0。外部中断 0 允许位。

EX0＝1，允许外部中断 0 中断；

EX0＝0，禁止外部中断 0 中断。

51 单片机系统复位后，IE 中各中断允许位均被清零，即禁止所有中断。

(2) 中断优先级设定。除了中断使能寄存器 IE 外，还有一个重要的特殊功能寄存器 IP。它是一个中断优先级控制寄存器。既然 51 单片机可以开放 5 个不同的中断，如果其中的两个或两个以上的中断同时提出请求时，那单片机会响应哪一个呢？这就需要通过对 IP 的设定来确定。IP 锁存各种中断源优先级的控制位，用户可用软件设定。其 8 位分别对应的功能如下：

无效位	无效位	PT2	PS	PT1	PX1	PT0	PX0

IP.5:PT2。定义 TIMER2 的优先权(89C51 单片机中没有 TIMER2)。

IP.4:PS。串行口中断优先控制位。

PS=1,设定串行口为高优先级中断;

PS=0,设定串行口为低优先级中断。

IP.3:PT1。T1 中断优先控制位。

PT1=1,设定定时器 T1 为高优先级中断;

PT1=0,设定定时器 T1 为低优先级中断。

IP.2:PX1。外中断 1 中断优先控制位。

PX1=1,设定外中断 1 为高优先级中断;

PX1=0,设定外中断 1 为低优先级中断。

IP.1:PT0。T0 中断优先控制位。

PT0=1,设定定时器 T0 为高优先级中断;

PT0=0,设定定时器 T0 为低优先级中断。

IP.0:PX0。外中断 0 中断优先控制位。

PX0=1,设定外中断 0 为高优先级中断;

PX0=0,设定外中断 0 为低优先级中断。

当系统复位后,IP 的低 5 位全部清零,即将所有的中断源设置为低优先级中断。如果几个同一优先级的中断源同时向 CPU 请求中断,则 CPU 通过内部硬件查询,按自然优先级确定应该响应哪一个中断请求。自然优先顺序是由硬件形成的。中断源同级自然优先级中,“外部中断 0”为最高级,其次是“定时器 T0 中断”,“外部中断 1”,“定时器 T1 中断”,“串行口中断”为最低级。这种顺序排列合理,实际应用方便。

(3)工作方式寄存器 TMOD。它是用来控制定时/计数器 0 和 1 的工作模式,其中高 4 位控制定时/计数器的 1,而低 4 位控制定时/计数器的 0。其对应功能如表 9-1 所示。

表 9-1 定时/计数器工作方式寄存器 TMOD

定时/计数器 1				定时/计数器 0			
D_7	D_6	D_5	D_4	D_3	D_2	D_1	D_0
GATE	$C/\overline{T}$	M1	M0	GATE	$C/\overline{T}$	M1	M0

GATE:门控位。(GATE)=0,允许软件控制位 TR0 和 TR1 启动定时器;(GATE)=1,允许外部中断引脚电平启动定时器,即由/INT0(P3.2)和/INT1(P3.3)引脚分别控制 T0 和 T1。

$C/\overline{T}$:功能选择位。($C/\overline{T}$)=0 为定时器方式;($C/\overline{T}$)=1 为计数器方式。

M1 和 M0:模式选择位。共有 4 种工作模式,如表 9-2 所示。

表 9－2　工作模式设置方法

M1	M0	工作模式	功能说明
0	0	模式 0	13 位计数器
0	1	模式 1	16 位计数器
1	0	模式 2	自动装入 8 位计数器
1	1	模式 3	定时器 0：分成两个 8 位计数器 定时器 1：停止计数

当单片机工作在模式 2，即自动装入 8 位计数器时，只用到了定时器 2 个 8 位的计数器中的 1 个，另外 1 个 8 位的寄存器就用来保存编程者所赋的初值。当用来保存初值的那个 8 位寄存器溢出发出中断请求时，单片机会把初值写入这个寄存器中。这样当连续计数时就不用重复的赋初值。

TMOD 不能位寻址，即不能像 I/O 口寄存器那样使用 sbit 单独操作某一位，它只能用字节指令设置定时器工作方式。低半字节定义定时器 0，高半字节定义定时器 1。复位时，TMOD 所有位均为零。

(4)控制寄存器 TCON。定时器控制字 TCON 各位对应功能如下：

TF1	TR1	TF0	TR0	IE1	IT1	IE0	IT0

TCON.7：TF1。定时器 1 溢出标志。定时器 1 溢出时，由硬件将此位置 1，并请求中断。进入中断服务程序后，由硬件自动清零，也可以用软件清零。

TCON.6：TR1。定时器 1 允许控制位。由软件置 1 或置 0 来启动或关闭定时器 1。

TCON.5：TF0。定时器 0 溢出标志。其功能及操作情况同 TF1。

TCON.4：TR0。定时器 0 运行控制位。其功能及操作情况同 TR1。

TCON.3：IE1。外部边沿触发中断 1 请求标志。当检测到引脚上有由 1 到 0 的电平跳变，且 IT1＝1 时，由硬件将此位置位，以请求中断。进入中断服务程序后，由硬件自动清零。

TCON.2：IT1。外中断 1 触发方式选择位。(IT1)＝0 时由低电平触发；(IT1)＝1 时，由下降沿触发，由软件来置位或复位。

TCON.1：IE0：外部边沿触发中断 0 请求标志。其功能及操作方法同 IE1。

TCON.0：IT0：外中断 0 触发方式选择位。其功能及操作方法同 IT1。

TCON 中的低 4 位因与中断有关，将在下一节进一步讨论，复位时 TCON 的所有位均为零。

(5)定时器 T0 赋初值寄存器。高 8 位 TH0，低 8 位 TL0。由于 16 位的寄存器是由两个 8 位寄存器构成，所以当它工作在方式 0(13 位)和方式 1(16 位)时，给它赋初值时需要进行相应地处理。

先来回顾二进制数的知识：有一个 8 位的二进制数，分为高 4 位和低 4 位。当低 4 位全为 1(也就是 15)时，如果再加一个 1，即为 16 时，低 4 位就会变成 0000，而高 4 位会加 1。换句话说，高 4 位的每一个加 1，都是低 4 位的 16。同理，一个 16 位的二进制数的高 8 位中的每一个加 1 就是低 8 位的 256。

给定时器的 16 位寄存器赋值时，可以先计算初值有多少个 256，并将这个数值赋给高 8

位的寄存器 TH0，然后初值除以 256 的余数（小于 256）赋给低 8 位的寄存器 TL0。例如，定时器计数 50 000，即初值为 65 536－50 000，则有：

TH0＝(65 536－50 000)/256

TL0＝(65 536－50 000)％256

(6)定时器 T1 赋初值寄存器。高 8 位为 TH1，低 8 位为 TL1。赋初值公式和定时器 T0 赋初值公式一样。

以上寄存器和 I/O 口的寄存器一样，都可以在软件中通过赋值语句使相应位的值为 0 或 1。

AT89C52 单片机定时器初始化的一般过程如下：①设定定时器的工作模式（TMOD 寄存器）；②赋初值；③打开 CPU 总中断允许（EA＝1）；④打开定时器中断（ET0 或 ET1＝1）；⑤启动定时器（TR0 或 TR1＝1）；⑥和外部中断一样，它也要编写一个特殊函数作为定时器的中断服务函数。其具体设计见后面的程序所示。

2)数码管显示

数码管是由小发光二极管组合，用来显示字段的显示器件。在单片机应用系统中最常用的是 7 段式和 8 段式 LED 数码管。8 段比 7 段多了一个小圆点，其他的基本相同。所谓的 8 段就是指数码管里有 8 个小 LED 发光二极管，其中 7 个长条形的发光管排列成一个“日”字形，另一个圆点形的发光管在显示器的右下角作为显示小数点用，通过控制这 8 个不同的 LED 的亮灭来显示出不同的字形，如图 9－9 所示。数码管又分为共阴极和共阳极两种类型，如图 9－10 所示。共阴极是将 8 个 LED 的阴极连在一起，让其接地，这样当某一个 LED 的阳极为高电平时，LED 便能点亮；共阳极就是将 8 个 LED 的阳极连在一起。

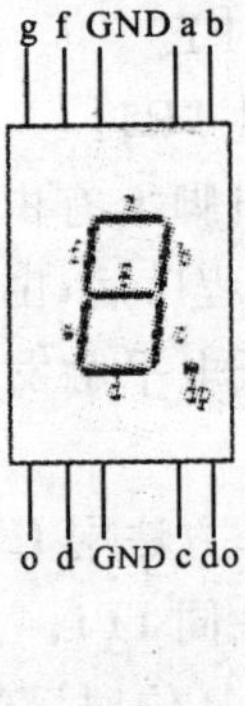

图 9－9　段数码管引脚图

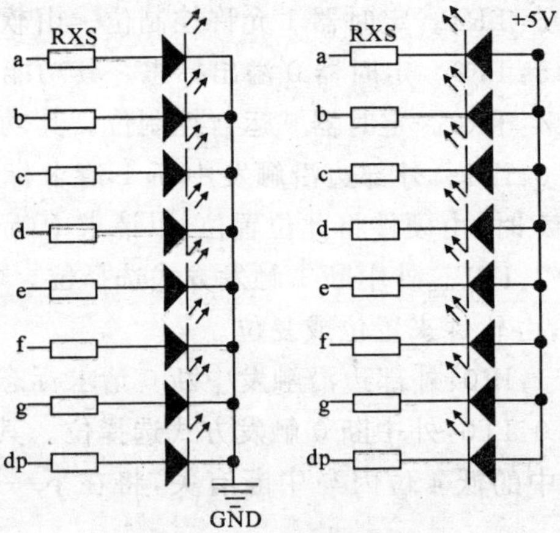

图 9－10　数码管结构图

图 9－9 所示为 8 段共阴数码管引脚图，两个“GND”引脚连在一起接地。如果是共阳数码管，这两个“GND”引脚则需连接一起接＋5V 电源。一个 8 段数码管称为一位，多个数码管并列在一起可构成多位数码管，它们的段选线（即 a、b、c、d、e、f、g、dp）分别连在一起，而各自的公共端称为位选线，分别引出。显示时，都从段选线送入字符编码，而选中哪个位选线，哪个数码管便会被点亮。数码管的 8 段，对应一个字节的 8 位，a 对应最低位，dp 对应最高位。所以如果想让数码管显示数字 0，那么共阴数码管的字符编码为 00111111，即 0x3f；共阳数码管的字

符编码为 11000000，即 0xc0。可以看出两个编码的各位正好相反，如图 9－11 所示。

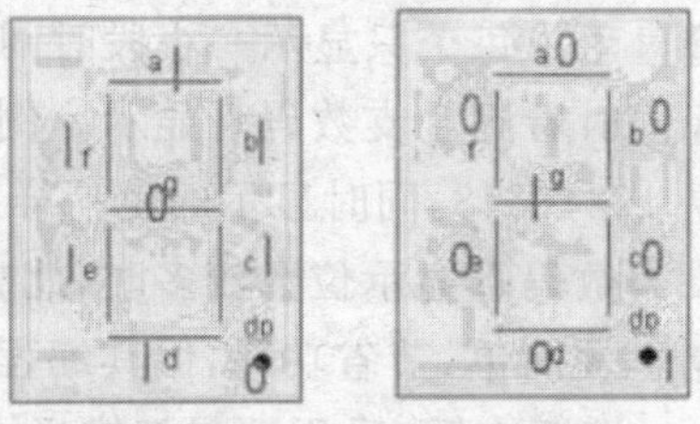

图 9－11　数码管编码示意图

在实际应用中，LED 数码管显示有单独一个来作为显示器件的，也有将多个数码管集成一体的。对于多位一体的数码管，它有两种显示方法：

（1）静态显示方式。所谓静态显示，就是把多个 LED 显示器的每一段（a～dp）与一个独立的 8 位并行口连接起来，而公共端则根据数码管的种类连接到“V_{CC}”或“GND”端。图9－12所示为一个 4 位的静态 LED 显示器电路。这种连接方式的每一个显示器都需占用一个单独的具有锁存功能的 I/O 端口，单片机只需把要显示的段选码发送到接口电路即可，直到要显示新的数据时，再发送新的段选码。

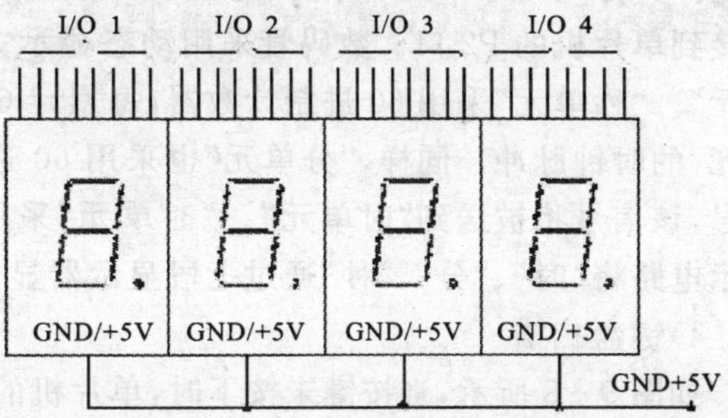

图 9－12　4 位静态 LED 显示器

N 位静态显示器具有编程简单、显示稳定、CPU 使用效率较高等特点，但其要求有 8×N根 I/O 口线，占用 I/O 口资源较多，接口电路也较复杂，功耗比较大，因此在位数较多时往往采用动态扫描显示方式。

（2）动态扫描显示方式。所谓动态扫描显示，就是将所有位的段选线并联在一起，由一个 8 位 I/O 口控制，而共阴极点或共阳极点分别由相应的 I/O 口线控制。图 9－13 是一个 8 位动态 LED 显示器。

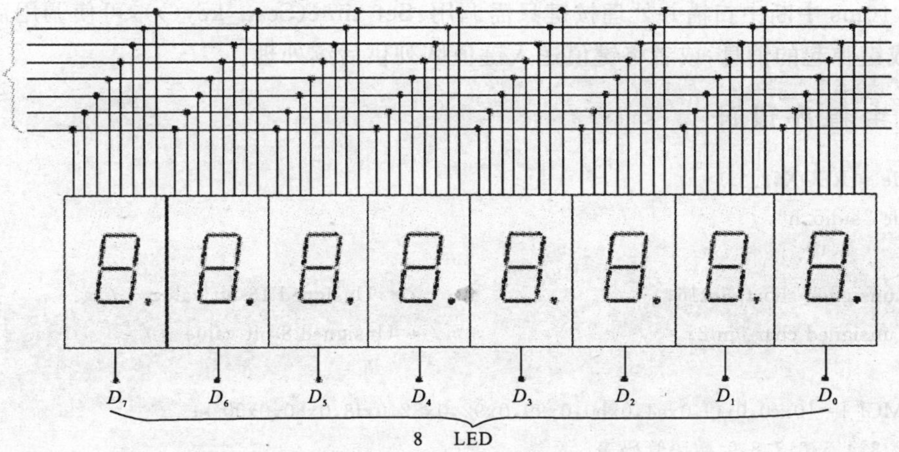

图 9－13　8 位动态 LED 显示器

8 位动态 LED 显示电路只需要两个 8 位 I/O 口，一个控制段选码，一个控制位选码。由于所有位的段选码都有一个 I/O 口控制，所以在每个瞬间，8 位 LED 只可能显示相同的字。

要想每位显示不同的字符，必须采用扫描方式，每一个数码管显示一段时间后切换到下一个数码管显示。每个只显示一小段时间，只要切换速度足够快，因为人眼存在的"视觉残留"现象，就能同时看到8支数码管显示。例如，我们依次让8位的数码管显示12345678，人眼看到的就是12345678，同时显示的也一样。

当数码管显示位数较多时，此方法占用单片机的I/O口资源较少，需要提供的I/O接口电路也较简单，节省功耗，但其编程难度稍高，占用CPU的资源较多。本系统由于51单片机I/O口资源有限，采用动态扫描显示方式。

3)时钟计时

数字电子钟是一个将"时"、"分"、"秒"显示出来的计时装置。它的计时周期为24h，显示满刻度为23时59分59秒，另外还有校时功能。因此，一个基本的数字钟电路主要由显示器的"时"、"分"、"秒"单元和单片机及校时电路组成。8个数码管的段选接到单片机的P0口，位选接到单片机的P2口。数码管采用动态显示方式，利用定时器中断，将标准秒信号送入"秒单元"。"秒单元"采用60进制计数器，每累计60s发出一个"分脉冲"信号，该信号将作为"分单元"的时钟脉冲。同样，"分单元"也采用60进制计数器，每累计60min，发出一个"时脉冲"信号，该信号将被送到"时单元"。"时单元"采用24进制计时器，可实现对一天24h的累计。显示电路将"时"、"分"、"秒"通过七段显示器显示出来。

4)键盘扫描

如图9-8所示，当按键未按下时，单片机的I/O口输入的是5V；而当按键被按下时，单片机的I/O口输入的是0V。通过这种方式即可区分出单片机引脚连接的按键是否被按下。本任务中采取的方式是每隔10ms读取一次按键的状态。这种方式可以去除按键抖动(人手按下按键时不可避免地会有按键的上下抖动)引起的错误检测。

函数Scan_key ()用于键扫描即时键值。

函数Set_time ()用于按键处理，可放在时钟中断中调用。

例：在10ms中断中扫描并处理按键只需调用：Set_time(Scan_key())，可使调用后完成发出键按下或键弹起的消息，或者将键值送入键值队列供后续处理。

9.3.4　主程序设计

```
#include <REGX52.H>
#include "stdio.h"

typedef unsigned short uint16;                    /* Unsigned 16 bit value */
typedef unsigned char uint8;                       /* Unsigned 8 bit value */

uint8 SMG[]={0xc0,0xf9,0xa4,0xb0,0x99,0x92,0x82,0xf8,0x80,0x90};
//0,1,2,3,4,5,6,7,8,9,数码管码表

uint8 second=0,minute=58,hour=23;
uint8 flash = 0;                         //闪烁标志位

/**********************
```

```
延时函数
*********************/
void delay_us(int num)
{
    int i;
    for (i=0; i<num; i++);
}

/*********************
初始化定时器   1ms
*********************/
void InitTime(void)
{
    TH0 = (65536-1000)/256;
    TL0 = (65536-1000)%256;           //TH0,TL0 设定定时器初值
    TMOD = 0x01;                      //16 位定时器模式
    ET0 = 1;                          //开定时器中断
    EA = 1;                           //开总中断
    TR0 = 1;                          //启动定时器
}
/*********************
状态机实现键盘扫描
*********************/
uint8 Scan_key(void)
{
    uint8 Key_cur = 0, Key_val = 0;
    static uint8 Key_flag = 0, Key_last = 0;

    switch((P1&0x07))                 //判断哪个按键按下,并读取按键值
    {
    case 6:Key_cur = 1; break;
    case 5:Key_cur = 2; break;
    case 3:Key_cur = 3; break;
    default:Key_cur = 0; break;
    }

    switch(Key_flag)
    {
    case 0:if ((P1&0x07) != 7) Key_flag = 1;else Key_flag = 0;break;
//判断是否有键按下
    case 1:if (Key_last == Key_cur) Key_flag = 2;break;        //有按键按下
    case 2:if (Key_last == Key_cur) Key_flag = 3;else Key_flag = 0; break;
//确认按键真的按下
```

```
        case 3:if (Key_last == Key_cur) Key_flag = 3;else {Key_val = Key_last; Key_flag = 0;}break;
//判断按键是否放开
        }
    Key_last = Key_cur;
    return Key_val;
    }
    /*************************
    处理按键,实现校时、分、秒
    *************************/
    uint8 S_M_H = 0;                                    //校时分秒标志位
    void Set_time(uint8 Key)
    {
        switch(Key)
        {
        case 1:S_M_H = (++S_M_H)%4; break;
        case 2:
            switch(S_M_H)
            {
            case 1:hour = (++hour)%24;break;                  //小时自加
            case 2:minute = (++minute)%60;break;              //分自加
            case 3:second = (++second)%60;break;              //秒自加
            }
            break;
        case 3:
            switch(S_M_H)
            {
            case 1:if(hour == 0) hour = 24;hour--;break;            //小时自减
            case 2:if(minute == 0) minute = 60;minute--;break;      //分自减
            case 3:if(second == 0) second = 60;second--;break;      //秒自减
            }
            break;
        }
    }

    /***********************
    数码管显示控制
    ***********************/
    void Show_SMG()
    {
            if ((S_M_H==1&&flash==1)||S_M_H!=1)               //显示控制小时
            {
                P2 = 0x01;
                P0 = SMG[hour/10];                            //十位
```

```
        delay_us(100);
        P2 = 0x01<<1;
        P0 = SMG[hour%10];                    //个位
        delay_us(100);
    }

    P2 = 0x01<<2;
    P0 = 0xBF;                                //'—'
    delay_us(100);

    if ((S_M_H==2&&flash==1)||S_M_H! =2)      //显示控制分
    {
        P2 = 0x01<<3;
        P0 = SMG[minute/10];                  //十位
        delay_us(100);
        P2 = 0x01<<4;
        P0 = SMG[minute%10];                  //个位
        delay_us(100);
    }

    P2 = 0x01<<5;
    P0 = 0xBF;                                //'—'
    delay_us(100);

    if ((S_M_H==3&&flash==1)||S_M_H! =3)      //显示控制秒
    {
        P2 = 0x01<<6;
        P0 = SMG[second/10];                  //十位
        delay_us(100);
        P2 = 0x01<<7;
        P0 = SMG[second%10];                  //个位
        delay_us(100);
    }
}
/**********************
主函数
**********************/
void main(void)
{
    P2 = 0xff;
    InitTime();
    while(1)
    {
```

```
        Show_SMG();
    }
}

/*****************************
定时器中断处理
*****************************/
void int0(void) interrupt 1
{
    static uint16 i = 0;
    TH0 = (65536-1000)/256;
    TL0 = (65536-1000)%256;          //重新载入定时器初值
    i++;
    if ((i%10) == 0)                     //键盘扫描,每 10ms 扫描一次
    {
        Set_time(Scan_key());        //读取按键值,并设置时间
    }
    if ((i%200) == 0) flash = flash^1;
    if (1000 == i)                    //时钟控制,每隔 1s 执行一次
    {
        i = 0;
        if (S_M_H == 0) second++;     //秒自加
        if (60 == second)            //满 60 加一
        {
            minute++;              //分自加
            second = 0;            //清 0
            if (60 == minute)       //满 60 加一
            {
                minute = 0;        //清 0
                hour++;             //小时自加
                if (24 == hour)         //满 24 清 0
                {
                    hour = 0;
                }
            }
        }
    }
}
```

9.3.5　系统 Proteus 仿真

用 Proteus 软件,将 Keil 软件编译生成的 HEX 文件加载到 51 单片机中,运行程序,得到的结果如图 9-14 所示。

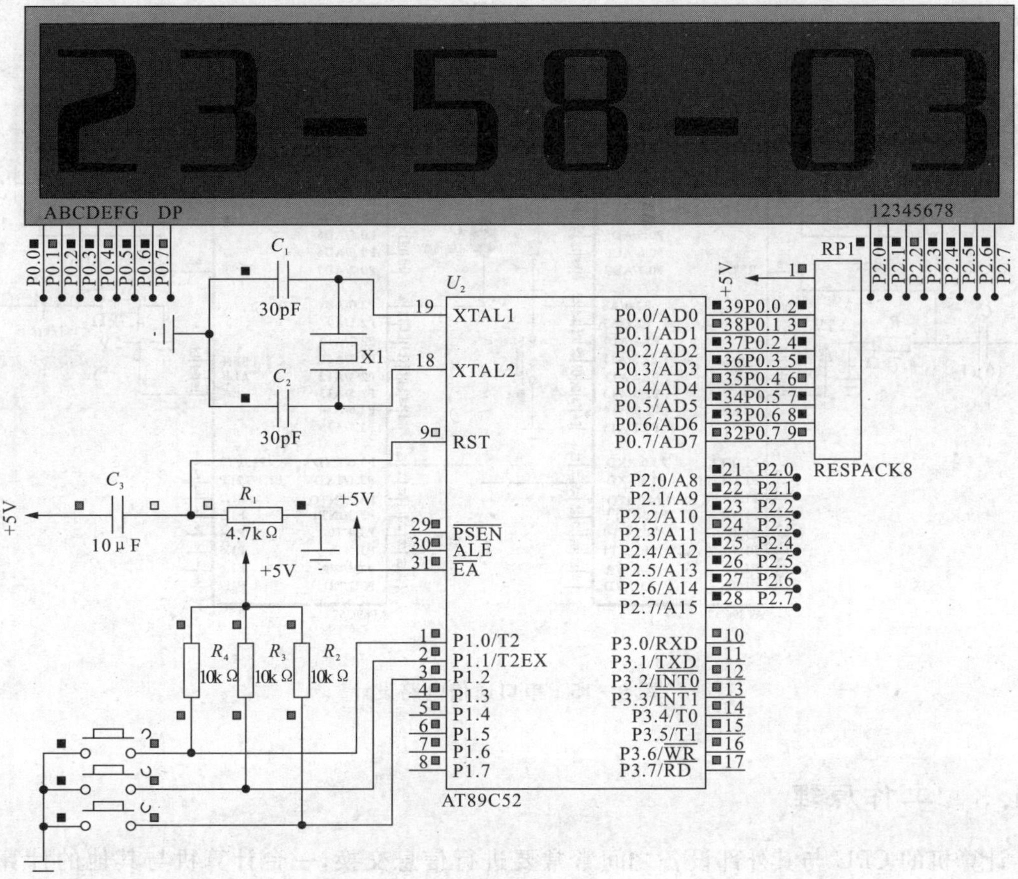

图 9-14　数字时钟电路仿真结果

9.4　串口通信例程——主机控制从机 LED 灯闪烁

9.4.1　功能实现

实现两个 51 单片机的串口通信，主机利用按键的开关控制从机的 LED 亮灭。

9.4.2　电路设计

用 Proteus 软件，根据要求画出两个 51 单片机串口通信的原理图如图 9-15 所示。

如图 9-15 所示，左边的单片机为主机，右边的单片机为从机。主机不断检测按键有没有被按下，同时发送相应的数据。从机接收主机发送的数据并根据接收到的数据而不断控制 LED 的状态。注意：TXD 为 AT89C52 单片机的串口发送引脚，RXD 为接收引脚。图中的串口只用了一根线，如果还想让从机也往主机发送数据，也可以把从机的 TXD 和主机的 RXD 连接起来。

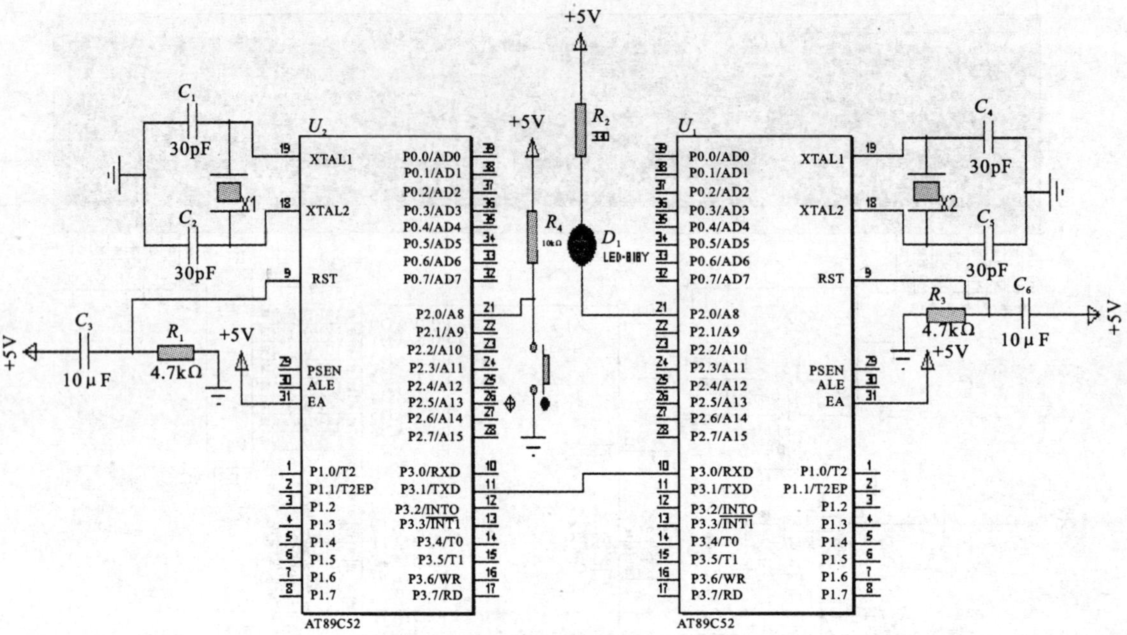

图 9-15 串口通信电路设计

9.4.3 工作原理

计算机的 CPU 与其外部设备之间常常要进行信息交换，一台计算机与其他的计算机之间也往往要交换信息。所有这样的信息交换均称之为“通讯”。通讯的基本方式可分为并行通讯和串行通讯两种。

并行通讯是指数据的各位同时进行传送的通讯方式。其优点是传送速度快，缺点是数据有多少位，就需要有多少根传输线，这在位数较多、传输距离又较远的情况下就不太适宜了，因为这会导致传输成本的急剧增加。

串行通讯是指数据的各位是一位一位地按顺序传送的通讯方式。它的突出优点是只需一根传输线，甚至可以利用电话线来传输，这样就大大降低了传输成本，特别适用于远距离通讯。其缺点是传送速度较低。假设并行传送 N 位数据所需的时间为 T，那么串行传送的时间至少为 $N\times T$，而实际上总是大于 $N\times T$。

图 9-16 分别表示了单片机 P1 口与外部设备并行通讯的连接方法以及串行口与外部设备串行通讯的连接方法。

1)串行通讯的两种基本方式

在两个设备进行串行通讯时，通常采用通讯双方都认可的两种通讯方式，即异步通讯方式和同步通讯方式，来保证接收机接收到正确的字符。

(1)异步通讯方式。在异步通讯中，字符是按帧格式进行传送。每帧的格式如图 9-17 所示。在帧格式中，先是一个起始位“0”；然后是 5～8 位数据，且规定低位在前，高位在后；接下来是奇偶校验位(可略)；最后一位是停止位“1”。

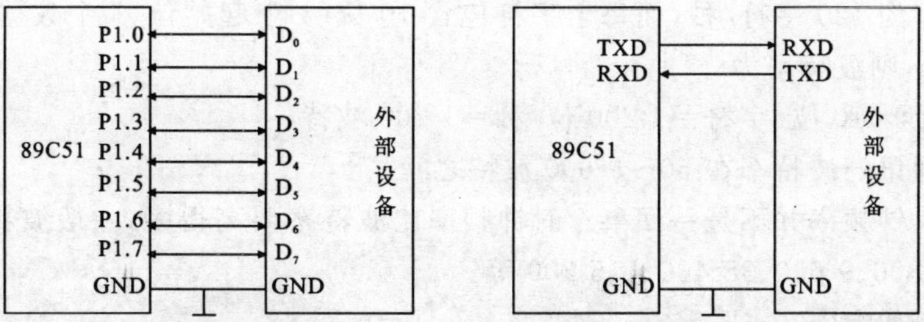

(a) 并行通讯　　(b) 串行通讯

图 9-16　基本通讯系统

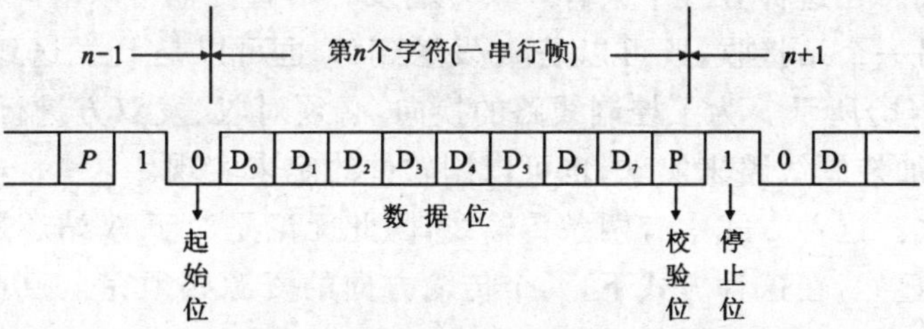

图 9-17　异步通讯的帧格式

这种通讯方式利用每一帧的起、止信号来建立发送与接收之间的同步。其特点是：每一帧内部位均采用固定的时间间隔，但帧与帧之间的时间间隔是随机的。接收机完全靠每一帧的起始位与停止位来识别字符传送是正在进行还是已经结束，或是一个新的字符。这也就是“异步”的含义所在。

必须指出的是，在异步通讯时，同步时钟脉冲并不传送到接收方，即双方各用自己的时钟源来控制发送与接收。

(2) 同步通讯方式。它是一种连续传送的方式，其不必像异步通讯方式那样要在每个字符都加上起、止位，而是在要传送的数据块前加上同步字符 SYN，而且数据没有间隙，如图9-18所示。使用同步通讯方式，可以实现高速度、大容量的数据传送。

图 9-18　串行通讯的同步传送方式

在同步传送时，为了保证接收正确无误，发送方除了传送数据外，还要将时钟信号同时传送。

2)波特率

波特率是串行通讯中的一个重要指标。它定义为每秒钟传送二进制数码的位数(亦称比特数)，以位/秒作为单位。

波特率反映了串行通讯的速率，也反映了对传输通道的要求：波特率越高，要求传输通道的频带就越宽。

传送的速率为 120 字符/秒，而每个字符包含 10 位（1 个起始位、7 个数据位、1 位奇偶校验、1 位停止位），则波特率为

120 字符/秒×10 位/字符＝1 200 位/秒＝1 200 波特

一般异步通讯的波特率在 50～9 600 波特之间。

波特率与时钟频率并不是一回事。时钟频率比波特率要高得多，一般波特率有固定的标准，常用的有 4 800、9 600、38 400、115 200 等。

3）数据传送的方向

就串行通讯中数据的传送方向而言，有单工、半双工和全双工之分。

（1）单工方式。在这种方式中只允许一个方向传输数据。如图 9－19（a）所示，A 只作为数据发送器，B 只作为数据接收器，而不能进行相反方向的数据传输。

（2）半双工方式。在这种方式中只有一条传输线。尽管传输可以双向进行，但任何时候只能是一个站发送，另一个站接收，既可以是 A 发送到 B，也可以是 B 发送到 A，但 A、B 不能同时发送，如图 9－19（b）所示。为了控制线路的换向，必须对收、发双方进行协调。这种协调可以靠增加接口的附加控制线路来实现，也可以用软件约定来实现。

（3）全双工方式。这种方式中有两条传输线，因此无论是对于 A 站还是 B 站，都允许发送和接收同时进行。显然，在这种方式下，两个传输方向的资源必须完全独立，A 和 B 都必须有独立的接收器和发送器，如图 9－19（c）所示。

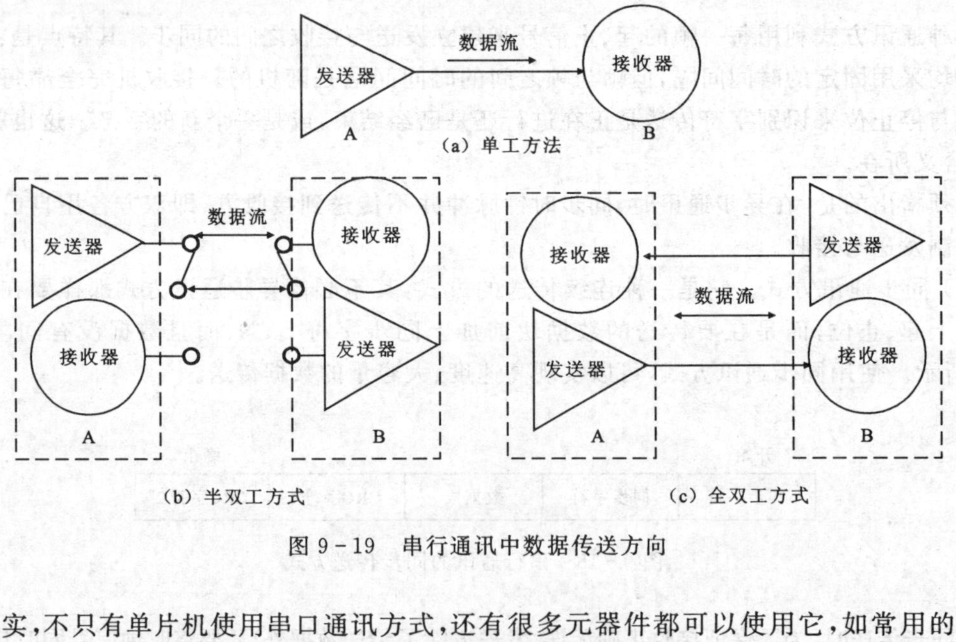

图 9－19　串行通讯中数据传送方向

其实，不只有单片机使用串口通讯方式，还有很多元器件都可以使用它，如常用的温度传感器 DS18B20，也是通过串行的单总线形式完成数据的传送。

4）AT89C52 串口通讯相关的寄存器

串行端口共有两个控制寄存器 SCON 和 PCON，用以设置串行端口的工作方式、接收/发送的运行状态、接收/发送数据的特征、波特率的大小以及作为运行的中断标志等。

(1)串行口控制寄存器 SCON。SCON 的字节地址是 98H,位地址(由低位到高位)分别是 98H～9FH。SCON 的格式如下:

SM0	SM1	SM2	REN	TB8	RB8	TI	RI	字节地址 98H

SM0,SM1:串行口工作方式控制位,见表 9-3。

SM2:仅用于方式 2 和方式 3 的多机通讯控制位。若为方式 2 和方式 3 时,发送机 SM2=1(要求程控设置)。接收机 SM2=1 时,若 RB8=1,可引起串行接收中断;若 RB8=0,不引起串行接收中断。SM2=0 时,若 RB8=1,可引起串行接收中断;若 RB8=0,可引起行接收中断。模式 0 中,SM2 必须是 0。

表 9-3　串行口工作方式控制位

SM0	SM1	方式	功能	波特率
0	0	0	同步移步寄存器	fosc/12
0	1	1	10 位异步发生	可变
1	0	2	11 位异步收发	fosc/32
1	1	3	11 位异步收发	可变

REN:串行接收允许位。为 0 时,禁止接收;为 1 时,允许接收。

TB8:在方式 2 和方式 3 中,TB8 是发送机要发送的第 9 位数据。

RB8:在方式 2 和方式 3 中,RB8 是接送机接收到的第 9 位数据,该数据正好来自发送机的 TB8。

TI:发送中断标志位。发送前必须用软件清零,发送过程中 TI 保持零电平,发送完一帧数据后,由硬件自动置 1。如要再发送,必须用软件再清零。

RI:接收中断标志位。接收前,必须用软件清零,接收过程中 RI 保持零电平,
接收完一帧数据后,由片内硬件自动置 1。如要再接收,必须用软件再清零。

(2) 电源控制寄存器 PCON。PCON 的字节地址为 87H,无位地址,PCON 的格式如下:

SMOD								地址 87H

SMOD:波特率加倍位。在计算串行方式 1 至方式 3 的波特率时,"0"表示不加倍;"1"表示加倍。

5)4 种串口方式的波特率的确定

对方式 0 来说,波特率已固定成 fosc/12,随着外部晶振的频率不同,波特率亦不相同。常用的 fosc 有 12MHz 和 6MHz,所以波特率相应为 $1\ 000\times10^3$ 位/s 和 500×10^3 位/s。在此方式下,数据将自动地按固定的波特率发送/接收,完全不用设置。

对方式 2 而言,波特率的计算式为 $2^{SMOD}\times fosc/64$。当 SMOD=0 时,波特率为 fosc/64;当 SMOD=1 时,波特率 fosc/32。在此方式下,程序设置 SMOD 位的状态后,波特率就确定了,不需要再作其他设置。

对方式 1 和方式 3 来说,波特率的计算式为 $2^{SMOD}\times$T1 溢出率$\times fosc/32$。根据 SMOD 状

态位的不同,波特率有 T1/32 溢出率和 T1/16 溢出率两种。由于 T1 溢出率的设置可以通过软件改变,因而波特率的选择将十分灵活。

前面讲过,定时器 T1 有 4 种工作方式,为了得到其溢出率,而又不必进入中断服务程序,往往使 T1 设置在工作方式 2 的运行状态,也就是 8 位自动加入时间常数的方式。由于在这种方式下,T1 的溢出率算式可表达成:

$$\text{T1 溢出率} = fosc / 12(256-x)$$

式中,x 为设置的定时初值,于是波特率表达式为:

$$BR = (2^{SMOD}/32) \times fosc / 12(256-x)$$

由上式可见,选取不同的 x 初值,就可得到不同的波特率。

把上式变换一下形式,就可根据所要求的波特率 BR,算出 T1 定时器初值的大小,其算式为

$$x = 256 - (2^{SMOD} \times fosc) / 384 \times BR$$

例如,假使 fosc=6MHz,SMOD=0,如果需要产生 1 200 位/s 的波特率,则定时器 $T1$ 定时初值 x 的大小,应该满足公式:

$$1\,200/s = (1/32) \times [6 \times 10^6 Hz/12(256-x)]$$

经求解,得 x=243D=F3H,即定时器 T1 的定时初值为 F3H。

6)AT89C52 单片机串口初始化过程

AT89C52 单片机串口初始化过程如下,具体操作见本系统的程序设计。

(1)设定串口工作方式(SMOD 寄存器)。

(2)设定波特率(对于方式 1 和方式 3)。

(3)打开串口中断(当采用中断方式时)。

9.4.4 主程序设计

```
//头文件
#include<reg51.h>
//位操作定义
sbit KEY=P2^0;
//延时函数
void delay(int z)
{
unsignedintx,y;
for(x=110;x>0;x--)
for(y=z;y>0;y--);
}
//初始化串行口函数
voidinit_UART()
{
  SCON=0x50;   //SM0=0,SM1=1,工作方式 1;REN=1,允许接受;TI=0,RI=0 清除中断标志;
  //PCON=0x00;  //SMOD=0 波特率不加倍;
  TH1=0xF3;
  TL1=0xF3;    //BR=2400,fosc=11.0592M
  TMOD=0x20;    //T1 设置为方式 2,8 位自动重载
```

```
  EA=1;        //开总中断允许
  ET1=0;        //关闭 T1 中断允许
  TI=0;        //发送标志位清零
  RI=0;        //接收标志位清零
  ES=1;        //开串口中断允许
  TR1=1;        //启动 T1
}
//串口通信发送函数
void TX(unsigned char t)
{
  ES=0;        //关闭接收中断
  SBUF=t;        //发送时只需直接将要发送的数据赋给发送寄存器
/**注意发送和接收寄存器同名,但不是同一个寄存器**/
while(! TI);        //等待发送完成
  TI=0;        //发送完成后必须清零 TI
  ES=1;        //发送完成,打开接收中断
}
//主函数
void main()
{
init_UART();        //初始化串口通信
while(1)
  {
    if(KEY==0)        //按键被按下时发送 0
      {
        delay(20);        //按键消除抖动
if(KEY==0)
          {
TX(0);
            delay(1000);        //延时
          }
      }
else
    {
        TX(1);        //按键没有被按下时发送 1
        delay(1000);        //延时
    }
  }
}
//串口接收中断服务函数
void UART_ISP() interrupt 4        //4 代表串口中断
{
```

```
unsigned char temp;
  temp=SBUF;                //接收时直接从接收寄存器读取接收到的值
/**注意发送和接收寄存器同名,但不是同一个寄存器**/
  RI=0;                //接收完成时必须清零 RI
}
```

从机源程序:

```
//头文件
#include<reg51.h>
//位操作定义
sbit LED=P2^0;
//初始化串行口函数
Void init_UART()
{
  SCON=0x50;    //SM0=0,SM1=1,工作方式 1;REN=1,允许接受;TI=0,RI=0清除中断标志;
  //PCON=0x00;         //SMOD=0 波特率不加倍;
  TH1=0xF3;
  TL1=0xF3;           //BR=2400,fosc=11.0592M
  TMOD=0x20;            //T1 设置为方式 2,8 位自动重载

  EA=1;               //开总中断允许
  ET1=0;             //关闭 T1 中断允许
  TI=0;           //发送标志位清零
  RI=0;            //接收标志位清零
  ES=1;           //开串口中断允许
  TR1=1;             //启动 T1
}
//主函数
void main()
{
init_UART();          //初始化串口通信
while(1);
}
//串口接收中断服务函数
void UART_ISP() interrupt 4          //4 代表串口中断
{
unsigned char temp;
  temp=SBUF;               //接收时直接从接收寄存器读取接收到的值
/**注意发送和接收寄存器同名,但不是同一个寄存器**/
if(temp==0)LED=0;
  else LED=1;              //接收到 0 时点亮 LED 灯
  RI=0;              //接收完成时必须清零 RI
}
```

9.4.5 系统 Proteus 仿真

用 Proteus 软件，加载 Keil 软件生成的 HEX 文件，运行程序，得到的结果如图 9－20 所示。

如图 9－20 所示，主机将检测到的 P2.0 引脚的状态不断发送给从机，从机的 P2.0 不断输出从主机接收到的数据。当主机检测到按键被按下时，P2.0＝1，就会通过串口给从机发送“1”，从机的 P2.0 输出＋5V，LED 未被点亮，如图 9－20(a)图所示；当主机检测到按键被按下时，P2.0＝0，就会通过串口给从机发送“0”，从机的 P2.0 输出 0V，LED 被点亮，如图 9－20(b)所示。

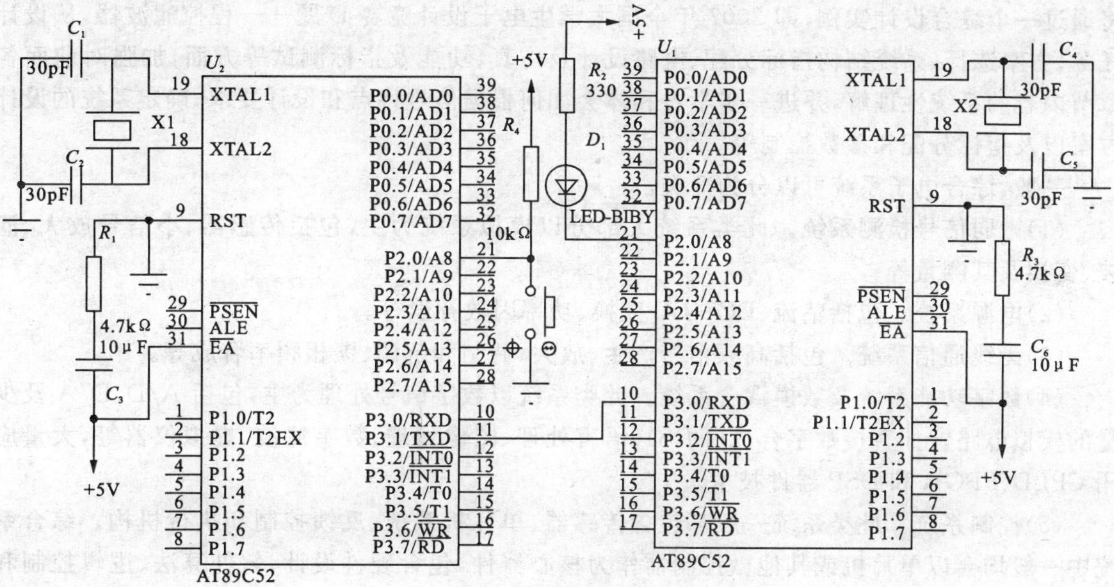

(a) 主机按键未按下

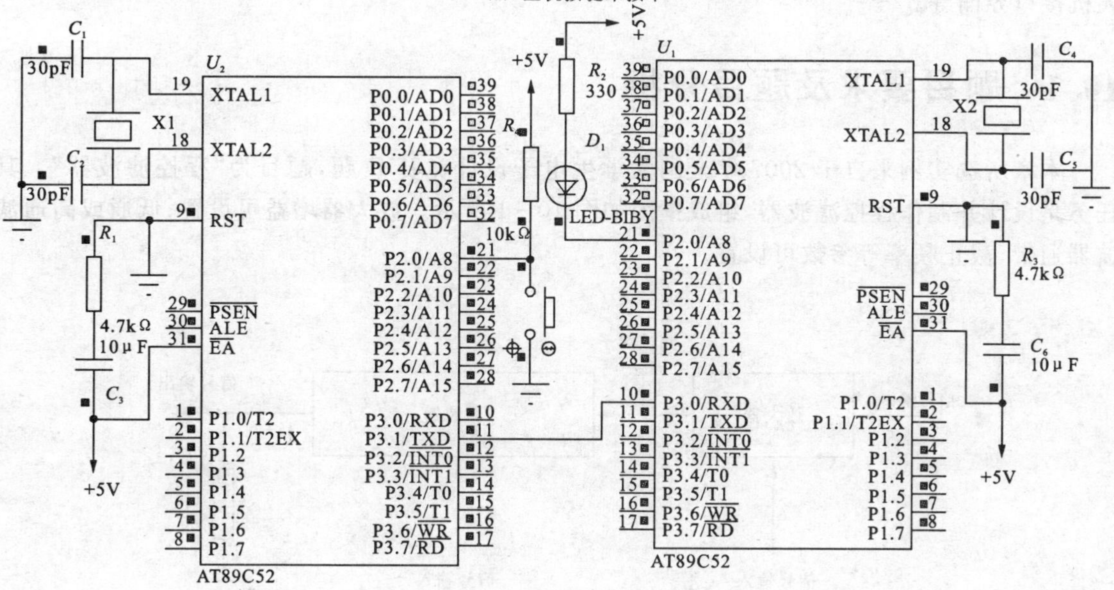

(b) 主机按键按下

图 9－20 串口通信 Proteus 仿真结果

第 10 章 综合电子系统设计实例

前面几章分别介绍了电子元器件、模拟电路、数字电路及单片机方面的原理和技术。本章将通过一个综合设计实例，即 2007 年全国大学生电子设计竞赛 D 题——程控滤波器，从设计任务、方案选择、系统结构指标分配、电路设计及仿真、功能及指标测试等方面，加强对前面各章节内容的系统性理解，并进一步学习和体会如何根据信号特点和设计要求，确定系统的设计方案以及指标分配和参数控制等。

一般，综合电子系统可以分为 5 类。

(1)微弱信号检测系统。此类系统大部分以模拟系统为主，包括传感器、小信号放大、滤波、变换及其测量等。

(2)电源系统。包括整流、DC - DC 变换、功率因数补偿等。

(3)无线通信系统。包括高频信号产生、放大、调制和解调、锁相频率合成等。

(4)数字功能系统及数模混合系统。此类系统以数字信号处理为主，包括 A/D、D/A 及少量的模拟电路。如直接数字合成(DDS)、语言处理、图像处理、数字滤波、虚拟仪器等，大量应用 CPLD、FPGA 和 DSP 器件技术。

(5)控制系统。此类系统一般都包含传感器、单片机系统、反馈控制和执行机构。综合系统中一般均会以单片机或其他微控制器作为核心器件，包含硬件设计、软件算法、逻辑控制和人机接口界面等。

10.1 题目要求及题目分析

本章所选实例来自于 2007 年全国大学生电子设计竞赛 D 题，题目为“程控滤波器”。其任务是设计并制作程控滤波器，组成框图如图 10 - 1 所示。放大器增益可设置；低通或高通滤波器通带、截止频率等参数可设置。

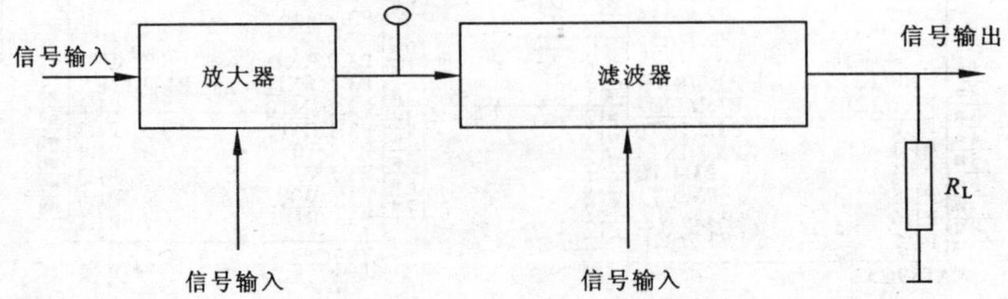

图 10 - 1 程控滤波器组成框图

10.1.1　题目要求

程控滤波器的基本要求如下：

(1)放大器输入正弦信号电压振幅为 10mV,电压增益为 40dB,增益 10dB 步进可调,通频带为 100Hz～40kHz,放大器输出电压无明显失真。

(2)滤波器可设置为低通滤波器,其－3dB 截止频率 f_c 在 1～20kHz 范围内可调,调节的频率步进为 1kHz,$2f_c$ 处放大器与滤波器的总电压增益不大于 30dB,$R_L=1\text{k}\Omega$。

(3)滤波器可设置为高通滤波器,其－3dB 截止频率 f_c 在 1～20kHz 范围内可调,调节的频率步进为 1kHz,$0.5f_c$ 处放大器与滤波器的总电压增益不大于 30dB,$R_L=1\text{k}\Omega$。

(4)电压增益与截止频率的误差均不大于 10%。

(5)有设置参数显示功能。

程控滤波器的发挥部分要求如下：

(1)放大器电压增益为 60dB,输入信号电压振幅为 10mV;增益 10dB 步进可调,电压增益误差不大于 5%。

(2)制作一个四阶椭圆型低通滤波器,带内起伏不大于 1dB,－3dB 通带为 50kHz,要求放大器与低通滤波器在 200kHz 处的总电压增益小于 5dB,－3dB 通带误差不大于 5%。

(3)制作一个简易幅频特性测试仪,其扫频输出信号的频率变化范围是 100Hz～200kHz,频率步进 10kHz。

(4)其他。

10.1.2　题目分析

本题的主要设计要求是可程控的滤波器,即通过键盘等设备输入滤波器的参数,单片机对参数进行分析计算,通过程序改变电路结构或者参数,得到所需的幅频特性,题目中还要求实现程控放大器以及幅频特性测试仪,因此,该题目是个典型的以模拟技术为主的综合赛题。我们首先要分析信号的特点、题目给出的指标和精度要求,分析其重点和难点,给出适当的实现方案。

(1)信号的频率范围是 100Hz～40kHz,这个频率范围是典型的低频信号,放大器的选择面比较宽,有多种不同的方案都可以实现,其精度和带宽都可以满足要求,还应该考虑成本和芯片获取的难易程度。

(2)滤波器的频率范围是 1～20kHz,其低带宽有利于相关器件的选择和设计,难点在于滤波器参数的程控,一般来说,滤波器对外部元件参数的变化比较敏感,如果依靠常规的设计方案,通过改变少数几个元件的参数来获得所需的滤波器指标,这种方法很难满足题目的设计要求,这时应该考虑采用开关电容或者状态变量滤波器来实现。

(3)椭圆滤波器和简易幅频特性测试仪均有一定的设计难度。

10.2　设计方案比较

10.2.1　程控放大器设计

按照题目给出的要求,放大器的扩展要求为增益放大器电压增益为 60dB,输入信号电压振幅为 10mV；增益 10dB 步进可调，电压增益误差不大于 5%。

首先计算放大器所需的增益带宽积和压摆率。60dB 对应放大倍数 A 为 1 000，输出幅度为 1 000×10mV = 10V。根据第 4 章介绍的增益带宽积和压摆率的概念，可知该放大器的各项指标参数如下：

(1)GBW= $A\times f$=1 000×40kHz = 40MHz

(2)SR=$2\pi\times Vom\times f$ = 2×3.14×10V×40kHz = 2.5V/μs

(3)信号输出幅度为±10V 以上，考虑到供电电源的余量，供电需要采用±12V 或者±15V供电。

(4)电压增益误差不大于 5%，当增益为最小值 10dB，即放大倍数约为 3.3 倍的时候，其放大器绝对误差为 3.3×0.05×10mV =1.65mV，考虑到一定的余量，设定放大器误差电压输出为最大 1mV，必须采用高精度放大器如仪表放大器或者精密放大器来实现。

根据第 4 章内容可知，采用单级放大器来放大 1 000 倍一般不是最优的设计方案，很难满足对放大器带宽的需求，同时信号输入摆幅只有 10mV，为提高信噪比，减少噪声对信号放大的影响，可以考虑采用两级放大器实现，降低运算放大器对 GBW 的要求。前级通过高精度放大器提高信噪比，后级放大器设计就可以相对简化。放大器方案设计可以有如下几种。

1)改变运算放大器反馈电阻

采用两级放大器级联获得最大 60dB 的增益，通过改变放大器的反馈电阻的阻值，从而得到所需的放大器的增益。反馈电阻的阻值改变可以有两种方式，采用模拟开关或者继电器切换电阻。常用的模拟开关如 CD4051 原理图(图 10-2)。

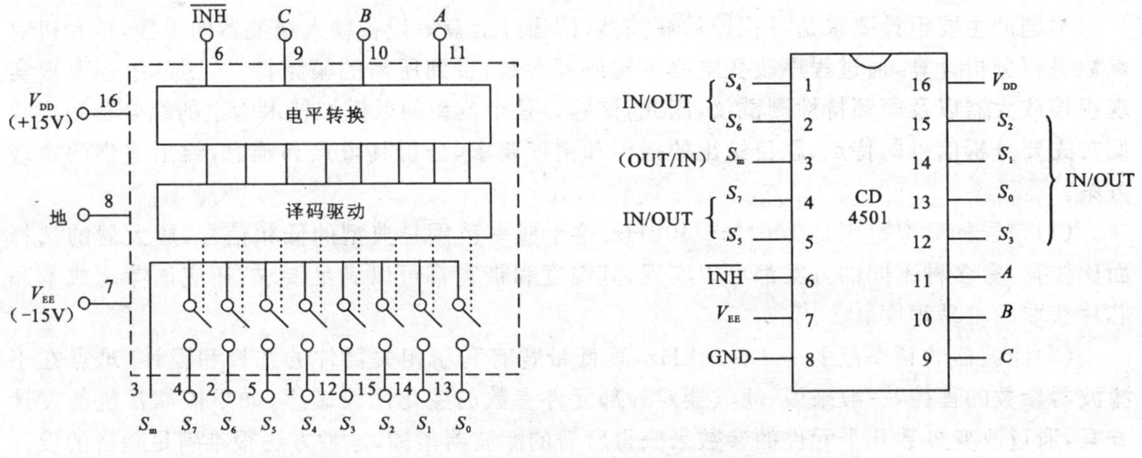

图 10-2 模拟开关 CD4051 原理图和引脚分布图

CD4501 为 8 通道单刀结构形式，它允许双向使用，即可用于多到一的切换输出，也可用于一到多的输出切换。通过 ABC 三个地址输入端口，可以控制 S_0～S_7 分别与 S_m 接通，通过如图 10-3 的电路结构，这样就可以实现放大器增益的控制。

如第 4 章的程控放大器中所介绍，继电器的特性近似于理想开关，但是其体积较大，需要较大的电流驱动，当切换档位较多时会导致电路体积较大，容易引入干扰。模拟开关控制信号电平和单片机电平兼容，不需要专用的驱动电路。体积和功耗均较小，是改变增益的一种可行的技术方案，其缺点主要是存在一定的导通电阻，带宽有限，不能用于频率较高的放大器设计中。CD4051 导通电阻为 120Ω 左右，在要求较高的放大器设计中难以保证精度。如采用 MAX312 或者 ADG408 模拟开关，其导通电阻分别为 10Ω 和 40Ω，可以满足题目的要求，但是当控制的档位较多时，模拟开关和继电器对需要较多的数量。

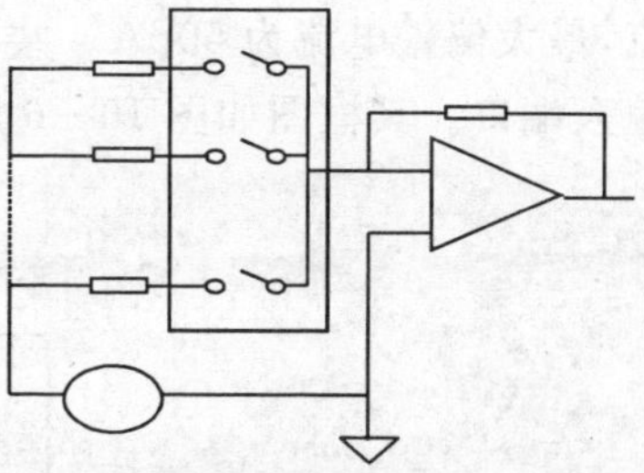

图 10－3　模拟开关实现程控放大器原理图

2)采用数字电位器直接改变电阻值

数控电位器属于集成化的三端可变电阻器件，其等效电路图如图 10－4 所示。当数控电位器作为分压器使用时，其高端、低端、滑动端分别用 U_H、U_L、U_W表示；作可调电阻器使用时，分别用 R_H、R_L、R_W（或 H、L、W）来表示。

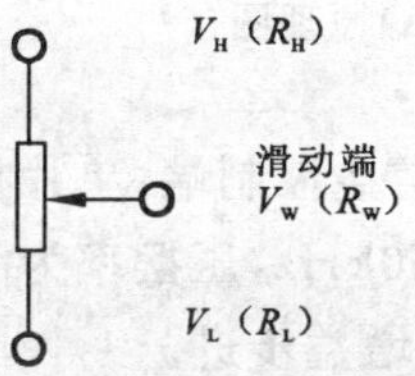

图 10－4　数控电位器的等效电路

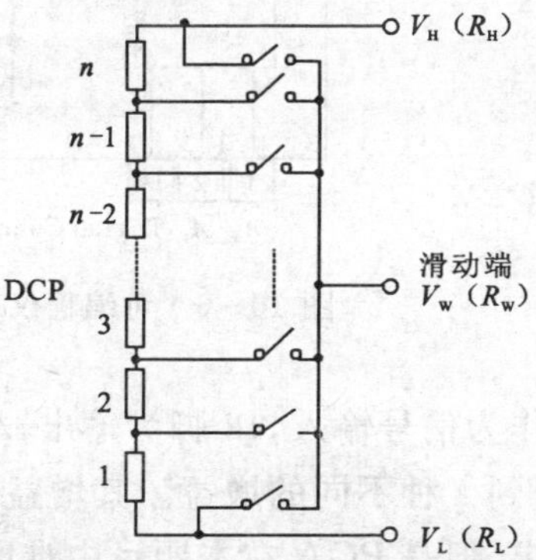

图 10－5　数控电位器的内部简化电路

数控电位器的内部简化电路如图 10－5 所示。将 n 支阻值相同或不同的电阻串联在 V_H、V_L(亦称作 R_H、R_L端)之间，每支电阻的两端分别经过一个由 CMOS 管或 NMOS 管构成的模拟开关连在一起，作为数控电位器(DCP)的抽头。这种模拟开关等效于单刀单掷开关，且在数字信号的控制下每次只能有一个模拟开关闭合，从而将串联电阻的一个节点连接到滑动端。假定数控电位器为 16 抽头，步进量为 660Ω，滑动端每移动一步，输出电阻值就增加 660Ω。考虑到滑动端无论处于哪一位置，都接着一支模拟开关，该模拟开关的电阻值就是滑动端电阻，也是数控电位器的起始电阻。现假定滑动端电阻为 100Ω，当滑动端移动 15 步时就到达 R_H端与 R_L端之间的输出电阻应为 100Ω＋660Ω×15＝10kΩ。

数字电位器一般通过串行接口如 I^2C、SPI 与单片机通信，单片机通过发送控制字改变数字电位器内部模拟开关的状态，实现滑动端电阻值的变化。当把数字电位器作为运算放大器外围电阻，可以方便地实现放大器增益的改变，数字电位器硬件实现较简单，但一般数字电位器的电阻精度较低、档位有限，这种方案很难实现增益的精确控制，同时数字电位器本身的带宽有限，在运放环路中使用会影响整个系统的通频带宽。

3)采用可编程放大器 PGA 实现

可编程放大器将运算放大器和精密电阻集成在同一个芯片中，增益精度较高。控制非常方便，以 TI 公司的 PGA202/203 可编程仪表放大器为例，十进制模式的 PGA202 增益可编程为1、10、100、1 000。二进制模式的PGA203增益可编程为1、2、4、8。其具有较低的偏置电流，最大偏置电流为50pA。共模抑制比最小可达80dB；都提供了与TTL或CMOS相兼容的输入端口。其框图如图10-6所示。

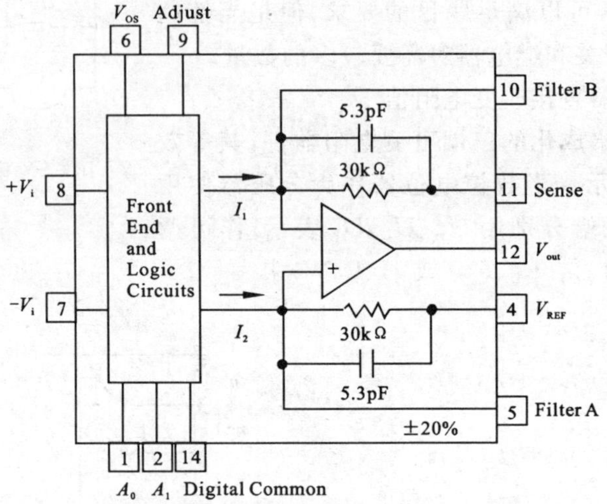

图10-6 可编程仪表放大器(PGA)原理图

其中7、8脚作为信号输入，12脚为输出，A_0和A_1为增益控制端，单片机输出数字量到这两个引脚，可以得到4种不同的增益。其增益带宽积为250kHz，压摆率为20V/μs，可以满足放大器带宽的要求，但是PGA在本题目中难以实现10dB增益步进。

4)采用压控放大器VCA实现

压控放大器是一种输出等于输入电压和控制电压的乘积特殊放大器，通过改变控制电压，可以得到连续的增益控制。此类的芯片包括常用的AD603、VCA820、VCA822、VCA810等。其带宽一般都可以达到6MHz以上，增益范围40～60dB，通过两级级联的方式，足以满足题目对带宽和增益的要求。其控制电压可以通过精密的DAC获得，以VCA820为例，其电路设计如图10-7所示，其中V_{i+}和V_{i-}是输入差分信号，V_g是控制电压。考虑到本题的带宽有限，采用带宽较低的方案应该是更好的选择。

5)采用仪表放大器实现

单片仪表放大器(如AD620、INA128等)增益可以在1～1 000倍之间可调。通过前述的继电器或者模拟开关改变仪表放大器的增益控制电阻，从而改变放大器的增益。但是其单位增益带宽有限，在高增益的条件下，仪表放大器的带宽不能满足要求的放大器通频带特性，以AD620为例，其增益带宽积为1MHz，压摆率为1.2V/μs，根据对本题放大器的分析，单放大器设计的带宽要求为40MHz，因此，该方案不能满足设计需求。

6)采用乘法型DAC实现程控放大器实现

利用乘法型DAC内部精密的$R-2R$电阻网络，可以实现精密衰减器。先将输入的信号放大1 000倍，再将其作为DAC的基准电压，这时DAC作为一个程控衰减器。由于增益最高到1 000倍，因此至少需要一个12bit的DAC，其精度可达到1/4 095，可足以实现放大器的控制精度。另外，只需要选择合适速度DAC，实现对应本题的带宽要求。该方案不需要较多继

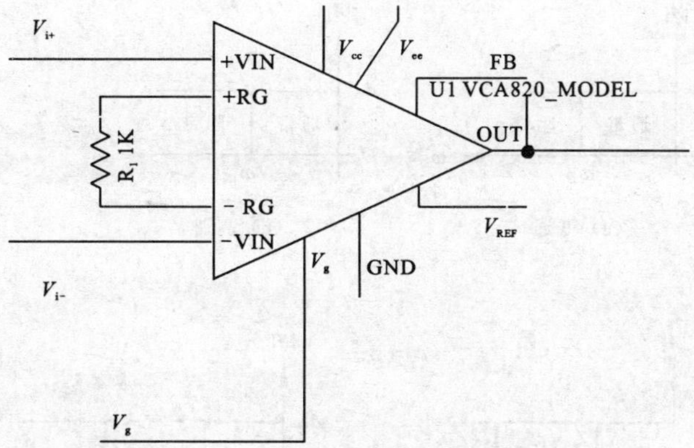

图 10-7 压控放大器 VCA820 电路原理图

电器和模拟开关，增益步进个数和范围远远高于其他设计，通过微调可以达到极高的放大器精度。硬件设计与其他方案相比复杂程度较低，调整方便。

综上所述，程控放大器可采用方案 6。前级采用精密仪表放大器对信号进行放大，可以抑制噪声提高信噪比，仪表放大器的高收入阻抗降低了对信号源驱动能力的需求，且增益调整方便；后级采用精密运放将信号进一步放大到 1 000 倍。程控衰减器采用 12bit 乘法型 DAC 实现增益控制。

10.2.2 程控滤波器设计

作为信号的加工与处理，滤波器是一类十分重要的电路。通常，将对特定频率信号具有选择性的网络统称为滤波器。一个理想的滤波器应当在要求的通带内具有均匀而稳定的增益，通带外则将信号衰减为零，其幅频响应接近矩形。滤波器的实现方式可分为模拟滤波器和数字滤波器。模拟滤波器可以分为连续时间滤波器和开关电容滤波器。本题要求在 1～20K 的音频信号范围内实现截止频率为 1kHz 的步进。从题目可知，低通滤波器 $2f_c$ 处放大器与滤波器的总电压增益不大于 30dB，高通滤波器 $0.5f_c$ 处放大器与滤波器的总电压增益不大于 30dB，由于前级增益为 40dB，因此，滤波器的衰减必须大于 10dB。由滤波器理论可知，单极点的滤波器其衰减在一个倍频程的是 6dB，两个极点的滤波器其衰减在一个倍频程的是 12dB，因此，滤波器至少为两阶才能满足衰减 10dB 的要求。

1)数字滤波器实现

数字滤波器具有设计简便、通用性好、便于 DSP 和 FPGA 实现的诸多优点，缺点在于其为数字采样系统，需要在前端和后端分别用 ADC 和 DAC 实现数字与模拟信号的相互变换。硬件设计相对比较复杂，程序设计和仿真工作量大。

2)模拟滤波器实现

模拟滤波器可以采用无源器件如电阻、电容和电感构成，一般用于频率大于 1MHz 的场合，低于此频率，通常用运算放大器和电阻、电容构成，称为有源滤波器。有源滤波器实际上是一种具有特定频率响应的放大器。通常有源滤波器分为低通滤波器(LPF)、高通滤波器(HPF)、带通滤波器(BPF)和带阻滤波器(BEF)。它们的幅度频率特性曲线如图 10-8 所示。

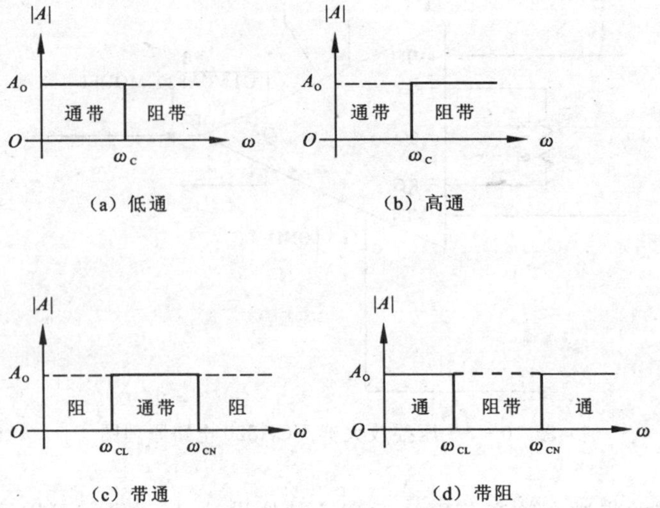

图 10-8　滤波器幅频特性

(1)通过改变模拟滤波器的阻容元件的参数得到所需的幅频特性。由于本题需要高通和低通两个不同幅频特性的滤波器,且截止频率可以通过程序控制调节。因此,首先可以给定大部分元件的参数值,留出一个参数需要改变的元件。然后计算出各个截止频率点对应的该元件的参数值,最后通过开关进行切换,从而实现滤波器参数的程控设置。但是这个方案对元器件精度比较敏感,当元件参数确定后很难进行调整。或者利用运算放大器和电阻、电容等分立元件构造低通和高通滤波器,然后通过继电器或模拟开关来切换不同的电阻值和电容值,借此改变滤波器的截止频率。该方案简单易行,但是为了达到系统的基本要求,必须设计 20 多套参数来进行切换,硬件复杂,可操作性不强。

(2)采用开关电容滤波器。与数字滤波器相比,该滤波器省去了量化过程,因而具有处理速度快、整体结构简单等优点。开关电容滤波器是由 MOS 开关、MOS 电容和 MOS 运算放大器构成的一种大规模集成电路滤波器。其特点如下:

①当时钟频率一定时,开关电容滤波器的特性仅取决于电容的比值。由于采用了特种工艺,这种电容的比值精度可达 0.01%,并且具有良好的温度稳定性。

②当电路结构确定之后,开关电容滤波器的特性仅与时钟频率有关,改变时钟频率即可改变其滤波器特性。

③开关电容滤波器可直接处理模拟信号,而不必像数字滤波器那样需要 A/D、D/A 变换,简化了电路设计,提高了系统的可靠性。

集成开关电容滤波器通常内置多种滤波器模块,通过外接少量电阻可以将各种模块配置为高通、低通、带通、带阻等常见形式,开关电容滤波器的滤波特性取决于电容比和时钟频率,只要精确控制时钟频率,便可以非常方便地调节滤波器的中心频率,由于其滤波器的截止频率由外部时钟决定,只要有一个稳定的外部时钟,滤波器的截止频率就可以保证精度。同时,为了校准元件误差,可以通过时钟频率的微调,改变滤波器的截止频率。但是此种方法不能实现对噪声和 Q 值要求较高的滤波器,且截至频率精度不是很高,在输入信号频率接近其输入时钟的一半的整数倍时，会出现“共振”现象，即输入信号与时钟信号产生混叠。除此之外，由于开关作用产生的开关噪声难以去除，特别是在高通输出的情况下。

常用的集成开关电容滤波器芯片有 MAX264/MAX262 等。以 MAX262 为例，该芯片是 Maxim 公司推出的双二阶通用开关电容有源滤波器，可通过微处理器精确控制滤波器的传递函数(包括设置中心频率、品质因数和工作方式)。它采用 CMOS 工艺制造，在不需外部元件的情况下就可以构成各种带通、低通、高通、陷波和全通滤波器。MAX262 芯片的工作频率为 1Hz～140kHz。当时钟频率为 4MHz 时，芯片可以对 140kHz 的输入信号进行滤波处理，输入信号的幅度范围为 0～+5V。

(3)采用状态变量滤波器实现程控。它使用两个积分器和一个加法器来产生二阶低通、带通和高通响应。其原理图如图 10－9 所示。

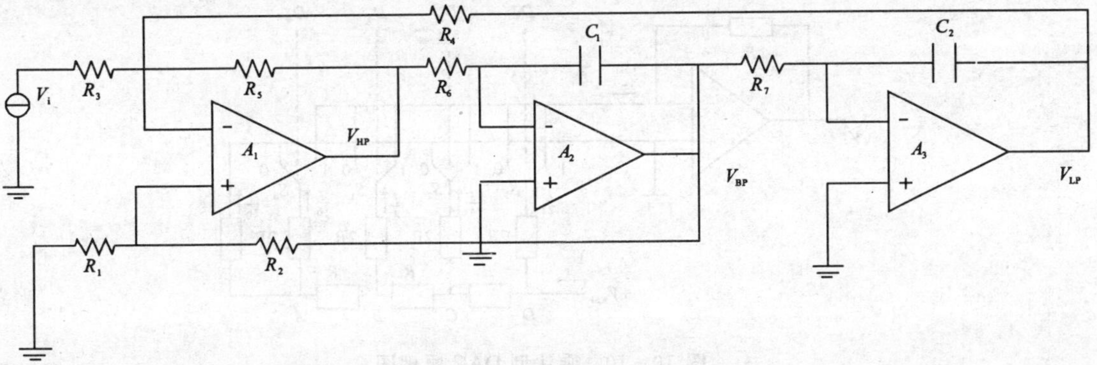

图 10－9　状态变量滤波器

$$V_{HP}=-\frac{R_5}{R_3}V_i-\frac{R_5}{R_3}V_{iLP}+(1+\frac{R_5}{R_3\parallel R_4})\frac{R_1}{R_1+R_2}V_{BP}$$

$$=-\frac{R_5}{R_3}V_i-\frac{R_5}{R_3}V_{iLP}+\frac{1+R_5/R_3+R_5/R_4}{1+R_2/R_1}V_{BP}$$

A_2 和 A_3 是两个积分器，

$$V_{BP}=-\frac{1}{R_6C_1S}V_{HP}$$

$$V_{LP}=-\frac{1}{R_7C_2S}V_{BP}$$

$$\frac{V_{BP}}{V_i}=-\frac{R_5}{R_3}\frac{R_4R_6C_1R_7C_2S^2/R^5}{R_4R_6C_1R_7C_2S^2/R_5+R_4(1+R_5/R_3+R_5/R_4)S/(1+R_2/R_1)R_5+1}$$

将这个式子表示成 $V_{HP}/V_i=H_{0HP}H_{HP}$ 的标准形式，可以得到 $H_{0BP}=-R_5/R_3$ 以及

$$\omega_0=\frac{\sqrt{R_5/R_4}}{\sqrt{R_6C_1R_7C_2}}$$

$$Q=\frac{(1+R_5R_5)\sqrt{R_5R_6C_1/R_4R_7C_2}}{1+R_5/R_3+R_5/R_4}$$

利用 $V_{BP}/V_i=(-1/R_6C_1S)V_{HP}/V_i$，表明 $V_{BP}/V_i=H_{0BP}H_{BP}$，因而可以得到 H_{0BP}，类似也可以得到

$$V_{LP}/V_i = H_{0LP}H_{LP}$$

$$H_{0HP} = -\frac{R_5}{R_3}$$

$$H_{0BP} = \frac{1+R_2/R_2}{1+R_3/R_4+R_3/R_5}$$

$$H_{0LP} = -\frac{R_4}{R_3}$$

从传递函数可知，状态变量滤波器是二阶滤波器，其衰减速率可达到 40dB，可以满足题目的要求。在电路中，只要改变电阻的值，就可以改变中心频率和 Q 值。而改变电阻的办法可以通过模拟开关/继电器切换的方式，但是更为简便的方式是通过乘法型 DAC 来得到所需的电阻值。电路图如图 10－10 所示，其原理参考 7.2.3 章节内容。

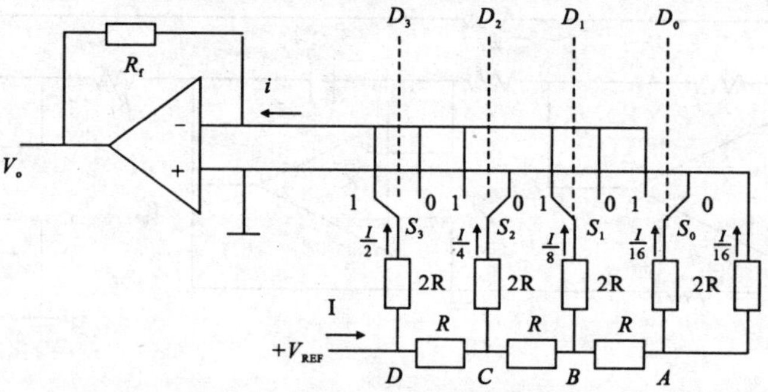

图 10－10　乘法型 DAC 原理图

其输出总电流为

$$i_{\Sigma} = \frac{I}{2}D_3 + \frac{I}{4}D_2 + \frac{I}{8}D_1 + \frac{I}{16}D_0 = \frac{V_{REF}}{2^4 R}(2^3 D_3 + 2^2 D_2 + 2^1 D_1 + 2^0 D_0)$$

由于一般乘法型 DAC 内部不包含运算放大器，将上式改写为

$$R_{eq} = \frac{V_{REF}}{i_{\Sigma}} = R \times 2^4 / (2^3 D_3 + 2^2 D_2 + 2^1 D_1 + 2^0 D_0)$$

从上式可以得到 V_{REF} 端到运放的反相输入端的等效电阻，DAC 可以通过改变输入的数字量 D_i 得到所需的电阻值，从而方便地实现滤波器的参数控制。

综上所述，程控滤波器可有多种实现方案，其中采用开关电容滤波器和状态变量滤波器都可以实现要求。考虑到开关电容滤波器的输入时钟需要采用 FPGA/CPLD 进行数控分频，FPGA/CPLD 需要接口与单片机获得所需的分频系数，系统结构较为复杂，因此，采用状态变量滤波器结构加上乘法型 DAC 实现程控滤波器，电路结构较为简单，且参数控制较为方便。

10.2.3　椭圆滤波器设计

1）用分立元器件构成无源滤波电路

分立元器件构成滤波器电路结构简单，但是不易匹配到所需要的电阻、电容，阶次越高电路越复杂，且噪声干扰较大。系统要求制作一个四阶椭圆型低通滤波器，带内起伏不大于 1dB，－3dB 通带为 50kHz，我们可以采用无源 LC 椭圆低通滤波器来实现。

从《电子滤波器设计手册》上查表得四阶椭圆无源滤波器在 $\theta=20°$，$\Omega_s=3.151$ 时，相应的归一化参数如下：

$$C_1=1.204\text{F}, C_2=0.06944\text{F}, L_2=1.213\text{H}, C_3=1.886\text{F}, L_4=0.8473\text{H}$$

取无源滤波器的端间匹配阻抗为 $R=560\Omega$，截止频率 $f_p=50\text{kHz}$ 代入公式：

$$C_n'=\frac{C_n}{2\pi f_p \text{R}} \quad L_n'=\frac{L_n R}{2\pi f_p}$$

其中，C_n、L_n 分别表示归一化的电容值、电感值；C_n'、L_n' 分别表示以 f_p 处为通带 3dB 衰减的低通滤波电路中所对应的电容值、电感值。

经计算结果如下：

$$C_n'=6.97\mu\text{F}, C_2'=249\text{pF}, L_2'=2.212\text{mH}, C_3'=10.823\mu\text{F}, L_4'=1.51\text{mH}$$

将上述值转换成标称值后，得到的电路原理图如图 10－11 所示。

图 10－12 是其在 Multisim 中的仿真波形。从仿真波形上看，该滤波器的通带波动宽度 $PRW=-20\log(1/1.078)\text{dB}=0.65\text{dB}$，截止频率为 50.65kHz，在 200kHz 处衰减 56.45dB，可以满足题目要求。

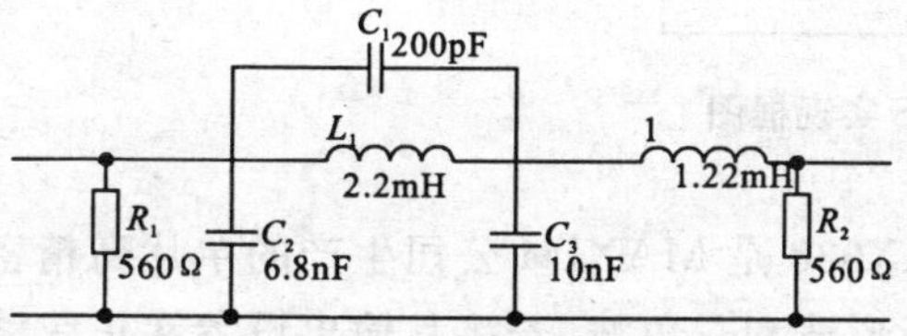

图 10－11　四阶椭圆低通滤波器原理图

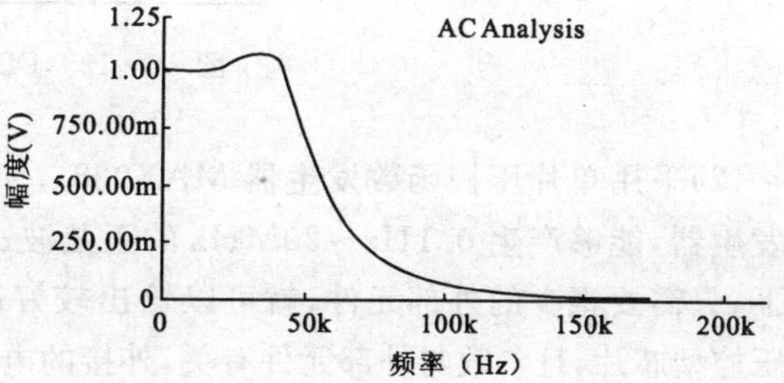

图 10－12　在 Multisim 中的仿真波形

2)采用集成滤波芯片

集成滤波芯片内部匹配有高精度的电阻、电容，外部只需连接几个电阻、电容即可构成所需的高阶次的滤波器。具体设计方案可以使用滤波器 CAD 软件，使用软件可以容易设计出符合要求的电路，参数计算等都由软件自行完成，方便快捷，而且还可根据实际对其设计出的电路参数进行调整。本设计采用 Linear 公司的集成滤波芯片 LTC1562 外接电阻、电容构成四阶椭圆低通滤波器，该公司提供了 FilterCAD 软件完成电路结构设计并给出具体的参数，同时可根据仿真结果确定是否满足设计要求，后面将简单介绍该软件的设计过程。

10.2.4　幅频特性测试仪设计

此部分设计需要信号源与幅值检测电路两部分组成。通过信号源输出扫频的正弦波信号，该信号通过被测网络后，再利用幅值检测电路对信号的峰值或者有效值进行测量，当获取足够多的频率点后，利用单片机控制点阵液晶画出被测网络简易的幅频特性。

1)信号源部分

(1)采用基于单片机和 FPGA 实现的 DDFS(直接数字频率合成)技术。其基本工作原理如图 10－13 所示，在系统时钟的激励下，按频率要求对相位增量进行累加，以累加相位值作为地址码，读取存放在存储器内的波形数据，经 D/A 转换、滤波即得所需波形。单片机通过置入不同的相位增量来实现对正弦波频率的控制。在理论上，只要累加器的位数足够多，就可以实现任意小的频率步进。但由于其时钟频率和 D/A 转换速率的限制，此方案不能将信号输出频率做到很高，难以实现宽频带要求。此方案可以灵活地发挥 DDS 技术频率范围大、可控制信号输出相位的特点，但需外接 D/A 转换器等外围器件，硬件结构复杂且设计工作量大。

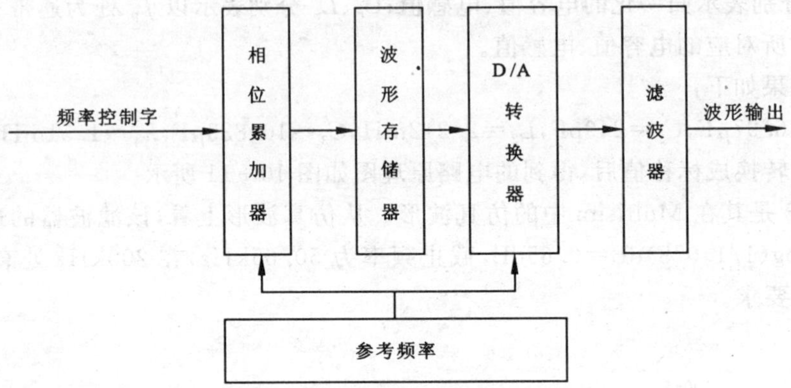

图 10-13　DDFS 实现框图

(2)采用单片压控函数发生器 MAX038。MAX038 是 MAXIM 公司生产的单片高精密函数发生器，能够产生 0.1Hz～20MHz 的正弦波、矩形波和三角波，若将其输出设置在正弦波模式下，只需要很少的外部元件，就可以输出较好高频特性、频率范围较宽的正弦波。但由于其为压控型芯片，且参数与外部元件有关，外接的电阻、电容对参数影响很大，因而产生的频率稳定性较差、精度低、抗干扰能力低，且成本较高，灵活性较差，在本设计中鉴于频率稳定度的限制。

(3)采用锁相式频率合成方案。锁相式频率合成是将一个高稳定度和高精确度的标准频率经过一定的运算产生同样稳定度和精确度的大量离散频率合成技术，如图 10-14 所示。此方案可在一定程度上解决既要频率稳定度精确又要频率在较大范围内可变的矛盾，但频率受 VCO 可变频率范围的影响，高低频率比不可能做得很高，难以实现宽频带的要求。

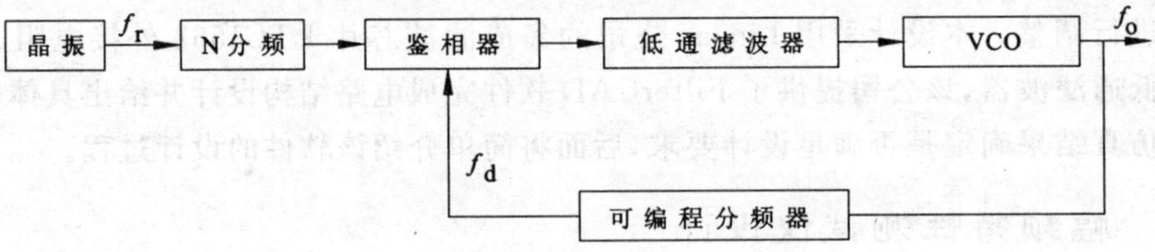

图 10-14　锁相式频率合成技术实现框图

(4)采用专用 DDS 集成芯片。此方案只需要少量外围器件，而且与可编程逻辑器件设计的 DDS 信号源相比，信号稳定性高，信号频率的步进和信号幅度控制方便。

此处选用单片集成 DDS 芯片 AD9851，该芯片是 AD 公司采用的 DDS 技术，推出的具有高集成度 DDS 电路的器件，内部有一个 32bit 的相位累加器、10bit 的高性能 D/A 转换器和一个高速比较器，可以实现全数字编程频率合成以及时钟发生功能。其内部框图如图 10－15 所示。AD9851 为单电源供电，功耗低，且接口电路简单，具有宽频带、高频率分辨率、相位可调等一系列优点。

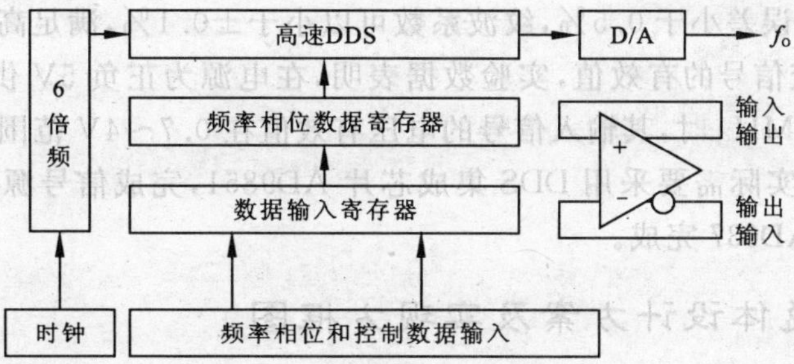

图 10－15　AD9851 内部框图

AD9851 内部集成的时钟 6 倍频降低了外部参考时钟频率，减小了高频辐射，提高了系统的电磁兼容能力。选用 AD9851 作本系统的核心发生模块，完全可以满足题目要求的输出信号在 1kHz～10MHz 频段具有优于 10^{-4} 的频率稳定度及步进 100Hz 的指标，故该信号源模块选用此方案。

2）幅值检测电路

幅值检测电路对于正弦波信号，可以测量其峰值或者有效值，两者之间是 1.414 的比例关系，因此，理论上都可以实现幅度测量。

(1)利用精密峰值检波电路。峰值检波电路由二极管电路和电压跟随器组成，如图 10－16 所示，其工作原理为：当输入电压正半周通过时，检波管 D_2 导通，对电容 C_1、C_2 充电，直到到达其峰值。三极管的基极由单片机或 FPGA 控制，产生 10μs 的高电平使电容放电，以减少前一频率测量对后一频率测量的影响，提高幅值测量精度。其中 D_1 为常导通，用以补偿 D_2

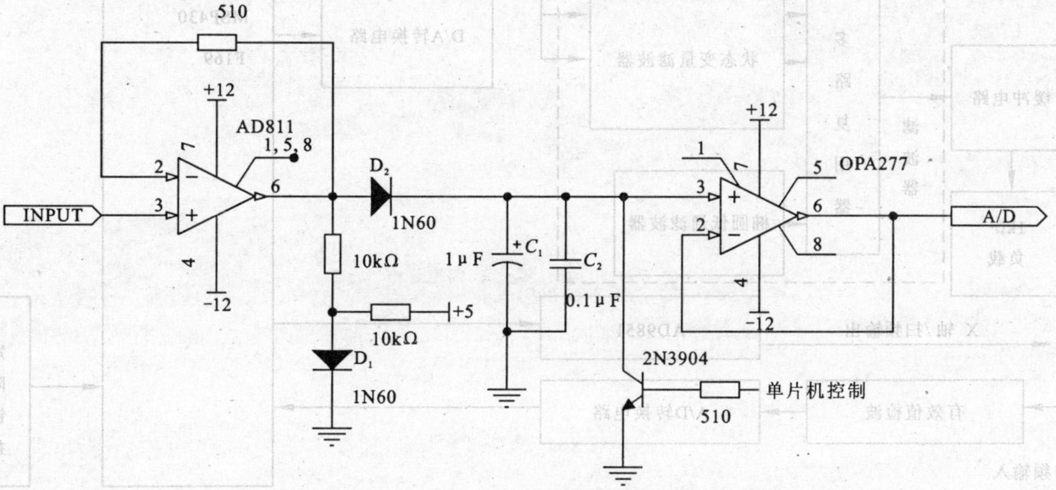

图 10－16　精密峰值检波电路

上造成的压降。电容 C_1、C_2 的取值需根据被测信号的频率合适地选取，此电路中的二极管使用高频二极管，可大大提高测量范围的频率上限。

(2)利用真有效值转换芯片。美国 ADI 公司的交直流专用转换芯片 AD637 来进行整流滤波，由于其元件的集成度比较高，所以可有效地克服小信号带来的误差。其最小输入信号可以达到 0.5mV，测量误差小于 0.5%，纹波系数可以小于±0.1%，满足高精度交直流转换。可以测出任意波形交变信号的有效值，实验数据表明，在电源为正负 5V 供电的情况下，当输入信号的频率不大于 2MHz 时，其输入信号的电压有效值在 0.7～4V 范围内能保证测量误差。

综上所述，根据实际需要采用 DDS 集成芯片 AD9851，完成信号源的设计。幅度测量采用有效值检测芯片 AD637 完成。

10.2.5　系统总体设计方案及实现方框图

根据前面的方案分析，确定最终的系统设计方案。系统数字部分主要包括单片机的放大器增益控制、频率特性测量与显示 3 个模块，模拟部分主要包括放大器、滤波器和幅频特性测试仪 3 个模块。放大器模块通过三级放大实现 0～60dB 的增益调节范围，滤波器包括由 TLC7528 和 LF353 构成的低通和高通滤波器以及自行设计的椭圆滤波器，幅频特性测试仪由 DDS 扫频信号源、有效值检波及 A/D 转换电路构成。详细的系统组成框图如图 10－17 所示。

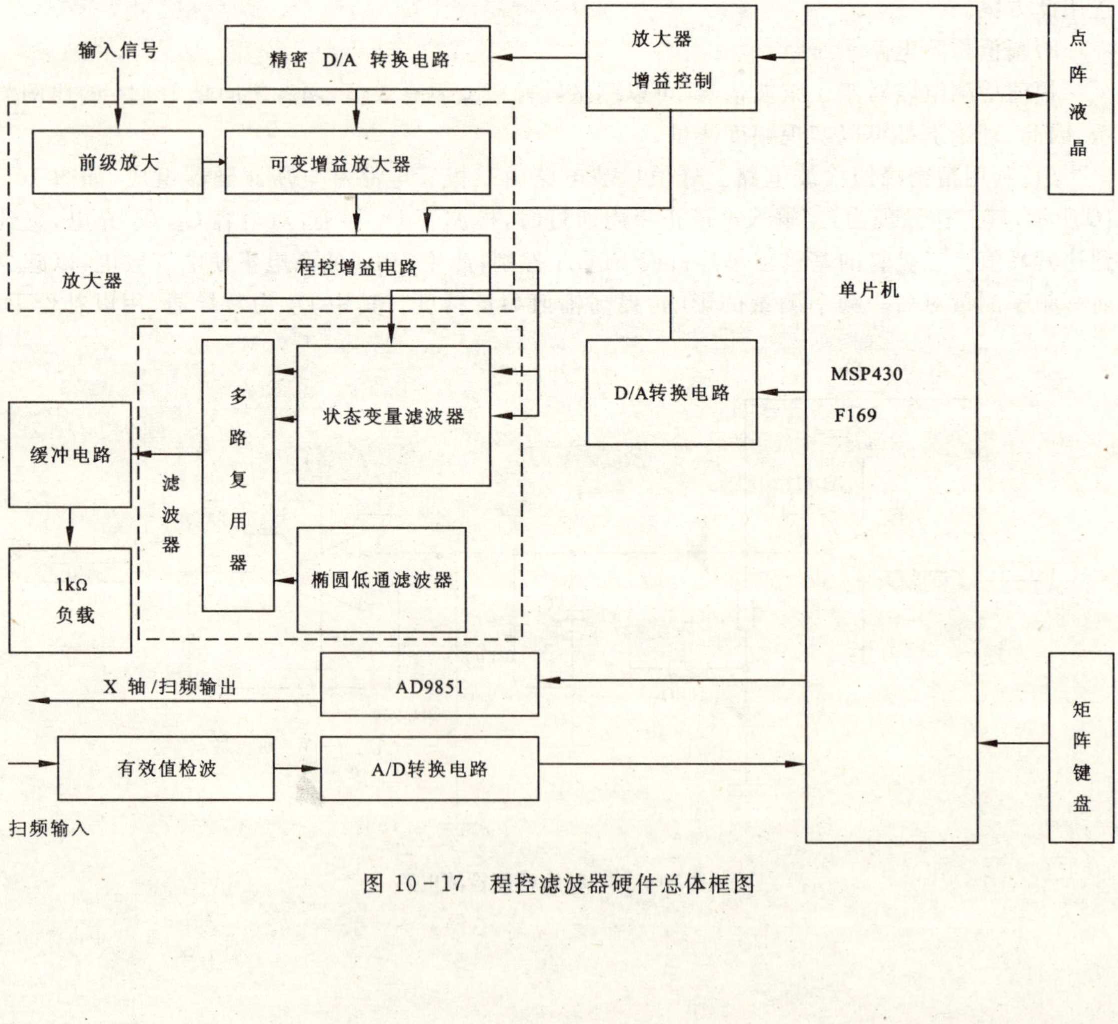

图 10－17　程控滤波器硬件总体框图

10.3　硬软件设计

10.3.1　程控放大器电路

放大器首先采用精密仪表放大器 INA128 和高精度运放 OPA27 固定放大 40dB，提高整个放大器的信噪比；然后利用数模转换器 DAC8811 和运算放大器 OPA606 分别作后级衰减和放大，以实现增益从 0 到 60dB 可调。题目要求通频带为 100Hz～40kHz，放大器输出电压无明显失真。INA128 是低功耗高精度的通用仪表放大器，在高增益条件下（$G=100$ 时为 200kHz）也可提供较宽的带宽，采用单个外部电阻可实现从 1 至 10 000 的任一增益选择。由于 INA128 的带宽有限，采用单级 INA128 难以达到题目要求。需要后级采用运算放大器获得更高的增益，这里选择 OPA27 精密放大器，其基本参数为：输入失调电压 100μV、输入偏置电流 80nA、输入失调电流 75nA、增益带宽积 8MHz，可以看出，OPA27 为高带宽精密放大器。通过采用 INA128 与 OPA27 进行级联，一方面可以有效地抑制噪声，另一方面也增大了通频带。电路图如图 10－18 所示。

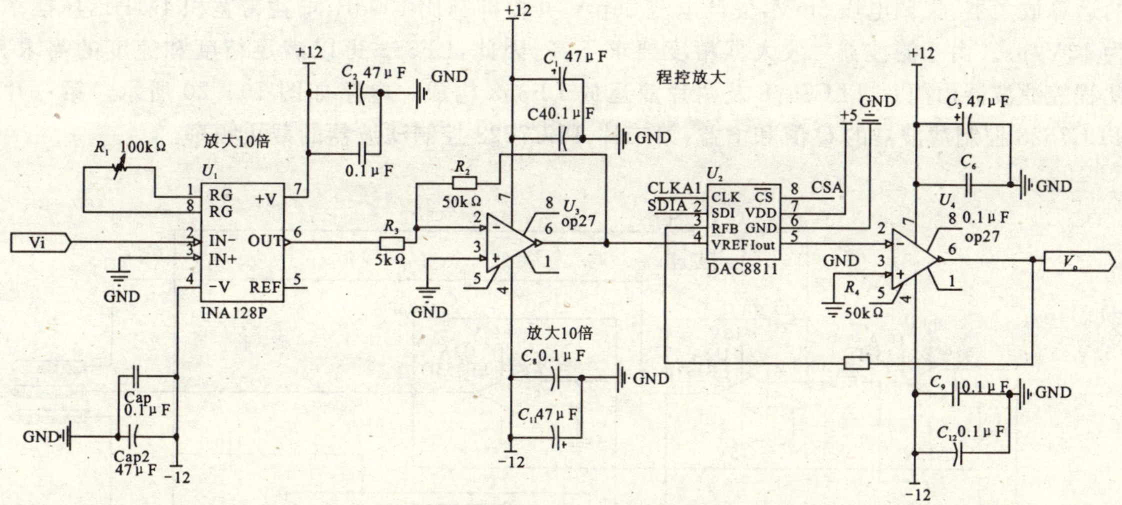

图 10－18　程控放大电路图

数模转换器 DAC8811 为 16 位高精度乘法型 D/A 转换器，其基本参数如下：±0.5LSB 差分非线性、±1LSB 积分非线性、超低噪声 12 nV/$\sqrt{\text{Hz}}$、50MHz 串行接口，带宽 10 MHz，其基准电压引脚可以输入负电压，这样就避免了需要将交流信号加偏置的电路，同时其带宽可以达到 10M，从以上参数和题目要求对比，该芯片足以满足题目对精度的要求。另外和单片机的接口只要 CS、SDI 和 CLK 三根线，节省了单片机的端口资源。其时序图如图 10－19。

在单片机程序中，只需要利用 3 个端口模拟 DAC8811 的时序，就可以实现 DAC 的输出控制。DAC8811 的驱动程序见系统软件设计部分。

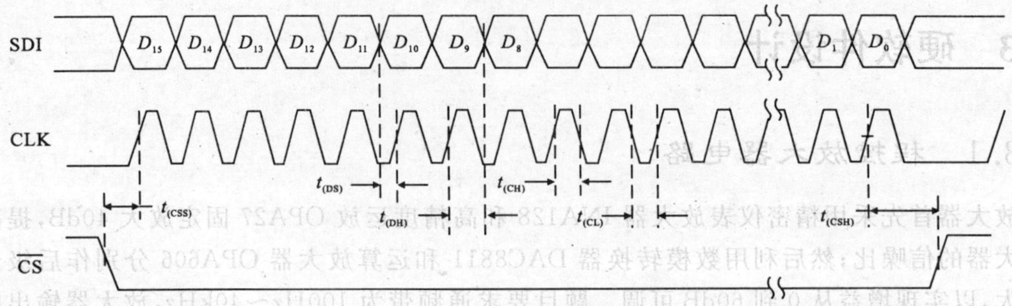

图 10－19　DAC8811 接口时序图

10.3.2　状态变量滤波器设计

状态变量滤波器采用 TI 公司的乘法型 D/A 转换器 TLC7528 和运算放大器 LF353 组成多状态变量滤波器，并通过对链路的电阻值进行改变来实现程控滤波器。电路图如图 10－20 所示，TLC7528 是双 8 位 D/A 转换器，线性误差为±1/2LSB，上升时间 $t_s=100\text{ns}$，按照 $f\leqslant 0.35/ts$ 计算最高频率，精度和频率均可以满足滤波器的需求。LF353 是高带宽双 JFET 输入的运算放大器，失调电压 5mV，失调电流 25pA，共模抑制比 100dB，增益带宽积 4MHz，压摆率为 13V/μs。由于滤波器对放大器精度要求不高，因此，LF353 可以满足精度和速度的需求。此程控滤波器由两片 TLC7528 及两片双运放 LF353 构成。电路如图 10－20 所示。第一片 TLC7528 控制滤波器的 Q 值和增益，第二片 TLC7528 控制滤波器的截止频率。

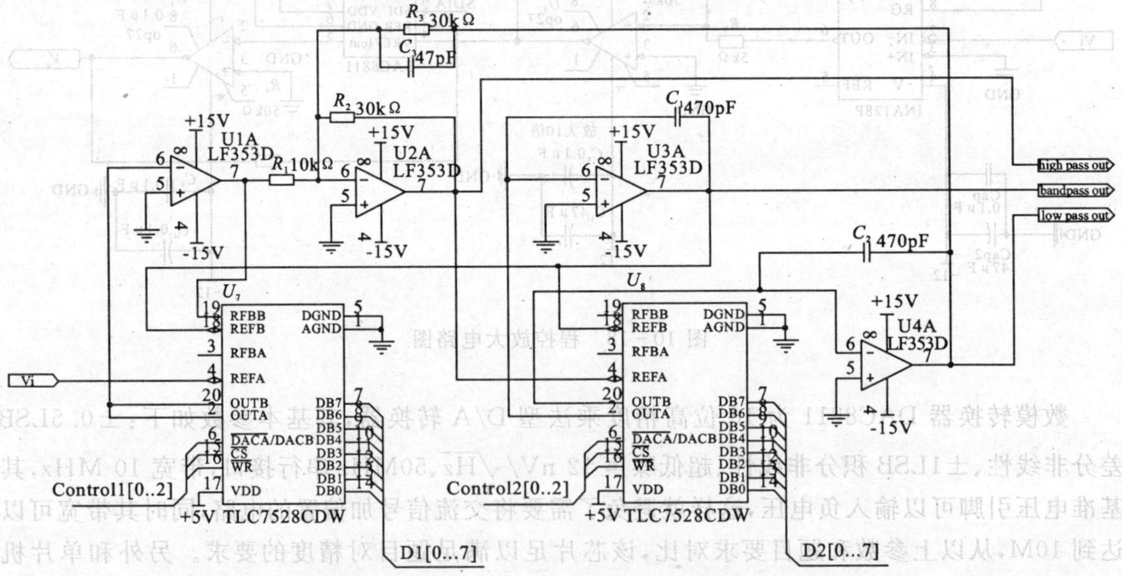

图 10－20　状态变量滤波器电路图

将电路中的电容设为相等值即 $C_1=C_2$，电阻 $R_2=R_3$。若设单片机控制其中一片 TLC7528 使之两个电阻网络的电阻值分别为 R_s、R_f，另一片的两个电阻网络的电阻值分别为

R_1、R_2，则品质因数：

$$Q=\frac{R_3}{R_4}\times\frac{R_F}{R_{FBBI}}$$

增益为
$$A=-\frac{R_F}{R_S}$$

滤波器的截止频率为
$$f_c=\frac{1}{2\pi R_1 C_1}$$

10.3.3　四阶椭圆低通滤波器设计

根据方案讨论中采用 LTC1562 作为椭圆滤波器核心器件，LTC1562 是 Linear Technology 公司推出的单片连续时间通用有源滤波器，具有超低噪声、不需外部时钟信号等特点。该芯片上有 4 个二阶滤波器，可以用来组成 2 个四阶或者 1 个八阶低通、带通、带阻、高通、全通滤波器。其主要特点为中心频率 10～150kHz，精度为 0.5%。带宽、Q 值及增益均可用电阻进行调节，且不需要时钟。因此，没有开关电容滤波器存在的高频噪声影响，并且通过该公司的 FilterCAD 可方便灵活地设计各种不同类型的滤波器。对应本题要求的椭圆滤波器设计过程，当 FilterCAD 启动后出现快速设计和增强设计，我们第一步选择快速设计，如图 10－21 所示。

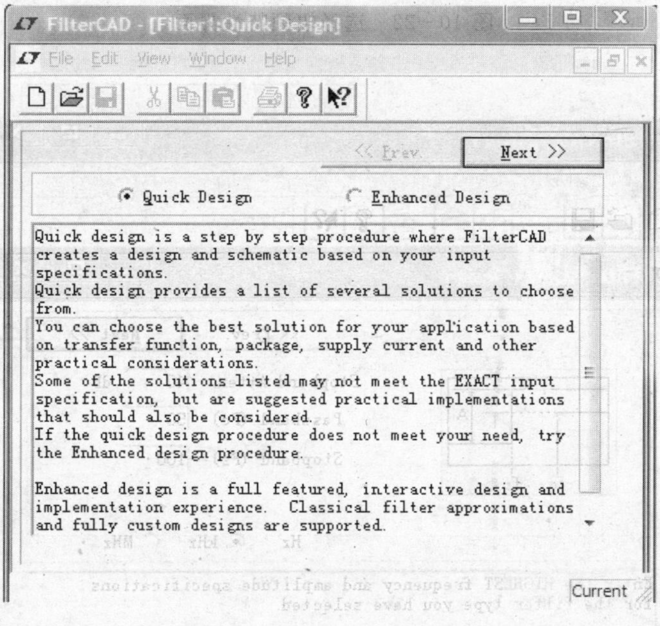

图 10－21　FilterCAD 启动界面

第二步选择滤波器的幅频特性，这里选择低通滤波器，如图 10－22。

第三步选择滤波器的参数，包括通带截止频率、阻带频率和衰减，如图 10－23 所示。

第四步选择线性相位和直流精度，我们按照默认值，如图 10－24 所示。

第五步选择电源供电电压，如图 10－25 所示。

第六步选择可用的芯片，这里选择 LTC1562，如图 10－26 所示。

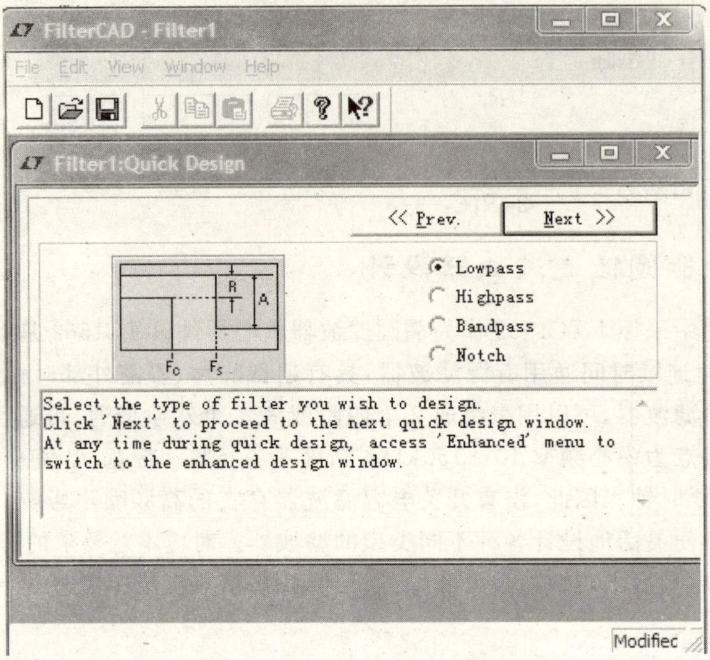

图 10-22　选择幅频特性界面

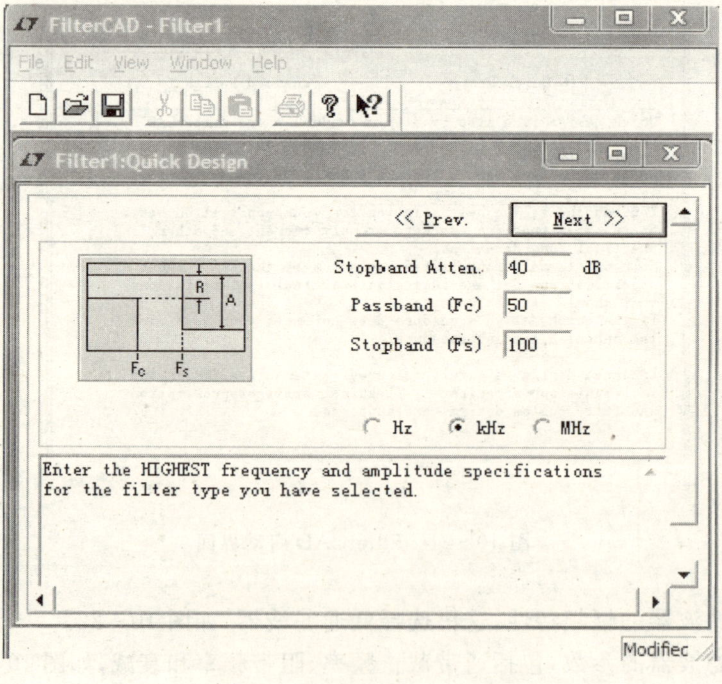

图 10-23　选择幅频特性参数

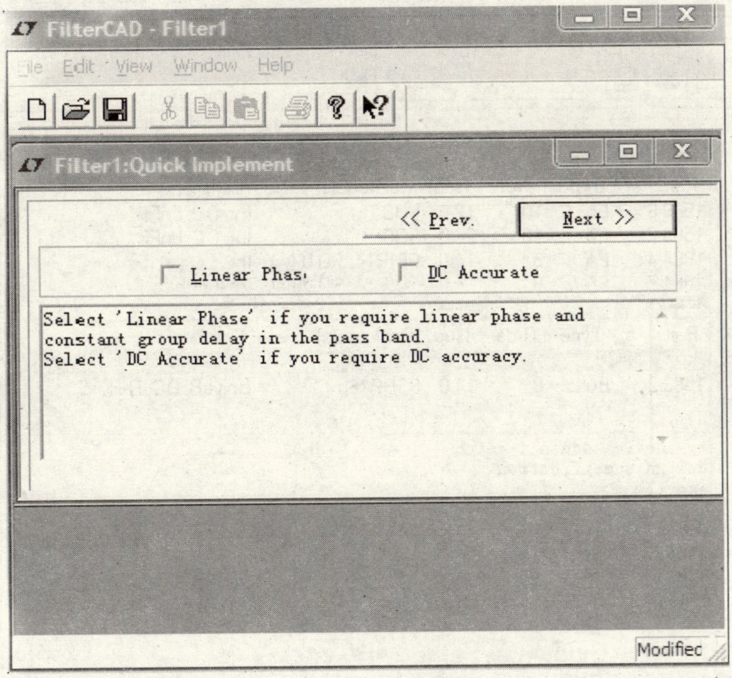

图 10-24　选择线性相位和直流精度

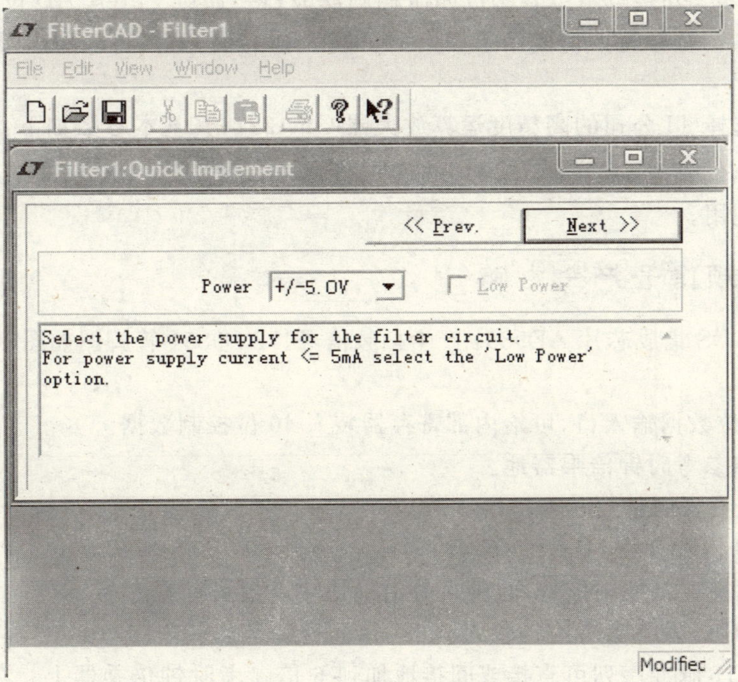

图 10-25　选择电压供电电压

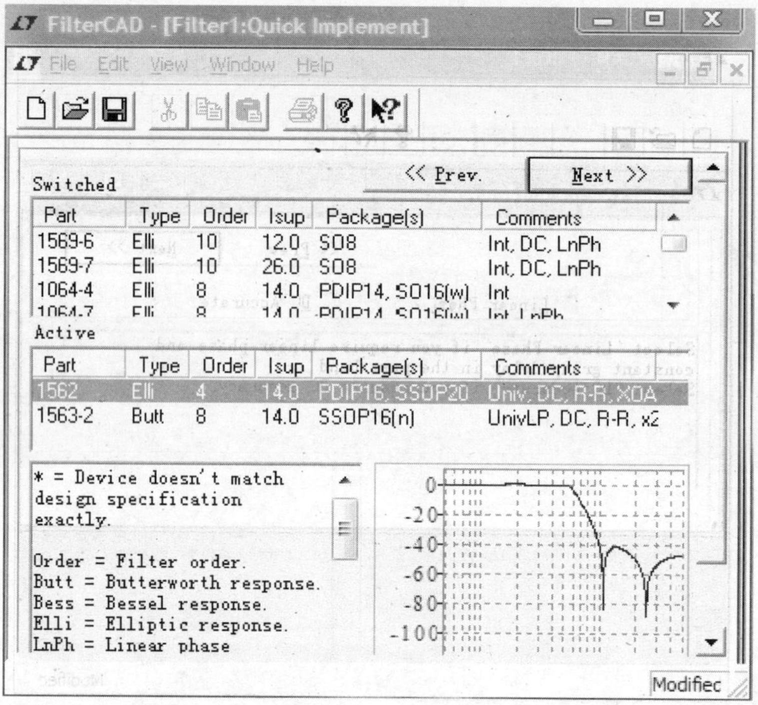

图 10-26 选择可用器件

采用 LTC1562 外接电阻电容构成四阶椭圆滤波器。通过 FilterCAD 设计完成后的具体电路见图 10-27。幅频特性仿真结果如图 10-28 所示，从仿真图可以看出幅频特性可满足题目的要求。

其中运放选择 TI 公司的高精度运算放大器 OPA227，其基本参数如下：失调电压 $75\mu V$，失调电流 10nA，低噪声 $3nV/\sqrt{Hz}$，共模抑制比 138dB，增益带宽积 8MHz，压摆率 $2.3V/\mu s$，非常适合在此使用。

10.3.4 扫频信号产生电路

采用专用 DDS 集成芯片 AD9851 产生扫频信号。AD9851 管脚图如图 10-29 所示，各引脚功能如下：

$D_0 \sim D_7$：8 位数据输入口，可给内部寄存器装入 40 位控制数据。

PGND：6 倍参考时钟倍乘器地。

PVCC：6 倍参考时钟倍乘器电源。

W_CLK：字装入信号，上升沿有效。

FQ_UD：频率更新控制信号，时钟上升沿确认输入数据有效。

FREFCLOCK：外部参考时钟输入。

CMOS/TTL：脉冲序列可直接或间接地加到 6 倍参考时钟倍乘器上。在直接方式中，输入频率即是系统时钟；在 6 倍参考时钟倍乘器方式，系统时钟为倍乘器输出。

AGND：模拟地。

AVDD：模拟电源（+5V）。

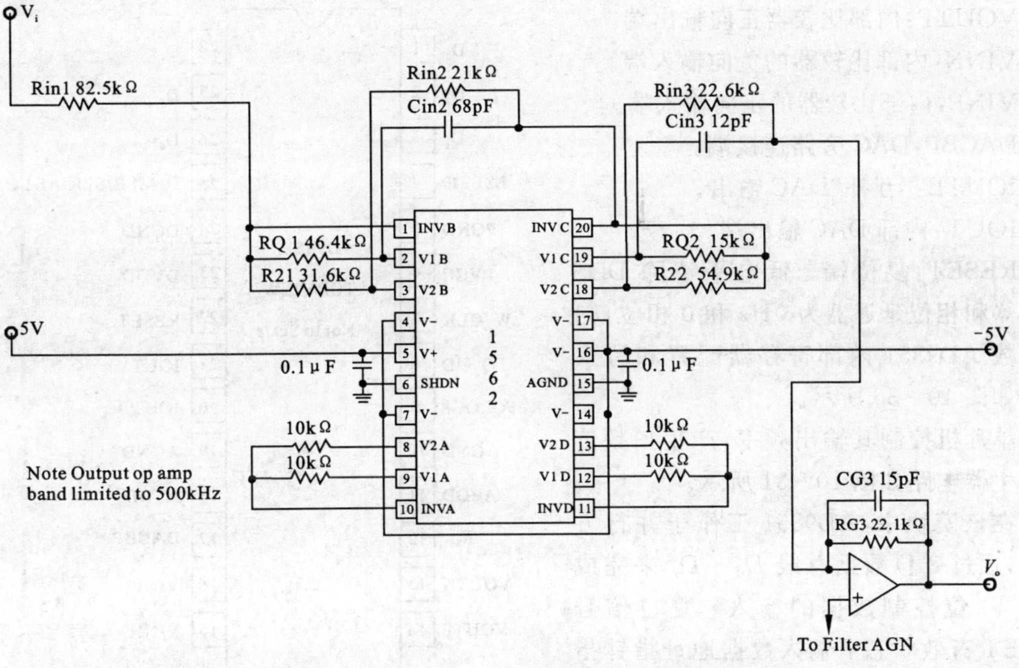

图 10－27　椭圆滤波器电路图

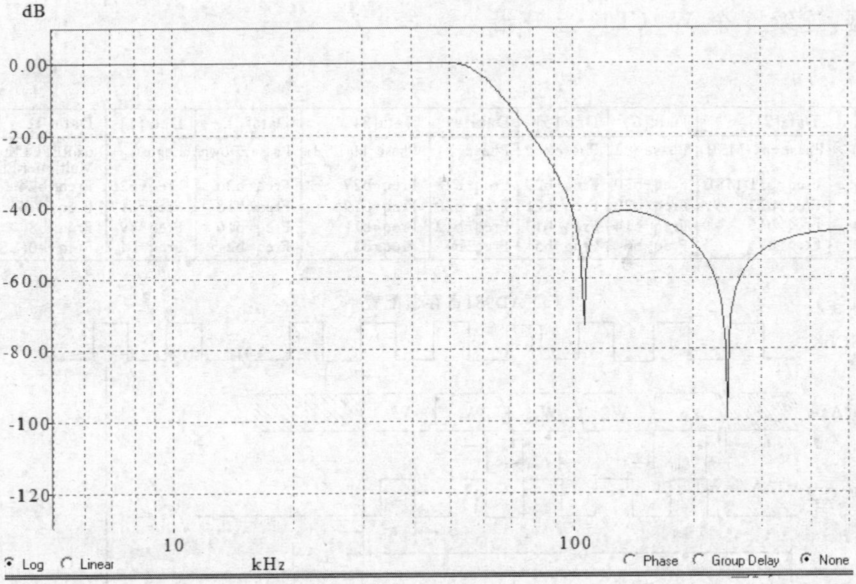

图 10－28　椭圆低通滤波器幅频特性仿真

DGND：数字地。

DVDD：数字电源(＋5V)。

RSET：DAC 外部参考电阻连接端。

VOUTN：内部比较器负向输出端。

VOUTP：内部比较器正向输出端。

VINN：内部比较器的负向输入端。

VINP：内部比较器的正向输入端。

DACBP：DAC 旁路连接端。

IOUTB："互补"DAC 输出。

IOUT：内部 DAC 输出端。

RESET：复位端。低电平清除 DDS 累加器和相位延迟器为 0Hz 和 0 相位，同时置数 AD9851 内部寄存器配置和写入时序如图 10－30 所示。

单片机控制其输出频率，产生扫频信号发生器电路如图 10－31 所示。

在该模块中，AD9851 工作于并行方式下，通过 8 位数据总线 $D_0 \sim D_7$ 来完成全部 40 位控制数据的输入。复位信号 RESET 有效状态下输入数据地址指针指向第一个输入寄存器，W_CLK上升沿写入第一组 8 位数据，并把指针指向下一个输入寄存器，连续 5 个 W_CLK 上升沿

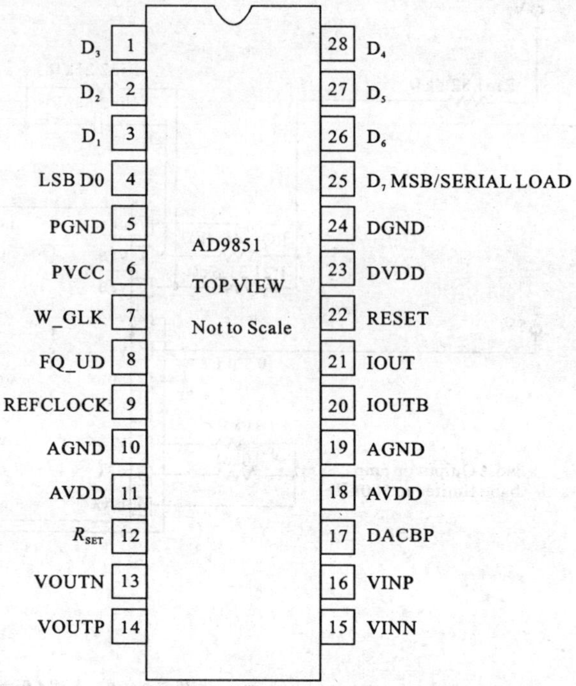

图 10－29　AD9851 引脚图

Word	Data[7]	Data[6]	Data[5]	Data[4]	Data[3]	Data[2]	Data[1]	Data[0]
W0	Phase-b4(MSB)	Phase-b3	Phase-b2	Phase-b1	Phase-b0(LSB)	Phase-Down	Logic 0	6x REFCLK Multiplier Enable
W1	Freq-b31(MSB)	Freq-b30	Freq-b29	Freq-b28	Freq-b27	Freq-b26	Freq-b25	Freq-b24
W2	Freq-b23	Freq-b22	Freq-b21	Freq-b20	Freq-b19	Freq-b18	Freq-b17	Freq-b16
W3	Freq-b15	Freq-b14	Freq-b13	Freq-b12	Freq-b11	Freq-b10	Freq-b9	Freq-b8
W4	Freq-b7	Freq-b6	Freq-b5	Freq-b4	Freq-b3	Freq-b2	Freq-b1	Freq-b0(LSB)

(a) AD981寄存器配置

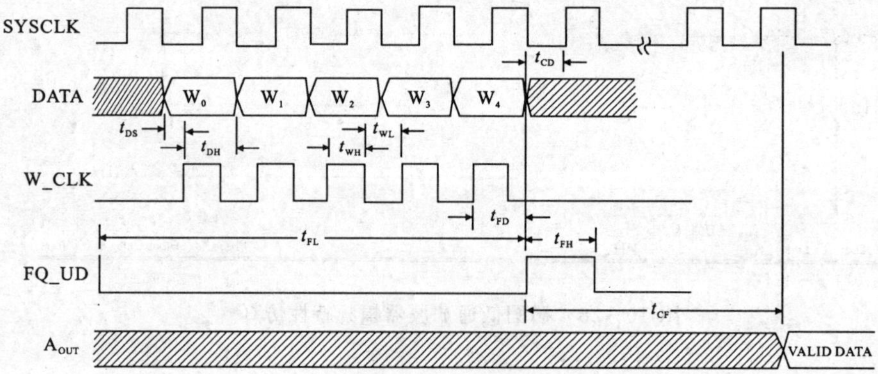

(b) AD9851写入时序图

图 10－30　AD9851 寄存器配置与时序图

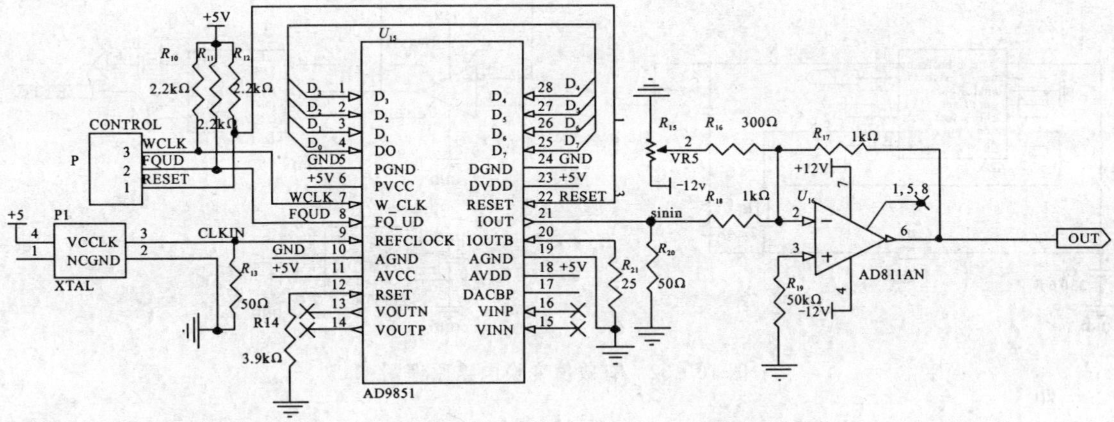

图 10－31　AD9851 扫频信号发生器电路原理图

后，即完成全部 40 位控制数据的输入，当 FQ_UD 上升沿到来时从输入寄存器倍存入的 40 位数据会从输入寄存器被写入频率和相位控制寄存器，更新 DDS 的输出频率和相位，同时把波形表的数据 D/A 转换输出。AD9851 驱动程序参考 10.3.6 章节。图 10－31 中采用 AD811 电流模运算放大器实现反相加法器，用于消除 AD9851 输出的正弦波的直流偏置，这里采用的是直流耦合，保证在直流到 30MHz 带宽范围内输出信号不会产生衰减。

AD811 是一片电流负反馈运算放大器，其闭环带宽由反馈电阻所决定。可以通过改变反馈电阻值来调整带宽，通过改变取样电阻值来调整增益。各种常用的闭环增益和供电电压下电阻的推荐值参考数据手册。其 140MHz 带宽(3dB，$G=+1$)，120MHz 带宽(3dB，$G=+2$)，35MHz 带宽(0.1dB，$G=+2$)，具有 2 500V/μs 转换率，0.1%的建立时间为 25ns，3mV 最大输入失调电压；±5V 和±15V 供电。这里采用 AD811 主要考虑到 AD9851 最高可输出 180MHz 正弦波，为使得 AD9851 设计的 DDS 模块通用化使用 AD811 实现高速信号放大。

10.3.5　真有效值转换部分

真有效值转换部分由 AD637 构成，AD637 对滤波器输出的信号进行有效值转换，然后通过 ADS1286 对转换的有效值进行模数转换后输出给单片机，单片机将此值进行处理后在 12864 液晶上显示出来，即画出幅频特性曲线。真有效值转换部分如图 10－32 所示。

其中 ADS1286 是美国 BURR－BROWN 公司生产的 12 位微功耗 A/D 转换芯片，其供电电流仅为 250μA，采样率为 20kHz，提供了一个用于两线或三线接口通信，并与 SPI 或 SSI 兼容的串行接口。本题的幅频特性测试对精度要求不高，12 位的精度足以满足信号幅度测量的要求，另外其转换速率也可以匹配 DDS 芯片 AD9851 扫频的速度要求，其引脚少，硬件设计简单。非常适合在低速的数据采集领域。ADS1286 内部框图如图 10－33 所示，其中 V_{REF} 为参考电压输入端；＋IN、－IN 分别为同相反相输入端；CS/SHN 为片选端/低功耗模式选择，当该引脚出现低电平时，芯片片选有效，当该引脚为高电平时为低功耗模式；DOUT 为串行数据输出端；DCLOCK 为时钟输入端；V_{cc} 为电源。

ADS1286 的工作时序如图 10－34 所示，上电后，SHDN 端置于高电平，此时片选无效，DCLOCK 端时钟信号输入被禁止，DOUT 端呈现高阻状态。CS/SHDN 端电平发生由高到低

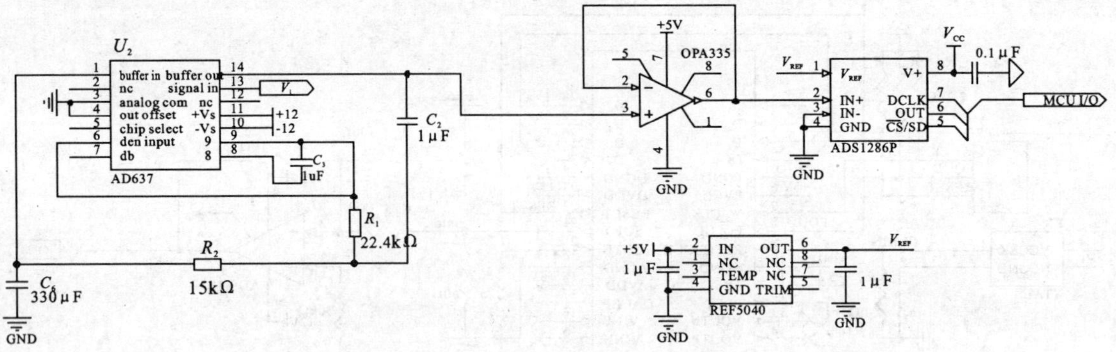

图 10 - 32　有效值变换电路原理图

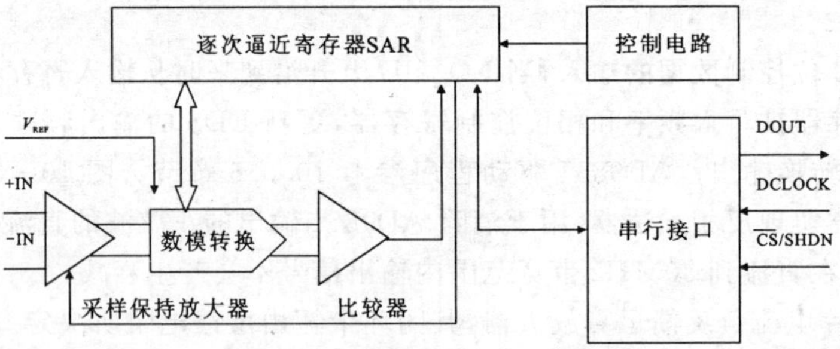

图 10 - 33　ADS1286 内部框图

的变化后，片选有效，A/D 采样时序开始，经过延迟时间 t_{CSD}，时钟信号允许接入 DCLOCK 端，在片选有效后，从第二个时钟信号开始进入 A/D 转换时序，DOUT 端脱离高阻状态，并在每个时钟信号的下降沿输出同步数字序列，在先输出一个无效位(NULL BIT)后，接下来的 12 个时钟信号每个信号的下降沿 DOUT 端从高位(MSB)开始输出 12 位 A/D 转换结果，并在每个时钟信号的上升沿锁存这 12 位 A/D 转换结果。ADS1286 驱动程序按照其时序图利用端口模拟，参见后面的软件设计程序。

图 10 - 32 中运算放大器 OPA335 为超低漂移、低失调、单电源 CMOS 运算放大器，采用

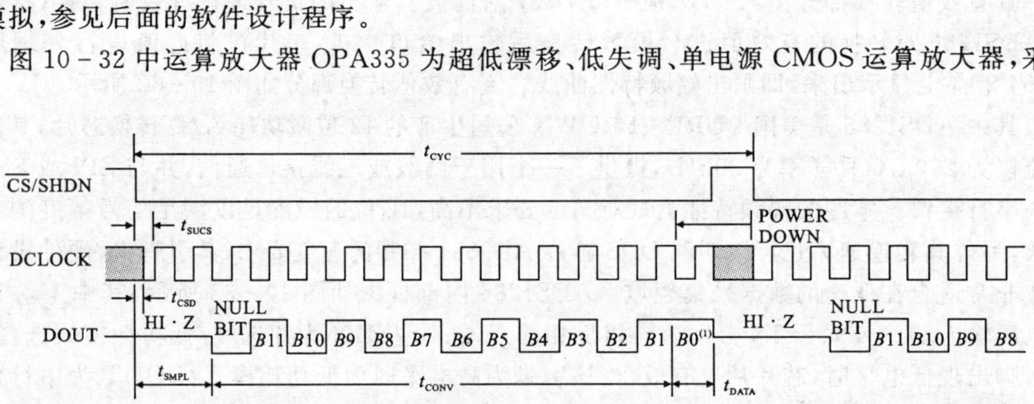

图 10 - 34　ADS1286 时序图

自动置零技术，以便在时间推移和温度变化的情况下同时实现非常低的失调电压和近零漂移。提供了高输入阻抗和轨至轨输出摆幅。低失调电压 5μV（最大值）；零漂移 0.05μV/℃（最大值）；用于驱动 ADS1286 非常合适。REF5040 为高精度基准源，提供给 ADS1286 作为基准电压。REF5040 具有 3μV 低噪声，8ppm/℃ 低漂移，输出电压为 4.096V，作为 12bit 的 ADS1286 的基准源，ADC 转换结果可以不需要修正。

10.3.6　系统软件设计

本系统的软件程序相对独立简单，模块之间相互独立工作，由按键的键值进入相应的工作界面。

在放大器增益控制设置工作界面，按键设置 DAC8811 进行衰减实现增益步进，在滤波器工作模式下，通过按键控制继电器的通断来完成低通滤波器和高通滤波器的切换，在幅频特性测试仪工作模式下，进行幅频特性测试。

主程序流程图如图 10－35 所示。

本系统采用 msp430f169 单片机作为控制部分，该单片机拥有 16 位超低功耗 MCU，具有 60kB 闪存、2048B RAM、12 位 ADC、双 DAC 等外部设备，完全可以满足题目的需要。根据第

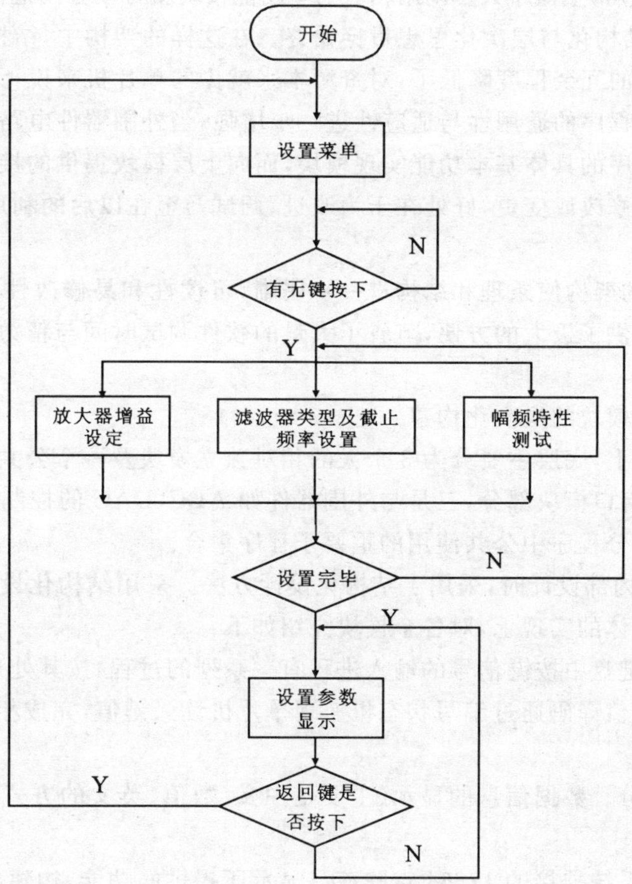

图 10－35　程序流程图

6 章的介绍，通过对单片机扩展 4×4 键盘和串行接口的 12864 液晶显示器，可以方便地实现人机接口。

1)程序设计的指导思想及风格

程序作为单片机的控制核心，除了要完成基本的功能外，还要有良好的用户界面，同时还要考虑较好的适应性、通用性，以最大限度地方便调试阶段的修改与调整。故在程序的编制中除了注重结构化设计外，还要注重层次化设计。

良好的用户界面，主要指用户在功能跳转、输入数据参数时能很方便地输入、修改、取消。为此，程序必须充分结合并使用现有的键盘与显示资源，以提供一个较合理的用户界面。

结构化设计，主要是指同种或相似功能归并到一个相对独立的子程序中完成。具体即把整个系统分为若干个子系统，再由单个子系统分解出一个个具体的功能模块。对一个个具体的功能进行编码。

层次化设计，此次的程序设计中，主要是指在构建各个子系统中所采用的设计方法。具体指把底层的硬件接口处理编制为独立底层子程序，并向上提供处理的数据且对上层功能模块屏蔽底层硬件接口部分；而相应基本功能模块利用底层处理子程序处理的数据、不直接与硬件相关，并向上层全功能模块提供处理后的数据；交互等全功能模块再利用基本功能模块提供的接口构建完成本模块功能；最后，主程序只要调用相关的全功能模块就可以方便地构建出系统。

整个编程过程，结构化与层次化思想贯穿始终。在这样的架构中，结构化使程序的可读性提高的同时也把程序的冗余程度降低了，对资源本来就少的单片机来说，无疑是个很有意义的方法；而层次化，则使程序的通用性与适应性进一步增强，当外围器件电路改变时，只要改动最底层的独立接口子程序的具体基本功能实现模块，而向上层模块提供的接口不变，这样也就免去了对上层子程序的修改或变更，好处在于为改进、调试乃至在以后的利用中都提供了极好的条件。

实践证明，这样的架构使条理和结构进一步明晰，可读性和易修改性也随之大大提高，同时为调试中的修改提供了极大的方便，节省了大量的软件调试时间与精力，加速了系统的设计速度。

2)子系统功能及模块的层次化构建

系统软件的实现上，底层主要分为 3 个大的相对独立模块及一个公共模块：一是键盘接口模块部分，二是显示接口模块部分，三是与外围器件如 ADC、DAC 的控制接口模块部分；公共模块不属于上面 3 部分程序中公共使用的重要子程序集合。

3 个基本部分在内部设计时，采用了结构化设计方法。采用结构化设计的同时，也采用了层次化的设计。在具体的实现上，对各个模块介绍如下：

(1)键盘接口。键盘中按键信号的输入进程有一系列的过程，按其处理流程来分层。

键盘的扫描和键值译码通过编写状态机实现单片机读入键值，完成相应的数据输入、状态跳转。

(2)显示接口部分。数据信息的显示(主要是中文、数值、英文的方式)依据功能的逐渐增强来分层。

首先，根据当前系统挂接的 12864 点阵液晶显示所提供的功能，构建出“清屏”、“写一个命令字”、“写一个命令一个数据”、“写一个命令两个数据”、“控制字初始化”、“任意长整形数据十进制表示位解析并刷入显示缓冲”等最底层功能接口；然后，在有了这些简单、实用的子程序的基础上，再在上面扩展"在任一行写字符"、"在任一坐标描点"、"汉字字库生成"、"任一位置写汉字"等功能强大的子程序。

(3)控制接口部分。单片机通过静态口资源控制并行或者串行接口的外围器件，如 ADC、DAC 等。

3)相应子系统的应用功能程序

在底层的基础上，构建具有应用功能的程序。本设计方案中，功能子程序主要有：

(1)菜单显示程序。本设计中，我们实现的 6 种功能，每一功能部分都需要有相应的菜单指示和操作界面，设计中，我们将各种菜单状态分层，以状态字标明当前状态，这样菜单显示就能根据当前状态在屏幕上显示出相应的字符，同时在状态切换时，菜单显示也能方便地响应，这一程序是建立在对 12864LCD 显示器基本操作和对键盘响应等底层程序上的。

(2)低通、高通频率设定程序。这些功能中的频率或中心频率的设定都是通过对 TLC7528 输出数字量，从而实现对状态滤波器参数的改变。

(3)幅频特性测试程序。通过对 AD9851 频率和相位控制字的控制，输出一个频率逐步递增的正弦波给被测网络，即对被测网络进行扫频。被测网络的输出通过 AD637 转换为有效值，再经过 ADS1286 转换为数字信号，保存在数组中，当扫频结束后，单片机将该数组按照顺序在液晶上画点，从而得到被测网络的幅频特性。

4)部分驱动程序

限于篇幅，以下给出了 DAC8811、AD9851 及 ADS1286 这 3 部分的驱动程序，供大家参考。

(1)DAC8811 驱动程序。

```
/*******************************
* 名称:void DAC8811_Init()
* 功能:初始化 DAC8811
* 入口参数:无
* 出口参数:无
* 说明:
*****************************************/
void DAC8811_Init()
{
    DAC8811_CSON;
    DAC8811_CLKOFF;
}

/*****************************************
* 名称:void DAC8811_Control(u16 SendData)
* 功能:向 DAC8811 发送 16 位数据
* 入口参数:Data  将要发送的 16Bits 数据
* 出口参数:无
* 说明:DAC8811 可用于程控放大和衰减，也可直接用作 DAC，不管用于哪种，该
        函数均可用于发送数据
*****************************************/
void DAC8811_Control(u16 SendData)
```

```
{
    u8 i;
    DAC8811_CSOFF;              //芯片使能
    for(i=0;i<16;i++)
    {
        if((SendData<<i)&0x8000)      //高位在前
            DAC8811_DATAON;
        else
            DAC8811_DATAOFF;
        DelayUs(1);
        DAC8811_CLKON;              //上升沿锁存数据
        DelayUs(1);
        DAC8811_CLKOFF;
    }
    DelayUs(2);
    DAC8811_CSON;
}
```

(2) AD9851 驱动程序。

```
void AD9851Init()
{
    AD9851_CLKOFF;
    AD9851_RSTOFF;
    AD9851_FQUDOFF;
    AD9851_RSTON;       //复位
    DelayUs(10);
    AD9851_RSTOFF;
}

/****************************************
* 名称:void AD9851Control(u32 Freq,u8 CtrlWord)
* 功能:控制 AD9851 输出频率,相位
* 入口参数:Freq AD9851 输出频率    CtrlWord 工作控制信号和相位控制字
* 出口参数:无
* 说明:CtrlWord 最低位为倍频使能位,高电平有效
      CtrlWord 第二位为休眠模式,高电平休眠,低电平唤醒
****************************************/
void AD9851Control(u32 Freq,u8 CtrlWord)
{
    u8 i,Temp;
    u32 FCW;                          //定义频率控制字
    FCW=(Freq*pow(2,32))/1.8e8;       //频率控制字等于 2 的 32 次再除以 180 兆
    AD9851_DATA=((AD9851_DATA)&0xff00)|CtrlWord;     //发送工作控制信号,上升沿有效
```

```
    AD9851_CLKON;
    DelayUs(5);
    AD9851_CLKOFF;
    DelayUs(5);
    for(i=4;i>0; )
    {
        i--;
        Temp=FCW>>(i*8);
        AD9851_DATA=((AD9851_DATA)&0xff00)|Temp;     //发送频率控制字,上升沿有效
        AD9851_CLKON;
        DelayUs(5);
        AD9851_CLKOFF;
        DelayUs(5);
    }
    AD9851_FQUDON;                     //AD9851 加载信号,上升沿有效
    DelayUs(10);
    AD9851_FQUDOFF;
}
```

(3)ADS1286 驱动程序。

```
#include"common.h"
void DelayAds(u16 wData)
{
  u8 i;
  while(wData--)
  {
    for(i=10;i>0;i--);
  }
}

/*************************************
* 名称:void ADS1286_Init()
* 功能:初始化 ADS1286
* 入口参数:无
* 出口参数:无
* 说明:
*************************************/
void ADS1286_Init()
{
   AD1286_CSON;            //关闭 ADS1286
   AD1286_CLKOFF;
}
```

```
/*************************************
* 名称:u16 ADS1286_Sample()
* 功能:
* 入口参数:无
* 出口参数:ADS1286 的采样值
* 说明:CLK=16×采样率;最大采样率为 20k  一般取 CLK 为 200kHz,也即 5μs
*************************************/
u16 ADS1286_Sample()
{
    u8 i;
    u16 ADC_Value=0;
    AD1286_CSOFF;       //开启 ADS1286
    DelayUs(5);
    AD1286_CLKON;       //采样保持时间,要两个时钟
    DelayUs(3);
    AD1286_CLKOFF;
    DelayUs(3);
    AD1286_CLKON;
    DelayUs(3);
    AD1286_CLKOFF;
    DelayUs(3);
    AD1286_CLKON;
    DelayUs(3);
    for(i=0;i<12;i++)          //串行读出 12 位数据
    {
        AD1286_CLKOFF;
        DelayUs(3);
        ADC_Value<<=1;
        if(AD1286_DATA)
        {
            ADC_Value=ADC_Value|0x0001;
        }
        AD1286_CLKON;
        DelayUs(3);
    }
    AD1286_CSON;
    DelayUs(2);
    return  ADC_Value;
}
```

10.3.7　电源电路

电源部分输出±5V、±12V 电压供给整个系统。电源采用桥式全波整流、大电容滤波、三端稳压芯片稳压的方法，产生各种直流电压。稳压芯片采用的是 7805、7905、7812、7912，如图 10－36 所示。

四路电压(±5V、±12V)输出前都经过了电感和电容组合网络滤波。

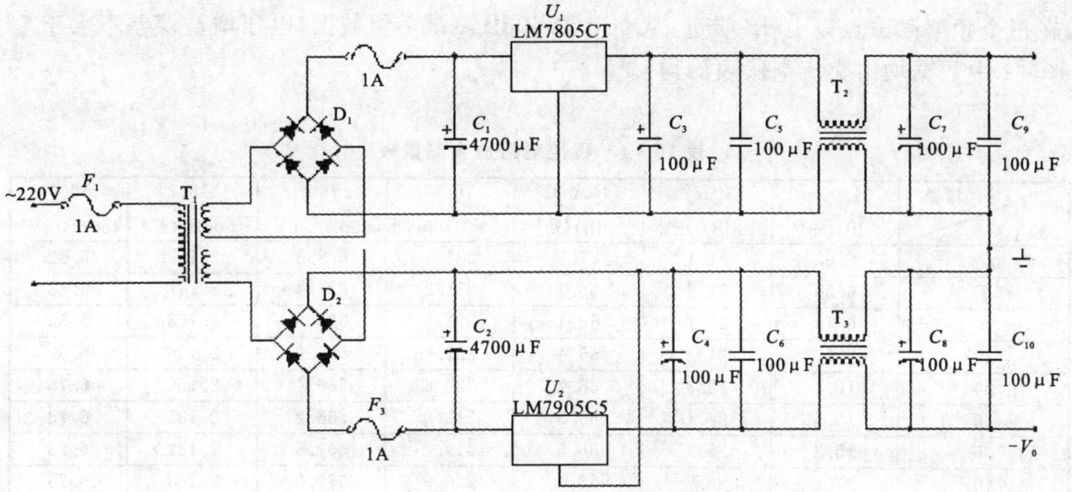

图 10－36　电源电路图

10.3.8　抗干扰措施

(1)接地是抑制干扰的主要方法，其目的是清除各电路电流流经公共地线阻抗时产生的噪声电压和避免磁场及地电位差的影响，应用时我们采用以下一些处理措施：①高频电路就近多点接地和低频电路的一点接地。②数字地与模拟地分开走线，只在一点汇在一起；或用电感相连。这是因为对于高频模拟电子线路来说，地需要保持无杂波存在。而数字地信号比较杂，所以模拟地和数字地要尽量隔开，仅仅在一个地方汇合，这样数字地上杂乱无章的信号对模拟部分的影响会变得小很多，这个对保持电路的性能非常关键。

(2)所有模块的电压输入端采用一个 100μF 和 0.1μF 的电容并联接地，形成一个电荷池，有效地抑制了外来干扰。

(3)级间耦合。所有信号耦合用电解电容并接高频瓷片电容，以避免高频增益的下降。

(4)在控制增益的输入电压上防止干扰(串模和共模)是非常重要的，它关系到整个系统的稳定性。我们采用输入滤波法，进行电磁屏蔽(双绞线和屏蔽线的运用)和良好的接地抑制。

10.4 测试及数据记录

10.4.1 程控放大电路测试

测试方法：用经过校准的信号源在信号输入端加幅值为10mV的正弦波，用交流毫伏表测得该正弦波的有效值为6.8mV。在100Hz～40kHz频带内，按照一定的频率步进设置测频点，在每个频率测试点以10dB步进，从0dB到60dB测试7组数据(电压增益误差不大于5%，表10-1中数据均由交流毫伏表测得)。

表10-1 程控增益放大测量表

增益 频率	1.000 (0dB)(mV)	3.162 (10dB)(mV)	10.000 (20dB)(mV)	31.62 (30dB)(mV)	100 (40dB)(mV)	316.2 (50dB)(V)	1000 (60dB)(V)
0.1	6.62	21.1	66.5	223.4	678.2	2.157	6.62
1	6.56	21.2	66.3	221.2	677.4	2.142	6.63
5	6.78	21.1	66.1	221.3	668.3	2.128	6.62
10	7.62	21.3	66.4	221.4	667.6	2.136	6.62
20	10.4	22.3	66.2	220.6	666.4	2.162	6.76
30	13.5	24.1	66.3	218.8	666.2	2.181	6.78
35	15.2	25.1	66.5	219.2	661.6	2.187	6.78
40	17.1	26.2	66.6	220.6	660.9	2.184	6.78

经计算，0dB、10dB时电压增益误差大于5%，未能满足条件，其他增益处均能满足条件，增益误差小于3%。

10.4.2 低通滤波器电路测试

截止频率测试方法：使用标准信号源产生一个稳定的峰峰值为2V的正弦信号连接到滤波器的输入端，在1～20kHz的频率范围内，以1kHz为步进，调节输入信号的频率测试低通滤波器的截止频率，数据如表10-2所示，截止频率相对误差均小于2%，$2f_c$处放大器与滤波器的总电压增益小于30dB，达到题目要求。

表10-2 低通滤波器幅频特性测试表

设定频率/kHz	1	2	3	4	5	6	7	8	9	10
实测截止频率/kHz	1.02	2.01	3.00	4.00	4.99	5.98	6.98	7.93	8.93	9.90
截止频率相对误差/%	2.00	0.50	0.00	0.00	0.20	0.33	0.28	0.87	0.78	1.00
$2f_c$处电压幅值/mV	172	171	170	172	171	170	173	172	176	171
设定频率/kHz	11	12	13	14	15	16	17	18	19	20
实测截止频率/kHz	10.98	11.92	12.86	13.75	14.75	15.96	16.98	17.97	18.96	19.99
截止频率相对误差/%	0.18	0.67	1.10	1.79	1.67	0.25	0.12	0.17	0.21	0.05
$2f_c$处电压幅值/mV	175	174	173	174	171	174	173	172	172	171
设定频率/kHz	21	22	23	24	25	26	27	28	29	30
实测截止频率/kHz	20.96	21.92	22.86	23.95	24.88	25.89	26.85	27.87	28.88	29.99
截止频率相对误差/%	0.19	0.36	0.17	0.21	0.48	0.42	0.56	0.46	0.41	0.03
$2f_c$处电压幅值/mV	173	174	173	175	171	172	173	172	171	171

10.4.3　高通滤波器电路测试

截止频率测试方法：同低通滤波器截止频率测试方法，只需将低通滤波器测试方法中的 $2f_c$ 换为 $0.5f_c$，数据均由交流毫伏表测得。数据见表 10－3，截止频率相对误差均小于 2%，$0.5f_c$ 处放大器与滤波器的总电压增益小于 30dB，达到题目要求。另外，由于题目要求高通滤波器的最高频率为 30kHz，所以没有测试 30kHz 以后的数据。

表 10－3　高通滤波器幅频特性测试表

设定频率/kHz	1	2	3	4	5	6	7	8	9	10
实测截止频率/kHz	0.98	2.01	3.01	3.98	4.95	5.98	6.95	7.96	8.96	9.96
截止频率相对误差/%	2.00	0.50	0.30	0.50	1.00	0.33	0.71	0.50	0.44	0.40
$2f_c$ 处电压幅值/mV	185	167	162	170	174	172	170	174	176	176
设定频率/kHz	11	12	13	14	15	16	17	18	19	20
实测截止频率/kHz	10.87	11.98	13	13.96	14.95	15.85	16.82	17.92	18.96	20
截止频率相对误差/%	1.18	0.17	0.00	0.29	0.33	1.07	1.06	0.44	0.21	0.00
$2f_c$ 处电压幅值/mV	178	178	178	182	182	186	188	186	186	188
设定频率/kHz	23	25	28	30						
实测截止频率/kHz	22.95	24.96	28.88	29.79						
截止频率相对误差/%	0.22	0.16	0.43	0.70						
$2f_c$ 处电压幅值/mV	194	194	198	202						

10.4.4　四阶椭圆低通滤波器

输入信号的峰峰值为 2V，3dB 处电压有效值为 500mV，椭圆滤波器有 1.5dB 的增益，故在－3dB 点的电压有效值为 595mV。椭圆滤波器的－3dB 截止频率为 49.94kHz，满足题目的设计要求。测量频率范围从 1～300kHz，从表 10－4 中可看出滤波器的两个陷波点，表中数据均由交流毫伏表测得。

表 10－4　椭圆滤波器测试表

序号	频率点(kHz)	电压幅值(mV)	序号	频率点(kHz)	电压幅值(mV)
1	1	795	24	115	5.04
2	5	792	25	120	5.28
3	10	782	26	125	5.38
4	15	758	27	130	5.24
5	20	736	28	135	5.04
6	25	722	29	140	4.78
7	30	718	30	145	4.43
8	35	717	31	150	4.08
9	40	738	32	160	3.44
10	45	718	33	170	2.84
11	50	520	34	180	2.28
12	55	314	35	190	1.72
13	60	163	36	200	1.24

续表 10-4

序号	频率点(kHz)	电压幅值(mV)	序号	频率点(kHz)	电压幅值(mV)
14	65	106	37	210	0.68
15	70	62.30	38	220	0.44
16	75	37.10	39	230	0.59
17	80	21.10	40	240	0.88
18	85	11.20	41	250	1.31
19	90	4.68	42	260	1.58
20	95	0.78	43	270	1.84
21	100	2.05	44	280	2.08
22	105	3.58	45	290	2.32
23	110	4.58	46	300	2.52

从测试数据可以看出,频率在1～50kHz的频率范围内,电压维持在520～795mV,幅度比较稳定,当频率大于50kHz时,其电压幅值明显减小,总体看,此滤波器对应的是低通滤波器特性。

10.5 误差分析

1)整机指标

程控滤波器的基本要求和发挥部分全部完成。程控放大部分采用DAC8811,16位的DA能实现1 000倍以内的任意放大倍数。滤波器部分,采用了两片TLC7528,经测试最大截止频率可以设置为30kHz,且可分别设置为低通、高通、带通。设置的截止频率与实际测得的截止频率误差较小,在10%以内,满足题目要求。幅频特性测试仪部分采用12864液晶显示,界面友好直观。

2)误差分析

本设计误差的主要来源一方面是信号源部分,小信号抗干扰能力差;另一方面程控滤波部分,所采用的D/A为8位,精度不够,而且调节有限,特别在截止频率比较低的时候控制字的稍微改动,对截止频率影响都大,不能精确调节,应采用位数较高的D/A,增加调节的动态范围。对于椭圆滤波器的设计,外部元件难以高度匹配,导致误差。

10.6 总结

程控滤波器是一个典型的综合系统设计,包括了模拟电路,A/D、D/A、单片机等子系统,非常适合于初学者对系统设计的分析和单元电路的设计。对于模拟部分,要求能掌握针对不同的信号特点来选择合适的电路形式和结构;对于数据转换部分,合理选择足够精度的转换器,由于不需要进行实时显示和处理,这里我们都选择了速度不高的转换器。单片机系统作为系统的核心,根据本题的要求,可以选择集成度高、便于扩展和调试的单片机类型,这里我们选择的是低功耗的MSP430系列单片机,并扩展了键盘和液晶作为人机接口,软件结构采用模块化设计,提高了编程效率。

第 11 章　备战全国大学生电子设计竞赛

全国大学生电子设计竞赛是教育部倡导的大学生学科竞赛之一，是面向大学生的群众性科技活动。竞赛队员 3 人一组，在规定的时间内做出命题作品。竞赛内容既有理论设计，又有实际制作，可以全面检验和加强参赛学生的理论基础和实践创新能力。竞赛期间学生可以查阅有关文献资料，队内学生集体商讨设计思想，确定设计方案，分工合作，对培养大学生的团队协作能力、针对实际问题进行电子设计制作的能力等起到了积极的作用。全国大学生电子设计竞赛越来越受到各高校师生的关注，影响力也越来越大。

本章节将介绍全国大学生电子设计竞赛的相关内容，包括赛前准备、竞赛流程、测试评审等。

11.1　赛前准备

全国大学生电子设计竞赛题型均属于综合电子系统设计，侧重于某一专业（如电子信息、计算机、通信、自控、电子技术应用等）、某一课程内容（如模拟电路、数字电路、电力电子技术等）、某一应用领域（如新型集成电路、常用电子产品、电子仪器等）。因此，参加电子设计竞赛的学生必须已经具备一些电子设计和制作的能力，且对电子设计竞赛的形式、流程、赛题等已有一定的了解。

11.1.1　竞赛形式和规则

竞赛前，每个参赛队员必须学习竞赛组委会制订的有关竞赛形式和规则。

1)参赛形式

(1)全国大学生电子设计竞赛原则上安排在单数年的 9 月中旬举行，为期 4 天。竞赛以赛区为单位统一组织报名、竞赛、评审和评奖工作。

(2)鼓励设有信息与电子学科及相关专业或已开展电子设计科技活动的高等学校，积极组织学生参加全国大学生电子设计竞赛。

(3)学生自愿组合，3 人一队，由所在学校统一向赛区组委会报名。参赛队数由学校自行确定。

(4)为鼓励不同类型的高校和不同专业或专业方向的学生都能参加竞赛，全国竞赛专家组根据命题原则，将统一编制若干个竞赛题目，供参赛学生选用。

(5)竞赛所需场地、仪器设备、元器件或耗材原则上由参赛学校负责提供。

2)竞赛规则

(1)参赛学生应是高等学校中具有正式学籍的全日制在校本科或专科学生。

(2)参赛学生必须按统一时间参加竞赛，按时开赛，准时交卷。各赛区组委会须按时收回学生的答卷(报告和制作实物)并及时封存,然后按规定交赛区专家组评审。

(3)竞赛期间,参赛学生可以使用各种图书资料和计算机,但不得与队外人员讨论,教师必须回避。

(4)竞赛期间,各赛区组委会要组织巡视检查,以保证竞赛活动正常进行。

(5)在竞赛中,如发现辅导教师参与、队与队之间讨论、队员与队外人员讨论、不按规定时间发题和收卷以及赛前泄题等违纪现象,将取消获奖名次,并通报批评。

11.1.2　团队的选择

全国大学生电子设计竞赛以队为基本单位完成竞赛任务,每个团队由3人组合,竞赛期间不允许更换队员。所以组队工作显得尤为重要。一个好的团队很容易获得成功,反之亦然。

(1)3人在硬件设计、软件编程、报告书写上各有所长。组队工作主要考虑3个队员的特长搭配,一般来说,一个团队中要有一人擅长硬件设计,如电路方案确定、制作和调试等,一人擅长软件编程,一人擅长设计报告书写。当然,这不是绝对的,因为在很多情况下工作是可以交叉的。

比赛期间,负责硬件的同学的主要任务是完成电路的设计、电路板的制作、电路板的焊接与调试工作。这就要求硬件设计的同学要掌握模电、数电基础知识,单片机外围电路设计,接口电路设计,资料的查找与PDF英文资料的阅读等方面的知识。总之,掌握的专业知识面越宽越好。不过,在掌握了电路设计的同时还要掌握基本的编程方法(可以不深入掌握),这样有利于优化硬件设计和调试,提高硬件设计速度和可行性。

负责软件的同学的主要任务是完成系统的软件设计。要求软件设计者要尽可能深入地掌握一种或多种可编程器件的编程语言和开发环境,掌握可编程器件内部资源的开发与应用,掌握常用外设芯片(A/D、D/A、通信IC、传感器IC……)或模块(LCD1602/LCD12864液晶模块、无线收发模块……)的操作时序(可通过阅读PDF资料获取操作时序和操作方法)、常用数据纠错及滤波方法等。由此可见,负责软件的同学也必须掌握硬件的操作方法。

设计报告的书写往往容易被忽视,其实这个部分所占比例很大,一定要给予重视。负责此部分的同学的主要任务是系统硬件、软件的描述,报告结构的安排,图文表文的编排等。该同学也应掌握软、硬件的基本知识,才能更清楚、更准确地阐述本组的设计方案和理论分析及测试结果说明等。

(2)3人性格要和谐。竞赛强调的是团队协作,要求队内同学共同分析题目指标,商讨设计思想,确定设计方案等。每个人的性格和思维方式肯定不同,要想达到某个共识,就要靠多交流。有两种情况很常见:一是一个组里有两个队员能力很强,但遇到问题时各抒己见,互不想让,甚至赌气发火;另一种情况是,一个组里有一个脾气火暴或过于内向的队员,与其他队友间的性格差异太大,不愿意交流或根本无法交流。这样的不利因素都会影响设计进度,甚至导致整个任务的失败。

(3)3人中要有一位"领导者"。3个队员中需要有一个技术相对全面、相对权威的队员,他(她)充分了解每一位队员的特长及性格,懂得如何分工,如何激发队友的潜力,如何最大限度地发挥组内成员的优势。当遇到棘手问题或分歧时,这个队员能起到协调作用。

(4)3人都要有吃苦耐劳精神。全国大学生电子设计竞赛时间为4天3夜,题目难度大,对参赛队员的毅力是一种考验。有的学生刚开始热情满怀、豪情壮志,但随着强度的增加,慢慢变得丧失信心，打退堂鼓。这样的学生会在队员中产生消极影响，导致整个团队的瓦解。

11.1.3　知识储备

竞赛题目综合性很强，要求参赛队员有很多方面的知识储备。根据历年的竞赛经验，将其大致列举如下：

(1)相关知识点。电子设计竞赛题目一般分为电子测量、机电控制、高频通信和电力电子4个方向，它们有通用的知识点，也有每个方向特有的知识点。参赛队员在参赛前一定要熟悉和掌握通用知识点及自己所选方向的相关知识点，尽量做到胸有成竹。

通用知识点有电路分析基础、模拟电子技术、数字电子技术、微机原理、单片机原理及应用、可编程逻辑器件原理及其应用等。

电子测量方向的知识点有电子测量技术、模拟集成电路原理与应用、高频电子线路、FPGA、数字信号处理等。

机电控制方向的知识点有自动控制原理、传感器原理及应用、电机原理、计算机控制技术等。

高频通信方向的知识点有高频电子线路、通信原理、电磁场与天线原理等。

电力电子方向的知识点有变流技术、DC－DC变换、功率变换技术等。

(2)软件使用。既然竞赛题目类型是综合型的，那么必须有硬件部分，也有软件部分。竞赛中涉及到的相关软件有编程语言(C、C＋＋、Matlab、汇编等)、Protel电路设计软件(包含原理图设计和PCB设计)、电路仿真软件(EWB、Multisim、Tina等)、单片机相关软件(Keil、Proteus等)以及其他嵌入式系统相关软件。

负责软件设计的参赛队员不一定要掌握所有软件，但上面所分的每一大类里，一定要有某种软件是能熟练运用的。

(3)最小系统。根据竞赛组委会规定，单片机最小系统(仅含单片机芯片、键盘与显示装置、存储器及A/D、D/A转化器)和可编程逻辑器件下载板(仅含可编程芯片、下载电路、配置存储器)可以在竞赛前准备好，开赛后带入竞赛场内直接使用。

(4)单元电路。在竞赛前期准备好一些常用的单元模块很有必要，有的可以在比赛时直接使用，节省时间和精力，从而大大提高效率。

这些单元模块包括电源电路、键盘模块(如8位独立式键盘模块和16位行列式键盘模块)、液晶显示驱动模块、A/D和D/A转化模块、存储器、下载电路模块、串行通信模块(如RS232模块、RS485模块)、模拟芯片电路(运放电路、滤波电路)、各种传感器电路等。同时需要准备好这些模块的驱动程序。

(5)仪器仪表。参赛队员要准备好各种常用的测试仪器和仪表，如稳压电源、示波器、信号发生器、毫伏表、数字万用表、频率计等，并要求熟练掌握各种仪器的操作方法。

11.2　赛题预测

全国大学生电子设计竞赛开赛的一周前，竞赛组委会在官方网站(http://www.nuedc.com.cn)上公布本次竞赛需要的基本仪器和主要元器件清单，目的是为了让参赛学校和参赛学生做好相应准备。因为有些仪器和元器件可能是平时训练当中没有用到或一时没有的，则需要提前准备。

通过组委会公布的基本仪器和主要元器件清单，我们可以对本次竞赛的赛题进行分析和预测。下面以2011年全国大学生电子设计竞赛为例，对比组委会提前公布的基本仪器和主要元器件清单，结合本科组竞赛题目，从中寻求一些规律。

11.2.1 2011年全国大学生电子设计竞赛基本仪器和主要元器件清单

1)基本仪器清单

20MHz普通示波器(双通道、外触发输入、有 X 轴输入)；60MHz双通道数字示波器；低频信号发生器(1Hz～1MHz)；标准高频信号发生器(1～30MHz，可输出1mV小信号)；函数发生器(10 MHz，DDS)；低频毫伏表；高频毫伏表；100 MHz频率计；失真度测试仪；直流稳压电源；秒表；量角器；100℃温度计；4位半数字万用表；单片机开发系统及PLD开发系统；扫频仪(20MHz)。

2)主要元器件清单

单片机最小系统板；A/D、D/A转换器；运算放大器；电压比较器；可编程逻辑器件及其下载板；显示器件；小型电动车；小型继电器；小型步进电机；漆包线；电子开关；高频磁芯；滑线变阻器(100Ω/2A、10Ω/5A)；变容二极管(2～30pF)；光电传感器；角度传感器；超声传感器；大功率电阻(2Ω/36W、10Ω/36W等)；无线收发模块；红外收发管；小型直流风扇。

11.2.2 2011年全国大学生电子设计竞赛题目及点评

1)开关电源模块并联供电系统(A题)(本科组)

(1)任务。设计并制作一个由两个额定输出功率均为16W的8V DC/DC模块构成的并联供电系统(图11-1)。

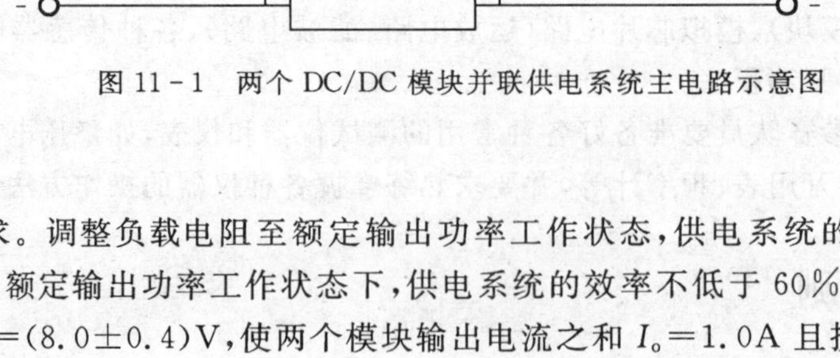

图11-1 两个DC/DC模块并联供电系统主电路示意图

(2)要求：

①基本要求。调整负载电阻至额定输出功率工作状态，供电系统的直流输出电压 V_o=(8.0±0.4)V。额定输出功率工作状态下，供电系统的效率不低于60%。调整负载电阻，保持输出电压 V_o=(8.0±0.4)V，使两个模块输出电流之和 I_o=1.0A且按 $I_1:I_2$=1:1模式自动分配电流，每个模块输出电流的相对误差绝对值不大于5%。调整负载电阻，保持输出电压 V_o=(8.0±0.4)V，使两个模块输出电流之和 I_O=1.5A且按 $I_1:I_2$=1:2模式自动分配电流，每个模块输出电流的相对误差绝对值不大于5%。

②发挥部分。调整负载电阻，保持输出电压 $V_o=(8.0\pm0.4)V$，使负载电流 I_o 在 1.5～3.5A 之间变化时，两个模块的输出电流可在 0.5～2.0A 范围内按指定的比例自动分配，每个模块的输出电流相对误差的绝对值不大于 2%。调整负载电阻，保持输出电压 $V_o=(8.0\pm0.4)V$，使两个模块输出电流之和 $I_o=4.0A$ 且按 $I_1:I_2=1:1$ 模式自动分配电流，每个模块输出电流的相对误差绝对值不大于 2%。额定输出功率工作状态下，进一步提高供电系统效率。具有负载短路保护及自动恢复功能，保护阈值电流为 4.5A(调试时允许有±0.2A 的偏差)。

(3)点评。基本仪器清单中有直流稳压电源、4 位半数字万用表、失真度测试仪。主要元器件清单中有滑线变阻器(100Ω/2A、10Ω/5A)、大功率电阻(2Ω/36W、10Ω/36W 等)、小型直流风扇。

结合赛题类型分析：竞赛题目中有一类是“电源类”。“滑线变阻器(100Ω/2A、10Ω/5A)、大功率电阻器”是很重要的信息。大功率电阻经常用作检测系统功率、电流取样等。

2)基于自由摆的平板控制系统(B 题)(本科组)

(1)任务。设计并制作一个自由摆上的平板控制系统，其结构如图 11－2 所示。摆杆的一端通过转轴固定在一支架上，另一端固定安装一台电机，平板固定在电机转轴上；当摆杆如图 11－3 摆动时，驱动电机可以控制平板转动。

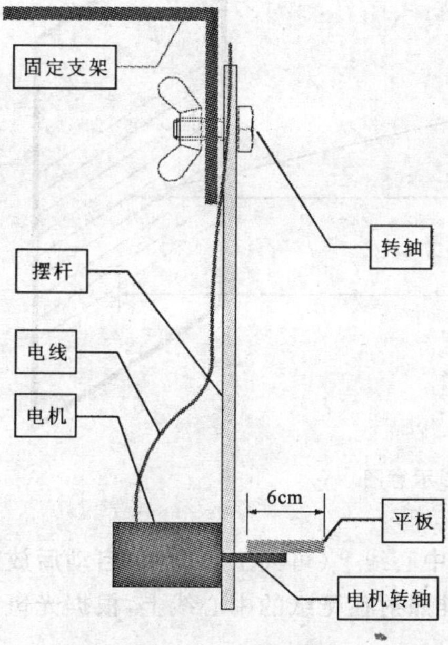

图 11－2　平板控制系统结构

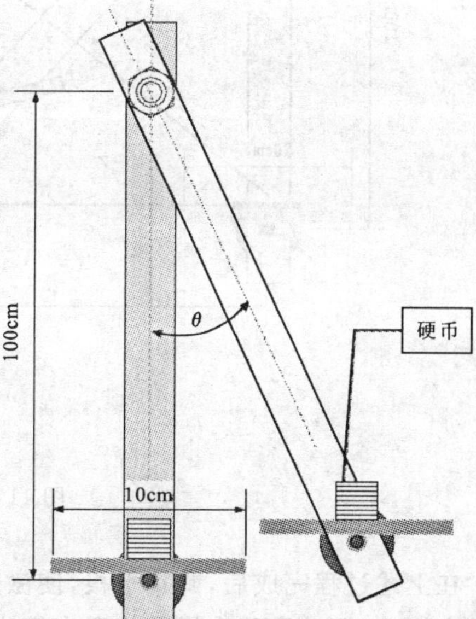

图 11－3　摆动示意图

(2)要求：

①基本要求。控制电机使平板可以随着摆杆的摆动而旋转(3～5 周)，摆杆摆一个周期，平板旋转一周(360°)，偏差绝对值不大于 45°。在平板上粘贴一张画有一组间距为 1cm 平行线的打印纸。用手推动摆杆至一个角度 θ(θ 在 30°～45°间)，调整平板角度，在平板中心稳定放置一枚 1 元硬币(人民币)；启动后放开摆杆让其自由摆动。在摆杆摆动过程中，要求控制平板状态，使硬币在 5 个摆动周期中不从平板上滑落，并尽量少滑离平板的中心位置。用手推动

摆杆至一个角度 θ(θ 在 45°～60°间)，调整平板角度，在平板中心稳定叠放 8 枚 1 元硬币，见图 11－3 所示；启动后放开摆杆让其自由摆动。在摆杆摆动过程中，要求控制平板状态使硬币在摆杆的 5 个摆动周期中不从平板上滑落，并保持叠放状态。根据平板上非保持叠放状态及滑落的硬币数计算成绩。

②发挥部分。如图 11－4 所示，在平板上固定一激光笔，光斑照射在距摆杆 150cm 距离处垂直放置的靶子上。摆杆垂直静止且平板处于水平时，调节靶子高度，使光斑照射在靶纸的某一条线上，标识此线为中心线。用手推动摆杆至一个角度 θ(θ 在 30°～60°间)，启动后，系统应在 15 s 内控制平板，尽量使激光笔照射在中心线上(偏差绝对值小于 1cm)，完成时以 LED 指示。根据光斑偏离中心线的距离计算成绩，超时则视为失败。

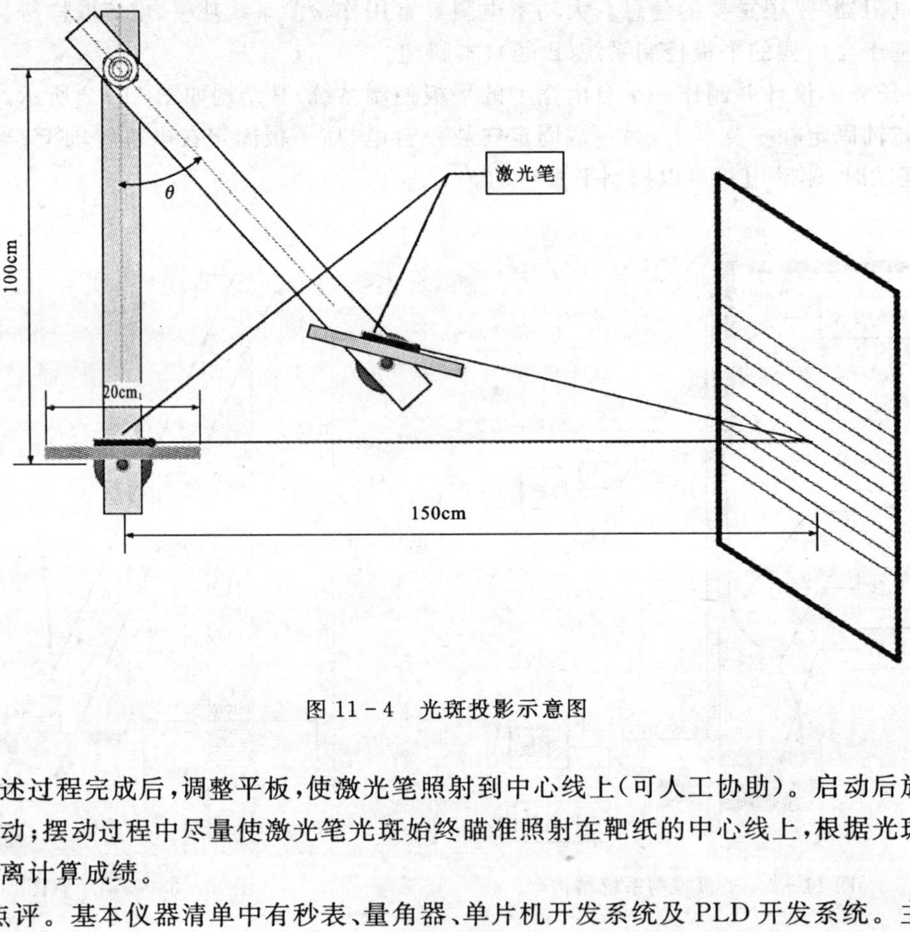

图 11－4　光斑投影示意图

在上述过程完成后，调整平板，使激光笔照射到中心线上(可人工协助)。启动后放开让摆杆自由摆动；摆动过程中尽量使激光笔光斑始终瞄准照射在靶纸的中心线上，根据光斑偏离中心线的距离计算成绩。

(3)点评。基本仪器清单中有秒表、量角器、单片机开发系统及 PLD 开发系统。主要元器件清单中有小型电动车、小型步进电机、光电传感器、角度传感器、超声传感器、红外收发管、无线收发模块。

结合赛题类型分析：竞赛题目中有一类是“控制类”。“单片机系统、小型电动车、小型步进电机、传感器(光电传感器、角度传感器、超声传感器)”是很重要的信息。“小型电动机”是很重要的信息，这表明肯定有小型电动机、步进电机驱动某种物体运动，有“传感器”说明物体运动要用到这类传感器。作为位置信息检测，并反馈给控制器处理，控制小型电动机、步进电机，另外“秒表、量角器”，表面物体运动有角度和时间等要求。

3)智能小车(C 题)(本科题)

(1)任务。甲车车头紧靠起点标志线，乙车车尾紧靠边界，甲、乙两辆小车同时启动，先后通过起点标志线，在行车道同向而行，实现两车交替超车领跑功能。跑道如图 11-5 所示。

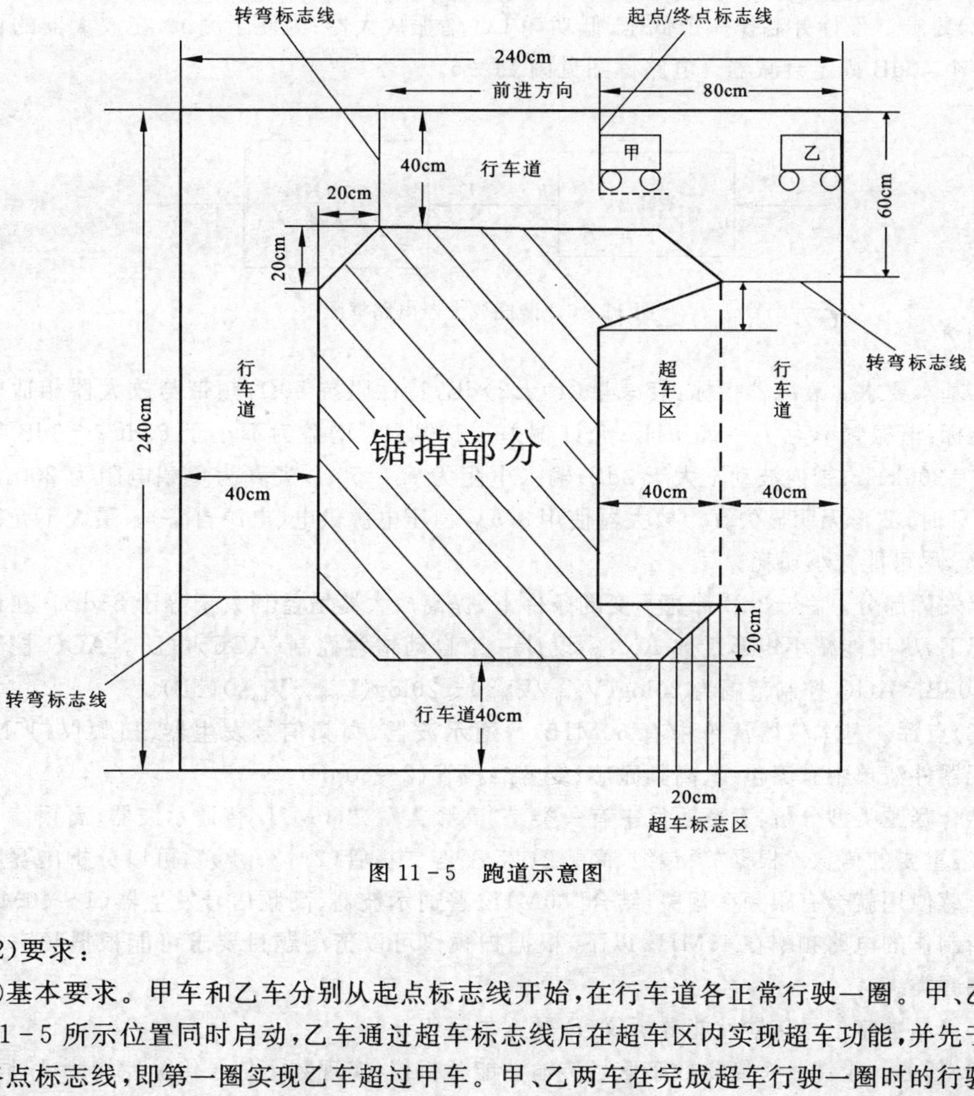

图 11-5 跑道示意图

(2)要求：

①基本要求。甲车和乙车分别从起点标志线开始，在行车道各正常行驶一圈。甲、乙两车按图 11-5 所示位置同时启动，乙车通过超车标志线后在超车区内实现超车功能，并先于甲车到达终点标志线，即第一圈实现乙车超过甲车。甲、乙两车在完成超车行驶一圈时的行驶时间要尽可能短。

②发挥部分。在完成基本要求里超车并行驶一圈后，甲、乙两车继续行驶第二圈，要求甲车通过超车标志线后要实现超车功能，并先于乙车到达终点标志线，即第二圈完成甲车超过乙车，实现了交替领跑。甲、乙两车在第二圈行驶的时间要尽可能短。甲、乙两车继续行驶第三圈和第四圈，并交替领跑；两车行驶的时间要尽可能短。在完成交替领跑行驶 4 圈功能后，重新设定甲车起始位置(在离起点标志线前进方向 40cm 范围内任意设定)，实现甲、乙两车 4 圈交替领跑功能，行驶时间要尽可能短。

(3)点评。基本仪器清单中有秒表、量角器、单片机开发系统及 PLD 开发系统。主要元器件清单中有小型电动车、小型步进电机、光电传感器、角度传感器、超声传感器、红外收发管、无线收发模块。

结合赛题类型分析：此题目和上一题一样属于“控制类”。这里不再重述。

4)LC 谐振放大器(D 题)(本科组)

(1)任务。设计并制作一个 LC 谐振放大器。

(2)要求。设计并制作一个低压、低功耗 LC 谐振放大器；为便于测试，在放大器的输入端插入一个 40dB 固定衰减器。电路框图见图 11-6。

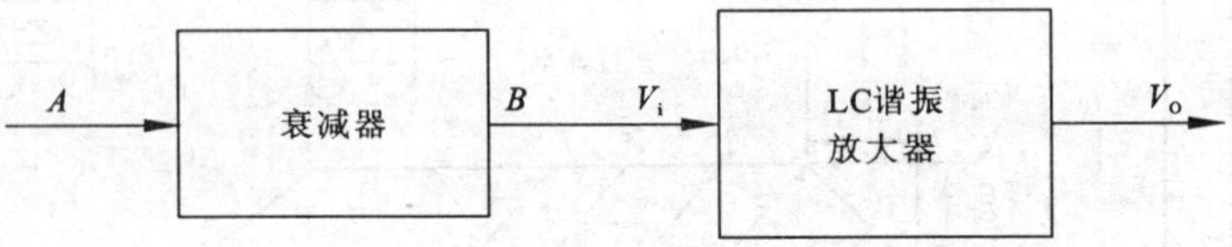

图 11-6　谐振放大器电路框图

①基本要求。衰减器指标：衰减量(40±2)dB，特性阻抗 50Ω，频带与放大器相适应。放大器指标：谐振频率为 $f_0=15$MHz；允许偏差±100kHz；增益为不小于 60dB；-3dB 带宽为 $2\Delta f_{0.7}=300$kHz；带内波动不大于 2dB；输入电阻为 $R_i=50\Omega$；失真为负载电阻为 200Ω，输出电压 1V 时，波形无明显失真。放大器使用 3.6V 稳压电源供电(电源自备)。最大不允许超过 360mW，尽可能减小功耗。

②发挥部分。在-3dB 带宽不变的条件下，提高放大器增益到大于等于 80dB。在最大增益情况下，尽可能减小矩形系数 $K_{r0.1}$。设计一个自动增益控制(AGC)电路。AGC 控制范围大于 40dB。AGC 控制范围为 $20\log(V_{omin}/V_{imin})-20\log(V_{omax}/V_{imax})$(dB)。

(3)点评。基本仪器清单中有 60MHz 普通示波器、高频信号发生器、扫频仪(15MHz)。主要元器件清单中有漆包线、高频磁芯、变容二极管(2～30pF)。

结合赛题类型分析：竞赛题目中有一类是“高频类”。“60MHz 普通示波器、高频信号发生器”是很重要的信息。根据“漆包线、高频磁芯、变容二极管(2～30pF)”，可以分析出赛题中有涉及电感使用就会有跟频率相关，结合“60MHz 普通示波器、高频信号发生器(1～40MHz)”，因此所制作的电路频率在 40MHz 以下，根据扫频仪可以猜测题目要求可能根据频率特性有关的高频类。

5)简易数字信号传输性能分析仪(E 题)(本科组)

(1)任务。设计一个简易数字信号传输性能分析仪，实现数字信号传输性能测试；同时，设计 3 个低通滤波器和一个伪随机信号发生器用来模拟传输信道。

简易数字信号传输性能分析仪的框图如图 11-7 所示。图 11-7 中，V_1 和 $V_{1-clock}$ 是数字信号发生器产生的数字信号和相应的时钟信号；V_2 是经过滤波器滤波后的输出信号；V_3 是伪随机信号发生器产生的伪随机信号；V_{2a} 是 V_2 信号与经过电容 C 的 V_3 信号之和，作为数字信号分析电路的输入信号；V_4 和 V_{4-syn} 是数字信号分析电路输出的信号和提取的同步信号。

(2)要求：

①基本要求。设计并制作一个数字信号发生器：数字信号 V_1 为 $f_1(x)=1+x^2+x^3+x^4+x^5$ 的 m 序列，其时钟信号为 $V_{1-clock}$；数据率为 10～100kbps，按 10kbps 步进可调。数据率

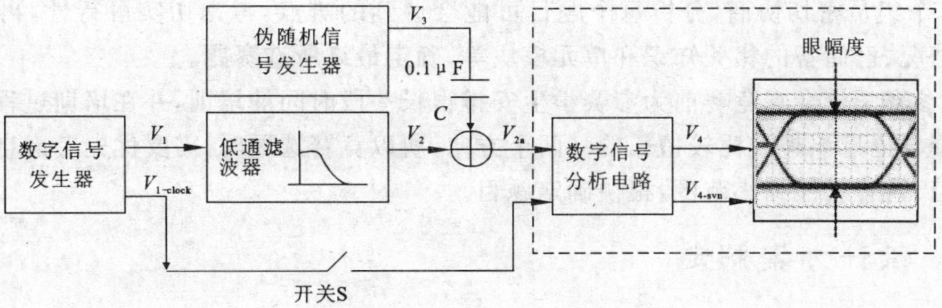

图 11－7　系统框图

误差绝对值不大于 1%；输出信号为 TTL 电平。设计 3 个低通滤波器，用来模拟传输信道的幅频特性：每个滤波器带外衰减不少于 40dB/10 倍频程；3 个滤波器的截止频率分别为 100kHz、200kHz、500kHz，截止频率误差绝对值不大于 10%；滤波器的通带增益 AF 在 0.2～4.0 范围内可调。设计一个伪随机信号发生器用来模拟信道噪声：伪随机信号 V_3 为 $1+x+x^4+x^5+x^{12}$ 的 m 序列；数据率为 10Mbps，误差绝对值不大于 1%；输出信号峰峰值为 100mV，误差绝对值不大于 10% 。利用数字信号发生器产生的时钟信号 $V_{1\text{-clock}}$ 进行同步，显示数字信号 V_{2a} 的信号眼图，并测试眼幅度。

②发挥部分。要求数字信号发生器输出的 V_1 采用曼彻斯特编码。要求数字信号分析电路能从 V_{2a} 中提取同步信号 $V_{4\text{-syn}}$ 并输出；同时，利用所提取的同步信号 $V_{4\text{-syn}}$ 进行同步，正确显示数字信号 V_{2a} 的信号眼图。要求伪随机信号发生器输出信号 V_3 幅度可调，V_3 的峰峰值范围为 100mV～TTL 电平。改进数字信号分析电路，在尽量低的信噪比下能从 V_{2a} 中提取同步信号 $V_{4-\text{syn}}$，并正确显示 V_{2a} 的信号眼图。

(3)点评。基本仪器清单中有 60MHz 普通示波器、函数发生器(10 MHz，DDS)、失真度测试仪、单片机开发系统及 PLD 开发系统。主要元器件清单中有 A/D、D/A 转换器，小型继电器。

结合赛题类型分析：竞赛题目中有一类是“仪器仪表类”。“60MHz 普通示波器、函数发生器(10 MHz，DDS)、失真度测试仪、单片机开发系统及 PLD 开发系统”是很重要的信息。根据“A/D、D/A 转换器”，可以分析出赛题中有涉及函数发生器(10 MHz，DDS)、失真度测试仪使用就会与频率相关。在根据清单中有小型继电器可以猜测题目中可能有关于频率变化或者开关切换。

11.3　竞赛过程

全国大学生电子竞赛一般在 8 月末、9 月初举行，为期 4 天。通常有 7～8 个题目，其中 5～6个供本科生选择，还有 2～3 个题目只准高职类学生选择。每个参赛队在所提供赛题中任选一题，比赛开始当天填写《竞赛登记表》。竞赛过程一般分为 3 个阶段。

11.3.1　赛题确定

全国大学生电子竞赛第一天，组委会于上午 8 点在相关网站上公布题目，此时则表示电赛正式开始。接下来，参赛队员要对所有赛题仔细阅读，每个队员要从自己的分工角度考虑选题，然后，3个组员密切协商，分析每个题目可能会遇到的难点，考虑切实可行性，再结合比赛前的培训情况、已储备的相关知识和单元模块等，确定最终所选赛题。

一般，参赛学校会在竞赛前为参赛学生安排很长一段时间的培训，并在培训过程中引导参赛队员选择自己感兴趣或比较擅长的一两个方向，所以竞赛选题时，需要优先考虑自己熟悉方向上的题目，这样就能缩小范围，很快确定题目。

11.3.2 设计方案制定

由于比赛时间紧，所以赛题确定后，要立即着手具体方案的设计。一般需要着重考虑以下几个方面：

(1)所选方案有几个已经做过调好的成熟的电路。

(2)所选用的单元电路是否熟悉，要尽量选择以前做过和熟悉的电路。

(3)所需的元器件是否可以买得到。

(4)能用软件实现的尽量用软件实现，减少硬件电路。

(5)能用集成电路尽量选用集成电路，尽量避免采用分立元件。

(6)对微处理器应选择自己比较拿手的处理器，避免使用自己不熟悉的处理器，除非定性题目要求。

(7)控制类题目可能会用到一些转动机械结构，要考虑机械这部分的实现方案，如有现成的尽量使用现成的，可以节省很多时间来实现系统电路方面的工作。

11.3.3 赛程控制

1)时间

总体时间上可分为几个部分：选题时间，制订方案时间，设计制作时间，系统组装时间，系统整体调式时间，报告撰写时间，修改时间。这些时间不是一段一段严格区分，有的可以交叉进行，比如报告撰写时间，它可以贯穿整个竞赛阶段。

2)进度

要合理安排竞赛的4天时间，制定好进度，保证作品按时完成。整体进度大致可以划分如下：

第一天，上午选题，下午开始确定方案并准备所需要的工具和元器件。晚上反复推敲方案，开始设计制作模块并调试。

第二天，设计制作模块并调试。

第三天，这一天比较重要，把所有设计制作模块组装调试，发现问题并解决问题。晚上开始设计报告。

第四天，按题目要求总体多测试几遍，找到不稳定点或者参数不够的点和要注意的测试地方，做到测评当天自己心里有数。下午开始整理东西，再次检查作品的完整性，并放好准备装箱，晚上开始装箱检查以免忘装电路模块导致前功尽弃，尽可能想好测试要用到的工具一并装箱，负责报告的人整理打印报告。

11.3.4　作品完善

竞赛作品的性能参数、功能指标决定着竞赛的成绩。

1)电路的稳定性

一个电路系统很重要的是电路工作要稳定。不能出现信号不完整或者程序不稳现象等情况。还要考虑传感器及信号的干扰问题,做好防护措施,保证系统在基本环境下测试工作正常。

2)结构合理性

结构合理性主要考虑:整机安装布局、布线,作品加固,如有需要机械转动或者其他非电子电路系统时考虑其可靠性。有时候结构上考虑不周会影响系统的整体性能。

3)系统防干扰措施

电子电路中会随机存在很多干扰信号,如噪声干扰、电磁干扰等。这些干扰信号会严重影响系统的性能,制作时应尽可能地避免,从而使系统更加稳定。如高频类制作时,为了防止外部环境干扰,通常加装屏蔽盒;还要注意走线,数字地和模拟地加 0Ω 电阻隔离,IC 芯片电源管脚接滤波电容等。

4)调试

(1)调试步骤按照先功能后指标,先把功能实现然后再考虑指标的完善。

(2)调试是一个细心活,所以调式过程要冷静细致,尤其对有些电路要细心,不能操之过急,一步不慎可能导致电路烧毁,所有的努力就前功尽弃了。每次通电前都要认真检查电路,确保电路没有问题,如正、负极是否接得正确,有没有短路,可通过万用表测试一下,检查电路板上面有没有金属线头造成电路短路等。

(3)晚上调试电路要格外注意,因为人容易疲惫,且光线比较暗,容易出错。

5)注意事项

(1)不要画蛇添足,一定要见好就收。每年都会有很多这方面惨重的教训,第四天竞赛快结束时,有的组队为了使作品更完美一些,想再努力一下,然而一不小心造成烧毁电路元件或者烧毁整个电路,这样很不值得。

(2)要有耐心,切勿急躁。比赛时间紧、任务重、压力大,很多同学一遇到不顺往往会心急气躁,这样反而会影响任务的进度,所以遇事要保持冷静,只有保持良好的心态才能顺利完成设计。

11.4　测试评审

11.4.1　竞赛奖项及评奖方法

全国大学生电子设计竞赛,分为“赛区奖”和“全国奖”两种形式。

(1)各赛区竞赛组委会负责本赛区的评奖工作,赛区奖的评奖等级及各奖项获奖比例由各赛区根据实际情况自行确定。为鼓励学生广泛参与这一活动,建议各赛区设置“成功参赛奖”或类似意义的奖项,凡按时完成竞赛内容、达到基本要求的参赛队均可发给“成功参赛证书”或类似奖项证书。

(2)赛区评审结束后，各赛区竞赛组委会将本赛区竞赛优秀参赛队的设计报告及有关材料报送全国竞赛组委会(报送的具体内容及报送时间另行通知)，报送全国竞赛组委会评奖的优秀参赛队数分别不超过本赛区本科生组和高职高专学生组实际参赛队总数的10%。全国竞赛组委会根据全国专家组的评审结果确定全国一、二等奖，获奖总数原则上不超过全国实际参赛队总数的8%。对于同一题目，同一所学校获得全国一、二等奖的队数分别不超过3个。

(3)本科生组和高职高专学生组分别评奖。

(4)全国大学生电子设计竞赛设立"赛区优秀组织奖"，对竞赛组织中表现出色的赛区竞赛组委会给予表彰奖励；同时设立"优秀征题奖"，对竞赛征题工作中表现突出的个人给予表彰奖励。

11.4.2　测评过程

电子设计竞赛在结束后，紧接着进入评审阶段。评审阶段一般分为初测和复测两部分。但有些赛区组织只进行一次测评。但基本测评过程是相同的。

1)测评方法

通常一个赛区有一个赛区组委会，每个赛区又设有很多个赛点，组委会会根据情况设定一个赛点为测试点，比赛当天完成好，每个参赛队要按照时间把作品集中到测试点存放并贴上封条，到当天测评时才能当着评委的面撕开，如不经过评委批准私自撕开封条被视为违反比赛规则将不给予评奖。

2)测试步骤

通常测试步骤分为测试前准备、操作演示、测试提问3个阶段。

测试前准备阶段：这个阶段是为了让参赛队重新组装调试作品，为后面的操作演示阶段做准备。因为比赛结束后，为了统一存放，作品是被封装到箱子里的，且有些作品因为体积太大，如机械结构型的作品，需要拆分到不同的箱子里。所以参赛队员们需要在测试前将其组装起来，经过调试达到一定效果，才可以给评审专家们测评。一般，上一组正在测试时，下一组开始准备，时间大概为20～30min。

操作演示阶段：这个阶段参赛队员要按照评审专家的要求进行各项指标测试。在这期间，队员们要保持冷静，切勿急躁，按照自己在实验室测试的方法，尽量将之前得到的功能指标全面地展示出来。这个阶段一般有20～30 min。

测试提问阶段：评审专家会根据参赛作品的实际情况，向队员提出一些问题，包括系统结构、参数计算、测试结果等。参赛队员尽量按自己的作品实际情况回答。此阶段所需时间不定。

3)测评时应该注意的事项

电子竞赛进入测评阶段，是对参赛学生的最后检验，如果这个阶段出错，将导致整个竞赛的失败，因此测评过程中必须保持心态稳定。

(1)沉着冷静。参赛队员要分工明确，有条不紊地将作品重新组装调试，按照评审专家的要求一步一步测试各项功能指标。切忌急躁，否则手忙脚乱，更容易出错。建议提前将可能会碰到的问题认真梳理一遍，做好对策，防止测试过程中的意外发生。

(2)谨慎细致。要认真对待每一个测试步骤，细心寻找竞赛作品的测试点，熟练调试测试仪器，避免出现连错测试点，或仪器设备探头将测试点和其他电路短路等情况。如果出现测试数据和之前在实验室测试的数据不吻合等情况，队员要团结合作，耐心寻找问题所在，比如是否断线、机械部分是否出现故障等问题，积极寻找最佳解决方案。

(3)灵活自信。参赛学生对作品的指标要做到心中有数，尽量将作品的特色和优势充分展现出来。测试时要沉稳大方，给测试专家良好的印象。对待测试过程中出现的意外情况，要灵活应变。切忌与评审专家产生争执，可以用讨论的方式进行沟通，争取专家的理解。

11.4.3　测试评分标准

1)测试评分表

根据赛题要求，全国大学生电子设计竞赛评分是按照全国统一评分标准，每一个赛题都有一份测试评分表。评审专家在测试之前会拿到相应测试题目的测试评分表，集体讨论测评步骤和每一项功能指标的测试方法。测试时，专家严格按照评分表的评分标准，给出对应分数。

表11－1是2011年全国大学生电子设计竞赛E题“简易数字信号传输性能分析仪”的评分标准，其评分表如表11－2。

表11－1　评分标准

<table>
<tr><th></th><th>项　目</th><th>主要内容</th><th>满分</th></tr>
<tr><td rowspan="6">设计报告</td><td>方案论证</td><td>比较与选择
方案描述</td><td>2</td></tr>
<tr><td>理论分析与计算</td><td>低通滤波器设计
m序列数字信号
同步信号提取
眼图显示方法</td><td>6</td></tr>
<tr><td>电路与程序设计</td><td>系统组成
原理框图与各部分的电路图
系统软件与流程图</td><td>6</td></tr>
<tr><td>测试方案与测试结果</td><td>测试结果完整性
测试结果分析</td><td>4</td></tr>
<tr><td>设计报告结构及规范性</td><td>摘要
正文结构规范
图表的完整与准确性</td><td>2</td></tr>
<tr><td colspan="2">总分</td><td>20</td></tr>
<tr><td>基本要求</td><td colspan="2">实际制作完成情况</td><td>50</td></tr>
<tr><td rowspan="6">发挥部分</td><td colspan="2">完成第(1)项</td><td>8</td></tr>
<tr><td colspan="2">完成第(2)项</td><td>15</td></tr>
<tr><td colspan="2">完成第(3)项</td><td>6</td></tr>
<tr><td colspan="2">完成第(4)项</td><td>16</td></tr>
<tr><td colspan="2">其他</td><td>5</td></tr>
<tr><td colspan="2">总分</td><td>50</td></tr>
</table>

表 11－2 评分表

类型	序号	测试项目	测试条件	满分	测试记录	评分	备注
基本要求	(1)	数字信号 V_1 为 m 序列，输出为 TTL 电平	设置 V_1 数据率 50kbps	4	m 序列正确与否 是( ) 否( ) TTL 电平正确与否 是( ) 否( )		
		V_1 数据率范围	分别设置 V_1 数据率为 10kbps、100kbps	6	f_s－10kbps= ; f_s－100 kbps= ; 数据率可调： 是( ) 否( )		
	(2)	低通滤波器截止频率	断开 V_1 信号，外加 1V 标准信号源信号进行测试	4	100kHz 滤波截止频率 f_c= ；500kHz 滤波截止频率 f_c=		截止频率误差绝对值不大于 10%得满分，大于 25%不得分
		低通滤波器带外衰减	断开 V_1 信号，外加标准信号源信号	4	200kHz 低通滤波器：2 倍频程的衰减量 α=		每个滤波器带外衰减不少于 40dB/10 倍频程得满分，小于 20dB/10 倍频不得分
		低通滤波器通带增益		4	通带增益 AF 可调 是( ) 否( ) 可调范围：		AF 在 0.2～4.0 范围内可调得满分，部分满足适当给予分数 3、2、1 分
	(3)	伪随机信号 V_3 为 m 序列号		2	m 序列满足要求与否 是( ) 否( )		
		V_3 峰峰值	V_3 数据率 10Mbps	6	V_3－100mV=		误差绝对值不大于 1% 得满分，大于 2% 不得分
		V_3 数据率	V_3 峰峰值 100mV	6	f_s－10Mbps=		输出信号峰峰值为 100mV，误差绝对值不大于 10% 得满分，大于 20%不得分
	(4)	数字信号 V_{2a} 眼图显示	设置 V_1 数据率 50kbps	8	200kHz 滤波的眼图显示正确与否 是( ) 否( ) 切换 100kHz 滤波的眼图正确与否 是( ) 否( ) 切换到 500kHz 滤波的眼图正确与否 是( ) 否( )		
		V_{2a} 眼图的眼幅度测量	设置 V_1 数据率 50kbps，设置 200kHz 低通滤波器	6	0 电平 L_0= ; 1 电平 L1= ; Eeye=		幅度测试误差绝对值不大于 5% 满分，大于 10%不得分
	总分			50			

续表 11－2

类型	序号	测试项目	测试条件	满分	测试记录	评分	备注
发挥部分	(1)	V_1 曼彻斯特编码	设置 V_1 数据率 100kbps	8	"0"电平波形： "1"电平波形： 编码正确与否 是(　) 否(　)		
	(2)	提取同步信号 $V_{4\text{-syn}}$	分别设置 V_1 数据率为 10kbps、20kbps 和 100kbps	12	同步信号频率： $F_{V4\text{-syn10kbps}}=$　； $F_{V4\text{-syn20kbps}}=$　； $F_{V4\text{-syn100kbps}}=$　；是否明显抖动： 有(　)否(　)		能提取同步信号 $V_{4\text{-syn}}$，且无明显抖动得满分，有抖动，酌情扣分
			设置 V_1 数据率 100kbps，设置 500kHz 低通滤波器	3	眼图正确与否 是(　) 否(　)		满足要求即可得满分，不满足不得分
	(3)	V_3 输出幅度可调		6	V_3 输出幅度可调 是(　) 否(　) 能否达到 TTL 电平 是(　) 否(　)		
	(4)	尽量低信噪比下能提取同步信号	设置 V_1 数据率 100kbps，设置 500kHz 低通滤波器	16	能正确提取同步信号情况下，V_3 伪随机信号输出的最大峰峰值： $V_{3\text{-max}}=$　mV；		$V_{noise\text{-}max}\geqslant 1V$ 得满分，$<1V$ 按 $V_{noise\text{-}max}$ 情况得分。另外，$>1V$ 可在"其他"项中加分
	(5)		其他	5			有其他功能，相应给予分数
	总分			50			

2)评分特点

(1)指标细化。从表 11－1 和表 11－2 可以看出，测试评分中，测试项目与指标在题目的要求下更加细化，分成了若干具体步骤，完成到哪一步都会有相应的分数。

(2)分值细化。由于测试指标细化，具体的分值也显得很细，例如：某一个指标满分为 5 分，那么评审专家会将此指标分为 5 个等级，达到相应的等级得到相应的分数，分别可得 5、4、3、2、1 分，如果没达到最低要求则没有分数，记 0 分。

3)测试评分的注意事项

从测试评分表来看，参赛队员在参加竞赛时要注意以下几个问题：

(1)尽量努力完成每一项题目要求。在测试项目指标中，每个题目要求细化很多，分值和测试参数也很细化，每个步骤有相应的分值，所以要尽可能最大限度地完成整个过程，争取得到更高的分数。

(2)注意项目指标细节。尽量按照评审专家的要求,完成每个测试项目中的指标细节,并尽可能向专家展示优秀的测试指标。

(3)不放弃任何得分细节。大部分竞赛题目都有“工艺”和“其他”项目的分数,是在所要求测试指标外,考虑参赛作品的外观及其他功能。每一项少则 5 分,多则 10 分,分值不少。所以在完成测试指标的基础上,尽量多些细致和创新,争取多得分,提高整体成绩。

参考文献

[1]童诗白,华成英.模拟电子技术基础[M].4版.北京:高等教育出版社,2006
[2]阎石.数字电子技术基础[M].北京:高等教育出版社,2008
[3]孙肖子.电子设计指南[M].北京:高等教育出版社,2006
[4]张金.电子系统设计基础[M].北京:电子工业出版社,2011
[5]李金平.电子系统设计[M].2版.北京:电子工业出版社,2012
[6]杨欣,王玉凤,刘湘黔.电子设计从零开始[M].北京:清华大学出版社,2009
[7]刘宁.创意电子设计与制作[M].北京:北京航空航天大学出版社,2010
[8]刘征宇.电子设计竞赛指南[M].福州:福建科学技术出版社,2009
[9]黄智伟.全国大学生电子设计竞赛系统设计[M].2版.北京:北京航空航天大学出版社,2011
[10]黄智伟.全国大学生电子设计竞赛常用电路模块制作[M].北京:北京航空航天大学出版社,2011
[11]胡斌.图表细说元器件及实用电路[M].北京:北京电子工业出版社,2005
[12]张金.电子系统设计实战——电子设计竞赛备战必读[M].北京:电子工业出版社,2010
[13]杨刚,龙海燕.电子系统设计与实践[M].2版.北京:电子工业出版社,2009
[14]胡斌,吉玲,胡松.电子工程师必备——九大系统电路识图宝典[M].北京:人民邮电出版社,2012
[15]马建国.电子系统设计[M].北京:高等教育出版社,2004
[16]张金.现代电子系统设计[M].北京:电子工业出版社,2011
[17]余小平,奚大顺.电子系统设计——基础篇[M].2版.北京:北京航空航天大学出版社,2010
[18]蒋卓勤.Multisim及其在电子设计中的应用[M].2版.西安:西安电子科技大学出版社,2011
[19]王冠华.Multisim11电路设计及应用[M].北京:国防工业出版社,2010
[20]于歆杰.模拟和数字电子电路基础[M].北京:清华大学出版社,2008
[21]潘松.数字电子技术基础[M].北京:电子工业出版社,2011
[22]彭伟.单片机C语言程序设计实训100例——基于8051+Proteus仿真[M].北京:电子工业出版社,2012
[23]胡汉才.单片机原理及其接口技术[M].3版.北京:清华大学出版社,2010
[24]马忠梅.单片机的C语言应用程序设计[M].4版.北京:北京航天航空大学出版社,2007
[25]蔡锦福.运算放大器原理与应用[M].北京:科学出版社,2005
[26]Bruce Carter,Ron Mancini,姚剑清.运算放大器权威指南[M].3版.北京:人民邮电出版社,2010
[27]赛尔吉欧·佛朗哥,刘树棠,朱茂林.基于运算放大器和模拟集成电路的电路设计[M].西安:西安交通大学出版社,2009
[28]荣格.运算放大器应用技术手册[M].北京:人民邮电出版社,2009
[29]马场清太郎.运算放大器应用电路设计[M].北京:科学出版社,2007
[30]舍茨.实用电子元器件与电路基础[M].北京:电子工业出版社,2009